低热硅酸盐水泥基
材料性能研究

姜春萌　李双喜　宫经伟　著

中国水利水电出版社
www.waterpub.com.cn
·北京·

内 容 提 要

本书系统阐述了低热硅酸盐水泥的基本性质。以室内试验为基础，从水化热、胶砂强度、抗冻、抗冲磨、硫酸盐侵蚀和 Ca^{2+} 溶蚀等角度，对低热硅酸盐水泥基材料的热学、力学和耐久性能进行测试、评价和分析，并提出相关预测模型。

本书可供特种水泥、混凝土材料耐久性、大体积混凝土等领域的科技人员和相关专业的高校师生参考使用。

图书在版编目（CIP）数据

低热硅酸盐水泥基材料性能研究 / 姜春萌，李双喜，宫经伟著. -- 北京 : 中国水利水电出版社，2024. 8.
ISBN 978-7-5226-2666-6

Ⅰ. TQ172.73

中国国家版本馆CIP数据核字第20246RY758号

书　　名	**低热硅酸盐水泥基材料性能研究** DIRE GUISUANYAN SHUINIJI CAILIAO XINGNENG YANJIU
作　　者	姜春萌　李双喜　宫经伟　著
出版发行	中国水利水电出版社 （北京市海淀区玉渊潭南路 1 号 D 座　100038） 网址：www.waterpub.com.cn E-mail：sales@mwr.gov.cn 电话：（010）68545888（营销中心）
经　　售	北京科水图书销售有限公司 电话：（010）68545874、63202643 全国各地新华书店和相关出版物销售网点
排　　版	中国水利水电出版社微机排版中心
印　　刷	北京中献拓方科技发展有限公司
规　　格	184mm×260mm　16 开本　14 印张　341 千字
版　　次	2024 年 8 月第 1 版　2024 年 8 月第 1 次印刷
定　　价	**68.00** 元

前　言

《中共中央关于制定国民经济和社会发展第十四个五年规划和二〇三五年远景目标的建议》提出实施川藏铁路、西部陆海新通道、国家水网、雅鲁藏布江下游水电开发等重点工程，推动西部大开发形成新格局。可以预见，我国西部水利工程建设将迎来新的发展。低热硅酸盐水泥以硅酸二钙为主导矿物设计，具有水化热低、后期强度高等特点，可有效降低混凝土温升、控制温度裂缝，已被充分证实为一种优秀的坝工混凝土胶凝材料。西部地区干燥、寒冷、温差大的气候特点导致大体积混凝土面临严峻的温控防裂问题，低热硅酸盐水泥混凝土在该地区水利工程中具有广阔应用前景。西部地区具有山溪性河流多、盐碱地面积大、冰川融雪水源等地理环境特点，特殊的服役条件对水工混凝土的耐久性能提出很高的要求。针对性地开展低热硅酸盐水泥基材料的热学、力学和耐久性研究，对推进其在西部地区水利工程中的应用具有重要现实意义。

基于以上背景，本书第1章介绍了低热硅酸盐水泥的发展历程和基础性质，对相关国内外研究现状进行了综述；第2～3章通过试验研究了不同配合比的低热硅酸盐水泥基胶凝体系的水化热、胶砂强度，围绕其水化行为特征和综合性能优化开展了系列研究；第4～8章，针对西部地区普遍存在的影响混凝土耐久性的冻融损伤、冲磨破坏、硫酸盐侵蚀和 Ca^{2+} 溶蚀四个关键因素，开展了考虑不同水胶比、矿物掺合料掺量的低热硅酸盐水泥基材料在上述四因素单一以及双重耦合作用下的损伤规律和劣化机理研究，提出了不同服役环境下低热硅酸盐水泥基材料耐久性评价方法，并建立了相关性能预测模型。

在本书的编写过程中，河海大学蒋林华教授、新疆农业大学唐新军教授提出了宝贵的意见，在此表示诚挚的谢意。本书的出版得到了新疆维吾尔自治区人才发展基金“天池英才”引进计划项目、新疆农业大学水利工程重点学科和新疆维吾尔自治区杰出青年科学基金（2022D01E44）的资助。本书参考了大量国内外有关低热硅酸盐水泥和混凝土耐久性方面的研究成果，谨向参考文献的作者表示感谢。

本书涉及低热硅酸盐水泥基材料的热学、力学以及抗冻、抗冲磨、硫酸盐侵蚀、溶蚀等诸多性能的测试、评价和分析，限于作者水平，难免存在不足之处，敬请读者不吝指正。

作者

2024年6月于新疆乌鲁木齐

目　　录

第1章 绪论

1.1 低热硅酸盐水泥的发展与应用

大坝、水闸、涵渠以及泵站等水工建筑物的建设往往需要消耗大量水泥混凝土材料。混凝土的力学、热学以及耐久性能对于水工建筑物的安全运行具有重要意义。我国西部大部分地区具有寒冷、昼夜温差大、年际温差高等气候特点，在此类地区修建的水利工程，尤其是大体积混凝土工程面临严峻的温控防裂问题。混凝土抗裂性的好坏关系到其抗渗、抗冻和抗侵蚀等性能，因此防止温度裂缝的产生是水工等大体积混凝土研究工作的重点。避免混凝土温度裂缝的主要途径包括：采取施工温控措施和降低胶凝材料水化热。目前，现代工程已经形成了比较成熟的施工温控方案和技术标准，合理选择低水化热的水泥胶凝材料成为大体积混凝土温控防裂的关键。

水泥是混凝土胶凝材料体系中的重要组成部分，其化学组成与矿物成分直接影响着混凝土的宏观性能。硅酸盐水泥自19世纪20年代问世到现在已有200年的历史，是目前用量最大的人造建筑材料，为人类社会进步和经济发展作出了巨大贡献。以阿利特（$3CaO \cdot SiO_2$，C_3S）为主导矿物的传统硅酸盐水泥生产耗能高、碳排放量大，并且应用于大体积混凝土工程中往往存在水化热高、易产生温度裂缝等问题。随着工程材料领域逐步转向低钙、低碳、高耐久性的发展方向，水泥工业尝试突破传统熟料矿物体系及其组成范围的限制，研发了以贝利特（$2CaO \cdot SiO_2$，C_2S）矿物为主导矿物的低热硅酸盐水泥（low-heat portland cement，P.LH）和硫铝酸盐水泥等特种水泥。其中，低热硅酸盐水泥在水工等大体积混凝土工程中有广泛应用，是21世纪水泥领域的热点研究方向之一。

低热硅酸盐水泥最早于20世纪30年代在美国Hoover大坝的建设中大规模制造和应用。为了降低坝体混凝土温升，Hoover大坝所用低热硅酸盐水泥（即ASTM Ⅳ型水泥）的C_2S含量控制在40.0%～50.0%，C_3S和铝酸三钙（C_3A）的最高含量分别控制在35.0%和7.5%以下，在冬季低温时段采用60%低热硅酸盐水泥掺配40%普通硅酸盐水泥的混凝土施工方案，其余时段均采用低热硅酸盐水泥[1]。此后，美国又分别在Bartlett、Grand Coulee、Friant、Shasta和Detroit等坝体建设中应用了低热硅酸盐水泥。20世纪建设高潮过后，美国自1970年开始基本不再生产和使用低热硅酸盐水泥，但考虑到未来潜在需求，仍在ASTM C150-16：*Standard Specification for Portland Cement*规范中保留了该水泥型号。

20世纪70年代左右，日本科学家成功研究开发了低热硅酸盐水泥，其C_2S含量达到

50.0%～60.0%，7天水化热为206J/g左右，28d强度约50MPa，但该水泥并未大规模投入生产，仅在明石海峡大桥等少数工程中进行了试用[2-3]。与此同时，德国研究人员对活性贝利特水泥进行了大量研究，通过制造高温工业破碎机和高速冷却装置实现了对贝利特矿物活性的有效提高，生产出的贝利特水泥熟料3d抗压强度为15～36MPa，28d强度可达54～61MPa[4]。由于该方法生产过程控制难度较大，后续未见相关工程应用报道。

20世纪90年代起，印度、希腊、波兰等国家相继开展了低热硅酸盐水泥的研发，中国也兴起了低热硅酸盐水泥的研究热潮[5-7]。南京工业大学的杨南如通过水热合成法在较低温度下煅烧得到了具有早期高活性的β-C_2S矿物，并对其合成工艺、形成机理以及水化行为等方面开展了系列研究[8-10]。中国建材科学研究总院的隋同波团队从矿物设计、贝利特活化与晶型稳定等角度进行攻关，成功开发了C_2S含量为50.0%～55.0%的低热硅酸盐水泥（又称高贝利特水泥，high belite cement，HBC），其3d抗压强度约为15MPa，28d强度可达50MPa左右，3d水化热约为190J/g[11]。

进入21世纪后，由于工业规模以及市场需求等优势，低热硅酸盐水泥在我国多个水利工程中得到应用，在控制大体积混凝土结构的温度裂缝方面发挥了巨大作用。例如，低热硅酸盐水泥最早应用于三峡三期纵向围堰和右岸地下厂房建设中，混凝土累计浇筑方量为30万m^3；之后，向家坝、深溪沟、万家寨等水利枢纽工程分别在坝体、导流洞、消力池和厂房等区域使用了低热硅酸盐水泥混凝土[12-14]；我国特高拱坝中最先使用低热硅酸盐水泥混凝土的是溪洛渡水利工程30号、31号坝段以及泄洪洞，后续监测数据表明低热硅酸盐水泥的应用使混凝土裂缝数量下降了70%[15]；近期建成的乌东德、白鹤滩两座特高拱坝均采用了低热硅酸盐水泥混凝土建造，并首次实现低热硅酸盐水泥的全坝体应用，解决了特高拱坝“无坝不裂”的世界性难题。21世纪初，新疆阿勒泰地区SK水利工程应用C_2S含量为37.0%的硅酸盐水泥配制大坝混凝土，是低水化热硅酸盐水泥在西北高纬度寒冷地区的第一次尝试。2016年，新疆农业大学与天山水泥公司合作研发了低热硅酸盐水泥并在哈密巴木墩水库坝基大体积混凝土工程中进行了小范围应用，后期监测显示，低热硅酸盐水泥的应用有效控制了混凝土温升，抗裂效果良好。

1.2 低热硅酸盐水泥基材料的基本性能

低热硅酸盐水泥以贝利特为主导矿物设计，与传统硅酸盐水泥相比，具有C_2S含量高、C_3S和C_3A含量低的特点。《中热硅酸盐水泥、低热硅酸盐水泥》（GB/T 200—2017）[16] 规定，低热硅酸盐水泥的C_2S含量不低于40.0%、C_3A含量不高于6.0%。矿物组成的差异使得低热硅酸盐水泥在工业生产、水化行为与放热规律、物理力学以及抗裂性能等方面均与普通硅酸盐水泥有所不同。

1.2.1 生产能耗

硅酸盐水泥的生产能耗主要包括石灰石的高温分解以及阿利特、贝利特等熟料矿物的烧成。表1.1给出了水泥熟料不同矿物的烧成温度和CaO含量，其中单矿物C_2S的烧成温度较C_3S低约150℃，因此低热硅酸盐水泥的生产可以降低煤耗、提高台时产量，进而控制生产成本。此外，以 C_2S 为主要矿物的低热硅酸盐水泥熟料中 CaO 含量低，其生产过程所需的石灰石消耗量可较普通硅酸盐水泥降低 5%～10%，CO_2 排放量减少约 10%，SO_2 和 NO_x 排放也相应减少。

表 1.1　水泥熟料不同矿物的烧成温度和 CaO 含量

熟料矿物	C_3S	C_2S	C_3A	$C_{12}A_7$	C_4AF	$C_{11}A_7 \cdot CaF_2$	C_4A_3S
烧成温度/℃	1450	1300	900～1000	800～900	1100	1200	1200
CaO 含量/%	73.7	65.1	62.2	48.4	46.2	43.7	36.7

1.2.2　水化行为与水化热

从水泥水化进程和水化产物的角度，C_3S 与 C_2S 单矿物的水化反应可由式（1.1）和式（1.2）表示。可以看出，两者水化产物相同，但 C_2S 的需水量低、放热量少，水化生成的 Ca（OH)$_2$ 量明显低于 C_3S，并通常认为其生成的 C—S—H 凝胶聚合度略高于 C_3S。由于低热硅酸盐水泥浆体中的 C—S—H 凝胶含量较高，且其 Ca（OH)$_2$ 数量较普通硅酸盐水泥浆体降低 30%～50%，因此在水化中后期 Ca（OH)$_2$ 在浆体-骨料界面上的富集程度更低。

$$Ca_3SiO_5 + 5.2H_2O \longrightarrow 1.2Ca(OH)_2 + (CaO)_{1.8}SiO_2(H_2O)_4 - gel,\quad \Delta H = -111.4kJ/mol \tag{1.1}$$

$$Ca_2SiO_4 + 4.2H_2O \longrightarrow 0.2Ca(OH)_2 + (CaO)_{1.8}SiO_2(H_2O)_4 - gel,\quad \Delta H = -43.0kJ/mol \tag{1.2}$$

表 1.2 为硅酸盐水泥熟料 4 种主要单矿物在不同水化龄期的水化热。由该表可知，C_2S 的水化放热量远低于同龄期的 C_3S，因此，以其为主导矿物的低热硅酸盐水泥水化速率较低，水化放热量少。根据 Sui、李金玉等[17-18] 的研究，低热硅酸盐水泥的 3d、7d 水化热较同强度等级的中热硅酸盐水泥降低约 15%，较普通硅酸盐水泥降低 20%左右，且水化温度峰值出现时间滞后 5～7h，用其配制的低热硅酸盐水泥混凝土最高温升分别较普通硅酸盐水泥混凝土和中热硅酸盐水泥混凝土降低约 7.0℃和 3.7℃，可有效减少温度裂缝的产生。

表 1.2　硅酸盐水泥熟料 4 种主要单矿物在不同水化龄期的水化热　　单位：J/g

熟料矿物	水化龄期				
	3d	7d	28d	90d	365d
C_3S	243	222	377	435	490
C_2S	50	42	105	176	226
C_3A	888	1557	1377	1303	1168
C_4AF	289	494	494	410	377

现有研究多是在对比中热硅酸盐水泥和普通硅酸盐水泥的基础上对低热硅酸盐水泥热学性能进行分析，而水工大体积混凝土工程中往往采用掺加粉煤灰、矿渣粉等矿物掺合料的低热硅酸盐水泥胶凝体系作为胶凝材料选择方案，目前针对低热硅酸盐水泥胶凝体系水

化放热规律的系统研究相对较少。

1.2.3　力学强度

水泥熟料中 C_3S 和 C_2S 的水化产物水化硅酸钙（C—S—H）是水泥石强度的主要来源，但两者的水化活性具有较大差异，表现为低热硅酸盐水泥的强度发展规律不同于普通硅酸盐水泥。表 1.3 为两者单矿物在不同龄期的抗压强度。从表 1.3 中可以看到，单矿物 C_2S 水化活性低、早期抗压强度发展缓慢，经水化 1a 后抗压强度达到 C_3S 同龄期抗压强度，但其长龄期抗压强度较高[19]。在相同水化程度下，低热硅酸盐水泥浆体中的 f - CaO 含量少，C—S—H 凝胶的碱度较低，并且适中的水化速率更有利于形成高强致密结构的水泥石，因此表现出更高的后期抗压强度。

表 1.3　硅酸盐水泥熟料单矿物在不同龄期的抗压强度　单位：MPa

熟料矿物	水化龄期							
	1d	3d	7d	28d	90d	180d	1a	2a
C_3S	10.0	19.3	41.1	49.0	54.9	66.8	71.1	77.9
C_2S	0	0.4	1.0	6.3	35.6	52.1	70.8	99.2

隋同波、王晶等[20-21]对低热硅酸盐水泥的强度发展规律进行了大量研究，结果表明，低热硅酸盐水泥早期抗压强度（1～7d）相对较低，后期抗压强度增长率大，28d 抗压强度即达到同强度等级普通硅酸盐水泥强度，90～365d 抗压强度可比普通硅酸盐水泥高 10～20MPa。隋同波等[22]研究了不同粉煤灰、矿渣粉掺量条件下的低热硅酸盐水泥基胶凝材料强度发展规律，发现在 1～180d 龄期内，低热硅酸盐水泥基胶凝体系的力学强度均随掺合料掺量的增加而降低。一般而言，目前工业化生产的低热硅酸盐水泥 7d 抗压强度可达同强度等级普通硅酸盐水泥的 60%～80%，两者 28d 抗压强度大致相当，但低热硅酸盐水泥后期抗压强度增长率高，经标准养护 3 个月至 1 年龄期后抗压强度可超出普通硅酸盐水泥 5～20MPa。王晶等[23]指出，提高养护温度可以有效促进低热硅酸盐水泥石的早期强度发展，在 3～28d 水化龄期内与普通硅酸盐水泥出现“强度剪刀差”现象。王可良[24]也认为，C_2S 的水化速率和反应程度对于养护温度的响应最明显，C_3S 次之，对 C_3A、C_4AF 的影响较小，由于水化温升的影响，大体积混凝土内部的实际抗压强度高于同龄期标准养护试件。

早期强度较低的特点限制了低热硅酸盐水泥在除大体积混凝土外其他工程项目中的推广应用。为此，几十年来国内外学者对于贝利特矿物的早期活化进行了大量研究，主要技术路径包括热活化与化学活化两种。例如，Ishida et al.[25-26]指出，传统硅酸盐水泥的煅烧温度牺牲了贝利特矿物的水化活性，导致液相中的 C_2S 在冷却时析出缺陷较少、相对完整的结晶；此外，快速降低 900～1300℃温度区间内的冷却速度可以造成矿物晶体间隙减小、微观应力增大，进而提高 β - C_2S 的水化活性[27]。目前关于化学活化研究较多的是通过掺杂 BaO、B_2O_3、Cr_2O_3、P_2O_5 等氧化物稳定贝利特矿物的高温相，引起贝利特矿物的晶格畸变以提高其早期活性。此外，Sánchez、李洋等[28-29]通过研究发现，高碱性介质环境可以促进贝利特矿物水化作用中的结晶成核和晶体生长，进而提升低热硅酸盐水泥的水化速率，改善其浆体结构及早期力学性能。

1.2.4　物理及变形性能

C_2S 单矿物水化需水量较少，因此相较于普通硅酸盐水泥，低热硅酸盐水泥的标准稠度用水量低，用其配制的砂浆和混凝土试件流动性高，通常具有更加优良的工作性能。基于此，Mun et al.[30] 研究了低热硅酸盐水泥的干缩性能，发现其不同养护龄期内的干缩率仅为普通硅酸盐水泥的 50%～70%；赵平等[31] 指出，水泥浆体与高效减水剂之间的相容性随其 C_2S 含量的增加而提高、C_3A 含量的增加而降低，因此低热硅酸盐水泥与减水剂的相容性较好。杨南如[10]、王可良等[32] 认为，低热硅酸盐水泥浆体中的 C—S—H 凝胶较普通硅酸盐水泥具有更好的韧性，并且其水泥界面过渡区内的 $Ca(OH)_2$ 富集数量少，表现为低热硅酸盐水泥混凝土的弹性模量和普通硅酸盐水泥混凝土相当，但其极限拉伸值却明显大于后者。李光伟[33] 研究了低热硅酸盐水泥对碱骨料反应膨胀变形的影响，结果表明，低热硅酸盐水泥砂浆试件的 14d 膨胀率较中热硅酸盐水泥试件降低 74.1%，混凝土碱骨料反应的 1 年膨胀率较之减少 57.1%，其原因主要与低热硅酸盐水泥浆体中的 $Ca(OH)_2$ 含量低有关。

1.2.5　抗裂性能

低热硅酸盐水泥混凝土的抗裂性能直接影响水工建筑物的运行安全和服役寿命，并关系到其抗冻、抗渗以及抗侵蚀等耐久性能，因此一直为学术界和工程界所关注。Yang[14] 通过研究发现，相较于相同配合比的中热水泥混凝土，低热硅酸盐水泥混凝土的绝热温升降低 2～3℃，极限拉伸值提高 10×10^{-6}～15×10^{-6}，即低热硅酸盐水泥混凝土的抗裂性能更优；Wang、计涛等[34-36] 分别采用平板法、圆环法比较了低热硅酸盐水泥与中热硅酸盐水泥、普通硅酸盐水泥混凝土的抗裂性能，研究结果表明，前者初裂时间延后，裂缝数目和平均开裂面积均较低；王可良等[37] 对比研究了低热硅酸盐水泥混凝土与普通硅酸盐水泥混凝土的双 K 断裂参数和断裂能，指出低热硅酸盐水泥混凝土对载荷能量有较高的吸收能力，其起裂韧度和失稳韧度分别较普通硅酸盐水泥混凝土提高 17%和 24%，还发现低热硅酸盐水泥混凝土界面过渡区厚度较同配合比的普通硅酸盐水泥混凝土降低了 25μm，显微硬度提高 8.9MPa，其浆体结构具有钙硅比低、界面黏结性好的特点。此外，吴笑梅等[38] 测试了低热硅酸盐水泥混凝土的疲劳性能，发现经长龄期养护后，低热硅酸盐水泥混凝土的疲劳寿命较同等载荷条件下的普通硅酸盐水泥混凝土有明显提高，其抗疲劳破坏能力更强。

1.3　低热硅酸盐水泥基材料的耐久性能

1.3.1　冻融损伤

1.3.1.1　混凝土的冻融损伤

混凝土作为一种多相、多组分复杂材料，其抗冻性能与内部微观结构密切相关。一般认为，水泥混凝土的冻融破坏是其水化产物结构由密实到松散，并且伴随微裂缝不断出现和发展的一个物理损伤过程。自20世纪40年代起，国内外学者针对混凝土材料的冻融损伤机理进行了大量研究，提出了如离析成层论、静水压理论、渗透压理论、临界饱和度概念、微冰透镜理论等多种破坏机理假说。其中，美国混凝土专家Powers提出的静水压理论和渗透压理论最具代表性，前者认为混凝土孔溶液结冰所引起的体积膨胀将导致该区域孔溶液向外迁移，在此过程中需克服黏滞阻力并由此产生静水压力，随着孔溶液迁移距离的增加，静水压不断增大，当其超过材料极限抗拉强度时，将引起混凝土结构的损伤和破坏。渗透压理论考虑了冻融过程中含有K^+、Na^+、Ca^{2+}等离子的混凝土孔溶液离子浓度上升，由此产生浓度差并驱使溶液由小孔隙向大孔隙迁移，进而造成了冰与水之间的饱和蒸气压差，而浓度差与蒸气压差共同导致了渗透压的产生，当其超过混凝土抗拉强度后，材料发生冻融破坏。

目前，关于混凝土材料组成对其抗冻性的影响研究已有大量文献报道，普遍认为混凝土抗冻性能主要受其孔结构、损伤层厚度、外加剂和矿物掺合料等材料本身性质影响，并与冻融温度、冻融介质等环境因素密切相关。例如，吴中伟等[39]对混凝土冻融前后的孔结构进行了深入研究，指出冻融破坏与其内部微孔隙结构之间存在密切联系，并根据孔径分布定义了无害孔、少害孔、有害孔和多害孔的概念；Prokopski、舒畅、Lei et al.[40-42]通过扫描电镜和纳米划（压）痕等试验手段表征了混凝土材料在冻融前后的界面过渡区（interface transition zone，ITZ）性质并建立了相关性能演变模型，结果表明，混凝土ITZ与其水化产物中的$Ca(OH)_2$富集程度正相关，并且随着冻融次数的增加其浆体黏聚力降低，断裂韧性明显下降；Chung、Wang et al.[43-44]学者一致认为，掺入适量的引气剂能够在混凝土内部引入大量均匀、稳定且互不连通的微小气泡，改善其孔隙结构，缓解结冰所引起的渗透压力和冻胀压力，进而提高混凝土材料的抗冻性能；矿物掺合料对于混凝土抗冻性能的影响目前尚无一致结论，例如，Bouzouba et al.[45]认为掺入适量的粉煤灰可以有效提升普通硅酸盐水泥混凝土的抗冻、抗渗性能；肖前慧等[46]通过试验发现掺入粉煤灰对于改善冻融混凝土的力学性能方面是有益的，但其掺量不宜超过30%；而Toutanji、Zhang et al.[47-48]的研究则表明，普通混凝土的抗冻性能随着粉煤灰、硅粉掺量的增加而逐渐降低，矿渣掺量与混凝土抗冻性能之间的规律性不强。

现有针对混凝土冻融损伤程度的评价研究多集中于宏观性能测试及力学性能方面的变化。例如，邹超英等[49]通过试验分析了冻融循环作用下水泥混凝土的应力-应变关系、劈裂抗拉强度、疲劳性能等力学指标衰减规律，在此基础上建立了考虑冻融参数的混凝土力学性能预测公式；Hanjari et al.[50]采用相对动弹性模量和轴心抗压强度对不同冻融次数下的普通混凝土损伤程度进行了定量表征分析。目前，无损测试技术以及其他先进表征手段开始被引入到混凝土冻融评价中，研究方向逐渐由宏观性能测试转向考虑混凝土内部损伤空间分布的时变行为研究。例如，Akhras、孙丛涛等[51-52]分析了不同冻融次数下混凝土的超声声时、声速变化规律，并建立了其与相对动弹性模量、抗压强度等传统冻融损伤评价指标的关系公式；Shields et al.[53]通过X射线计算机断层扫描（computer tomography，CT）技术分析了不同含水率的砂浆试件在冻融过程中的微观结构，并与超声指标进行对比，确定了冻胀所产生的微裂缝位置与数量；Qin et al.[54]使用RapidAir仪器、数字金相显微镜与 IPP (image - pro plus) 图像分析技术相结合的方法从细观尺度对冻融混凝土的微裂缝、边孔剥落以及孔隙结构等损伤行为进行了全周期连续性测量；Yang et al.[55] 通过显微硬度试验研究了普通硅酸盐水泥混凝土在冻融循环过程中的界面过渡区性能劣化情况，定量表征了损伤层厚度及硬度值随冻融次数的衰减变化规律。

1.3.1.2 低热硅酸盐水泥混凝土的抗冻性能

鉴于低热硅酸盐水泥的应用场景与研发初衷，现有研究多是围绕其力学、热学性能开展，关于低热硅酸盐水泥混凝土抗冻性能的研究相对较少。例如，彭小平[56] 对比了经不同冻融次数后低热硅酸盐水泥与中热硅酸盐水泥混凝土的相对动弹性模量和质量损失率，指出在不引气的情况下低热硅酸盐水泥混凝土抗冻性能略优，而当引气后两者抗冻性能相近；范磊[57] 通过试验发现，不掺加引气剂的低热硅酸盐水泥混凝土抗冻性能与相同配合比的普通硅酸盐水泥混凝土大致相当，掺入引气剂后其抗冻性能略优于后者。Sui、Chen et al.[17,58] 的研究成果也都支持了这一结论，即现有研究普遍认为冻融条件下低热硅酸盐水泥混凝土的宏观性能劣化程度与中热硅酸盐水泥、普通硅酸盐水泥混凝土相近。

目前针对低热硅酸盐水泥混凝土抗冻性能的研究多是与中热硅酸盐水泥混凝土、普通硅酸盐水泥混凝土的简单性能对比，对于不同水胶比、不同矿物掺合料以及外加剂条件下低热硅酸盐水泥混凝土材料的冻融损伤规律研究不够系统，对其冻融劣化机理研究不够深入。表 1.4 给出了低热硅酸盐水泥混凝土在我国水利工程中的应用案例，由表可知其多分布于四川、云南等西南无冻区和少冻区的水利工程项目中。目前低热硅酸盐水泥混凝土的综合抗裂性能得到了很高评价，但我国西北、东北及华北等地区的气候条件决定了在此类地区修建大体积混凝土工程时将面临严峻的冻害风险，因此针对低热硅酸盐水泥混凝土的冻融损伤性能进行系统、深入研究，对低热硅酸盐水泥的推广和应用具有重要的现实意义。

表 1.4　低热硅酸盐水泥混凝土在我国水利工程中的应用案例

工程名称	地点	坝型	坝高/m	应用位置	消耗量/t	建成年份
白鹤滩	四川	拱坝	289.0	全坝体	—	2021
乌东德	四川	拱坝	270.0	全坝体	—	2020
猴子岩	四川	混凝土面板堆石坝	223.5	溢洪道、导流洞、面板	260940	2018
沙坪Ⅱ级	四川	重力坝	63.0	部分坝段	73381	2018
长河坝	四川	黏土心墙堆石坝	240.0	溢洪道、蜗壳	82200	2017
黄金坪	四川	沥青混凝土堆石坝	85.5	蜗壳、导流洞、溢洪道	36118	2016
锦屏	四川	拱坝	305.0	洞室回填	21038	2015
安谷	四川	混凝土面板堆石坝	40.7	部分坝段	238970	2015
枕头坝	四川	重力坝	86.0	部分坝段	53689	2015
溪洛渡	云南	拱坝	285.5	溢洪道	—	2014

续表

工程名称	地点	坝型	坝高/m	应用位置	消耗量/t	建成年份
泸定	四川	黏土心墙堆石坝	79.5	溢洪道	30298	2012
草街	重庆	重力坝	83.0	消力池、部分坝段	82190	2011
深溪沟	四川	重力坝	49.5	部分坝段	161822	2011
三峡	湖北	重力坝	185.0	厂房及部分坝段	—	2006

1.3.2 冲磨破坏

1.3.2.1 混凝土的冲磨破坏

水工混凝土的冲磨破坏是指在含砂、砾石水流的快速冲刷作用下，水泥石和骨料不断从混凝土表面剥离，造成过流面混凝土形态和力学行为上的改变，进而导致建筑物结构发生功能性损伤和耐久性劣化的现象，通常被认为是一个物理破坏过程。目前，研究者关于混凝土冲磨破坏机理的论述主要包括考虑磨损介质的悬移质冲磨破坏和推移质冲磨破坏理论，以及考虑材料性质的塑性材料磨蚀和脆性材料磨蚀机理等。武汉大学何真[59] 从浆体与骨料间的黏结与断裂行为角度分析了磨蚀破坏机理，发现混凝土的抗冲磨性能与其水泥基材料的胶结性和骨料性质等因素密切相关，通常情况下水泥石强度低于骨料，冲磨破坏过程表现为水泥浆体首先发生磨蚀进而导致骨料剥落，因此改善水泥浆体的微结构性能是提高混凝土抗冲磨强度的有效途径之一。

目前，国内外学者针对水工混凝土抗冲磨性能的研究主要包括两个方面：①从材料组成角度出发，研究骨料、水胶比、矿物掺合料、外加剂等不同因素对混凝土抗冲磨性能的影响；②考虑混凝土的实际冲磨工况，研究水流流速、砂石粒径及含量、冲磨角度、冲磨时间等因素对其磨蚀性能的影响规律。现有研究表明，提升骨料硬度和体积分数、改善抗冲击韧性和提高抗压强度均可以实现水工混凝土抗冲磨性能的提升[60-63]，为此学术界和工程界围绕硅粉混凝土、纤维增强混凝土、HF 混凝土、铁钢砂（石）混凝土、环氧树脂混凝土、橡胶混凝土、高性能混凝土和超高性能混凝土等进行了大量的试验研究与工程应用。其中，掺入矿物掺合料以改善水泥浆体与骨料界面间的结构，通常被认为是提升混凝土抗冲磨性能的有效途径。例如，Liu et al.[64-65] 研究了水胶比和粉煤灰掺量对于普通硅酸盐水泥基混凝土磨蚀性能的影响，结果表明，水胶比的增大将导致混凝土抗冲磨强度降低，而掺入粉煤灰能够提高混凝土密实度和界面结合强度，因此可以改善其抗冲磨性能；Yen et al.[66] 则指出，当粉煤灰掺入量低于15%时，其对混凝土抗冲磨性能的提升效果并不明显，而对于掺入20%、25%和30%粉煤灰的混凝土而言，其抗冲磨强度反而将会下降；葛毅雄等[67] 通过优化材料配比，复掺30%矿渣微粉和7%硅粉配制了高性能抗冲磨混凝土，并在乌鲁瓦提泄洪排沙洞工程中进行了应用，证实复掺矿渣微粉和硅粉可以有效提升混凝土的抗冲磨性能；王磊等[68] 对硅粉增强混凝土抗冲磨性能的微观机理进行了深入研究，发现掺入10%硅粉后能够优化水泥浆体中的C—S—H凝胶结构，提高其密实性、聚合度以及胶凝性，进而显著提升混凝土的抗冲磨强度。

悬移质冲磨破坏、推移质冲磨破坏和空蚀气蚀破坏是水工混凝土的3种常见磨蚀类型。根据其损伤特征，目前已发展出了水流携砂喷射法、气流携砂喷射法、水下钢球法、空蚀磨损试验法等多种室内试验方法模拟对应工况下的混凝土冲磨破坏过程。其中，水下钢球法利用调速电机带动搅拌桨在装有混凝土试件、水和钢球的钢筒内旋转，模拟含砂、石水流在混凝土表面的滚动、冲击和切削等作用，比较符合推移质冲磨破坏的行为特点，在水工混凝土的冲磨试验中应用最广。Choi、高欣欣、Liu、Hocheng 等[69-73] 国内外学者围绕改变冲磨试件规格、调整流速、改变磨粒尺寸与形状、引入冲磨角度等不同方面，对于水下钢球法的试验过程进行了改进研究。

迄今为止，学术界并未建立完善的混凝土抗冲磨性能评价体系。在水下钢球法试验中，试件质量损失和抗冲磨强度是表征混凝土材料抗冲磨性能优劣的两个常用指标。例如，Elżbieta[74] 研究了不同纤维掺量条件下的混凝土冲磨强度、抗压强度与弹性模量之间的关系，完善了纤维混凝土的磨蚀速率预测模型；李双喜等[75] 通过优化材料组分，以抗压强度、磨蚀质量损失和抗冲磨强度作为性能评判指标，研究了C60～C80高强抗冲磨混凝土的配制技术；Mohebi et al.[76] 从抗压强度、磨损深度和养护制度3个方面对于碱矿渣混凝土的磨损劣化过程进行了深入讨论。事实上，仅依据抗冲磨强度与磨蚀质量损失评价混凝土抗冲磨性能优劣往往具有一定的片面性和局限性，该方法难以表征混凝土由表及里的磨蚀损伤过程，容易遗漏混凝土劣化行为的有效信息。为此，近年来国内外学者对混凝土抗冲磨性能的表征方法进行了探索，并逐渐将形貌学特征应用于混凝土磨蚀损伤性能的评价研究中[77]。例如，何真等[78] 基于图像分析技术研究了风砂枪法条件下的混凝土体积损失率、磨蚀物料密度以及断面冲刷轮廓随冲磨时间的变化规律；Choi[69] 使用非接触式三维形貌测量系统研究了磨蚀混凝土的表面平整程度对其后期磨蚀速率的影响；Hasan et al.[79] 通过3D激光扫描技术确定了不同冲磨时间下普通硅酸盐水泥混凝土的磨损体积损失和表面形貌，并与传统的质量损失率指标进行了对比分析；在此基础上，Sarker et al.[80] 提出了一种更加便捷的测量程序，即使用单摄像机自动采集混凝土骨料外露表面的粗糙程度信息，进而表征混凝土在不同时段的磨损劣化程度。

1.3.2.2 低热硅酸盐水泥混凝土的抗冲磨性能

如表1.5所列，苏联学者容克比较了单矿物熟料在相同稠度条件下的水泥石及砂浆耐磨性能，得出 C_3S 抗冲磨强度最高、C_2S 抗冲磨强度最低的结论，建议在考虑抗冲磨性能的混凝土配合比方案中优先选用 C_3S 较高的硅酸盐水泥[81]；吕鹏飞等[82] 通过试验发现，低热硅酸盐水泥、中热硅酸盐水泥和普通硅酸盐水泥砂浆试件的前期耐磨性能较为接近，但低热硅酸盐水泥砂浆的360d耐磨强度明显高于其他两种水泥，并指出这是由于经长龄期养护后低热水泥水化产物中 $Ca(OH)_2$ 浓度低、结晶度高，砂浆试件脆性较小所导致的；Wang et al.[35] 采用水下钢球法比较了不同类型水泥混凝土的抗冲磨强度，结果表明，经养护28d的低热硅酸盐水泥混凝土抗冲磨强度低于相同配比的中热硅酸盐水泥和普通硅酸盐水泥混凝土，但其90d、180d抗冲磨强度则明显高于后者，与抗压强度试验结果具有很好的一致性；徐铜鑫、徐俊杰等[83-84] 指出，C_2S 水化生成的 $Ca(OH)_2$ 含量较低，而C—S—H凝胶则相对较多，导致低热硅酸盐水泥水化产物中的晶胶比较低，水泥韧性高，用其配制的混凝土具有更好的抗磨蚀、抗冲击以及抗疲劳等性能。目前，低热硅酸盐水泥抗冲磨混凝土已在向家坝、白鹤滩、溪洛渡等多个水利工程中得到应用，实践证明，低热硅酸盐水泥具有优异的抗冲磨性能[85-89]。

表1.5 单矿物水泥石及砂浆的相对抗冲磨强度 单位：h/cm

熟料矿物	C_3S	C_2S	C_3A	C_4AF
水泥净浆	1.00	0.23	0.85	0.91
水泥砂浆	1.00	—	0.20	0.22

根据以上分析可知，现有关于低热硅酸盐水泥混凝土的抗冲磨性能研究仍是基于抗压强度、抗冲磨强度和质量损失这3个传统的宏观性能指标开展的，且多为与中热硅酸盐水泥混凝土、普通硅酸盐水泥混凝土的简单性能比较，针对冲磨作用下低热硅酸盐水泥混凝土的物理力学参数和磨蚀形貌的经时变化规律研究不够深入，对于不同水胶比、不同矿物掺合料条件下的低热硅酸盐水泥基混凝土损伤劣化机理研究鲜有涉及，即现有的基础研究成果难以满足低热硅酸盐水泥广泛应用于水工抗冲磨混凝土领域的理论支撑。我国西部地区的地理位置和气候条件决定了该地以山溪性河流为主，河道泥沙中的推移质含量较高，此类地区修建的水工建筑物过流面混凝土面临较为严峻的推移质冲磨破坏潜在危害。因此，对低热硅酸盐水泥混凝土的抗冲磨性能进行系统研究是其在西部地区水利工程中广泛应用的现实需要与基础课题。

1.3.3 硫酸盐侵蚀

1.3.3.1 混凝土的硫酸盐侵蚀

混凝土的硫酸盐侵蚀是一个涉及离子传输、物相转化以及膨胀破坏等多个步骤的复杂的物理化学过程，可根据 SO_4^{2-} 的来源将其分为外部硫酸盐侵蚀和内部硫酸盐侵蚀。其中，外部硫酸盐侵蚀（简称硫酸盐侵蚀）是指外部环境水中的 SO_4^{2-} 扩散进入水泥基体中，与氢氧化钙、水化铝酸钙、水化硅酸钙等固相水化产物发生相互作用，引起混凝土膨胀、开裂甚至胶结力丧失，进而导致结构耐久性劣化的过程。

通常，硫酸盐侵蚀又可依据其破坏机理进一步分成物理结晶型和化学反应型。物理结晶型硫酸盐侵蚀是指侵蚀介质中的 SO_4^{2-} 在毛细作用下发生迁移而导致某处形成过饱和溶液，进而引起硫酸盐结晶析出造成混凝土的膨胀破坏。硫酸钠结晶和硫酸镁结晶是物理结晶型侵蚀的两种常见反应，结晶态的硫酸钠体积膨胀率可达311%，硫酸镁体积膨胀11%，其反应过程分别见式（1.3）和式（1.4）。需要指出的是，尽管结晶态硫酸镁的体积膨胀率较低，但其对混凝土材料的侵蚀危害往往更加严重，这是因为 Mg^{2+} 一方面可以与水泥孔隙液中的 OH^- 反应生成微溶性的 Mg $(OH)_2$ 沉淀与石膏结晶，另一方面还可以消耗水化产物中的C—S—H凝胶与之反应生成无胶结能力的M—S—H，见式（1.5）、式（1.6）。

$$2Na^+ + SO_4^{2-} \longleftrightarrow Na_2SO_{4(固体)} \xleftrightarrow{+10H_2O} Na_2SO_4 \cdot 10H_2O_{(晶体)} \tag{1.3}$$

$$Mg^{2+} + SO_4^{2-} \longleftrightarrow MgSO_{4(固体)} \xrightarrow{+H_2O} MgSO_4 \cdot H_2O_{(晶体)} \xrightarrow{+5H_2O}$$
$$MgSO_4 \cdot 6H_2O_{(晶体)} \xrightarrow{+H_2O} MgSO_4 \cdot 7H_2O_{(晶体)} \tag{1.4}$$

$$MgSO_4 + Ca(OH)_2 + 2H_2O \longrightarrow CaSO_4 \cdot 2H_2O_{(晶体)} + Mg(OH)_2(\downarrow) \tag{1.5}$$

$$MgSO_4 + C-S-H \longrightarrow CaSO_4 \cdot 2H_2O_{(晶体)} + M-S-H \tag{1.6}$$

化学反应型硫酸盐侵蚀根据其所生成产物的不同可以进一步分为石膏结晶、钙矾石结晶和碳硫硅酸钙型侵蚀 3 种，前两种结晶膨胀是导致混凝土侵蚀破坏的常见类型。见式（1.7），石膏结晶是指水泥孔隙液中的 Ca^{2+} 与扩散侵入的 SO_4^{2-} 反应生成 $CaSO_4$，并在一定条件下进一步与结晶水结合生成石膏的过程，此反应将导致固相体积增大 1.2 倍；钙矾石（$3CaO \cdot Al_2O_3 \cdot 3CaSO_4 \cdot 32H_2O$，AFt）是混凝土硫酸盐侵蚀的主要特征产物，其形成过程多被认为是一个多相反应，即侵入的 SO_4^{2-} 首先与水泥浆体中的 $Ca(OH)_2$ 反应生成石膏，然后石膏再与水泥浆体中的铝相化合物反应生成 AFt，其过程见式（1.8）～式（1.10），其中式（1.9）和式（1.10）反应所引起的体积膨胀率分别为 130%和 43%；碳硫硅酸钙型硫酸盐侵蚀的反应过程见式（1.11），通常发生于含有石灰质原料或遭受碳化的侵蚀混凝土材料中，该侵蚀条件下混凝土性能损伤较为严重。

$$Ca^{2+} + SO_4^{2-} \longrightarrow CaSO_4 \xrightarrow{+2H_2O} CaSO_4 \cdot 2H_2O_{(晶体)} \tag{1.7}$$

$$SO_4^{2-} + Ca^{2+} + 2H_2O \longrightarrow CaSO_4 \cdot 2H_2O_{(晶体)} \tag{1.8}$$

$$3CaSO_4 \cdot 2H_2O + C_3A + 26H_2O \longrightarrow 3CaO \cdot Al_2O_3 \cdot 3CaSO_4 \cdot 32H_2O_{(晶体)} \tag{1.9}$$

$$3CaSO_4 \cdot 2H_2O + C_4AH_{13} + 14H_2O \longrightarrow 3CaO \cdot Al_2O_3 \cdot 3CaSO_4 \cdot 32H_2O_{(晶体)} + Ca(OH)_2 \tag{1.10}$$

$$3Ca^{2+} + SiO_3^{2-} + SO_4^{2-} + CO_3^{2-} + 15H_2O \longrightarrow CaSiO_3 \cdot CaSO_4 \cdot CaCO_3 \cdot 15H_2O_{(晶体)} \tag{1.11}$$

目前，国内外学者针对混凝土材料硫酸盐侵蚀性能的研究多集中于两个方面：①混凝土的自身材料因素，例如水泥矿物组成、水胶比、矿物掺合料和外加剂等；②包括 SO_4^{2-} 离子浓度、共存离子类型、溶液 pH 值以及环境温度等指标在内的外部环境因素。例如，González et al.[90] 指出水泥熟料矿物中 C_3A 水化产生的水化铝酸钙是生成钙矾石的重要成分，C_3S 水化生成的大量 $Ca(OH)_2$ 是形成石膏的必要组分，因此可以通过降低水泥材料中的 C_3A 和 C_3S 含量来改善其抗硫酸盐侵蚀能力；Kurtis et al.[91] 通过试验对比了 8 组不同矿物成分的水泥浆体抗硫酸盐侵蚀性能，所得结果也证实了这一结论；Boyd et al.[92] 研究了硫酸盐侵蚀条件下不同水灰比的普通硅酸盐水泥与抗硫酸盐水泥的抗压和抗拉强度变化规律，试验结果表明，水灰比对硫酸盐侵蚀性能的影响大于水泥类型，降低水胶比可以有效提高水泥石的抗侵蚀能力；Dhole et al.[93] 通过试验发现，无论其类型与掺量如何，粉煤灰的掺入均可以显著提高混凝土的抗硫酸盐侵蚀性能；Tikalsky et al.[94] 认为，低钙粉煤灰更有利于提升混凝土的抗硫酸盐侵蚀能力，并且其最佳掺量大约为 25%。

Biczok[95] 对混凝土试件在不同溶液浓度条件下的硫酸盐侵蚀机理进行了研究，指出较低浓度（$SO_4^{2-} < 1000mg/L$）硫酸钠溶液所对应的主要侵蚀产物为钙矾石结晶，高浓度（$SO_4^{2-} > 8000mg/L$）硫酸钠溶液中混凝土的主要侵蚀产物为石膏，当侵蚀溶液 SO_4^{2-} 浓度为 1000～8000mg/L 时，石膏和钙矾石将共同存在。而对于硫酸镁溶液，当其（$SO_4^{2-} <$ 4000mg/L）时，混凝土的主要侵蚀产物为钙矾石，中等浓度（$4000mg/L \leqslant SO_4^{2-} \leqslant$ 7500mg/L）溶液所对应的侵蚀产物为钙矾石和石膏共存，但当溶液浓度较高（$SO_4^{2-} >$

7500mg/L）时，混凝土的主要侵蚀机理为镁盐侵蚀；Ferraris et al.[96] 通过试验分析了水泥砂浆在不同 SO_4^{2-} 浓度和pH值条件下的侵蚀膨胀率，发现试件膨胀速率随着溶液浓度的提高而增大、随pH值的降低而减缓；Yu et al.[97-98] 指出，提高溶液浓度能够加快水泥砂浆试件表面的硫酸盐侵蚀劣化速率，但对于砂浆试件中的 SO_4^{2-} 扩散深度和膨胀速率并无明显影响；Xiong et al.[99] 针对硫酸盐侵蚀环境中的 Na^+、Mg^{2+}、K^+ 和 NH_4^+ 四种常见阳离子，研究了普通硅酸盐水泥净浆试件在不同硫酸盐侵蚀溶液下的物理力学损伤规律，并对其化学侵蚀机理进行了分析；Aye et al.[100] 比较了硅酸盐水泥试件在 Na_2SO_4 和 $MgSO_4$ 溶液中的性能劣化规律，指出混凝土的硫酸盐侵蚀是物理作用与化学损伤的叠加过程，Na_2SO_4 溶液在物理侵蚀方面比 $MgSO_4$ 溶液更具破坏性，而 $MgSO_4$ 溶液在化学侵蚀方面较 Na_2SO_4 溶液的危害性更大；Santhanam et al.[101] 研究了混凝土试件在 Na_2SO_4 和 $MgSO_4$ 两种侵蚀溶液中的膨胀行为，结果表明，二者膨胀过程均包含两个阶段，即侵蚀初始阶段试件膨胀率低、增速慢，而当侵蚀产物累积到一定程度后，混凝土试件的膨胀速率将快速提升，并且相同侵蚀龄期下硫酸钠溶液中的试件膨胀率及其增长速率大于硫酸镁侵蚀环境下的试件；席耀忠、Fernandez et al.[102-103] 针对溶液pH值对混凝土硫酸盐侵蚀机理的影响进行了深入研究，指出当溶液pH值为12.0～12.5时，硫酸盐侵蚀产物主要为钙矾石，当溶液pH值为10.6～11.6时，对应的侵蚀产物包括钙矾石和石膏结晶，而当pH值＜10.6时，侵蚀产物则主要为石膏；Hossack et al.[104] 通过试验研究了23℃、10℃、5℃和1℃四种温度条件下掺粉煤灰硅酸盐水泥石的硫酸盐侵蚀速率，试验结果表明，硫酸盐侵蚀速率随着环境温度的上升而加快，粉煤灰能够有效提高水泥石在较高温度条件下的抗硫酸盐侵蚀能力，但对其低温条件下的耐蚀强度并无明显改善。

根据上述分析可知，实际工况下的混凝土硫酸盐侵蚀受到溶液浓度、共存离子、环境温度以及结构边界条件等因素的影响，对其侵蚀过程进行模拟与评价是一个十分复杂的过程。目前，研究人员通常采用提高溶液浓度、调整反应温度、减小试件尺寸以及控制溶液pH值等措施对硫酸盐侵蚀进行加速模拟试验。根据侵蚀过程的差异，可将加速方法分为全浸泡、干湿循环和半浸泡3种，其中全浸泡方式为化学侵蚀，其余两种加速方法属于盐结晶侵蚀。《水泥抗硫酸盐侵蚀试验方法》（GB/T 749—2008）[105] 和《普通混凝土长期性能和耐久性能试验方法标准》（GB/T 50082—2009）[106] 分别推荐了用于测试硫酸盐侵蚀性能的试件尺寸及评价指标，但受限于侵蚀加速方法以及试验研究目标的差异，在实际操作中科研人员大多选择了不同尺寸的试件。例如，李方元、李雷等[107-108] 采用抗折强度和抗蚀系数作为评价指标，对硫酸盐、镁盐侵蚀作用下普通硅酸盐水泥和高抗硫水泥砂浆试件的力学性能退化规律进行了研究；Gao et al.[109] 采用改进的硫酸钡重量法测定了沿混凝土侵蚀截面上的 SO_4^{2-} 分布情况，并分析了溶液浓度与荷载情况对试件硫酸盐侵蚀速率的影响；Xiong et al.[110] 测试了硫酸盐、铵盐复合侵蚀环境下普通硅酸盐水泥浆体的抗压强度、质量损失、线性膨胀率与显微维氏硬度，基于这些指标分析了硫酸盐侵蚀、Ca^{2+} 溶蚀耦合条件下的水泥石损伤劣化行为；Yan et al.[111] 以相对动弹性模量和抗压强度为评价指标，对比分析了硫酸盐侵蚀环境中蒸汽养护混凝土和标准养护混凝土试件的损伤过程；Haufe et al.[112] 设计了一种可以降低试验测试难度的煤球状混凝土试件，并测试了其在硫酸盐侵蚀作用下的抗拉强度变化，证明该方法可以很好地表征侵蚀早期混凝土表面损伤程度；Chu et al.[113] 利用超声技术测定了大掺量粉煤灰混凝土硫酸盐侵蚀过程中膨胀波衰减系数随时间的变化规律，建立了弹性膨胀波的衰减系数、弛豫时间和波速之间的理论模型。

1.3.3.2 低热硅酸盐水泥基材料的抗硫酸盐侵蚀性能

与普通硅酸盐水泥相比，低热硅酸盐水泥熟料中的 C_2S 含量高，C_3A 和 C_3S 含量低，水泥浆体中的氢氧化钙与铝相化合物含量较少，因此通常认为其具有良好的抗硫酸盐侵蚀性能。事实上，就低热硅酸盐水泥混凝土的耐久性能而言，关于其硫酸盐侵蚀性能的研究成果相对较多。例如，彭小平、范磊等[56-57] 通过研究发现，高浓度硫酸钠溶液侵蚀环境中低热硅酸盐水泥砂浆试件的抗弯侵蚀系数较普通硅酸盐水泥提高 143.5%，其水化生成的“不良组分”$Ca(OH)_2$ 含量较低，且水化生成的 C—S—H 凝胶钙硅比低，具有更加致密、稳定的结构；Sui[17] 比较了浸泡于硫酸钠溶液中的低热硅酸盐水泥混凝土和普通硅酸盐水泥混凝土的动弹性模量和抗压强度，结果也表明低热硅酸盐水泥的抗硫酸盐侵蚀较优；Lee[114] 对比了低热硅酸盐水泥、中热硅酸盐水泥以及 3 种不同矿渣粉掺量的硅酸盐水泥在不同浓度硫酸钠溶液中的性能损伤规律，发现降低胶凝材料中的 C_3A 和钙硅比可以有效降低侵蚀试件的膨胀率和抗压强度损失，提高其抗硫酸盐侵蚀能力；王可良[24] 指出，经标准养护 28d 的低热硅酸盐水泥混凝土在硫酸镁溶液中浸泡 60d 之后的试件劈拉强度较相同配合比的硅酸盐水泥混凝土高 9.0%，由于低热水泥的 C_3A 含量较低，因此其具有相对较好的抗硫酸镁侵蚀性能；Wang et al.[115] 研究了海水腐蚀环境下低热硅酸盐水泥混凝土的抗压强度和质量变化规律，结果表明，提高水泥材料中的 C_2S 含量能够有效提升混凝土的耐硫酸盐侵蚀和氯离子侵蚀能力。由上述分析可知，目前针对低热硅酸盐水泥硫酸盐侵蚀性能的研究多以抗压强度、抗弯侵蚀系数以及质量损失等宏观性能作为评价指标，少有考虑水胶比、矿物掺合料等材料因素对其抗侵蚀性能的影响，针对不同硫酸盐溶液浓度、共存阳离子类型以及 pH 值等外部环境因素影响的研究鲜见报道，缺乏对其侵蚀损伤行为以及微观结构演变的机理分析。

综上，现有试验方法对于评价低热硅酸盐水泥混凝土的硫酸盐侵蚀问题不尽合理，多数研究者也未能摆脱相关标准和实验条件的限制，对于侵蚀影响因素方面考虑不足。我国西部地区分布着大面积的盐渍土和盐渍湖，山区岩层中常伴有石膏类硫酸盐夹层或沉积层等，并且部分地区煤藏量丰富，土壤和地下水通常含有较高的 SO_4^{2-}，在此类地区修建的水工混凝土结构普遍面临较为严峻的硫酸盐侵蚀危害，并且通常伴有镁盐、铵盐等复合侵蚀的情况存在。因此，在西部地区考虑应用低热硅酸盐水泥配制水工大体积混凝土时应首先对其硫酸盐侵蚀性能进行系统、深入的研究与评判。

1.3.4 钙离子溶蚀

1.3.4.1 混凝土的钙离子溶蚀

溶蚀即溶出性侵蚀，是指当混凝土材料在软水环境或者接触侵蚀性化学溶液时，其水泥浆体孔隙液中的 Ca^{2+} 由于与外界环境水之间存在浓度差，在浓度梯度或者酸性环境的作用下发生溶出，引起水泥石结构劣化的现象。见式（1.12）和式（1.13），溶蚀导致孔隙液中 Ca^{2+} 浓度降低，致使其与固相水化产物之间的局部化学平衡关系被打破，为恢复固液平衡状态，水泥骨架中的$Ca(OH)_2$、C—S—H和钙矾石等含钙组分将不断溶解并迁移，进而导致水泥石孔隙率逐渐增大、胶结能力降低、力学性能退化，最终导致混凝土结构发生破坏。

$$Ca(OH)_2 + 2H^+ \longrightarrow Ca^{2+} + 2H_2O \tag{1.12}$$

$$3CaO \cdot 2SiO_2 \cdot 3H_2O + 6H^+ \longrightarrow 3Ca^{2+} + (2SiO_2 \cdot H_2O) + 4H_2O \tag{1.13}$$

国外关于水泥混凝土的溶蚀性能研究起步较早。20世纪初，美国的科罗拉多（Calorado）和鼓后池（Drum Afterbay）两座拱坝即因早期对于水泥石成分认识的不足，发生了溶蚀破坏而导致报废；此后，Biczok[95]针对溶蚀问题进行了初步研究，指出溶出性侵蚀、溶解性侵蚀以及膨胀性侵蚀为混凝土材料的3种主要侵蚀类型。20世纪80年代，法国原子能委员会为了利用混凝土结构物储存核放射废料，对化学侵蚀条件下的混凝土溶蚀性能损伤机理进行了大量研究，例如，Berner[116]提出Ca^{2+}的溶蚀过程与其孔隙液中的初始浓度具有直接关系，即水泥浆体中Ca^{2+}含量越高则越容易发生溶出性侵蚀；基于此，Adenot、Gérard et al.[117-118]研究了不同溶蚀程度水泥浆体中Ca^{2+}含量以及微观水化产物的变化，建立了固相水化产物与孔隙液之间的化学平衡关系。20世纪末，由于我国混凝土高坝的建设需要，方坤河、李金玉等[119-120]针对大坝混凝土的溶蚀和渗透性能开展了一系列研究。例如，李金玉等[121]分析了不同溶蚀程度混凝土试件的孔隙结构变化，发现当钙溶出量为6%、25%时，混凝土的孔隙率分别增大21%、90%；李新宇等[122]建立了渗透溶蚀条件下混凝土Ca^{2+}浓度随侵蚀时间变化的数学模型；孔祥芝等[123]模拟大坝混凝土服役环境，研究了矿物掺合料对于大尺寸混凝土结构溶蚀性能的影响。近些年来，国内学者多关注于水泥基材料的溶蚀机理和损伤劣化模型研究。例如，杨虎[124]针对普通硅酸盐水泥石的溶蚀过程以及物理、力学损伤行为进行了深入研究；马强、李向南等[125-126]分析了溶蚀条件下水泥净浆中的Ca^{2+}传输规律，建立了水泥石试件养护-溶蚀全过程的数值模型；蔡新华等[127]通过试验分析了粉煤灰掺量对于水泥石中Ca^{2+}溶出速率和C—S—H凝胶结构的影响，提出粉煤灰增强水泥溶蚀性能的最大适宜掺量为50%；刘仍光等[128]围绕软水侵蚀环境下水泥-矿渣复合胶凝材料的浆体孔隙结构、侵蚀产物、浆体形貌以及Ca（OH）$_2$含量等性能进行了研究，结果表明，当矿渣粉掺量为70%以内时，其复合胶凝材料均具有良好的抗溶蚀性能。

针对混凝土溶蚀性能影响因素的研究一般可归纳为两类：①包括水泥成分、水胶比、矿物掺合料、钙硅比等材料自身性能因素；②考虑外部环境影响因素，主要包括侵蚀溶液类型、温度、水压力、混凝土与水体接触面积等，多与针对模拟溶蚀过程的加速方法研究有关。Maltais、Cheng et al.[129-131]指出，降低水胶比可以增强混凝土的密实性，减小水泥浆体中的Ca^{2+}扩散系数，进而提高混凝土的抗溶蚀性能；Carde et al.[132]对比了酸性溶液环境下硅酸盐水泥、矿渣硅酸盐水泥和火山灰硅酸盐水泥的Ca^{2+}溶出速率，结果表明，火山灰质混合材能够显著提高水泥浆体的抗溶蚀性能，矿渣粉次之，而硅酸盐水泥的抗溶蚀能力较差。目前研究证明，矿物掺合料普遍具有一定的物理活性和化学活性，物理活性是指其掺入后可以改善水泥浆体的颗粒级配，提升混凝土材料的孔隙结构和密实性，化学活性是指其能够与水泥水化生成的Ca（OH）$_2$发生二次反应，提高水泥浆体中的C—S—H含量，降低其钙硅比，并且改善混凝土的微观结构与界面过渡区性能，进而提升其抗溶蚀能力。例如，Rozière et al.[133] 研究发现，掺入 30%粉煤灰后混凝土水化产物中 Ca $(OH)_2$ 含量明显降低，因此其抗溶蚀和抗硫酸盐侵蚀性能得到改善；Yang et al.[134] 研究了不同粉煤灰掺量对于溶蚀作用下硬化水泥浆体的孔隙率和溶蚀深度的影响，试验结果表明，掺入 40%粉煤灰后溶蚀水泥石的孔隙率增量最低，此时的抗溶蚀性能最佳；Varga et al.[135] 分析了 NH_4NO_3 侵蚀溶液环境中矿渣-水泥浆体试件的微观结构劣化过程，结果表明，掺入矿渣可以改善水泥石的微观结构，提升其溶蚀后的残余力学性能；Liu et al.[136] 通过试验发现，矿渣粉能够提高水泥净浆试件的密实性，并且减缓 Ca^{2+} 溶出速率，提升其抗溶蚀性能。此外，Carde et al.[137] 还研究了硅灰对于硅酸盐水泥溶蚀性能的影响，结果表明，掺硅灰和不掺硅灰的水泥砂浆试件完全溶蚀后的残余抗压强度分别为原来的 24%和 68%，并且掺硅灰试件的溶蚀损伤区浆体钙硅比更高；Bentz et al.[138] 提出了溶蚀水泥浆体 Ca $(OH)_2$ 临界体积分数的概念，并认为硅灰的最佳掺入量应使混凝土中的 Ca $(OH)_2$ 含量达到此临界值为准；Catinaud et al.[139] 针对石灰石粉混凝土的接触溶蚀性能及其劣化机理进行了半定量研究，指出石灰石粉可以减少 CaO 的相对溶出量，降低溶蚀发生速率。

实际工况条件下，混凝土的溶蚀过程往往比较缓慢，目前已发表的文献中仅有 Trägårdh et al.[140] 对受软水浸泡 90 年的坝体混凝土进行了自然侵蚀研究，其他多是在实验室内采用常规实验或加速实验两种方式来模拟水泥混凝土的溶蚀过程。常规方法包括直接浸泡法、破碎侵蚀法、压力渗透法和喷射水流法[141]，加速方法包括离子水法、化学试剂法、电化学加速法和提高溶液温度法等。其中，化学试剂法是最为常用的溶蚀加速方法之一[142-144]。NH_4NO_3 和 NH_4Cl 通常被当作加速介质用以配制酸性溶液来模拟溶蚀过程，两者作用原理类似，即消耗水泥浆体中的 Ca $(OH)_2$ 并与之反应生成易溶的 $Ca(NO_3)_2$ 或 $CaCl_2$，一方面使得 Ca^{2+} 在浓度压差的作用下不断从水泥石中溶出，一方面降低孔隙液 pH 值使水泥浆体中的 C—S—H 发生脱钙反应[145]。尽管目前尚未建立统一的混凝土溶蚀性能试验规范，国内外学者已经针对水泥及混凝土材料的溶蚀特性开展了大量试验并获得了丰富成果，研究关注点主要包括 Ca^{2+} 的浓度分布、溶蚀深度、孔隙率以及力学性能等指标。例如，Haga et al.[146] 采用去离子水加速溶蚀试验法，研究了不同侵蚀周期下硅酸盐水泥石平板试件的溶蚀深度和孔隙结构变化，试验结果表明，水泥浆体中有害孔数量随着溶蚀时间的延长而增加，溶蚀深度在浸泡前 14 周增速较快，之后几乎观察不到 Ca^{2+} 溶解峰线的前移；Choi et al.[147] 配制了 6mol/L 的 NH_4NO_3 溶液用以加速圆柱形混凝土试件的溶蚀速率，并测试了不同浸泡龄期下的试件溶蚀深度、抗压强度和弹性模量，结果表明，溶蚀混凝土的抗压强度和弹性模量明显降低，残余强度为初始值的 35%～60%，且浸泡 90d 后其溶蚀损伤程度不再明显增加；Yang et al.[148] 选用 6mol/L NH_4Cl 溶液作为溶蚀加速介质，测试了圆柱形水泥净浆试件在不同侵蚀龄期内沿侵蚀方向截面的显微维氏硬度分布，并基于此将溶蚀水泥石分为损伤区、过渡区和完好区 3 个区域；Agostini、Wan et al.[149-150] 通过 NH_4NO_3 加速试验法，测试了不同浸泡时间下水泥石试件的孔隙率与质量损失率，指出 Ca^{2+} 溶蚀过程可以分为 Ca $(OH)_2$ 晶体溶出与 C—S—H 凝胶分解两个阶段；Bellégo[151] 研究了 NH_4NO_3 侵蚀溶液中水泥砂浆小梁试件的力学性能损伤规律，指出当溶蚀程度为 48%、59%、74%时，砂浆试件的刚度损失率分别为 23%、36%和 53%，而其脆性则逐渐增大。

1.3.4.2　低热硅酸盐水泥基的溶蚀性能

目前关于混凝土溶蚀性能的研究多是围绕普通硅酸盐水泥展开的，尽管已有不少关于水泥种类对混凝土溶蚀性能影响的文献资料，但其关于水泥类型的讨论多集中于硅酸盐水泥中混合材种类与掺量的差别，鲜有关于熟料矿物组成对水泥溶蚀性能影响的相关报道。现有研究普遍认为，混凝土的 Ca^{2+} 溶出行为与其水泥浆体中 $Ca(OH)_2$、C—S—H 等含钙化合物的初始含量及微观结构密切相关。由于 C_2S、C_3S、C_3A 等熟料矿物成分的差异，低热硅酸盐水泥浆体中的 $Ca(OH)_2$ 含量、C—S—H 凝胶结构、Ca/Si、石膏含量以及孔隙结构等均与传统硅酸盐水泥有所不同，这些因素可能对其混凝土材料的溶蚀性能产生明显影响。

事实上，由于我国西部地区河流以及地下水中的含盐量往往较高，普遍认为该地区混凝土结构发生接触性溶蚀破坏的可能性较小，因此针对混凝土耐久性的研究鲜有考虑溶蚀性能，然而这种认识显然是片面的。以新疆地区为例，该地区拥有全国 42%的冰川资源，随着全球气候变暖，冰川融雪增加导致地表径流量逐年增大，当地拟在天山、昆仑山和阿尔泰山三大山脉中新建多座山区水库以实现冰川资源的主动有效配置。冰川融雪水源含盐量极低，并且新疆地区冬季最低气温往往低于－40℃，在软水和冻融环境共同作用下，混凝土结构的耐久性将面临严峻挑战。因此，尽管目前未见相关西部地区水利工程溶蚀破坏的报道，但随着冰川融水的增多以及山区水库的建设，该地区潜在的混凝土溶蚀破坏问题应该引起重视。

对于水工混凝土而言，其整个服役生命期内均不可避免地与环境水接触，常发生不同程度的接触性溶蚀，而特高拱坝、薄壁型拱坝、面板堆石坝、防渗墙等混凝土结构则多面临更加严峻的渗透性溶蚀危害，因此抗溶蚀能力是设计与配制水工混凝土所需考虑的重要耐久性能之一。从这个角度出发，开展溶蚀作用下低热硅酸盐水泥混凝土的物理力学性能、微观结构演变以及侵蚀损伤机理研究是迫切而必要的。

1.3.5　多因素耦合破坏

上述研究现状均为单一环境因素作用下的混凝土耐久性能损伤问题。实际工况下，水工混凝土结构的服役环境普遍较为复杂，冻融、冲磨、硫酸盐侵蚀以及溶蚀等问题往往耦合发生，不同物理、化学损伤因素之间存在正负叠加与交互作用，单因素性能研究难以满足实际工程中的混凝土耐久性设计及寿命预测需要。混凝土不同性能之间往往相互关联、互相影响，因此针对多因素耦合作用下混凝土的耐久性能损伤研究通常存在一定难度，具体表现在 3 个方面：①如何准确确定各损伤因子的类型及其贡献系数；②如何科学设计试验模拟混凝土材料的损伤劣化过程；③如何全面评判正负叠加与交互效应下混凝土的综合耐久性能。以下仅针对本书拟研究的 4 个耐久性问题，概述国内学者所开展的双重因素耦合研究方案。

慕儒等[152] 通过试验研究了普通硅酸盐水泥混凝土在 5.0% Na_2SO_4 溶液中的抗冻性能，结果表明，Na_2SO_4 溶液中冻融混凝土试件的相对动弹性模量较水冻环境下的降低速率更快，而其质量损失率却相对较低；谢友均等[153] 分别研究了单掺粉煤灰、复掺粉煤灰和硅灰以及纯普通硅酸盐水泥混凝土试件在5.0% Na_2SO_4 溶液和水溶液中的抗冻性，发现复合水泥浆体混凝土的抗盐冻性能优于纯水泥混凝土，而水冻条件下的结论却与之相反；Li、Wang et al.[154-156] 分别应用类似的方法研究了再生混凝土、钢纤维混凝土和粉煤灰-硅灰混凝土在硫酸钠溶液中的盐冻性能，所得结论与之类似；葛勇等[157] 对比研究了引气与非引气混凝土在5.0% Na_2SO_4、7.0% Na_2SO_4 溶液和纯水中的抗冻性能，结果表明，适量引气能够有效提高混凝土的抗硫酸盐冻融性能，但当混凝土强度较高时，可能会在盐冻过程中发生胀裂破坏；张云清等[158] 对5.0% $MgSO_4$ 溶液中的混凝土冻融损伤规律进行了研究，发现 $MgSO_4$ 溶液能够降低高水胶比混凝土试件的冻融损伤速率，但对于低水胶比试件的抗冻性能却有不利影响；苑立冬、Jiang et al.[159-160] 采用超声平测法分别测试了引气混凝土在1.0% Na_2SO_4、5.0% Na_2SO_4、5.0% $MgSO_4$ 和水溶液4种冻融介质中的损伤层厚度，发现 Na_2SO_4 溶液对于混凝土的冻融破坏随其浓度的提高逐渐由促进作用转变为抑制作用，而 $MgSO_4$ 溶液中的冻融混凝土在硫酸盐、镁盐双重侵蚀作用下损伤速率加快；陈四利等[161] 首先分别将C15混凝土试件在浓度为0.05mol/L、0.1mol/L和0.5mol/L的 Na_2SO_4 溶液中浸泡12h，然后取出放入冷冻箱（−20℃）冻结12h，以此为一个循环，交替试验并测试试件经不同循环次数后的抗压强度，结果表明，随着循环次数的增加，冻融和硫酸盐侵蚀两种作用先后主导混凝土的损伤过程，耦合侵蚀加速了混凝土的力学性能退化；肖前慧[162] 测试了冻融与酸雨共同作用下的混凝土棱柱体试件质量、相对动弹性模量和抗压强度，发现两种损伤因素叠加作用下混凝土的劣化速率明显高于其单一作用。王学成[163] 以冻融次数和水泥石质量损失率为变量，分别研究了普通硅酸盐水泥石在先冻融后溶蚀和先溶蚀后冻融两种工况下的孔结构与显微维氏硬度变化，进而总结分析了水泥浆体在冻融、溶蚀耦合作用下的性能损伤规律；周丽娜[164] 首先采用电化学加速的方法对 Φ100mm×50mm 混凝土试件分别开展60d、90d和180d溶蚀试验，然后将不同溶蚀损伤程度的试件进行100次快速冻融循环，以此研究溶蚀混凝土的抗冻性能。刘彦书[165] 通过快速冻融试验和水下钢球法，以冻融50次、冲磨12h为一个循环，测试了C30普通硅酸盐水泥混凝土在冻磨交替耦合作用下的试件质量变化，并对其磨蚀形貌进行了定性分析；马金泉[166] 研发了一种新型搅拌冲磨试验装置，先将不同配合比的圆柱体混凝土试件进行快速冻融试验，然后再将不同损伤程度的冻融混凝土试件放入冲磨仪中，测试其不同磨蚀时间下的质量损失。

综上所述，现有针对冻融、冲磨、硫酸盐侵蚀和溶蚀4个耐久性问题的双重耦合因素的研究多集中于普通硅酸盐水泥混凝土的硫酸盐冻融损伤行为，并且其相关研究结论具有较好的一致性。冻融与冲磨耦合作用下普通硅酸盐水泥混凝土劣化程度的表征手段较为单一，试验设计仅为两种物理破坏行为的简单叠加，对其交互效应缺乏深入讨论。此外，现有文献中关于冻融与溶蚀耦合作用下的劣化行为的研究多基于普通硅酸盐水泥石试件开展，针对混凝土材料的宏观性能损伤规律的研究相对较少。事实上，由于硫酸盐侵蚀导致水泥浆体中的 $Ca(OH)_2$ 被不断消耗，孔隙液pH值降低，因此该过程通常伴有 Ca^{2+} 溶蚀现象，除此之外，硫酸铵溶液环境下混凝土材料将面临严峻的硫酸盐侵蚀、溶蚀双重侵蚀危害。目前，尚未见到关于水工低热硅酸盐水泥基材料的上述4个耐久性因素耦合研究的相关报道。

1.4 本书研究内容

基于以上国内外研究现状和存在的主要问题，本书针对低热硅酸盐水泥基材料的水化热、力学性能以及抗冻、抗冲磨、硫酸盐侵蚀和溶蚀4个耐久性能进行系统研究，丰富低热硅酸盐水泥混凝土的性能理论，为其在水利工程中的推广应用提供科学指导与技术支撑。本书主要研究内容如下：

(1) 低热硅酸盐水泥基胶凝材料的水化行为及放热规律。基于水化热“直接法”试验，对比分析低热硅酸盐水泥与大掺量矿物掺合料普通硅酸盐水泥胶凝体系的水化放热规律；通过电阻率曲线和水化热速率曲线研究两种水泥基材料的早期水化行为，比较电阻率法和水化热法在表征低热硅酸盐水泥水化进程中的差异。系统研究不同掺量粉煤灰、矿渣粉条件下低热水泥胶凝体系水化放热规律，分别应用矿物成分法、折算系数法和数值拟合法对低热硅酸盐水泥胶凝体系水化热进行计算，提出低热硅酸盐水泥胶凝体系水化热计算模型。

(2) 低热硅酸盐水泥基胶凝材料的力学性能与综合性能优化。系统研究不同掺量粉煤灰、矿渣粉条件下低热硅酸盐水泥胶凝材料体系胶砂强度规律，建立低热硅酸盐水泥胶凝材料72h电阻率及其7d、28d和90d抗压强度之间的关系，提出基于电阻率法的低热硅酸盐水泥胶凝体系抗压强度预测模型。分别从定性分析和定量计算两个角度对低热硅酸盐水泥胶凝体系的力学、热学综合性能进行优化，包括：①基于综合模糊评价方法的思想，应用线性加权法建立低热硅酸盐水泥综合性能评价函数，对其胶凝材料体系的力学、热学综合性能进行优化分析；②应用投影寻踪回归软件对低热硅酸盐水泥胶凝体系抗压强度和水化热进行仿真计算，将其综合性能优化转化为对其力学、热学两个单目标进行寻优。

(3) 冻融循环作用下低热硅酸盐水泥基混凝土性能演化规律。基于快速冻融试验法，对比普通硅酸盐水泥混凝土，测试不同冻融循环次数下低热硅酸盐水泥混凝土的质量损失、相对动弹性模量、孔隙率和抗压强度等宏观指标以及孔结构特征和水化产物形貌等微观性能，系统研究水胶比、粉煤灰掺量和引气剂掺量对于低热硅酸盐水泥混凝土抗冻性能的影响规律；通过超声平测法确定不同冻融次数下低热硅酸盐水泥混凝土的损伤层厚度，应用显微维氏硬度表征试件内部不同区域的冻融损伤程度，在此基础上对其劣化机理进行深入分析，建立冻融循环作用下低热硅酸盐水泥混凝土显微维氏硬度分布模型，提出基于等效显微维氏硬度的低热硅酸盐水泥混凝土抗压强度预测公式。

(4) 冲磨作用下低热硅酸盐水泥基混凝土劣化行为及性能预测模型。基于水下钢球法试验，对比普通硅酸盐水泥混凝土，测试24h、48h、72h、96h和120h冲磨时间下的低热硅酸盐水泥混凝土质量损失率、抗冲磨强度、磨蚀速率、磨蚀深度以及磨蚀体积等指标，研究水胶比、矿物掺合料种类对于低热硅酸盐水泥混凝土抗冲磨性能的影响规律；提出一种便捷可行的混凝土三维形貌测量方法，分析低热硅酸盐水泥混凝土磨蚀形貌及其分形维数时变规律，在此基础上对冲磨破坏过程进行阶段分析，并建立基于投影寻踪回归（projection pursuit regression，PPR）方法的低热硅酸盐水泥混凝土磨蚀性能预测模型；此外，探讨低热硅酸盐水泥浆体显微维氏硬度、水化热、水化产物组成、C—S—H凝胶等微观结构特征对其混凝土抗冲磨性能的影响。

（5）硫酸盐侵蚀作用下低热硅酸盐水泥基浆体损伤行为与微结构演变。采用硫酸盐溶液全浸泡试验方法，对比普通硅酸盐水泥，测试低热硅酸盐水泥净浆试件不同侵蚀龄期的孔隙率、SO_4^{2+} 扩散规律、轴心抗压强度和显微维氏硬度等物理、力学指标，通过X-射线衍射（X-ray diffraction，XRD）、热重（thermogravimetric analysis，TG）和扫描电子显微镜（scanning electron microscope，SEM）等测试手段分析侵蚀水泥石的物相组成以及微观结构变化，研究水胶比、粉煤灰掺量、溶液浓度、共存阳离子类型等因素对低热硅酸盐水泥硫酸盐侵蚀性能的影响，探讨不同侵蚀环境下低热硅酸盐水泥浆体的损伤过程和劣化机理；在试验数据基础上，建立硫酸盐侵蚀作用下低热硅酸盐水泥浆体 SO_4^{2-} 扩散分布模型、抗压强度损失率预测模型和显微维氏硬度分布预测模型。

（6）溶蚀作用下低热硅酸盐水泥基浆体性能劣化规律与微结构演变。采用氯化铵溶液加速试验法，对比普通硅酸盐水泥，测试低热硅酸盐水泥净浆试件不同溶蚀龄期的质量损失、孔隙率、溶蚀深度、轴心抗压强度、显微维氏硬度等性能指标，研究水胶比、粉煤灰掺量和矿渣粉掺量对于低热硅酸盐水泥溶蚀性能的影响规律，提出和建立溶蚀作用下水泥石溶蚀深度预测公式、显微维氏硬度分布模型和抗压强度损失率预测模型。此外，测定低热硅酸盐水泥浆体在溶蚀过程中的Ca/Si变化，对比分析其溶蚀前后的物相组成与微观形貌结构，探讨低热硅酸盐水泥的溶蚀劣化行为和损伤机理。

（7）双重因素耦合作用下低热硅酸盐水泥基材料耐久性研究。试验研究溶蚀损伤程度对低热硅酸盐水泥混凝土抗冻性能的影响，以及冻融损伤程度对低热硅酸盐水泥混凝土溶蚀性能的影响，对比分析单一溶蚀、单一冻融和两者更替耦合作用下低热硅酸盐水泥混凝土的性能劣化规律；研究溶蚀损伤程度和冻融损伤程度对低热硅酸盐水泥混凝土抗冲磨性能的影响，基于冻融损伤层厚度、溶蚀深度、显微维氏硬度和磨蚀深度4个指标讨论溶蚀、冻融以及冲磨交互耦合作用下混凝土性能损伤规律；测试低热硅酸盐水泥净浆试件在相同浓度的 Na_2SO_4 溶液、NH_4Cl 溶液和 $(NH_4)_2SO_4$ 溶液中的膨胀率、侵蚀深度、抗压强度和显微维氏硬度等指标，并应用^{29}Si NMR、SEM-EDS等测试技术对比分析低热硅酸盐水泥在硫酸盐侵蚀、溶蚀耦合作用下的劣化机理。

第2章 低热硅酸盐水泥基胶凝材料的水化热规律

低热硅酸盐水泥和掺加大掺量矿物掺合料的普通硅酸盐水泥基胶凝材料是大体积混凝土工程最为常用的两种胶凝材料方案。现有研究中关于矿物掺合料条件下的低热硅酸盐水泥胶凝体系的水化放热规律不够系统，对两种水泥的水化进程对比分析不够深入。此外，低热硅酸盐水泥胶凝体系水化热测定周期长，当没有条件开展试验或者难以系统测定时，胶凝材料水化热往往需要依靠数学模型计算确定，对于低热硅酸盐水泥胶凝材料水化热的计算研究相对较少。科学评价常见水化热计算公式对低热硅酸盐水泥胶凝体系的适用性，对于应用低热硅酸盐水泥进行温控防裂设计的大体积混凝土具有一定参考价值。

本章先测定低热硅酸盐水泥和大掺量矿物掺合料普通硅酸盐水泥基胶凝材料的水化热和抗压强度，对比研究相同3d、7d水化热条件下两种水泥基胶凝材料的热学和力学性能发展规律，并通过电阻率曲线和水化热速率曲线分析两者早期水化行为差异。利用直接法测定单掺粉煤灰、单掺矿渣粉以及复掺不同比例粉煤灰、矿渣粉条件下的低热硅酸盐水泥胶凝体系7d水化热，系统分析不同矿物掺合料对低热硅酸盐水泥胶凝体系水化热的影响规律；分别利用熟料矿物成分法、折算系数法以及数值拟合法计算胶凝材料水化热值并与直接法测得结果进行比较，评价其对于低热硅酸盐水泥胶凝体系的适用性，进而提出低热硅酸盐水泥胶凝体系水化热计算公式。

2.1 试验材料与试验方法

2.1.1 试验材料

试验水泥为新疆天山水泥股份有限公司生产的低热硅酸盐水泥和普通硅酸盐水泥，水泥技术指标见表2.1；矿物掺合料为哈密市仁和矿业有限责任公司生产的Ⅱ级粉煤灰和新疆屯河水泥有限责任公司生产的S75级矿渣粉，矿物掺合料技术指标见表2.2。水泥熟料及矿物掺合料的化学成分见表2.3。

表2.1 水泥技术指标

名称	密度/(g/m³)	比表面积/(m²/kg)	标稠/%	凝结时间/min		安定性	熟料矿物成分/%			
				初凝	终凝		C_3S	C_2S	C_4AF	C_3A
P.LH	3.2	320	26.6	187	241	合格	32.2	40.0	15.0	4.3
P.O	3.2	350	28.0	166	220	合格	65.4	13.9	6.8	10.0

注 P.LH为低热硅酸盐水泥；P.O为普通硅酸盐水泥。

表 2.2 矿物掺合料技术指标

矿物掺合料	密度 /(g/m³)	细度 /%	比表面积 /(m²/kg)	需水量比 /%	活性指数/%	
					7d	28d
FA	2.36	24.3	383	91	69	83
SL	2.88	—	439	101	57	91

注 FA为粉煤灰；SL为矿渣粉。

表 2.3 水泥熟料及矿物掺合料化学成分 %

胶凝材料	SiO_2	Al_2O_3	Fe_2O_3	CaO	MgO	*f*-CaO	SO_3	烧失量
P.LH	23.16	4.10	5.47	61.22	1.29	0.33	0.78	1.32
P.O	21.83	4.58	3.56	66.66	0.60	1.19	0.79	1.55
FA	52.43	20.92	7.11	7.70	2.94	—	0.95	3.00
SL	34.35	11.21	1.19	41.00	5.75	—	0.71	0.84

2.1.2 配比方案

针对大体积混凝土工程常用的低热硅酸盐水泥和大掺量矿物掺合料普通硅酸盐水泥基胶凝材料方案，采用粉煤灰和矿渣粉部分代替水泥，在总胶凝材料不变的情况下分别改变矿物掺合料的掺量（占总材料的质量百分数），设计方案见表2.4、表2.5。

表 2.4 水泥胶凝材料设计方案

分 组	胶凝材料组成	成分/%		
		水泥	粉煤灰	矿渣粉
低热硅酸盐水泥	P.LH	100	0	0
普通硅酸盐水泥	P.O	100	0	0
单掺粉煤灰	P.O-30FA	70	30	0
	P.O-40FA	60	40	0
	P.O-50FA	50	50	0
	P.O-60FA	40	60	0
单掺矿渣粉	P.O-30SL	70	0	30
	P.O-40SL	60	0	40
	P.O-50SL	50	0	50
	P.O-60SL	40	0	60
复掺粉煤灰、矿渣粉	P.O-15FA-15SL	70	15	15
	P.O-20FA-20SL	60	20	20
	P.O-25FA-25SL	50	25	25
	P.O-30FA-30SL	40	30	30

表 2.5　　低热硅酸盐水泥胶凝材料设计方案

分　组	编号	胶凝材料组成	成分/%		
			水泥	粉煤灰	矿渣粉
低热水泥	P	P. LH	100.0	0.0	0.0
单掺粉煤灰	F1	P. LH-15FA	85.0	15.0	0.0
	F2	P. LH-25FA	75.0	25.0	0.0
	F3	P. LH-35FA	65.0	35.0	0.0
	F4	P. LH-45FA	55.0	45.0	0.0
单掺矿渣粉	S1	P. LH-15SL	85.0	0.0	15.0
	S2	P. LH-25SL	75.0	0.0	25.0
	S3	P. LH-35SL	65.0	0.0	35.0
	S4	P. LH-45SL	55.0	0.0	45.0
复掺粉煤灰、矿渣粉	A1	P. LH-5FA-10SL	85.0	5.0	10.0
	A2	P. LH-8.3FA-16.7SL	75.0	8.3	16.7
	A3	P. LH-11.7FA-23.3SL	65.0	11.7	23.3
	A4	P. LH-15FA-30SL	55.0	15.0	30.0
复掺粉煤灰、矿渣粉	B1	P. LH-7.5FA-7.5SL	85.0	7.5	7.5
	B2	P. LH-12.5FA-12.5SL	75.0	12.5	12.5
	B3	P. LH-17.5FA-17.5SL	65.0	17.5	17.5
	B4	P. LH-22.5FA-22.5SL	55.0	22.5	22.5
复掺粉煤灰、矿渣粉	C1	P. LH-10FA-5SL	85.0	10.0	5.0
	C2	P. LH-16.7FA-8.3SL	75.0	16.7	8.3
	C3	P. LH-23.3FA-11.7SL	65.0	23.3	11.7
	C4	P. LH-30FA-15SL	55.0	30.0	15.0

2.1.3　试验方法

水化热采用《水泥水化热测定方法》(GB/T 12959—2008)[167] 中的直接法，应用数字式水泥水化热测量仪（图 2.1），实时监测水泥水化过程中的 168h 温度变化，并设置平行试验组，计算水化热。当两次测得水化热误差≤12J/g 时数据有效，取两组数据的算术平均值。

抗压强度按照《水泥胶砂强度检验方法（ISO 法）》(GB/T 17671—2021)[168] 要求，分别制作各组低热硅酸盐水泥胶凝材料在 3d、7d、28d 和 90d 龄期下的胶砂试件，经标准养护至特定龄期后按照规范方法测取平均值。

采用无电极电阻率测定仪（CCR-3 型，如图 2.2 所示），在水胶比为 0.4 的条件下，测定水泥净浆在 72h 水化过程中电阻率随时间的变化，数据记录频率为 1 次/min。相比传统的电阻率测量手段，该仪器避免了接触式电极在测试过程中造成的干缩开裂以及极化问题，测试结果精度较高。

图 2.1 数字式水泥水化热测量仪

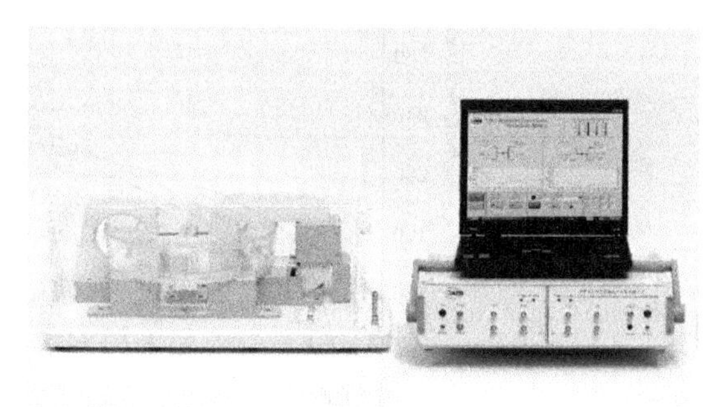
图 2.2 无电极电阻率测定仪

2.2 低热硅酸盐水泥与普通硅酸盐水泥基胶凝材料的性能对比

2.2.1 热学性能

2.2.1.1 低热硅酸盐水泥与普通硅酸盐水泥基胶凝体系水化热

试验测定表 2.4 所列各组低热硅酸盐水泥和普通硅酸盐水泥基胶凝材料水化过程中的 168h 胶砂温度变化并计算水化热，比较二者的水化热差异，分析相同 3d 水化热条件下各组胶凝材料水化放热规律并绘制水化热曲线，结果见表 2.6、图 2.3。3d 水化热为（220±5）J/g 的低热硅酸盐水泥和掺加矿物掺合料的普通硅酸盐水泥胶凝体系之间的水化放热规律有较大差异，前者 1～3d 水化热高于后者，但 3～7d 的后期水化热及其增长速率则明显较低；掺加 30%矿物掺合料的普通硅酸盐水泥胶凝体系 3d 水化热与低热硅酸盐水泥 3d 水化热相当。

表 2.6　3d 水化热为（220±5）J/g 的不同胶凝材料体系水化热　单位：J/g

胶凝材料	水化龄期						
	1d	2d	3d	4d	5d	6d	7d
P. LH	167	199	218	231	242	251	257
P. O-30FA	138	191	219	243	259	272	283
P. O-30SL	137	190	224	246	266	282	292
P. O-15FA-15SL	132	181	213	237	256	272	283

分析相同 7d 水化热条件下低热硅酸盐水泥和普通硅酸盐水泥基胶凝材料水化放热规律并绘制水化热曲线，结果见表 2.7、图 2.4。对于 7d 水化热为（260±5）J/g 的低热硅酸盐水泥和掺加大掺量矿物掺合料的普通硅酸盐水泥胶凝体系，前者水化热在 7d 之前均高于后者；掺加 40%粉煤灰、60%矿渣粉或者 1∶1 复掺 50%粉煤灰和矿渣粉时的普通硅酸盐水泥胶凝体系 7d 水化热与低热硅酸盐水泥 7d 水化热相当。

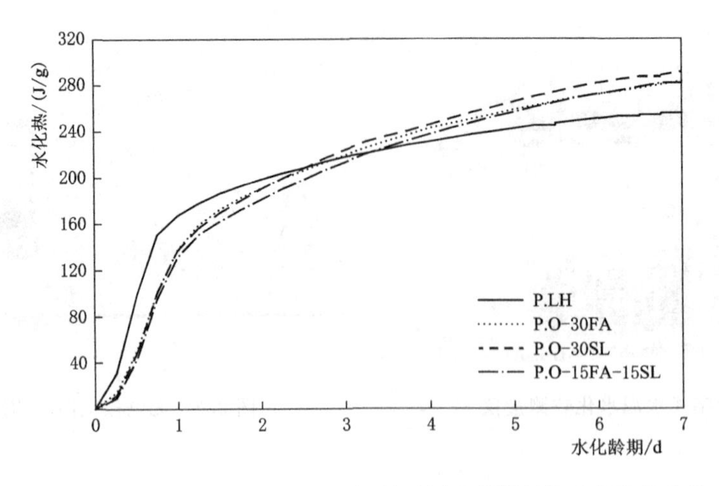

图 2.3　3d 水化热为（220±5）J/g 的不同胶凝材料体系水化热曲线

表 2.7　7d 水化热为（260±5）J/g 的不同胶凝材料体系水化热　单位：J/g

胶凝材料	水化龄期						
	1d	2d	3d	4d	5d	6d	7d
P. LH	167	199	218	231	242	251	257
P. O－40FA	98	164	193	215	235	250	260
P. O－60SL	83	136	168	195	220	239	256
P. O－25FA－25SL	105	156	184	208	228	246	260

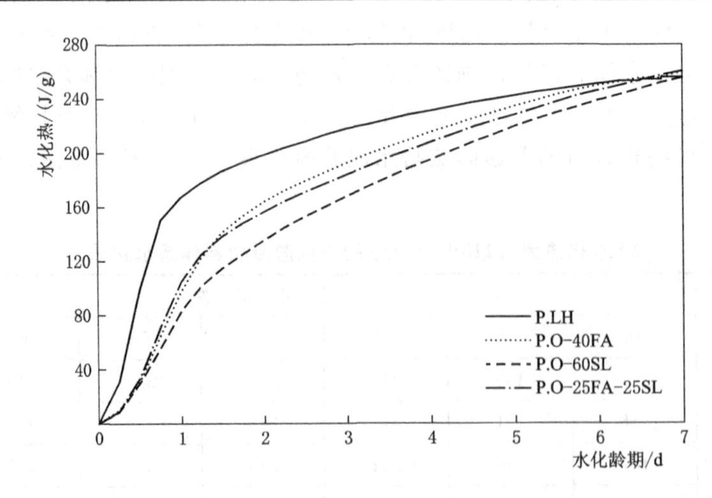

图 2.4　7d 水化热为（260±5）J/g 的不同胶凝材料体系水化热曲线

2.2.1.2　低热硅酸盐水泥与普通硅酸盐水泥胶凝体系水化热速率

分别绘制表 2.6 和表 2.7 中 3d 水化热为（220±5）J/g、7d 水化热为（260±5）J/g 的各组低热硅酸盐水泥及普通硅酸盐水泥基胶凝材料水化热速率曲线，结果如图 2.5、图 2.6 所示。由图 2.5 和图 2.6 可知，在相同 3d、7d 水化热条件下，普通硅酸盐水泥基胶凝材料的水化热速率在17h、20h前低于低热硅酸盐水泥，且水化热速率峰值的出现时间较低热硅酸盐水泥分别延后约6h和9h；随着矿物掺合料掺量的增加，普通硅酸盐水泥基胶凝材料的水化热速率峰值延后，且后期水化热速率高于低热硅酸盐水泥。

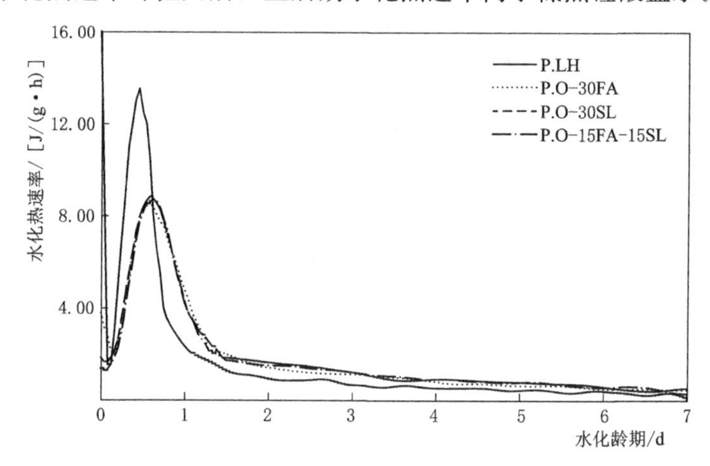

图2.5　3d水化热为（220±5）J/g的不同胶凝材料体系水化热速率曲线

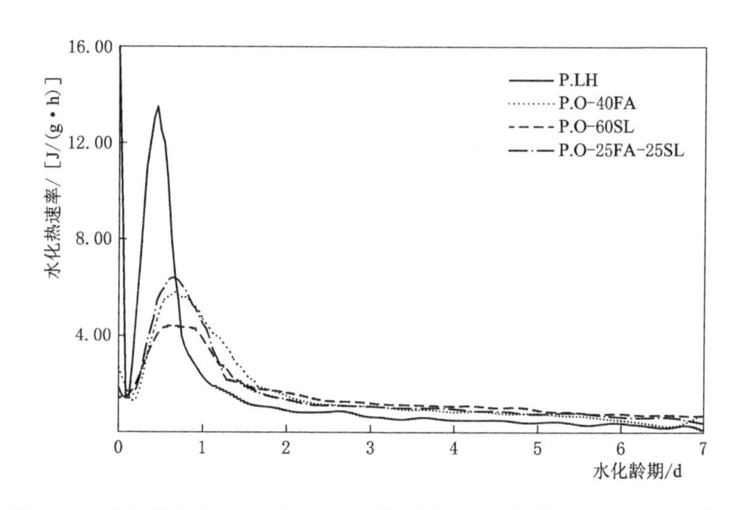

图2.6　7d水化热为（260±5）J/g的不同胶凝材料体系水化热速率曲线

矿物掺合料对于普通硅酸盐水泥基胶凝材料的水化热速率曲线具有明显的削峰、滞峰作用，因此其早期水化热速率明显低于特征龄期水化热相同的低热硅酸盐水泥，对于大体积混凝土浇筑后的早期温度控制比较有利。从长龄期水化热角度来看，低热硅酸盐水泥的水化热、水化温升以及后期水化热速率均明显低于掺加矿物掺合料的普通硅酸盐水泥基胶凝材料体系。当考虑掺加矿物掺合料时，低热硅酸盐水泥胶凝材料的水化热、水化温升及放热速率将进一步降低，其热学性能更为优良。

2.2.2　力学性能

试验测定表2.6所列3d水化热为（220±5）J/g的各组胶凝材料3d、7d、28d和90d胶砂强度并绘制抗压强度发展曲线，结果见表2.8、图2.7。对于3d水化热为（220±5）J/g的低热硅酸盐水泥和掺加矿物掺合料的普通硅酸盐水泥胶凝体系，前者3d、7d抗压强度较低，28d抗压强度接近或超过后者，90d抗压强度分别为掺加30%粉煤灰、30%矿渣粉和1∶1复掺30%粉煤灰、矿渣粉时普通硅酸盐水泥胶凝体系的131.2%、117.6%、104.4%，具有更高的后期强度增长率。

表2.8　3d水化热为（220±5）J/g的不同水泥胶凝材料体系胶砂强度　单位：MPa

胶凝材料	养护龄期							
	3d		7d		28d		90d	
	抗折强度	抗压强度	抗折强度	抗压强度	抗折强度	抗压强度	抗折强度	抗压强度
P. LH	4.0	15.4	5.1	22.5	8.0	52.1	10.4	76.2
P. O-30FA	5.2	22.3	7.0	31.1	8.4	45.4	8.8	58.1
P. O-30SL	5.4	22.6	7.4	35.3	9.4	52.9	10.8	64.8
P. O-15FA-15SL	5.2	24.1	7.1	34.0	8.4	50.7	10.1	73.0

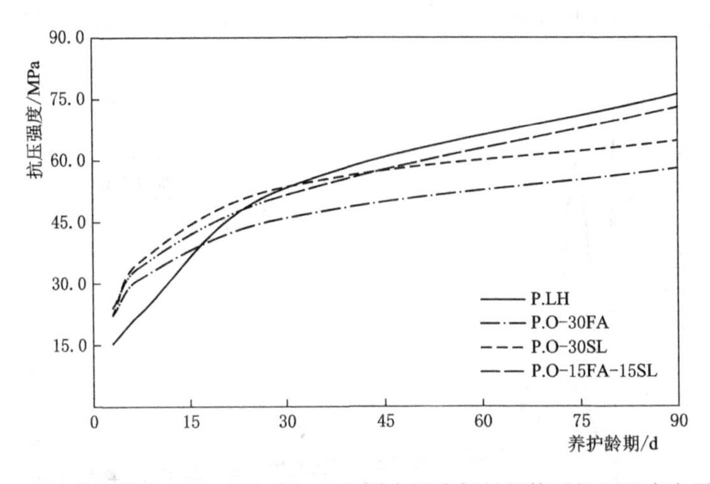

图2.7　3d水化热为（220±5）J/g的不同水泥胶凝材料体系抗压强度发展曲线

试验测定表2.7所列7d水化热为（260±5）J/g的各组胶凝材料3d、7d、28d和90d胶砂强度并绘制抗压强度发展曲线，结果见表2.9和图2.8。对于7d水化热为（260±5）J/g的低热硅酸盐水泥和掺加大掺量矿物掺合料的普通硅酸盐水泥胶凝体系，前者3d、7d抗压强度与后者相近，而后期强度则显著提高，90d抗压强度分别为掺加40%粉煤灰、60%矿渣粉和1∶1复掺50%粉煤灰、矿渣粉时普通水泥胶凝体系的148.8%、139.3%、132.3%。

矿物掺合料的掺入明显降低了普通硅酸盐水泥基胶凝材料的后期强度，与低热硅酸盐水泥的后期强度相比具有较大差距。因此，对于设计龄期较长的水工大体积混凝土，宜优先选用低热硅酸盐水泥。而工业与民用建筑大体积混凝土对于结构的早期强度往往要求较高，可发挥普通硅酸盐水泥基胶凝材料的早期强度优势，但需要注意其后期强度损失并加强施工温控措施。

表 2.9 7d 水化热为（260±5）J/g的不同水泥胶凝材料体系胶砂强度 单位：MPa

胶凝材料	养护龄期							
	3d		7d		28d		90d	
	抗折强度	抗压强度	抗折强度	抗压强度	抗折强度	抗压强度	抗折强度	抗压强度
P. LH	4.0	15.4	5.1	22.5	8.0	52.1	10.4	76.2
P. O-40FA	4.7	18.3	6.2	25.6	7.6	36.3	8.7	51.2
P. O-60SL	2.9	12.7	6.2	23.9	10.6	41.1	11.5	54.7
P. O-25FA-25SL	3.7	14.2	5.2	22.4	7.3	38.3	9.4	57.6

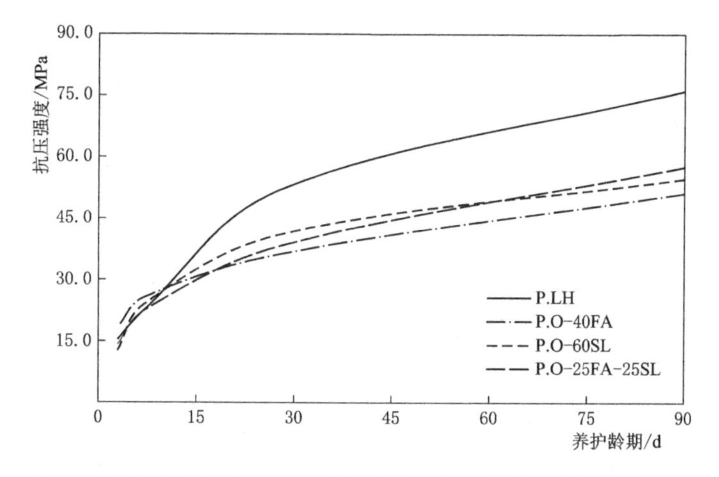

图 2.8 7d 水化热为（260±5）J/g 的不同水泥胶凝材料体系抗压强度

2.2.3 水化行为

2.2.3.1 基于电阻率法的水泥水化行为研究

1. 普通硅酸盐水泥水化行为的电阻率表征

测定普通硅酸盐水泥水化过程中的 24h 电阻率变化，绘制其电阻率曲线及变化速率曲线（以下简称速率曲线），如图 2.9 所示。

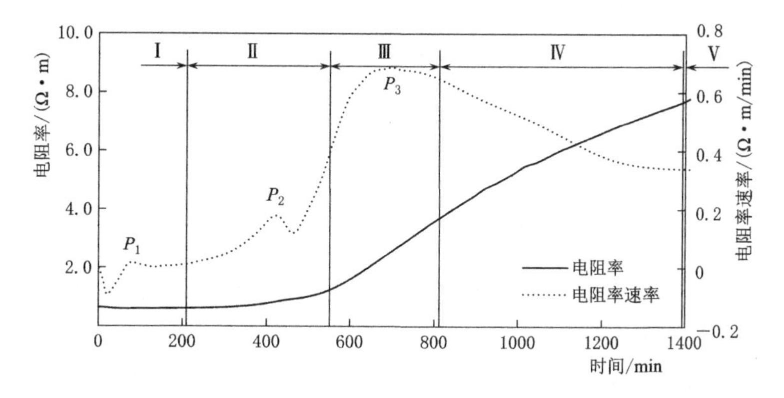

图 2.9 普通硅酸盐水泥电阻率曲线及电阻率速率曲线

根据电阻率速率曲线，一般将普通硅酸盐水泥的水化过程划分为以下5个阶段[169-171]：

(1) 第Ⅰ阶段为溶解期，电阻率不断减小。加水拌和后，水泥中的C_3A、C_3S、Na_2O和硫酸盐等成分迅速水解，溶液中的Na^+、K^+、SO_4^{2-}、Ca^{2+}、Al $(OH)^{4-}$等离子浓度不断增大，溶液导电能力增强，液相电阻率下降。

(2) 第Ⅱ阶段为诱导期，电阻率变化非常缓慢。溶解期即将结束时，溶液中C_3A水化生成的铝酸盐处于过饱和状态，与石膏反应生成大量的钙矾石（AFt），包裹在水泥颗粒表面形成保护层，阻止水泥颗粒进一步水化。

(3) 第Ⅲ阶段为加速期，电阻率开始快速增长。随着水泥颗粒表面的钙钒石厚度不断增大，水化物保护层因化学反应、渗透压、重结晶等原因破裂，水泥颗粒与水溶液接触面积增大，水化进入加速期。

(4) 第Ⅳ阶段为减速期，电阻率增长速率放缓。包裹在水泥颗粒表面的水化产物逐渐增多，形成离子扩散屏蔽层，水化过程开始进入受化学与扩散控制的减速阶段。

(5) 第Ⅴ阶段为稳定期，电阻率缓慢增长。水化反应进入完全受扩散控制的稳定期，浆体的电阻率变化主要反映孔径分布情况以及孔隙率的大小。

特征点P_1是电阻率速率曲线的第一个峰值点，该点位于电阻率曲线的最低点之前，表征溶液达到过饱和状态，水化产物开始形成并逐渐包裹在水泥颗粒表面，反应进入诱导期。特征点P_2是电阻率速率曲线的第二个峰值点，部分水化产物AFt转变为单硫型水化硫铝酸钙（AFm），释放出Ca^{2+}和SO_4^{2-}，使得浆体溶液导电离子增加，电阻率增长速率下降。特征点P_3是电阻率速率曲线的第三个峰值点，此时水化产物进一步生成，水泥石更加密实，水化过程开始由相边界控制进入由扩散控制的硬化减速期[172]。

2. 低热硅酸盐水泥水化行为的电阻率表征

测定低热硅酸盐水泥水化过程中的24h电阻率变化，绘制其电阻率曲线和电阻率速率曲线，如图2.10所示。

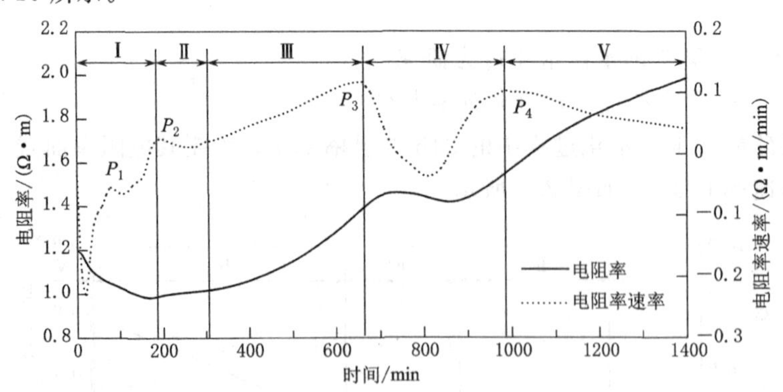

图2.10 低热硅酸盐水泥电阻率曲线及电阻率速率曲线

低热硅酸盐水泥的电阻率发展规律不同于普通硅酸盐水泥，根据电阻率速率曲线，其水化过程可划分为以下5个阶段：

(1) 第Ⅰ阶段为溶解期。低热硅酸盐水泥以C_2S为主导矿物，C_3A和C_3S含量远低于普通硅酸盐水泥，因此其矿物成分水解后的溶液离子浓度较低，溶解期持续时间较长。

(2) 第Ⅱ阶段为诱导期。低热硅酸盐水泥水化生成的 $Ca(OH)_2$ 和 C_4AH_{13} 较少，因此水化生成的钙矾石含量低于普通硅酸盐水泥，其颗粒表面的包裹层在渗透压持续增加时更易破裂，表现为诱导期持续时间较短。

(3) 第Ⅲ阶段为加速期。低热硅酸盐水泥中 C_3S 开始大量水化，生成较多的 C—S—H 和 $Ca(OH)_2$，电阻率快速增长，C_4AF 和 C_2S 也不同程度地参与了此阶段反应。

(4) 第Ⅳ阶段为突变期。水泥液相中 $Ca(OH)_2$ 呈高度过饱和状态，促进 C_2S 开始水化，溶液离子浓度逐渐增大，液相电阻率下降，出现突变期。

(5) 第Ⅴ阶段为减速期。水泥颗粒表面水化产物不断增厚，电阻率增长逐渐缓慢。

特征点 P_1 为电阻率速率曲线的第一个峰值点，该点位于电阻率曲线的最低点之前，表征溶液达到过饱和状态，水化产物开始形成。特征点 P_2 为电阻率速率曲线的第二个峰值点，此时部分 AFt 转变为 AFm，释放出 Ca^{2+} 和 SO_4^{2-}，浆体溶液导电离子增加，电阻率增长速率下降。特征点 P_3 为电阻率速率曲线的第三个峰值点，此时已生成较多的 C_3S 水化产物，C_2S 开始水化，使浆体溶液中离子浓度提高，电阻率增长速率开始下降。特征点 P_4 为电阻率速率曲线的第四个峰值点，此时 C_3S、C_2S 水化生成的 C—S—H 进一步增加，水泥石更加密实，水化过程进入由扩散控制的硬化减速期。

2.2.3.2 基于电阻率和水化热法的水泥水化进程对比

1. 普通硅酸盐水泥早期水化行为

绘制普通硅酸盐水泥在 24h 水化过程中的电阻率速率曲线及水化热速率曲线，如图 2.11 所示。

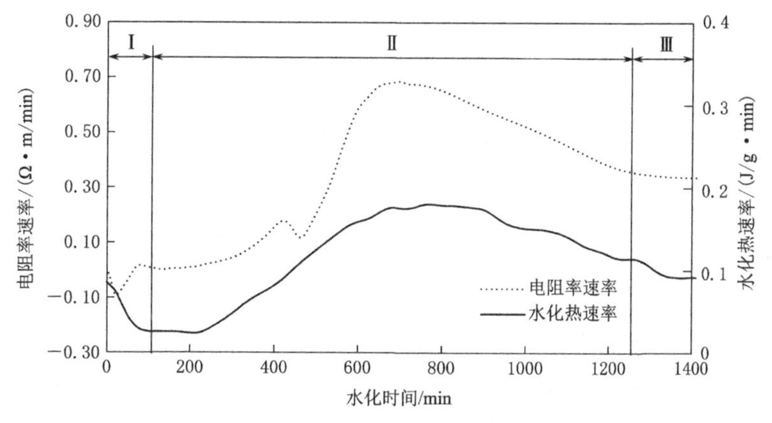

图 2.11 普通硅酸盐水泥电阻率及水化热速率曲线

根据水化热速率曲线可将普通硅酸盐水泥的水化过程分为以下 3 个阶段：

(1) 第Ⅰ阶段为钙矾石形成阶段。水泥颗粒遇水后迅速溶解，C_3A 开始水化，与石膏反应生成 AFt，出现放热峰。AFt 的形成使得 C_3A 水化速率减缓，诱导期开始。此时对应的电阻率变化速率接近为 0。

(2) 第Ⅱ阶段为 C_3S 水化阶段。C_3S 开始迅速水化，放出较多热量，在水化 680min 时达到最高放热峰，此时水泥浆体已接近终凝。对应电阻率速率曲线的水化阶段为加速期和减速期。

(3) 第Ⅲ阶段为结构形成与发展阶段。水化放热速率逐渐减小并趋于稳定，水化产物不断增多。此时电阻率速率曲线在达到峰值后也逐渐降低并趋于稳定，与水化速率曲线有较好的相关性。

2. 低热硅酸盐水泥早期水化行为

绘制低热硅酸盐水泥在 24h 水化过程中的电阻率速率曲线及水化热速率曲线，如图 2.12 所示。

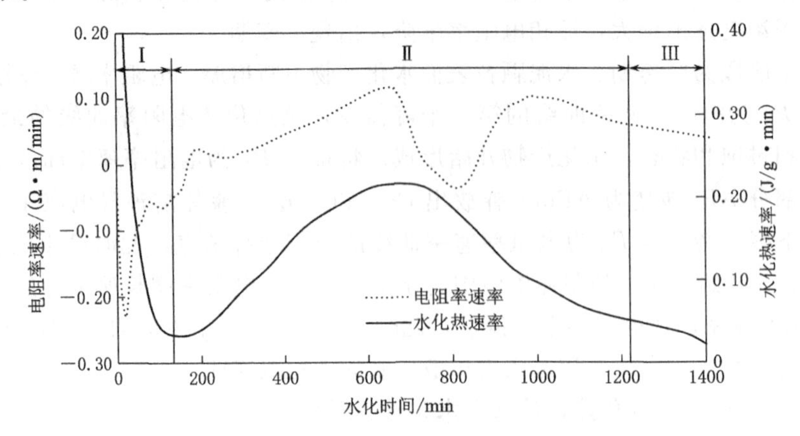

图 2.12　低热硅酸盐水泥电阻率及水化热速率曲线

低热硅酸盐水泥的水化热速率曲线与普通硅酸盐水泥相似，可从以下 3 个阶段进行分析：

(1) 第Ⅰ阶段为钙矾石形成阶段。与普通硅酸盐水泥相比，低热硅酸盐水泥的第一个放热峰持续时间较长，诱导期较短。电阻率速率曲线存在对应的峰值点。

(2) 第Ⅱ阶段为 C_3S 和 C_2S 水化阶段。C_3S 水化放出较多热量，水化热速率曲线在 780min 达到最高峰，峰值出现时间比普通硅酸盐水泥延后约 100min。电阻率速率曲线在达到峰值点后迅速下降，可以较好地表征 C_2S 的水化过程。

(3) 第Ⅲ阶段为结构形成与发展阶段。放热速率及电阻率变化速率逐渐减小并趋于稳定，水化产物不断增多。

水化热动态地反映水泥水化产物增加的过程，电阻率表征水泥浆体的离子溶解情况和凝结硬化后的孔隙率变化，二者均可独立地描述水泥水化进程，但一些特征点在时间或形式上不能严格对应，这可能是由于两种试验方法是基于浆体的不同物理属性，以及仪器测量误差所引起的。对比两种方法，电阻率法表征的低热硅酸盐水泥水化过程具有更加明确的物理、化学意义。

2.3　低热硅酸盐水泥基胶凝材料的水化热与水化速率

2.3.1　粉煤灰-低热硅酸盐水泥胶凝体系水化放热规律

测定表 2.5 所列各组粉煤灰-低热硅酸盐水泥胶凝材料水化过程中的 168h 胶砂温度并

计算水化热，结果见表2.10。绘制粉煤灰-低热硅酸盐水泥胶凝体系的水化温度曲线和放热曲线，如图2.13、图2.14所示。随着粉煤灰掺量的增加，粉煤灰-低热硅酸盐水泥胶凝体系的水化温度峰值（以下简称水化温峰）和水化热明显下降，温度峰值的出现时间延后。与低热硅酸盐水泥相比，单掺15%、25%、35%、45%粉煤灰的胶凝材料3d水化热分别降低24J/g、37J/g、55J/g、71J/g，7d的水化热分别降低29J/g、46J/g、64J/g、81J/g；水化温度峰值分别下降1.2℃、1.9℃、3.1℃、3.9℃，出现时间延后0.9h、1.7h、1.9h、2.5h。粉煤灰的火山灰活性较低，在复合胶凝材料中主要起物理填充作用，稀释胶凝材料中低热硅酸盐水泥的矿物成分，使其水化速率进一步减缓，温度峰值降低且延后。

表2.10　粉煤灰-低热硅酸盐水泥胶凝材料水化温峰及特征龄期水化热

编　号	粉煤灰掺量/%	矿渣粉掺量/%	水化热/(J/g)		T_{peak}/℃	t_{peak}/h
			3d	7d		
P	0	0	218	257	30.3	13.8
F1	15	0	194	228	29.1	14.7
F2	25	0	181	211	28.4	15.5
F3	35	0	163	193	27.2	15.7
F4	45	0	147	176	26.4	16.3

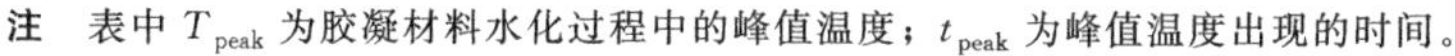
注　表中 T_{peak} 为胶凝材料水化过程中的峰值温度；t_{peak} 为峰值温度出现的时间。

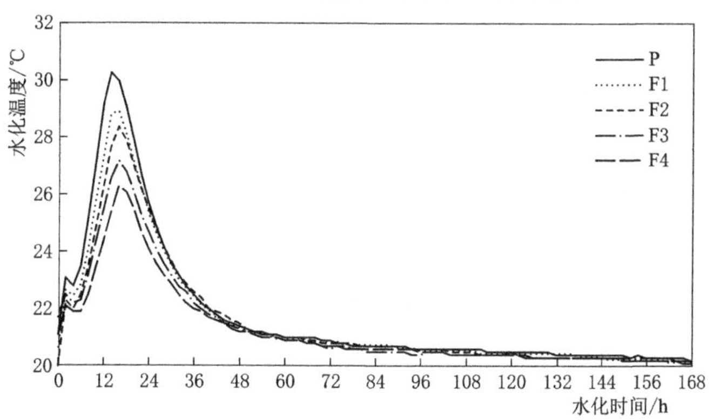

图2.13　粉煤灰-低热硅酸盐水泥胶凝体系水化温度

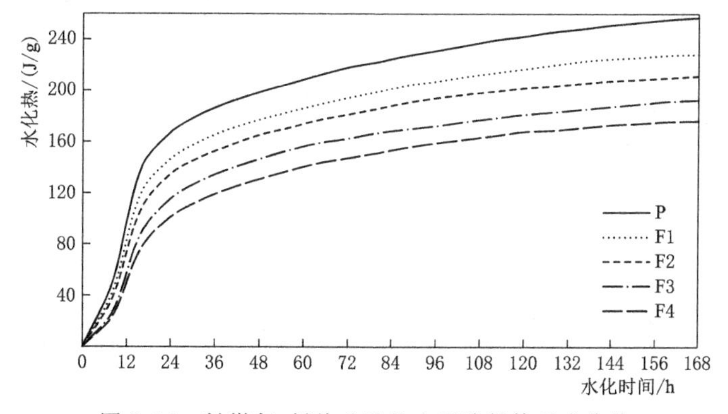

图2.14　粉煤灰-低热硅酸盐水泥胶凝体系水化热

2.3.2 矿渣粉-低热硅酸盐水泥胶凝体系水化放热规律

测定各组矿渣粉-低热硅酸盐水泥胶凝材料水化过程中的 168h 胶砂温度并计算水化热，结果见表 2.11。绘制矿渣粉-低热硅酸盐水泥胶凝体系的水化温度曲线和放热曲线，如图 2.15、图 2.16 所示。随着矿渣粉掺量的增加，矿渣粉-低热硅酸盐水泥胶凝体系的水化温度峰值和水化热下降。与低热硅酸盐水泥相比，单掺 15%、25%、35%、45%矿渣粉的胶凝材料 3d 水化热分别降低 23J/g、36J/g、51J/g、58J/g，7d 水化热分别降低 14J/g、

表 2.11 矿渣粉-低热硅酸盐水泥胶凝体系水化温峰及特征龄期水化热

编号	粉煤灰掺量 /%	矿渣粉掺量 /%	水化热/(J/g)		T_{peak} /℃	t_{peak} /h
			3d	7d		
P	0	0	218	257	30.3	13.8
S1	0	15	195	243	27.4	16.2
S2	0	25	182	226	26.7	17.2
S3	0	35	167	204	26.7	19.2
S4	0	45	160	182	26.1	14.0

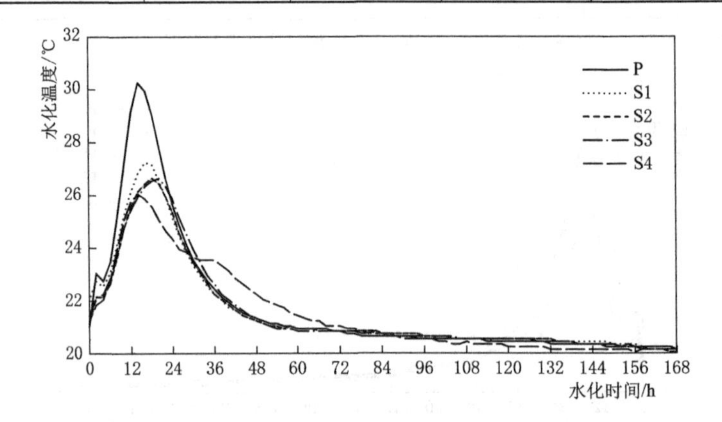

图 2.15 矿渣粉-低热硅酸盐水泥胶凝体系水化温度

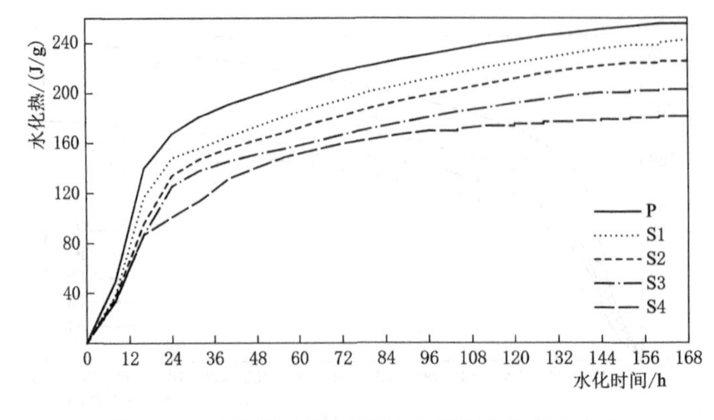

图 2.16 矿渣粉-低热硅酸盐水泥胶凝体系水化热

31J/g、53J/g、75J/g；水化温度峰值分别下降2.9℃、3.6℃、3.6℃、4.2℃，出现时间延后2.4h、3.4h、5.4h、0.2h。矿渣粉的掺入稀释了胶凝材料中低热硅酸盐水泥的矿物成分，在水化初期主要发挥物理填充作用。随着龄期的延长，矿渣粉的火山灰活性作用逐渐明显，能够促进低热硅酸盐水泥胶凝体系的水化。

2.3.3 粉煤灰-矿渣粉-低热硅酸盐水泥胶凝体系水化热规律

2.3.3.1 粉煤灰、矿渣粉掺比为1∶2时的低热硅酸盐水泥胶凝体系

测定粉煤灰、矿渣粉掺比为1∶2时的低热硅酸盐水泥胶凝材料水化过程中的168h胶砂温度并计算水化热，结果见表2.12，绘制水化温度曲线和放热曲线，如图2.17、图2.18所示。1∶2复掺粉煤灰和矿渣粉的低热硅酸盐水泥胶凝体系水化温度峰值和水化热随矿物掺合料掺量的增加而降低，温度峰值出现时间延后。与低热水泥相比，复掺15%、25%、35%、45%粉煤灰、矿渣粉的胶凝体系3d水化热分别降低21J/g、45J/g、57J/g、79J/g，7d水化热分别降低27J/g、40J/g、58J/g、79J/g；水化温度峰值分别下降2.2℃、3.5℃、3.6℃、4.5℃，温度峰值的出现时间分别延后2.9h、2.9h、3.4h、4.5h。

表2.12 粉煤灰-矿渣粉-低热硅酸盐水泥胶凝体系水化温峰及特征龄期水化热

编号	粉煤灰掺量/%	矿渣粉掺量/%	水化热/(J/g)		T_{peak}/℃	t_{peak}/h
			3d	7d		
P	0	0	218	257	30.3	13.8
A1	5.0	10.0	197	230	28.1	16.7
A2	8.3	16.7	173	217	26.8	16.7
A3	11.7	23.3	161	199	26.7	17.2
A4	15.0	30.0	139	178	25.8	18.3

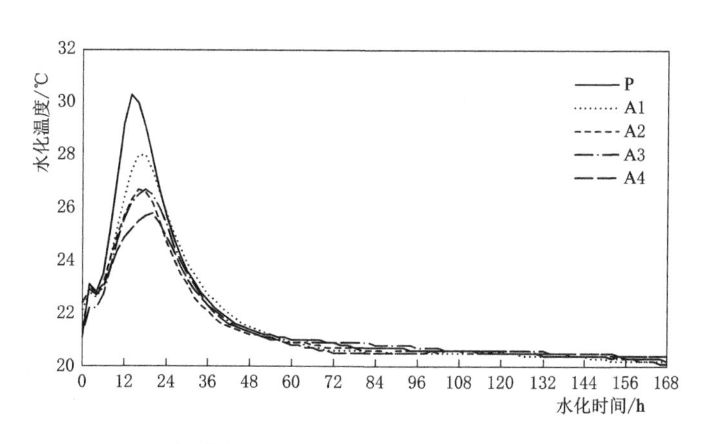

图2.17 粉煤灰-矿渣粉-低热硅酸盐水泥体系水化温度

2.3.3.2 粉煤灰、矿渣粉掺比为1∶1时的低热硅酸盐水泥胶凝体系

测定粉煤灰、矿渣粉掺比为1∶1时的低热硅酸盐水泥胶凝材料水化过程中的168h胶

砂温度并计算水化热，结果见表2.13。绘制水化温度曲线和放热曲线，如图2.19、图2.20所示。1∶1复掺粉煤灰、矿渣粉的低热硅酸盐水泥胶凝体系水化温升和水化热规律介于单掺相同掺量的粉煤灰和矿渣粉之间。与低热硅酸盐水泥相比，复掺15%、25%、35%、45%粉煤灰、矿渣粉的胶凝体系3d水化热分别降低28J/g、43J/g、61J/g、72J/g，7d水化热分别降低25J/g、44J/g、61J/g、77J/g；水化温度峰值分别下降1.7℃、2.5℃、3.0℃、4.1℃，温度峰值的出现时间分别延后0.7h、2.7h、2.7h、4.7h。

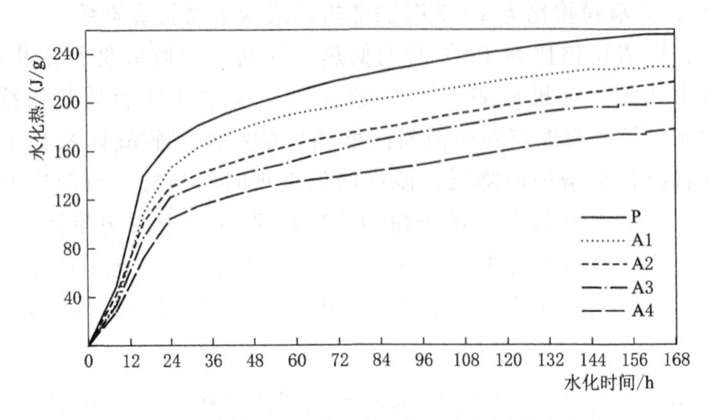

图2.18　粉煤灰-矿渣粉-低热硅酸盐水泥体系水化热

表2.13　粉煤灰-矿渣粉-低热硅酸盐水泥胶凝体系水化温峰及特征龄期水化热

编　号	粉煤灰掺量/%	矿渣粉掺量/%	水化热/(J/g)		T_{peak}/℃	t_{peak}/h
			3d	7d		
P	0	0	218	257	30.3	13.8
B1	7.5	7.5	190	232	28.6	14.5
B2	12.5	12.5	175	213	27.8	16.5
B3	17.5	17.5	157	196	27.3	16.5
B4	22.5	22.5	146	180	26.2	18.5

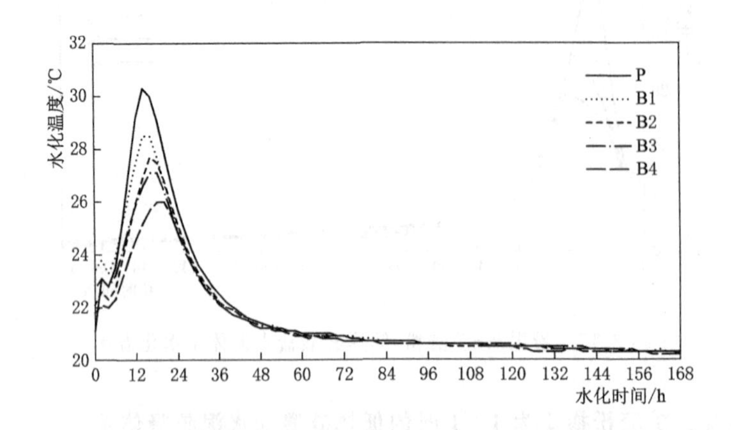

图2.19　粉煤灰-矿渣粉-低热硅酸盐水泥体系水化温度

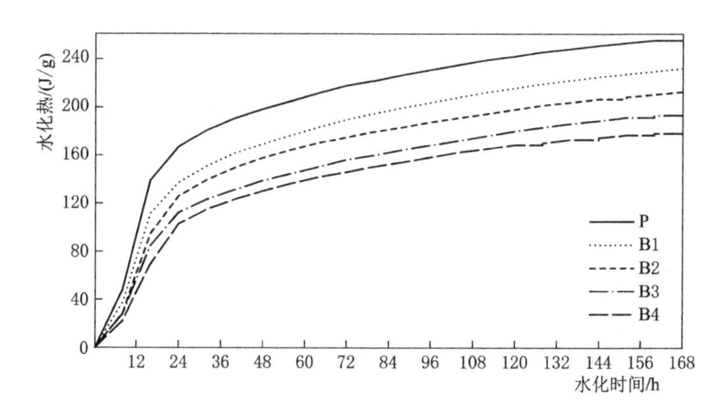

图 2.20 粉煤灰-矿渣粉-低热硅酸盐水泥体系水化热

2.3.3.3 粉煤灰、矿渣粉掺比为 2∶1 时的低热硅酸盐水泥胶凝体系

测定粉煤灰、矿渣粉掺比为 2∶1 时的低热硅酸盐水泥胶凝材料水化过程中的 168h 胶砂温度并计算水化热，结果见表 2.14。绘制水化温度曲线和水化热曲线，如图 2.21、图 2.22 所示。2∶1 复掺粉煤灰和矿渣粉的低热硅酸盐水泥胶凝体系水化温度峰值和水化热随矿物掺合料掺量的增加而降低，温度峰值出现时间延后。与低热硅酸盐水泥相比，复掺

表 2.14　粉煤灰-矿渣粉-低热硅酸盐水泥胶凝体系水化温峰及特征龄期水化热

编号	粉煤灰掺量 /%	矿渣粉掺量 /%	水化热/（J/g）		T_{peak} /℃	t_{peak} /h
			3d	7d		
P	0	0	218	257	30.3	13.8
C1	10.0	5.0	189	226	28.5	15.8
C2	16.7	8.3	173	202	28.0	15.7
C3	23.3	11.7	156	189	26.8	16.5
C4	30.0	15.0	140	164	25.9	18.5

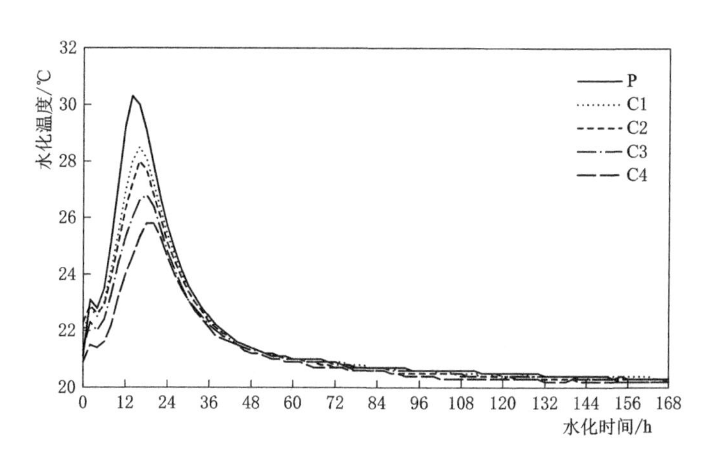

图 2.21 粉煤灰-矿渣粉-低热硅酸盐水泥体系水化温度

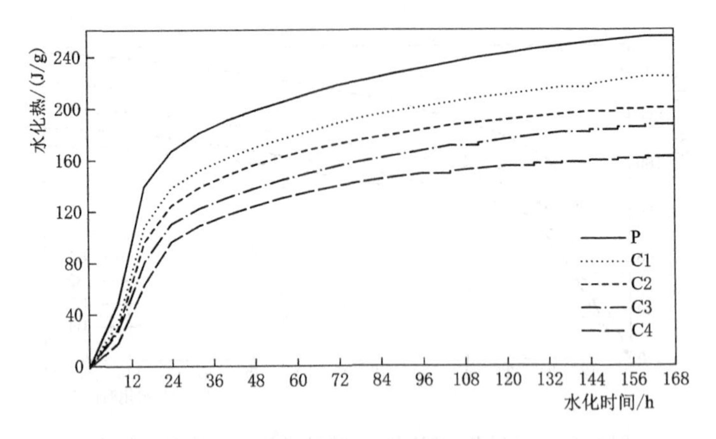

图2.22　粉煤灰-矿渣粉-低热硅酸盐水泥体系水化热

15%、25%、35%、45%粉煤灰、矿渣粉的胶凝体系3d水化热分别降低29J/g、45J/g、62J/g、78J/g，7d水化热分别降低31J/g、55J/g、68J/g、93J/g；水化温度峰值分别下降1.8℃、2.3℃、3.5℃、4.4℃，温度峰值的出现时间分别延后2.0h、1.9h、2.7h、4.7h。

2.4　低热硅酸盐水泥基胶凝材料的水化热计算

单掺粉煤灰、单掺矿渣粉和1∶1复掺粉煤灰、矿渣粉的低热硅酸盐水泥胶凝材料体系1～7d水化热见表2.15。

表2.15　　不同胶凝材料方案及1～7d水化热

编号	粉煤灰掺量/%	矿渣粉掺量/%	水化热/(J/g)						
			1d	2d	3d	4d	5d	6d	7d
P	0	0	167	199	218	231	242	251	257
F1	15	0	147	177	194	207	217	225	228
F2	25	0	135	165	181	194	202	208	211
F3	35	0	116	147	163	172	181	187	193
F4	45	0	101	131	147	159	168	173	176
S1	0	15	148	173	195	212	224	236	243
S2	0	25	134	163	182	199	212	222	226
S3	0	35	126	151	167	181	192	201	204
S4	0	45	110	141	160	170	175	179	182
B1	7.5	7.5	138	170	190	204	216	225	232
B2	12.5	12.5	126	158	175	188	198	207	213
B3	17.5	17.5	113	139	157	169	181	189	196
B4	22.5	22.5	104	131	146	159	169	175	180

2.4.1 矿物成分法

胶凝材料水化热的大小与放热速率主要取决于水泥熟料的矿物组成。水泥熟料各单矿物完全水化时放热量大小顺序为：$C_3A>C_3S>C_4AF>C_2S$，低热硅酸盐水泥以 C_2S 为主导矿物设计，严格控制 C_3A 含量，因此其水化放热规律不同于普通硅酸盐水泥[173]。不同研究者测定的熟料单矿物特征龄期水化热值存在一定差异，结果见表 2.16、表 2.17。

表 2.16　水泥熟料中单矿物水化热[174]　单位：J/g

矿物名称	水化龄期				
	3d	7d	28d	90d	365d
C_3S	243	222	377	435	490
C_2S	50	42	105	176	226
C_3A	888	1557	1377	1303	1168
C_4AF	289	494	494	410	377

表 2.17　水泥熟料中单矿物水化热[175]　单位：J/g

矿物名称	水化龄期					
	3d	7d	28d	90d	180d	365d
C_3S	410	461	477	511	507	595
C_2S	80	75	184	230	222	260
C_3A	712	787	846	787	913	—
C_4AF	121	180	201	197	306	—

基于不同龄期的熟料单矿物水化热值，蔡正咏[176] 提出以下水化热计算公式：

$$Q(t)=a_tC_3S+b_tC_2S+c_tC_3A+d_tC_4AF \tag{2.1}$$

式中：$Q(t)$ 为水泥 t 天水化热值，J/g；a_t、b_t、c_t、d_t 分别为各熟料单矿物 t 天水化热值，J/g；C_3S、C_2S、C_3A、C_4AF 分别为各矿物成分含量，%。

根据表 2.16、表 2.17 中各单矿物 3d、7d 水化热值，以及低热硅酸盐水泥矿物成分含量，按照式（2.1）算得低热硅酸盐水泥 3d 水化热分别为 176J/g、212J/g，7d 水化热分别为 219J/g、240J/g。与直接法测得的 3d 水化热 218J/g，7d 水化热 257J/g 相比，由表 2.17 算得的结果与直接法测得水化热相近，由表 2.16 算得的结果和直接法相差较大，且由公式算得的水化热值均偏低。

矿物成分法可用于计算低热硅酸盐水泥特征龄期水化热，但由于不同研究者测定的熟料单矿物水化热值存在较大差异，此方法算得结果与试验值相差较大，且难以满足掺有矿物掺合料的低热硅酸盐水泥胶凝体系水化热计算的需要。

2.4.2 折算系数法

折算系数法是将矿物掺合料的掺量乘以一个系数后折算为水泥用量进行计算，目前在胶凝材料体系的水化热计算中应用较多。掺有掺合料的胶凝材料水化热可用以下公式估算：

$$Q_P=\frac{Q_0}{1-mP} \tag{2.2}$$

式中：Q_P 为掺有掺合料的胶凝材料水化热，J/g；Q_0 为不掺掺合料的纯水泥水化热，J/g；P 为矿物掺合料掺量，%；m 为经验常数，根据试验资料由数理统计方法确定，范围在 0～1 之间。

根据直接法所测得单掺粉煤灰、单掺矿渣粉条件下的低热硅酸盐水泥胶凝材料 1～7d 水化热，分别应用式（2.2）计算相应的 m，对所得结果取算术平均值，即得到低热硅酸盐水泥胶凝体系下的经验常数 m_{FA}、m_{SL}，见表 2.18。

表 2.18　　不同龄期低热硅酸盐水泥胶凝体系水化热公式经验常数 m

掺合料	掺量 P /%	水化龄期							算术平均值
		1d	2d	3d	4d	5d	6d	7d	
粉煤灰	15	0.80	0.74	0.73	0.69	0.69	0.69	0.75	$m_{FA}=0.72$
	25	0.77	0.68	0.68	0.64	0.66	0.69	0.72	
	35	0.87	0.75	0.72	0.73	0.72	0.73	0.71	
	45	0.88	0.76	0.72	0.69	0.68	0.69	0.70	
矿渣粉	15	1.00	0.87	0.70	0.55	0.50	0.40	0.36	$m_{SL}=0.62$
	25	0.79	0.72	0.66	0.55	0.50	0.46	0.48	
	35	0.70	0.69	0.67	0.62	0.59	0.57	0.59	
	45	0.76	0.65	0.59	0.59	0.62	0.64	0.65	

计算表 2.18 中单掺粉煤灰和单掺矿渣粉条件下的低热硅酸盐水泥胶凝体系水化热经验常数算术平均值，得到 $m_{FA}=0.72$、$m_{SL}=0.62$。即粉煤灰-低热硅酸盐水泥胶凝体系、矿渣粉-低热硅酸盐水泥胶凝体系的水化热计算公式为

$$Q_{FA}=\frac{Q_0}{1-0.72P_{FA}} \tag{2.3}$$

$$Q_{SL}=\frac{Q_0}{1-0.62P_{SL}} \tag{2.4}$$

式中：Q_{FA}、Q_{SL} 分别为粉煤灰-低热硅酸盐水泥胶凝体系、矿渣粉-低热硅酸盐水泥胶凝体系的水化热，J/g；P_{FA}、P_{SL} 分别为粉煤灰、矿渣粉的掺量。

应用直接法测得的 F2、S2 组试验数据对式（2.3）、式（2.4）进行检验，计算结果见表 2.19，绘制由折算系数法算得的水化热与直接法测定的水化热对比图（图 2.23）。由图 2.23 可以看出，预测值与试验值十分接近，该经验常数及公式对于低热硅酸盐水泥胶凝体系适用性良好。折算系数法计算方便，可以根据水泥水化热及经验常数快速计算相应矿物掺合料下低热硅酸盐水泥胶凝材料体系的水化热值，缺点是仅能计算单一形式矿物掺合料下的胶凝材料体系水化热，不适用于不同比例掺合料复掺的低热硅酸盐水泥胶凝材料体系。

表 2.19　　直接法测定的水化热与计算水化热对比　　单位：J/g

编号	类别	水化龄期						
		1d	2d	3d	4d	5d	6d	7d
F2	试验数值	135	165	181	194	202	208	211
	拟合公式	137	163	179	189	198	206	211
S2	试验数值	134	163	182	199	212	222	226
	拟合公式	141	168	184.	195	205	212	217

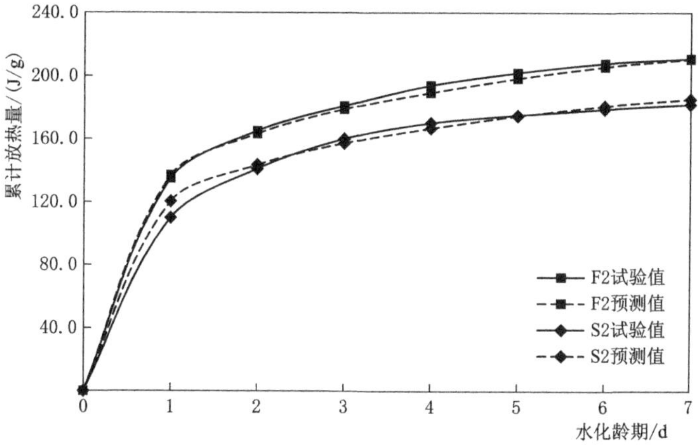

图 2.23　折算系数法算得胶凝材料水化热与直接法测定结果对比

2.4.3 数值拟合法

胶凝材料水化热数值拟合法是先假定一个带有参数的函数表达式，然后利用试验数据通过数学方法确定参数取值，拟合出一条优化曲线来描述胶凝材料水化放热过程，该曲线函数表达式即为水化热拟合公式，常见拟合公式如下：

指数公式
$$Q(t)=Q_0(1-e^{-mt}) \tag{2.5}$$

双曲线公式
$$Q(t)=\frac{Q_0 t}{n+t} \tag{2.6}$$

双指数公式
$$Q(t)=Q_0(1-e^{-at^b}) \tag{2.7}$$

式中：$Q(t)$ 为龄期为 t 时的胶凝材料水化热，J/g；Q_0 为 $t\to\infty$时的胶凝材料最终水化热，J/g；t 为龄期，d；m、n、a、b 为常数，与水泥品种和掺合料种类有关。

朱伯芳认为，以上 3 个表达式中，双曲线公式和双指数公式与试验资料符合得比较好。因此，本节采用双曲线公式对低热硅酸盐水泥胶凝体系水化热进行计算。

2.4.3.1 低热硅酸盐水泥水化热计算

将式（2.6）转化为 $Q_0/Q(t)=1+n/t$，利用直接法测得的低热硅酸盐水泥 1～7d 水化热值对 $1/Q(t)$ 和 $1/t$ 进行线性拟合，计算得到低热硅酸盐水泥最终水化热 $Q_0=270.3$J/g，常数 $n=0.6486$，相关系数 $R^2=0.9785$，即低热硅酸盐水泥水化热计算公式为

$$Q(t)=\frac{270.3t}{0.65+t} \tag{2.8}$$

利用式（2.8）计算低热硅酸盐水泥1～7d水化热，并与直接法所测结果进行比较，结果见表2.20，绘制计算水化热与直接法测定结果对比图（图2.24）。由图2.24可知，该拟合公式算得的水化热预测值与试验值比较接近，计算所得7d水化热稍低，即式（2.8）对于低热硅酸盐水泥具有较好的适用性。

表2.20　直接法测定的水化热与计算水化热对比　单位：J/g

类别	水化龄期						
	1d	2d	3d	4d	5d	6d	7d
试验数值	167	199	218	231	242	251	257
拟合公式	164	204	222	233	239	244	247

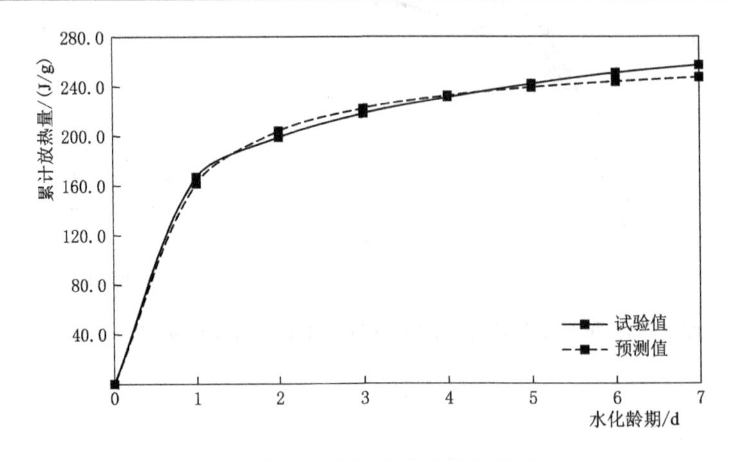

图2.24　计算水化热与直接法测定结果对比图

2.4.3.2　矿物掺合料水化热计算

掺加矿物掺合料的胶凝材料体系水化热可以通过下式计算：

$$Q(t)=Q_{cem}(t)P_{cem}+\sum Q_i(t)P_i \tag{2.9}$$

式中：Q为胶凝材料体系水化热，J/g；Q_{cem}为水泥水化热，J/g；Q_i为矿物掺合料水化热，J/g；P_{cem}、P_i分别为胶凝材料中水泥和矿物掺合料的质量分数，%；t为水化龄期，d。

根据式（2.9），利用直接法测得的低热硅酸盐水泥胶凝体系水化热数据，分别计算粉煤灰、矿渣粉1～7d水化热值并绘制曲线，结果如图2.25所示。低热硅酸盐水泥胶凝体系中矿物掺合料的水化放热规律符合双曲线函数发展趋势。利用式（2.6）对其进行拟合，所得掺合料水化热计算公式及相关系数见表2.21。

根据表2.21，低热硅酸盐水泥胶凝材料体系下粉煤灰、矿渣粉的最终水化热分别为126.6J/g和172.4J/g。有学者[177]研究了普通硅酸盐水泥胶凝体系的水化热规律，认为粉煤灰（CaO=8.8%，SiO_2=48.1%）的最终水化热为209J/g，矿渣粉的最终水化热值为355～440J/g；而刘数华等[178]通过试验，发现粉煤灰单独水化时的3d、7d水化热分别为31.0J/g和41.0J/g。因此可知，受到水化环境因素的影响，不同胶凝材料体系中矿物

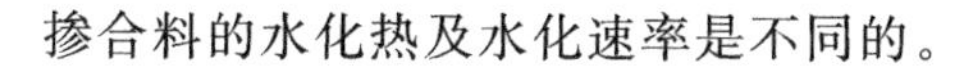

掺合料的水化热及水化速率是不同的。

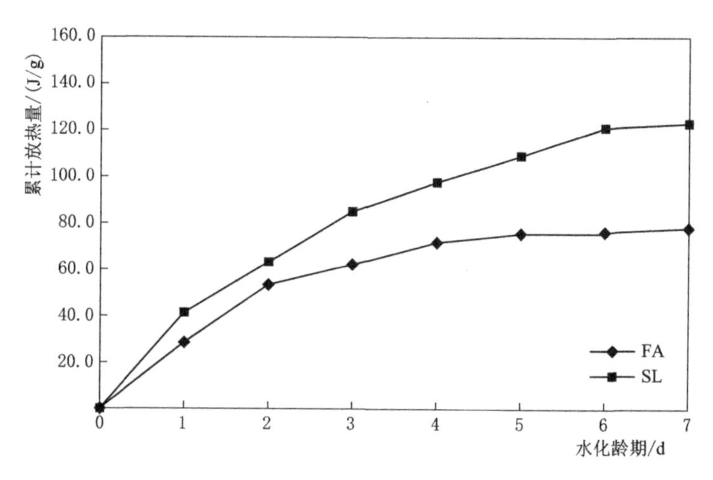

图 2.25　低热硅酸盐水泥胶凝体系中掺合料水化热曲线

表 2.21　　低热硅酸盐水泥胶凝体系中矿物掺合料水化热计算公式和相关系数

矿物掺合料	水化热计算公式	最终水化热/(J/g)	相关系数 R^2
FA	$Q_{FA}(t)=126.6t/(3.291+t)$	126.6	0.9775
SL	$Q_{SL}(t)=172.4t/(3.328+t)$	172.4	0.9702

对此，阎培渝、刘仍光等[179-180] 认为，硅酸盐水泥水化生成的 $Ca(OH)_2$ 对粉煤灰、矿渣粉水化活性的激发具有重要作用，而粉煤灰和矿渣粉的掺入抑制了钙矾石活性，使得复合胶凝材料中的 $Ca(OH)_2$ 含量减少，进而对粉煤灰、矿渣粉的水化活性造成影响。低热硅酸盐水泥水化生成的钙矾石和 $Ca(OH)_2$ 比同龄期普通硅酸盐水泥水化生成的量少，因此矿物掺合料水化速率慢，表现为低热硅酸盐水泥胶凝体系中矿物掺合料水化热低。

2.4.3.3　低热硅酸盐水泥胶凝体系水化热计算

基于直接法测定的低热硅酸盐水泥胶凝材料 1～7d 水化热，利用双曲线公式分别对该体系中低热硅酸盐水泥和矿物掺合料的水化热进行拟合，提出低热硅酸盐水泥胶凝体系水化热计算模型如下：

$$Q(t)=Q_{cem}(t)P_{cem}+\sum Q_i(t)P_i \tag{2.10}$$

$$Q_{cem}(t)=\frac{270.3t}{0.65+t} \tag{2.11}$$

$$Q_{FA}(t)=\frac{126.6t}{3.291+t} \tag{2.12}$$

$$Q_{SL}(t)=\frac{172.4t}{3.328+t} \tag{2.13}$$

应用直接法测得 B2、B4 试验数据对式（2.10）～式（2.13）进行检验，结果如图 2.26 所示。由图 2.26 可知，应用水化热计算模型算得的结果稍高于试验值，两者相应龄期的水化热比较接近。该低热硅酸盐水泥胶凝材料体系水化热计算模型精度较高、适用性广，可计算单掺或复掺不同比例粉煤灰和矿渣粉条件下的低热硅酸盐水泥胶凝材料体系水化热。

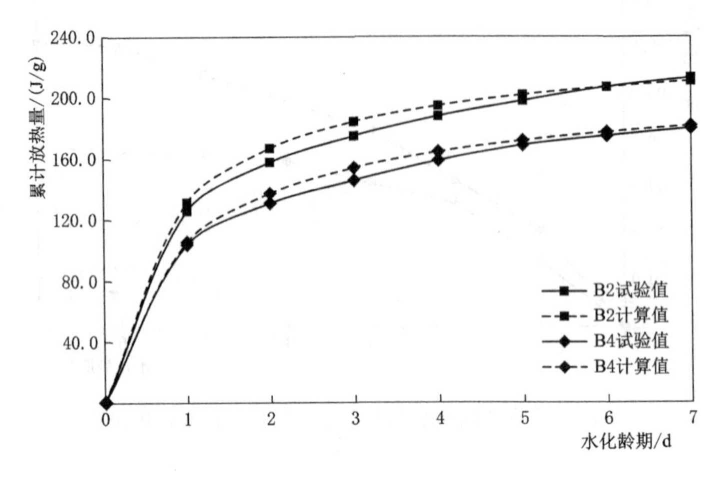

图 2.26　模型算得的胶凝材料水化热与直接法测定结果对比

2.5 本 章 结 论

(1) 对于 3d、7d 水化热相同的水泥基胶凝材料，普通硅酸盐水泥基胶凝材料的早期水化热及放热速率低于低热硅酸盐水泥，且其水化热速率峰值的出现时间延后，对于大体积混凝土浇筑后的早期温度控制比较有利。从长龄期水化热角度来看，低热硅酸盐水泥的水化热及后期水化热速率低于大掺量掺合料普通硅酸盐水泥基胶凝体系。当考虑掺加矿物掺合料时，低热硅酸盐水泥胶凝材料的水化热及水化热速率将进一步降低，其热学性能更为优良。

(2) 对于 3d、7d 水化热相同的水泥基胶凝材料，低热硅酸盐水泥的早期抗压强度略低于普通硅酸盐水泥基胶凝材料，但后期强度增长率高，28d 抗压强度即接近或超过后者，适合于设计龄期较长的水工大体积混凝土。工业与民用建筑中的大体积混凝土对早期强度要求较高，可发挥大掺量掺合料普通硅酸盐水泥基胶凝材料的早期强度优势，但同时应注意其后期强度损失并加强施工温控措施。

(3) 低热硅酸盐水泥的电阻率及其变化速率较小，且发展规律不同于普通硅酸盐水泥。根据电阻率速率曲线，可将低热硅酸盐水泥水化过程划分为溶解期、诱导期、加速期、突变期和减速期 5 个阶段，其中突变期主要是由于 C_2S 水化，溶液离子浓度逐渐增大，液相电阻率下降所引起。电阻率和水化热的时间发展曲线均能独立地表征水泥水化进程，但两者变化速率曲线的一些特征点并不能完全对应，电阻率法表征的低热硅酸盐水泥水化过程具有更加明确的物理、化学意义。

(4) 随着矿物掺合料掺量的增加，低热硅酸盐水泥胶凝材料体系的水化温升和水化热降低，水化温度峰值的出现时间延后。粉煤灰对低热硅酸盐水泥胶凝体系水化热的降低效果最明显，矿渣粉次之，复掺粉煤灰、矿渣粉的低热硅酸盐水泥胶凝体系水化放热规律介于两者单掺之间。

（5）矿物成分法仅能计算特征龄期下水泥水化热，由于不同研究者测定的熟料单矿物水化热值存在差异，该公式算得的结果与试验数值差距较大；折算系数法计算简单，准确性较高，可在已知水泥水化热数值的基础上，计算单一形式矿物掺合料下胶凝材料水化热。

（6）粉煤灰、矿渣粉等矿物掺合料在不同胶凝材料体系中的水化热及放热速率不同，本章运用数值拟合法算得低热硅酸盐水泥胶凝体系中粉煤灰、矿渣粉的最终水化热分别为126.6J/g和172.4J/g。基于此，提出低热硅酸盐水泥胶凝体系水化热计算模型，适用于单掺、复掺不同掺量粉煤灰和矿渣粉条件下的低热硅酸盐水泥胶凝材料体系，可为大体积混凝土的绝热温升计算提供基础数据参考。

第3章 低热硅酸盐水泥基胶凝材料的强度规律与性能优化

水工大体积混凝土设计龄期长、温度控制要求严格，多采用低热硅酸盐水泥掺加矿物掺合料的胶凝材料方案。目前，针对矿物掺合料条件下低热硅酸盐水泥胶凝体系的力学强度规律的研究还不够系统和深入。此外，水化热和胶凝材料的水化产物量成正比，水化产物量与力学强度正相关，水泥胶凝材料的力学、热学性能彼此关联且相互制约[181]。低热硅酸盐水泥水化热低、早期强度发展缓慢，其胶凝材料的力学、热学性能的矛盾性更为突出。现有研究针对水泥胶凝体系的水化热和强度规律的综合分析相对较少，对于其力学、热学综合性能的系统研究和优化调控更是鲜有报道。

为此，本章通过试验测定单掺粉煤灰、单掺矿渣粉以及复掺不同比例粉煤灰、矿渣粉条件下的低热硅酸盐水泥胶凝体系不同龄期抗压、抗折强度，系统研究低热硅酸盐水泥胶凝材料体系的力学性能规律；分析低热硅酸盐水泥胶凝体系抗压强度与电阻率之间的关系，建立基于电阻率法的低热硅酸盐水泥胶凝体系抗压强度预测模型。以低热硅酸盐水泥胶凝体系力学和热学综合性能为研究对象，分别通过评价函数法和投影寻踪回归模型对其综合性能进行优化分析，为低热硅酸盐水泥胶凝材料在大体积混凝土中的应用提供指导，并为水泥混凝土材料的多目标综合性能优化问题提供参考。

3.1 试验材料与试验方法

试验材料及试验方法见2.1节。

3.2 低热硅酸盐水泥基胶凝材料的胶砂强度

3.2.1 粉煤灰-低热硅酸盐水泥胶砂强度规律

测定粉煤灰-低热硅酸盐水泥胶凝体系的胶砂强度并绘制折线图，结果见表3.1和图3.1、图3.2。随着粉煤灰掺量的增加，粉煤灰-低热硅酸盐水泥胶凝体系的各龄期强度均明显降低，后期强度增长率提高；同一掺量下，胶凝体系在28d龄期之前的强度损失率较高，90d龄期的强度损失略有改善。

表 3.1　　粉煤灰-低热硅酸盐水泥胶凝材料胶砂强度　　单位：MPa

编号	抗折强度				抗压强度			
	3d	7d	28d	90d	3d	7d	28d	90d
P	4.0	5.1	8.0	10.4	15.4	22.5	52.1	76.2
F1	3.3	4.2	7.0	9.3	11.9	17.0	37.2	68.0
F2	2.6	3.5	6.0	8.9	9.0	13.5	30.4	60.1
F3	1.6	3.0	5.3	7.9	7.4	10.8	24.6	56.1
F4	1.2	2.4	3.6	7.1	5.4	7.6	16.4	48.5

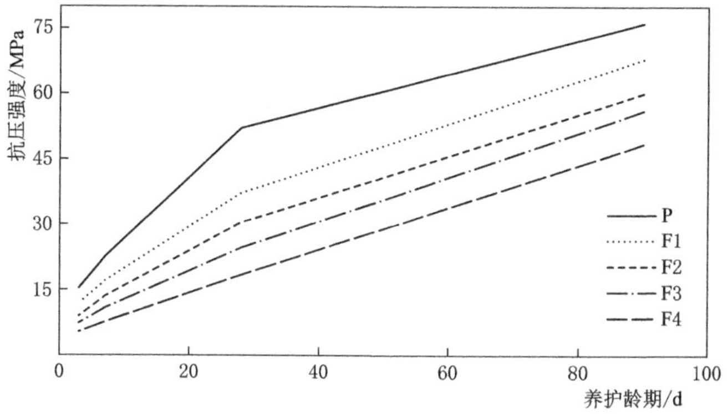

图 3.1　粉煤灰-低热硅酸盐水泥胶凝体系抗压强度

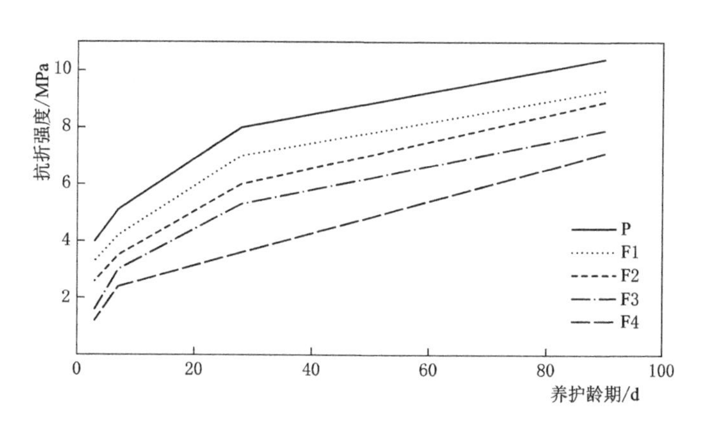

图 3.2　粉煤灰-低热硅酸盐水泥胶凝体系抗折强度

3.2.2　矿渣粉-低热硅酸盐水泥胶砂强度规律

测定矿渣粉-低热硅酸盐水泥胶凝体系的胶砂强度并绘制折线图，结果见表 3.2 和图 3.3、图 3.4。随着矿渣粉掺量的增加，矿渣粉-低热硅酸盐水泥胶凝体系的各龄期强度呈下降趋势，后期强度增长率提高；同一掺量下，胶凝体系早期强度损失率较高，90d 龄期时的抗压强度接近低热硅酸盐水泥强度，具有较高的后期强度增长率。

表 3.2　矿渣粉-低热硅酸盐水泥胶凝材料胶砂强度　单位：MPa

编号	抗折强度				抗压强度			
	3d	7d	28d	90d	3d	7d	28d	90d
P	4.0	5.1	8.0	10.4	15.4	22.5	52.1	76.2
S1	3.5	4.7	7.5	10.1	13.6	19.3	43.3	72.8
S2	3.0	4.1	7.4	9.6	11.3	16.2	40.7	72.0
S3	2.6	3.5	7.2	9.0	8.6	13.5	37.4	69.8
S4	2.3	3.4	6.5	8.8	6.8	11.4	33.8	66.4

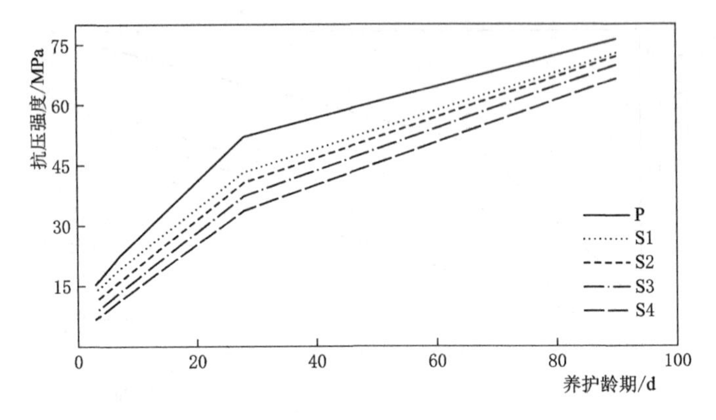

图 3.3　矿渣粉-低热硅酸盐水泥胶凝体系抗压强度

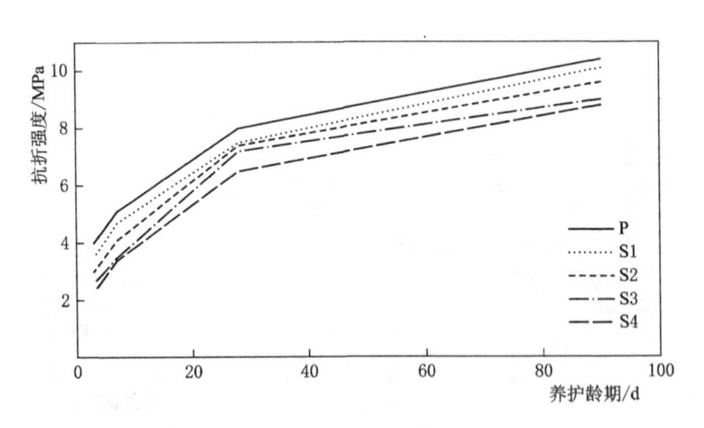

图 3.4　矿渣粉-低热硅酸盐水泥胶凝体系抗折强度

3.2.3　粉煤灰-矿渣粉-低热硅酸盐水泥胶砂强度规律

3.2.3.1　粉煤灰、矿渣粉掺比为 1∶2 时的低热硅酸盐水泥胶凝体系

测定粉煤灰、矿渣粉掺比为 1∶2 时的低热硅酸盐水泥胶凝体系的胶砂强度并绘制折线图，结果见表 3.3 和图 3.5、图 3.6。随着粉煤灰和矿渣粉掺量的增加，粉煤灰-矿渣粉-低热硅酸盐水泥胶凝体系的不同龄期强度呈下降趋势，后期强度增长率提高；随着龄期的延长，

胶凝体系的强度损失率呈降低趋势，90d龄期时的抗压强度接近低热硅酸盐水泥抗压强度。

表 3.3　　粉煤灰-矿渣粉-低热硅酸盐水泥胶凝材料胶砂强度　　单位：MPa

编号	抗折强度				抗压强度			
	3d	7d	28d	90d	3d	7d	28d	90d
P	4.0	5.1	8.0	10.4	15.4	22.5	52.1	76.2
A1	3.5	4.8	7.9	10.0	12.9	18.8	46.2	71.6
A2	2.9	4.2	7.4	9.1	10.3	15.2	39.2	68.6
A3	2.0	3.0	6.2	8.7	7.9	12.1	30.8	63.3
A4	1.6	3.1	6.0	8.1	6.4	10.7	29.9	66.6

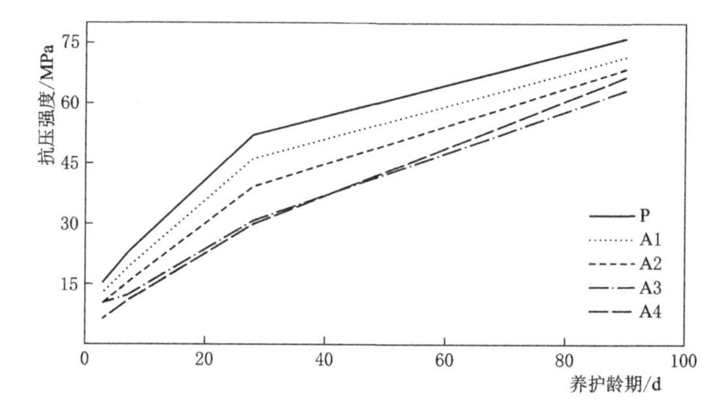

图 3.5　粉煤灰-矿渣粉-低热硅酸盐水泥胶凝体系抗压强度

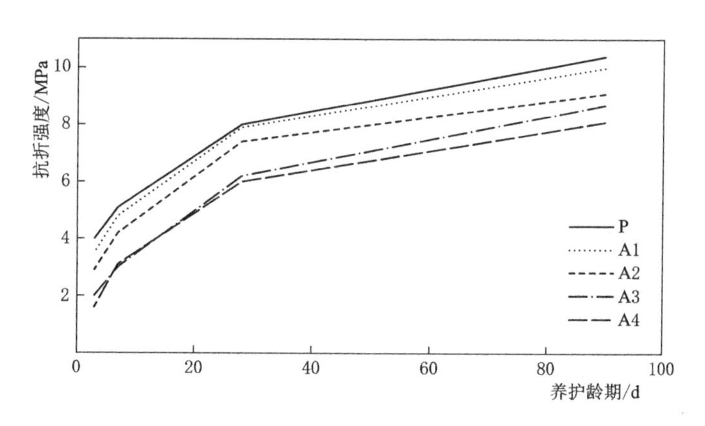

图 3.6　粉煤灰-矿渣粉-低热硅酸盐水泥胶凝体系抗折强度

3.2.3.2　粉煤灰、矿渣粉掺比为 1∶1 时的低热硅酸盐水泥胶凝体系

测定粉煤灰、矿渣粉掺比为 1∶1 时的低热硅酸盐水泥胶凝体系的胶砂强度并绘制折线图，结果见表 3.4 和图 3.7、图 3.8。1∶1 复掺粉煤灰、矿渣粉时的低热硅酸盐水泥胶凝体系强度发展规律介于单掺粉煤灰和单掺矿渣粉之间。随着掺量的增加，28d 龄期前的胶凝体系强度下降趋势较明显，90d 龄期时抗压强度相近；随着龄期的延长，胶凝体系的

强度损失率呈降低趋势。

表 3.4 **粉煤灰-矿渣粉-低热硅酸盐水泥胶凝材料胶砂强度** 单位：MPa

编号	抗折强度				抗压强度			
	3d	7d	28d	90d	3d	7d	28d	90d
P	4.0	5.1	8.0	10.4	15.4	22.5	52.1	76.2
B1	3.4	4.4	7.4	9.1	12.2	17.6	41.9	70.6
B2	2.6	3.7	6.6	9.0	10.4	15.2	29.9	70.1
B3	1.9	3.2	6.4	7.9	9.4	14.4	30.6	67.0
B4	1.4	3.1	5.7	8.9	6.5	11.5	27.6	61.9

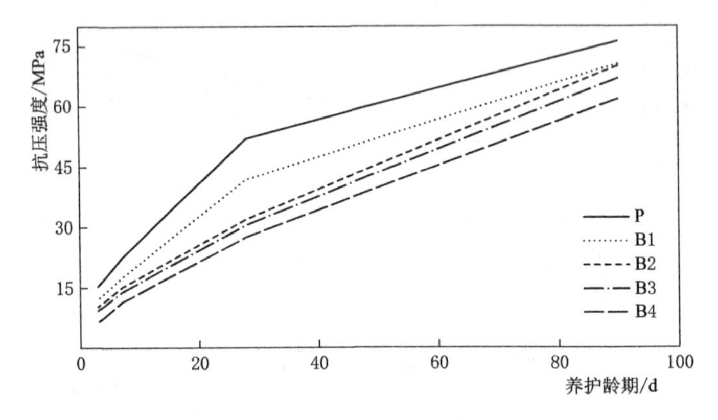

图 3.7 粉煤灰-矿渣粉-低热硅酸盐水泥胶凝体系抗压强度

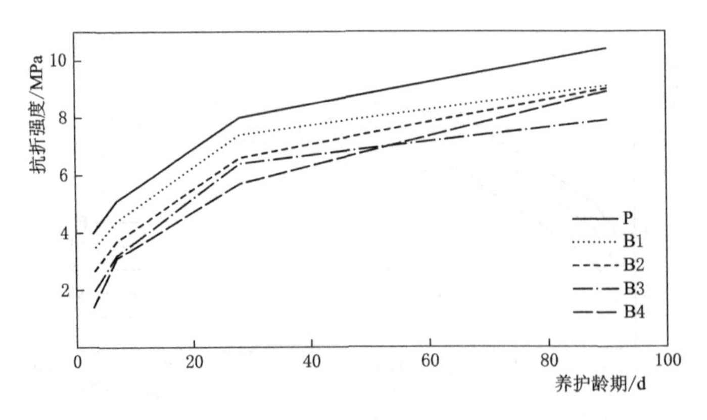

图 3.8 粉煤灰-矿渣粉-低热硅酸盐水泥胶凝体系抗折强度

3.2.3.3 粉煤灰、矿渣粉掺比为 2∶1 时的低热硅酸盐水泥胶凝体系

测定粉煤灰、矿渣粉掺比为 2∶1 时的低热硅酸盐水泥胶凝体系的胶砂强度并绘制折线图，结果见表 3.5 和图 3.9、图 3.10。随着粉煤灰和矿渣粉掺量的增加，粉煤灰-矿渣粉-低热硅酸盐水泥胶凝体系的不同龄期强度呈下降趋势，后期强度增长率提高；随着龄期的延长，胶凝体系的强度损失率降低，90d 龄期时强度接近低热硅酸盐水泥抗压强度。

表 3.5　　粉煤灰-矿渣粉-低热硅酸盐水泥胶凝材料胶砂强度　　单位：MPa

编号	抗折强度				抗压强度			
	3d	7d	28d	90d	3d	7d	28d	90d
P	4.0	5.1	8.0	10.4	15.4	22.5	52.1	76.2
C1	3.4	4.5	7.1	9.6	12.1	17.1	34.2	71.6
C2	2.9	3.6	6.4	9.3	11.1	17.1	34.2	68.6
C3	2.5	3.7	5.7	8.3	6.5	11.5	27.6	63.3
C4	1.1	2.4	5.1	6.7	5.3	9.5	21.7	66.6

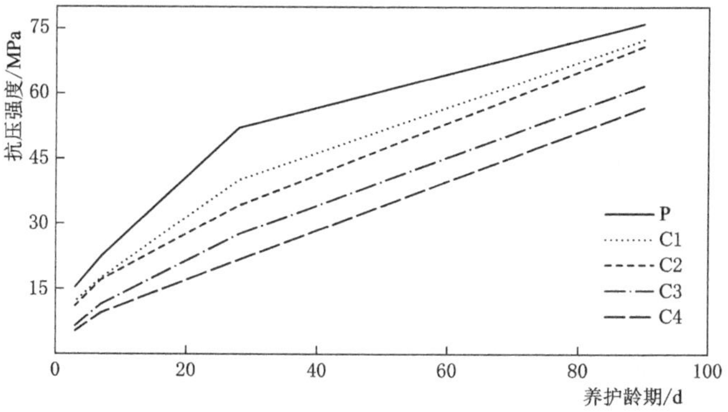

图 3.9　粉煤灰-矿渣粉-低热硅酸盐水泥胶凝体系抗压强度

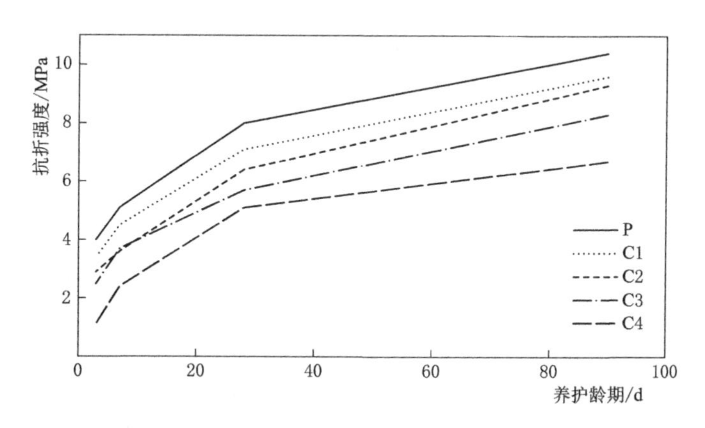

图 3.10　粉煤灰-矿渣粉-低热硅酸盐水泥胶凝体系抗折强度

3.3　基于电阻率的低热硅酸盐水泥基胶凝材料强度预测

3.3.1　低热硅酸盐水泥胶凝体系电阻率

测定单掺粉煤灰、单掺矿渣粉和 1∶1 复掺粉煤灰、矿渣粉的低热硅酸盐水泥胶凝材料体系的72h净浆电阻率，并绘制电阻率发展曲线图，如图3.11所示。

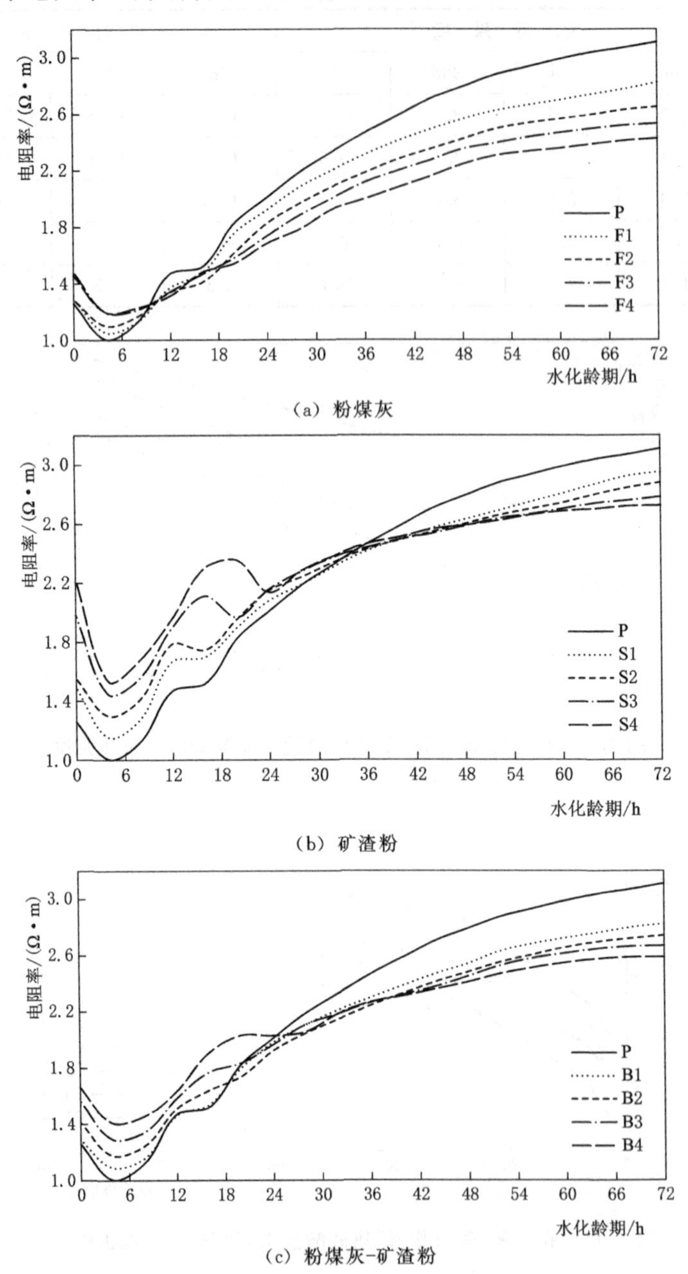

(a) 粉煤灰

(b) 矿渣粉

(c) 粉煤灰-矿渣粉

图3.11 低热硅酸盐水泥胶凝材料体系电阻率发展曲线

由图3.11可知，随着矿物掺合料掺量的增加，低热硅酸盐水泥胶凝材料体系的早期电阻率增大，72h电阻率降低；粉煤灰掺量对低热硅酸盐水泥胶凝体系的后期电阻率影响较大，矿渣粉可促进其二次水化，对早期电阻率有明显影响，72h时电阻率发展趋于稳定；复掺粉煤灰、矿渣粉的低热硅酸盐水泥胶凝体系电阻率发展规律介于单掺粉煤灰和单掺矿渣粉之间。

3.3.2 基于电阻率法的低热硅酸盐水泥胶凝体系抗压强度

低热硅酸盐水泥胶凝材料体系特征龄期电阻率值见表3.6。

表3.6 低热硅酸盐水泥胶凝材料体系特征龄期电阻率

编号	电阻率/(Ω·m)		
	24h	48h	72h
P	2.0107	2.7927	3.1098
F1	1.9220	2.5653	2.8240
F2	1.8271	2.4215	2.6516
F3	1.7383	2.3514	2.5306
F4	1.6858	2.2434	2.4259
S1	2.0803	2.6315	2.9526
S2	2.1499	2.6017	2.8803
S3	2.1588	2.5870	2.7841
S4	2.1365	2.5918	2.7250
B1	1.9807	2.5416	2.8243
B2	1.9214	2.4815	2.7423
B3	1.9643	2.4517	2.6666
B4	2.0295	2.4105	2.5863

将表3.6中的F2、S3、B1、B4四组数据留作检验样本，对其余各组低热硅酸盐水泥胶凝材料的24h、48h、72h电阻率和7d、28d、90d抗压强度进行相关性分析，建立不同龄期电阻率与抗压强度之间的线性关系表达式，计算拟合强度与实测值相对误差小于10%的样本合格率，结果见表3.7。

表3.7 不同龄期电阻率与抗压强度的相关性分析

电阻率	抗压强度	线性关系	R^2	合格率/%
24h	7d	$y=15.9x-16.176$	0.3222	33.3
	28d	$y=47.959x-59.313$	0.5523	55.6
	90d	$y=44.037x-19.817$	0.6772	77.8
48h	7d	$y=24.782x-47.602$	0.7835	88.9
	28d	$y=63.296x-125.2$	0.9631	88.9
	90d	$y=49.213x-57.842$	0.8467	100.0
72h	7d	$y=20.929x-42.916$	0.9276	88.9
	28d	$y=49.705x-102.76$	0.9891	100.0
	90d	$y=38.486x-39.949$	0.8624	88.9

由表3.7可知，低热硅酸盐水泥胶凝材料体系电阻率与抗压强度的相关性随着水化龄期的延长而增加，72h电阻率与7d、28d、90d抗压强度的综合相关性最好，且相对误差

合格率高。低热硅酸盐水泥胶凝材料72h净浆电阻率与7d、28d、90d胶砂抗压强度的线性关系为

$$f_{7d}=20.929\rho_{72h}-42.916\quad (R^2=0.9276) \tag{3.1}$$

$$f_{28d}=49.705\rho_{72h}-102.76\quad (R^2=0.9891) \tag{3.2}$$

$$f_{90d}=38.486\rho_{72h}-39.949\quad (R^2=0.8624) \tag{3.3}$$

式中：f_{7d}、f_{28d}、f_{90d}分别为7d、28d、90d水泥胶砂抗压强度，MPa；ρ_{72h}为72h净浆电阻率，Ω·m。

分别利用式（3.1）、式（3.2）和式（3.3）计算各组胶凝材料的抗压强度预测值，并与试验测得值进行对比，结果如图3.12所示。各组样本数据的试验值与预测值十分接近，即绝对误差小。

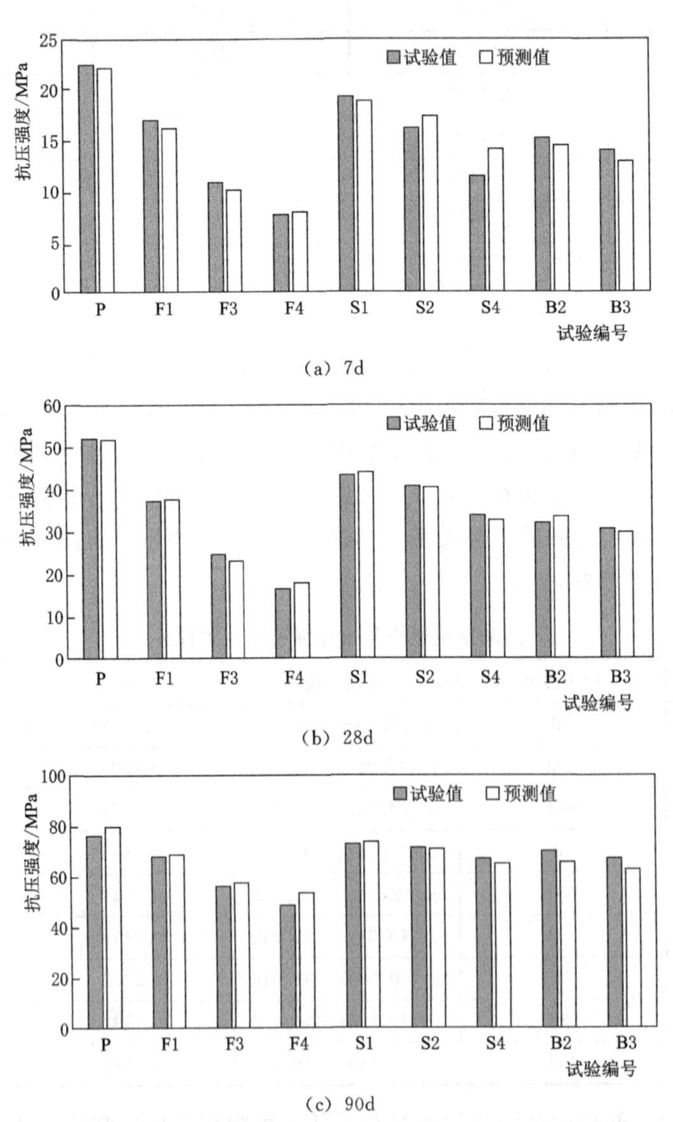

（a）7d

（b）28d

（c）90d

图3.12　低热硅酸盐水泥胶凝材料抗压强度试验值与模型预测值对比

利用F2、S3、B1、B4四组试验数据对式（3.1）、式（3.2）和式（3.3）进行检验，结果见表3.8。该模型计算精度高，试验值与预测值相对误差均小于10%，即应用电阻率对低热硅酸盐水泥胶凝材料体系的长龄期抗压强度进行预测是可行的[182]。

表3.8　低热硅酸盐水泥胶凝材料抗压强度检验计算

编号	7d抗压强度/MPa		相对误差/%	28d抗压强度/MPa		相对误差/%	90d抗压强度/MPa		相对误差/%
	试验值	预测值		试验值	预测值		试验值	预测值	
F2	13.5	12.6	6.8	30.4	29.0	−4.5	60.1	62.1	3.3
S3	13.5	14.5	−7.4	37.4	35.6	−4.7	69.1	67.2	−2.7
B1	17.6	16.2	7.9	40.9	37.6	−8.0	70.6	68.7	−2.6
B4	11.5	11.2	2.5	27.6	25.8	−6.6	61.9	59.6	−3.7

3.4 低热硅酸盐水泥基胶凝材料热学、力学综合性能优化

3.4.1 基于评价函数法的综合性能优化

运用模糊综合评价方法的思想确定胶凝材料综合性能的评价指标及权重值，采用限定上限（下限）线性计算规则计算其分项性能满意度，建立综合性能目标函数对低热硅酸盐水泥胶凝材料力学和热学性能进行优化分析。

3.4.1.1 评价方法及相关理论

1. 评价指标体系

胶凝材料的综合性能评价是一个多目标、多层次的复杂系统工程，评价指标的选取关乎评价结果的合理性。根据大体积混凝土的温控防裂要求，对低热硅酸盐水泥胶凝体系力学性能和水化热两个部分进行分析。

（1）力学性能。低热硅酸盐水泥胶凝材料体系早期强度低，后期强度增长率大，符合水工大体积混凝土设计龄期长的特点，在进行力学性能评价时尤需关注其早期强度的发展情况。因此选择3d、7d、28d的抗压和抗折强度作为低热硅酸盐水泥胶凝材料综合性能评价指标。

（2）水化热。侯新凯等[183]指出胶凝材料3d、7d早期水化热与混凝土最高温升关联性最强，且有研究表明，大体积混凝土结构的中心温度在7d时已回落至接近环境温度，温度发展进入相对稳定期。因此选取3d、7d水化热值对胶凝材料综合性能进行评价。

2. 评价方法

（1）评价指标集。一级评价指标集$U=\{U_1, U_2, \cdots, U_m\}$，第$i$个指标$U_i$对应的权重为$\theta_i$，反映各指标在综合评价中的重要程度。二级评价指标集$U_i=\{U_{i1}, U_{i2}, \cdots, U_{ik}\}$，$U_{ik}$为第$i$个指标的第$k$个分项指标，对应的二次权重为$\theta_{ik}$。

（2）权重。权重的确定是评价结果是否准确的重要因素，在实际工程中应综合考虑温度控制、强度要求以及施工条件等进行确定。本节采用主观赋权法，根据各项指标对水泥综合性能的影响程度进行赋权。一级评价指标 U_1 为力学强度，U_2 为水化热，为体现两者同等重要，规定权重值 $\theta_1=\theta_2=50$ 分 。7d 水化热是水化热二级评价指标 u_{1k} 的核心内容，其分项权重 $\theta_{12}=30$ 分 ，3d 水化热分项权重 $\theta_{11}=20$ 分 ；力学强度二级评价指标 u_{2k} 共有 3d、7d、28d 抗折和抗压 6 个分项，其中 28d 抗压强度是力学二级评价指标 u_{2k} 的核心内容，根据抗压强度重、抗折强度轻，后期强度重、早期强度轻的分配原则，分项权重 θ_{2k} 分别取 3 分、6 分、6 分、10 分、10 分、15 分。

（3）综合性能评价函数。水化热满意度 f_{1k} 采用限定上限线性规则计算。两个龄期的水化热分别设定一个上限边界值 a_{1k} 和一个下边界值 b_{1k} 。水化热值 g_{1k} 若高于 a_{1k} ，则该项性能满意度为 0 分；若低于 b_{1k} ，则该项满意度为满分 θ_{1k} ；若 g_{1k} 介于 b_{1k} 与 a_{1k} 之间，则满意度公式为

$$f_{1k}=\frac{A_{ik}(a_{1k}-g_{1k})}{a_{1k}-b_{1k}}+B_{ik} \tag{3.4}$$

式中：A_{ik} 、B_{ik} 为限定上、下限线性计算规则参数。

力学强度满意度 f_{2k} 采用限定下限线性规则计算。3 个龄期抗折、抗压强度分别设定一个下限边界值 b_{2k} 和一个上边界值 a_{2k} 。强度值 g_{2k} 若低于 b_{2k} ，则该项性能满意度为 0 分；若高于 a_{2k} ，则该项满意度为满分 θ_{2k} ；若 g_{2k} 介于 b_{2k} 与 a_{2k} 之间，则满意度公式为

$$f_{2k}=\frac{A_{ik}(g_{2k}-b_{2k})}{a_{2k}-b_{2k}}+B_{ik} \tag{3.5}$$

参考低热硅酸盐水泥胶砂强度和水化热的限值规定，综合考虑大体积混凝土性能要求，分别对 a_{ik} 、b_{ik} 、A_{ik} 、B_{ik} 赋值，评定量化规则及参数取值见表 3.9。

3.4.1.2 综合性能优化

按照表 3.9 所列评定规则计算各组低热硅酸盐水泥胶凝材料分项性能满意度，结果见表 3.10。

表 3.9　　胶凝材料综合性能评定量化规则及参数取值

项　目	目　标	权　重	计 算 规 则
3d 水化热	最低	$\theta_{11}=20$	$g_{11}>230$，$f_{11}=0$； $160\leqslant g_{11}\leqslant 230$， $f_{11}=10(230-g_{11})/(230-160)+10$； $g_{11}<160$，$f_{11}=20$
7d 水化热	最低	$\theta_{12}=30$	$g_{12}>260$，$f_{12}=0$； $190\leqslant g_{12}\leqslant 260$， $f_{12}=15(260-g_{12})/(260-190)+15$； $g_{12}<190$，$f_{12}=30$

续表

项　目	目　标	权　重	计 算 规 则
3d 抗折强度	最高	$\theta_{21}=3$	$g_{21}>1.5$，$f_{21}=0$； $1.5\leqslant g_{21}\leqslant 3$， $f_{23}=8(g_{21}-1.5)/(3-1.5)+1$； $g_{21}>3$，$f_{21}=3$
3d 抗压强度	最高	$\theta_{22}=6$	$g_{22}>8.5$，$f_{22}=0$； $8.5\leqslant g_{22}\leqslant 13.5$， $f_{22}=4(g_{22}-8.5)/(13.5-8.5)+2$； $g_{22}>13.5$，$f_{22}=6$
7d 抗折强度	最高	$\theta_{23}=6$	$g_{23}<3$，$f_{23}=0$； $3\leqslant g_{23}\leqslant 4.5$， $f_{23}=4(g_{23}-3)/(4.5-3)+2$； $g_{23}>4.5$，$f_{23}=6$
7d 抗压强度	最高	$\theta_{24}=10$	$g_{24}>13$，$f_{24}=0$； $13\leqslant g_{24}\leqslant 19.5$， $f_{24}=6(g_{24}-13)/(19.5-13)+4$； $g_{24}>19.5$，$f_{24}=10$
28d 抗折强度	最高	$\theta_{25}=10$	$g_{25}>6$，$f_{25}=0$； $6\leqslant g_{25}\leqslant 7.5$， $f_{25}=6(g_{25}-6)/(7.5-6)+4$； $g_{25}>7.5$，$f_{25}=10$
28d 抗压强度	最高	$\theta_{26}=15$	$g_{26}<32.5$，$f_{26}=0$； $32.5\leqslant g_{26}\leqslant 45.5$， $f_{26}=8(g_{26}-32.5)/(45.5-32.5)+7$； $g_{26}>45.5$，$f_{26}=15$

注　评定规则中 g_{ik} 为胶凝材料相应性能数值；f_{ik} 为该项满意度数值。

表 3.10　　　　低热硅酸盐水泥胶凝材料分项性能满意度

编号	f_{11}	f_{12}	f_{21}	f_{22}	f_{23}	f_{24}	f_{25}	f_{26}	$\sum f_{ik}$
P	11.7	15.6	3.0	6.0	6.0	10.0	10.0	15.0	77.3
F1	15.1	21.9	3.0	4.7	5.2	7.7	8.0	9.9	75.5
F2	17.0	25.5	2.5	2.4	3.3	4.5	4.0	0.0	59.2
F3	19.6	29.4	1.1	0.0	2.0	0.0	0.0	0.0	52.1
F4	20.0	30.0	0.0	0.0	0.0	0.0	0.0	0.0	50.0
S1	15.0	18.6	3.0	6.0	6.0	9.8	10.0	13.6	82.1
S2	16.9	22.3	3.0	4.2	4.9	7.0	9.6	12.0	79.9
S3	19.0	27.0	2.5	2.1	3.3	4.5	8.8	10.0	77.2
S4	20.0	30.0	2.1	0.0	3.1	0.0	6.0	7.8	68.9

续表

编号	f_{11}	f_{12}	f_{21}	f_{22}	f_{23}	f_{24}	f_{25}	f_{26}	$\sum f_{ik}$
A1	14.7	21.4	3.0	5.5	6.0	9.4	10.0	15.0	85.0
A2	18.1	24.2	2.9	3.4	5.2	6.0	9.6	11.1	80.6
A3	19.9	28.1	1.7	0.0	2.0	0.0	4.8	0.0	57.4
A4	20.0	30.0	1.1	0.0	2.3	0.0	4.0	0.0	80.3
B1	15.7	21.0	3.0	5.0	5.7	8.2	9.6	12.8	81.0
B2	17.9	25.1	2.5	3.5	3.9	6.0	6.4	0.0	65.2
B3	20.0	28.7	1.5	2.7	2.5	5.3	5.6	0.0	66.4
B4	20.0	30.0	0.0	0.0	2.3	0.0	0.0	0.0	52.3
C1	15.9	22.3	3.0	4.9	6.0	8.2	8.4	11.7	56.4
C2	18.1	27.4	2.9	4.1	3.6	7.8	5.6	8.0	77.5
C3	20.0	30.0	2.3	3.2	3.9	6.1	0.0	0.0	65.5
C4	20.0	30.0	0.0	0.0	0.0	0.0	0.0	0.0	50.0

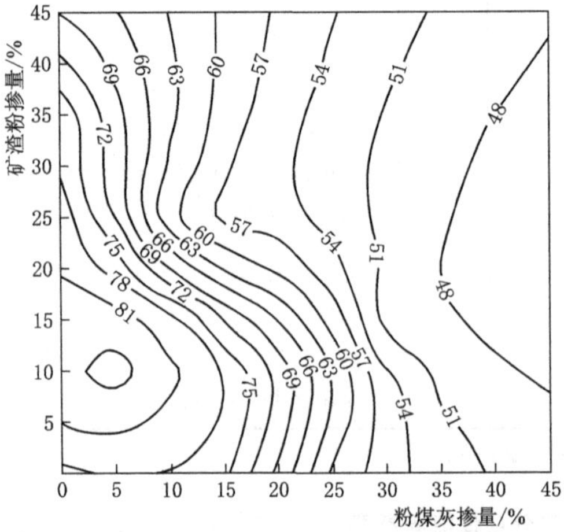

图 3.13 低热硅酸盐水泥胶凝材料综合性能满意度等值线图

低热硅酸盐水泥胶凝材料综合性能满意度 $F=\sum f_{ik}=F(x,y)$，其中 x、y 分别为粉煤灰和矿渣粉掺量，绘制综合性能满意度等值线图，如图 3.13 所示。

由图 3.13 可知，靠近坐标原点位置的综合性能满意度等值线分布可以近似看作系列同心椭圆线，该椭圆的长轴与 x 轴负方向以 45°斜交，椭圆形等值面区域内沿椭圆长轴上胶凝体系满意度数值保持不变，附近的胶凝材料组分具备较好的早强低热性能。低满意度（≤60 分）区域主要分布在图中粉煤灰掺量在［25%，45%］区间内的右下位置，表示大掺量粉煤灰条件下的低热硅酸盐水泥胶凝体系满意度数值较低；对于粉煤灰掺量在［0，15%］，矿渣粉掺量在［0，35%］区间的低热硅酸盐水泥胶凝材料体系，其大部分面积都处于较高满意度数值区域（≥75 分）；粉煤灰掺量在［0，10%］、矿渣粉掺量在［5%，20%］区间内的低热硅酸盐水泥胶凝材料体系综合性能满意度最高（≥80 分），该区域的中心坐标点为（5%，10%）。

3.4.2 基于投影寻踪回归的综合性能优化

3.4.2.1 基础理论

1. 均匀正交设计

均匀正交设计理论是一种将数论和多元统计分析相结合的试验方法，其核心思想是在满足“整齐可比”的条件下，提高试验点在整个试验空间内的“均匀分散”程度，使数据满足一维边缘的投影均匀性和多维空间上的整体均匀性。这种方法兼备均匀和正交优点，为试验数据分析的准确性和变化规律的正确性奠定了良好基础，被广泛应用于工农业生产和科学试验中。均匀正交设计表的元素由以下方法生成：

$$UL_{ij}=\mathrm{mod}(jh_i,n) \tag{3.6}$$

式中：i、j 分别为均匀正交设计表的行数和列数；h 为所有小于 n 且与 n 的最大公约数为1的整数组成的集合。

点集的均匀性测度为

$$\xi(q,a)=\frac{1}{q}\sum_{k=1}^{q}\prod_{v=1}^{r}\left[1-\frac{2}{\pi}\ln\left(2\sin\frac{\pi a_{vk}}{q+1}\right)\right] \tag{3.7}$$

式中：a 为小于 n 的整数，a_1，a_2，…，a_t 对 n 取模互不相同，且 mod（a_{t+1}，n）$=1$，$t+1\geqslant r-1$，r 为因素的个数。

本节通过比较不同建模样本方案对应的模型拟合合格率，证明均匀正交设计的试验思想可以提高模型计算精度，并减少样本数量。

2. 投影寻踪回归

投影寻踪是一种用来处理和分析多维观测数据的探索性数据分析（exploratory data analysis，EDA）方法，其基本思想是把多维数据投影到低维子空间上，通过极小化某个投影指标寻找出反映原数据结构或特征的投影，从而对多维数据进行分析，在学术上彻底解决了复杂大系统的维数祸根、复杂性与精确性不相容和非正态信息利用等难题。投影寻踪回归（projection pursuit regression，PPR）是在客观审视和描述数据内在结构特征的基础上建立的回归模型，它是现代统计、应用数学和计算机技术的交叉学科，具有深刻的理论背景和广泛的应用前景[184]。

设 Y 是 q 维随机变量，X 是 p 维自变量，则 PPR 模型可以表示为

$$E(Y_i\,|\,X_1,X_2,\cdots,X_p)=EY_i+\sum_{m=1}^{M}\beta_m f_m\left(\sum_{j=1}^{p}\alpha_{jm}x_j\right) \tag{3.8}$$

其中

$$Ef_m=0\ ,Ef_m^2=1\ ,\sum_{j=1}^{P}\alpha_{jm}^2=1$$

极小化准则为

$$L_2=\sum_{i=1}^{q}W_iE\left[Y_i-EY_i-\sum_{m=1}^{M}\beta_{im}f_m\left(\sum_{j=1}^{P}\alpha_{jm}X_j\right)\right]^2 \tag{3.9}$$

式中：m 为逼近的子函数个数；M 为岭函数上限个数；β_m 为第 m 个岭函数对输出值的贡献权重；f_m 为第 m 个平滑岭函数；α_{jm} 为第 j 个方向的第 m 个分量。

PPR 通过对多维数据进行降维投影和步步寻优，最终估算出岭函数最优项数 M_u 以及 β_i、f_i、α_{ij} 等参数，其实现过程如下：

（1）选择初始投影方向 $\boldsymbol{\alpha}$。

（2）对 $\{X_i\}_j^n$ 进行线性投影得到 $\boldsymbol{\alpha}^{\mathrm{T}}X_i$，对（$\boldsymbol{\alpha}^{\mathrm{T}}X_i$，$Y_i$）用平滑方式确定岭函数 $f_a(\boldsymbol{\alpha}^{\mathrm{T}})X$，$i=1$，…，$n$。

(3) 设使式 $\sum_{i=1}^{n}[y_i - f_a(\boldsymbol{\alpha}^{\mathrm{T}}X_i)]^2$ 最小的 $\boldsymbol{\alpha}$ 为 $\boldsymbol{\alpha}_1$，重复 (2) 直至两次误差不再改变，即确定 $\boldsymbol{\alpha}_1$ 和 $f_1(\boldsymbol{\alpha}_1^{\mathrm{T}}X)$ 。

(4) 用拟合残差 $r_1(X)=Y-f_1(\boldsymbol{\alpha}_1^{\mathrm{T}}X)$ 代替 Y，重复 (1) ～ (3) 得到 $\boldsymbol{\alpha}_2$ 和 $f_2(\boldsymbol{\alpha}_2^{\mathrm{T}}X)$ 。

(5) 重复 (4)，计算 $r_2(X)=r_1(X)-f_2(\boldsymbol{\alpha}_2^{\mathrm{T}}X)$ 代替 $r_1(X)$ ，直到获得第 M 个 $\boldsymbol{\alpha}_M$ 和 $f_M(\boldsymbol{\alpha}_M^{\mathrm{T}}X)$ ，使 $\sum_{i=1}^{n}r_i^2$ 不再减少或满足某一精度为止。

(6) 通过返回拟合，确定最后的 m 个 $\boldsymbol{\alpha}$，f。

(7) 计算 $f(x)=\sum_{m=1}^{M}f_m(\boldsymbol{\alpha}_m X)$ 。

基于以上理论，投影寻踪回归软件能够客观分析原始数据中的有用信息及真实规律，通过探索其内在结构解决寻优问题，并对各影响因子贡献大小进行评价。

3. 基于PPR的低热硅酸盐水泥胶凝体系性能优化

以粉煤灰和矿渣粉掺量为输入变量，以低热硅酸盐水泥胶凝体系3d、7d水化热及7d、28d抗压强度为输出变量，建立PPR模型并对模型精度进行检验，分析建模样本分布特征。在此基础上，对 [0，45%] 矿物掺合料掺量内的低热硅酸盐水泥胶凝体系抗压强度和水化热进行仿真计算，绘制综合性能等值线图，对不同粉煤灰、矿渣粉掺量下的低热硅酸盐水泥胶凝体系综合性能进行优化分析，详细步骤如图3.14所示。

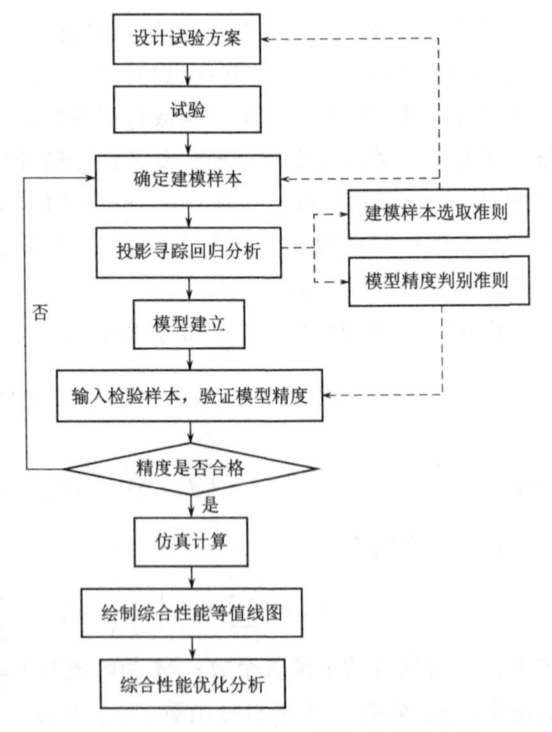

图3.14 基于PPR的低热硅酸盐水泥胶凝体系综合性能优化流程

3.4.2.2 投影寻踪回归建模

1. 建模样本选取准则及模型精度判别

PPR是在探索每个样本点所包含数据信息的基础上，客观分析样本数据的内在结构特征，以实现其较高精度的仿真计算。因此，PPR的样本选择对于模型计算精度至关重要。为了确定PPR建模样本选取准则，本书设计了图3.15所示的4组样本方案，通过比较对应的模型计算精度分析建模样本的分布特征。以粉煤灰掺量为 x 轴，矿渣粉掺量为 y 轴，将各组方案的胶凝材料组成采用坐标形式表示，其中实心圆点 (●) 表示PPR建模样本，三角形 (△) 表示模型检验样本。其中方案Ⅰ体现了样本点在试验区间内均匀正交的设计思想。

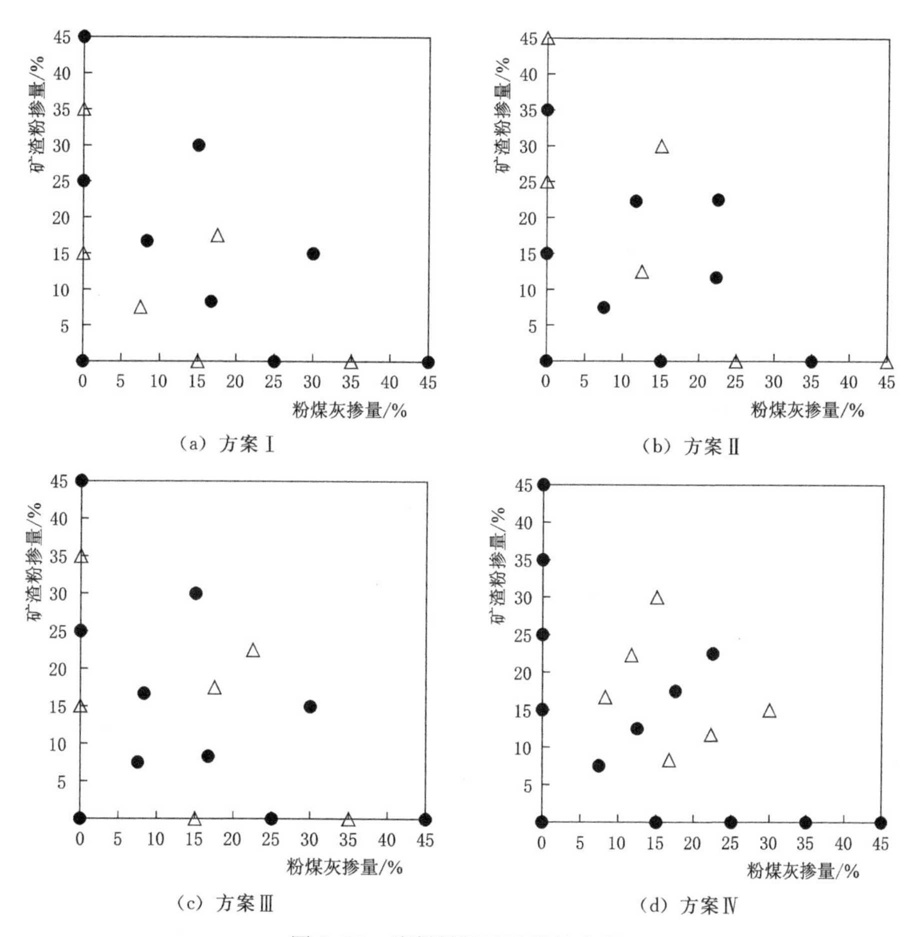

(a) 方案Ⅰ　(b) 方案Ⅱ　(c) 方案Ⅲ　(d) 方案Ⅳ

图 3.15　胶凝材料试验设计方案

分别应用方案Ⅰ、Ⅱ、Ⅲ、Ⅳ中的样本进行 PPR 建模以及精度检验。本书中的模型投影参数分别为：光滑系数 $S=0.5$，$M=5$，$M_u=3$，$N=9$，$P=2$，$Q=1$。

基于以往的大量 PPR 算例，本书提出 PPR 模型精度判别方法如下：

(1) 在无特殊要求时，以相对误差 $|\delta|\leqslant 5\%$ 为条件计算各组样本方案合格率，据此对 PPR 模型精度进行评价。

(2) 当建模合格率与检验合格率均较高且相近时，可判定样本方案较好地反映了数据结构特征，对应的 PPR 模型具有较高的计算精度。

根据以上准则，计算各组样本方案的模型合格率，结果见表 3.11。

表 3.11　各组样本方案的模型合格率

样本方案	样本类型	样本个数/次	合格率/%			
			抗压强度		水化热	
			7d	28d	3d	7d
Ⅰ	建模样本	9	77.8	100.0	100.0	100.0
	检验样本	6	66.7	100.0	100.0	100.0

续表

样本方案	样本类型	样本个数/次	合格率/%			
			抗压强度		水化热	
			7d	28d	3d	7d
Ⅱ	建模样本	9	100.0	88.9	100.0	100.0
	检验样本	6	66.7	33.3	66.7	100.0
Ⅲ	建模样本	10	77.8	100.0	100.0	100.0
	检验样本	6	66.7	50.0	83.3	83.3
Ⅳ	建模样本	13	92.3	84.6	100.0	100.0
	检验样本	6	0.0	33.3	83.3	66.7

根据表3.11可知，方案Ⅰ对应的样本数量最少，而建模样本与检验样本对应的拟合合格率相近且最高，说明该样本方案较好地反映了数据结构特征，即均匀正交设计的试验思想能够更好地满足PPR的样本数据需要。事实上，以相对误差 $|\delta| \leqslant 5\%$ 为条件计算合格率是比较严苛的，这也显示出PPR的预测精度非常理想。

从计算精度的角度出发分析4种试验样本方案，对PPR建模样本的选取准则总结如下：①建模样本应适当包含试验区间的边界点；②建模样本的个数与模型计算精度不存在正相关关系，不宜过分追求样本数量，应尽量提高其在试验区间内的均匀分布度。

以上准则可以为模型样本的选取提供依据，并指导试验方案设计。

2. 计算精度分析

方案Ⅰ中训练样本、检验样本的7d、28d抗压强度和3d、7d水化热的试验值与预测值对比如图3.16所示。各组样本数据的试验值与预测值十分接近，即绝对误差小。基于均匀正交设计的思想，以9组样本建立PPR模型，计算建模样本和检验样本3d、7d水化热以及7d、28d抗压强度的平均相对误差分别为3.7%、1.7%、0.5%、0.8%。

3. 模型数据分析

由PPR模型得到的性能影响因子贡献权重值见表3.12。粉煤灰对低热硅酸盐水泥胶凝体系力学、热学性能影响最大，矿渣粉次之，即粉煤灰可显著降低胶凝材料的抗压强度和水化热，矿渣粉对水化热降低效果也较为明显，但对抗压强度影响较小，这与本章中的试验结果分析结论是一致的。

表3.12 影响因子贡献权重值

影响因子	抗压强度		水化热	
	7d	28d	3d	7d
FA	1.000	1.000	1.000	1.000
SL	0.715	0.485	0.873	0.956

4. 模型仿真计算

利用方案Ⅰ建立的PPR模型，对图3.17所示的矿物掺合料掺量在[0，45%]区间内的55组低热硅酸盐水泥胶凝材料7d、28d抗压强度和3d、7d水化热进行仿真计算。

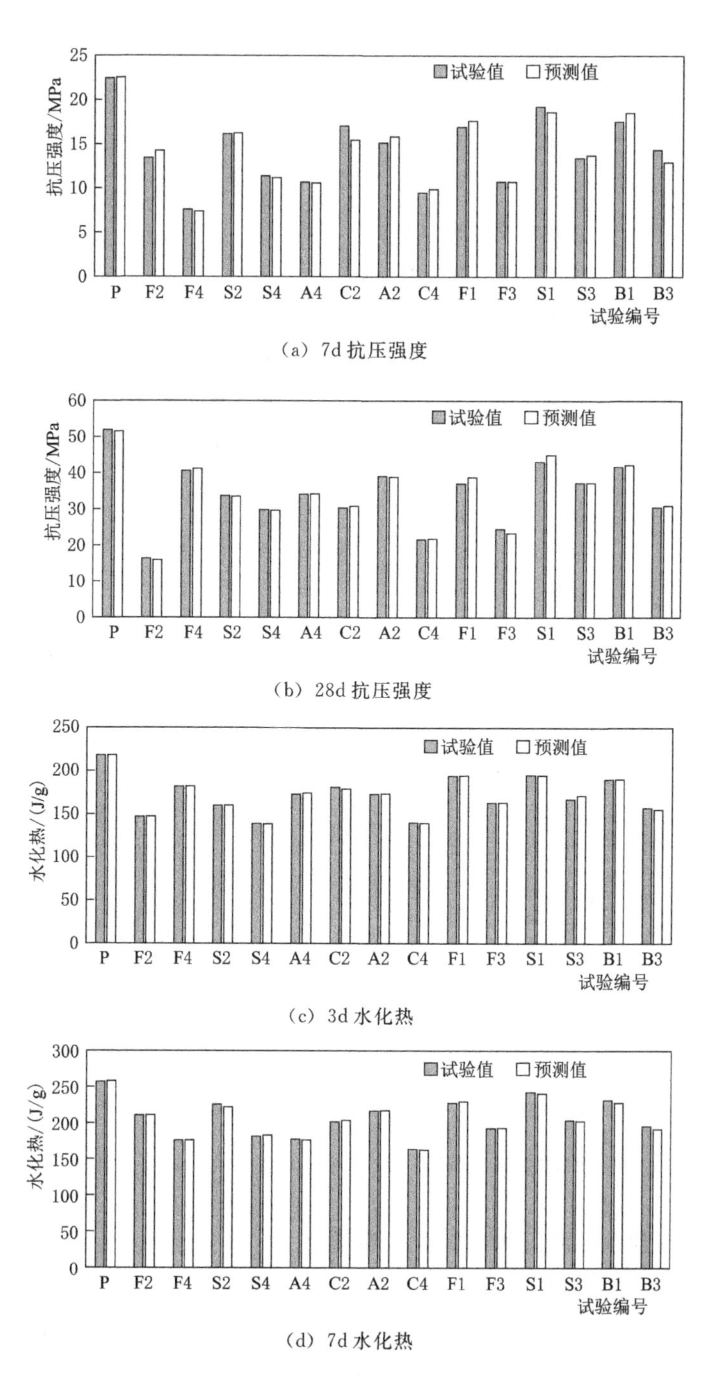

(a) 7d 抗压强度

(b) 28d 抗压强度

(c) 3d 水化热

(d) 7d 水化热

图 3.16 低热硅酸盐水泥胶凝材料试验值与模型预测值对比

根据仿真计算结果，以粉煤灰掺量为横坐标、矿渣粉掺量为纵坐标，绘制低热硅酸盐水泥胶凝体系力学、热学综合性能等值线图。低热硅酸盐水泥早期强度发展缓慢，考虑到其力学指标相对于热学性能的滞后性，将 3d 水化热- 7d 抗压强度、7d 水化热- 28d 抗压强度等值线图置于同一坐标体系下进行重合分析，结果如图 3.18 所示。

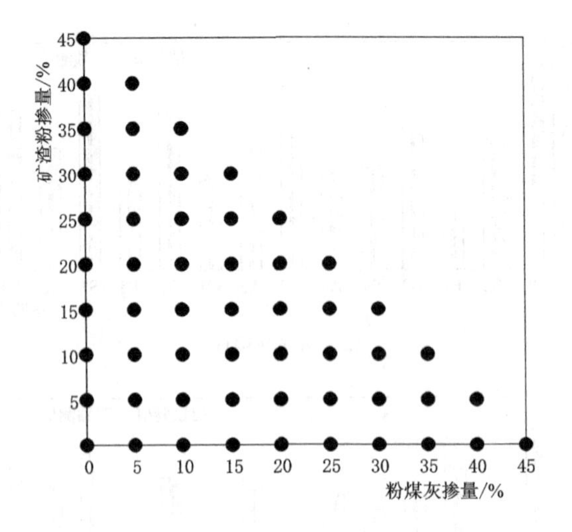

图 3.17　低热硅酸盐水泥胶凝材料组成方案

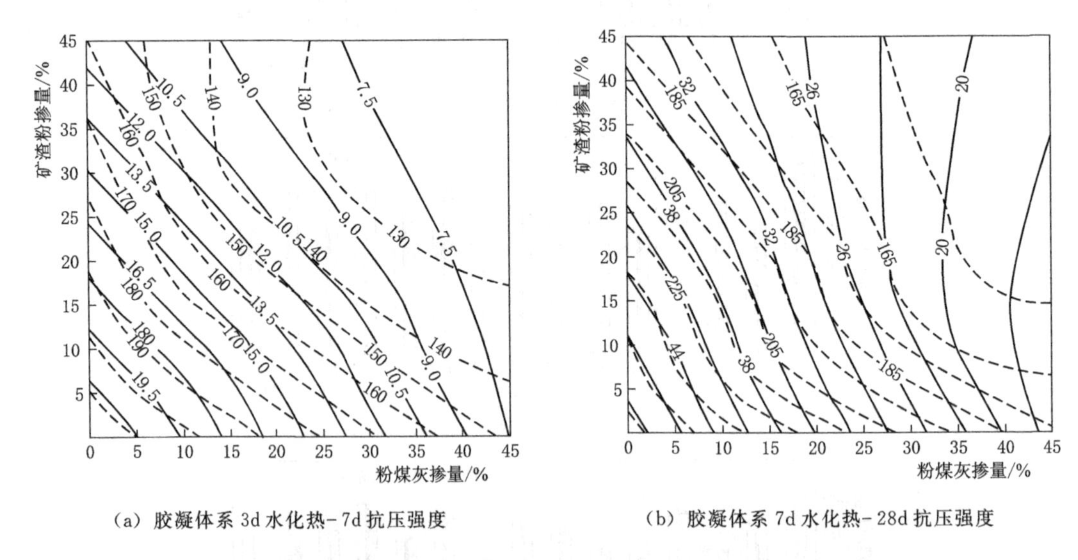

(a) 胶凝体系 3d 水化热-7d 抗压强度　　(b) 胶凝体系 7d 水化热-28d 抗压强度

图 3.18　低热硅酸盐水泥胶凝体系不同龄期力学及热学综合性能等值线图

3.4.2.3　低热硅酸盐水泥胶凝体系综合性能优化

在实际大体积混凝土工程中，胶凝体系的综合性能优化往往是为了确定某一强度指标下水化热最低，或某一水化热指标下强度最高的胶凝材料组成。在此情况下，根据工程强度指标或温控要求等条件，通过分析低热硅酸盐水泥胶凝体系对应龄期的抗压强度和水化热等值线，即可得出胶凝材料力学、热学最优性能，并确定对应的粉煤灰、矿渣粉掺量，从而达到对低热硅酸盐水泥胶凝体系力学、热学综合性能优化的目的。以下通过一个实例详述该优化方法。某工程要求的低热硅酸盐水泥胶凝材料 28d 抗压强度为 45MPa，即可通过确定 45MPa 强度等值线与其右侧水化热等值线的切点，如图 3.19 所示，得到 7d 水化热最优值为 236J/g，此时粉煤灰、矿渣粉掺量分别为 4.0%、8.5%。

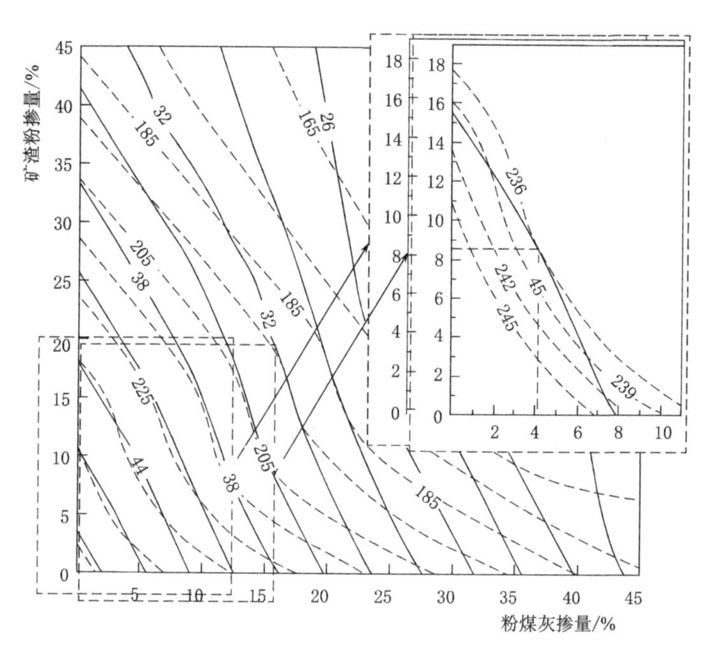

图 3.19 低热硅酸盐水泥胶凝体系综合性能优化示意图

3.5 本 章 结 论

(1) 粉煤灰可明显降低低热硅酸盐水泥胶凝材料的抗折、抗压强度和后期电阻率，在水泥水化过程中主要起物理填充作用；矿渣粉火山灰活性较高，能够促进低热硅酸盐水泥胶凝材料的二次水化，对其早期电阻率影响较大，有利于后期强度的增长。复掺粉煤灰、矿渣粉的低热硅酸盐水泥胶凝材料体系强度和电阻率规律介于两者单掺之间。

(2) 低热硅酸盐水泥胶凝材料体系电阻率与抗压强度的相关性随水化龄期的延长而增加，72h 电阻率与其 7d、28d 和 90d 抗压强度具有较好的线性关系，电阻率越大，则强度越高。基于电阻率法的低热硅酸盐水泥胶凝体系抗压强度预测模型，预测精度较高，可为低热水泥的生产和工程应用提供参考。后续还应选取更多品种、水平的低热硅酸盐水泥胶凝材料进行试验，不断完善该预测模型。

(3) 基于评价函数法的低热硅酸盐水泥胶凝体系综合性能满意度等值线分布可以近似看作系列同心椭圆线，椭圆形等值面区域内沿椭圆长轴上胶凝体系满意度数值保持不变。粉煤灰掺量在 [0，10%]、矿渣粉掺量在 [5%，20%] 区间内胶凝体系综合性能满意度较高，具备较好的早强低热性能。综合性能评价函数以及满意度等值线图的联合运用，为低热硅酸盐水泥胶凝体系力学和热学综合性能评价提供了新的思路。

(4) PPR 无须对原始数据进行任何假定、分割或变换等处理，即可探索数据内在结构特征，能够在少量样本数据的基础上建立仿真计算模型，实现对低热硅酸盐水泥胶凝体系抗压强度和水化热的高精度预测。提出 PPR 模型精度判别方法，以相对误差为依据，当建模合格率与检验合格率较高且相近时可判定模型精度较高；确立 PPR 模型样本选取准则，在适当包含边界点的前提下，应用均匀正交设计的思想，提高样本点在试验区间内的均匀分布程度。

（5）应用PPR模型建立了低热硅酸盐水泥胶凝体系综合性能等值线图，将其多目标优化问题转化为对力学、热学两个单目标进行寻优，避免了传统多目标优化算法存在的主观赋权、假定建模等问题，在实际工程中可根据温度控制和强度要求，通过该方法确定低热硅酸盐水泥胶凝体系的力学、热学最优性能指标以及对应的胶凝材料组成。

第4章 冻融循环作用下低热硅酸盐水泥基混凝土的性能评价

抗冻性能是寒冷地区混凝土耐久性设计的重要指标之一。目前，围绕低热硅酸盐水泥混凝土抗冻性能的研究多是与普通硅酸盐水泥、中热硅酸盐水泥混凝土的简单对比，鲜有考虑水胶比、矿物掺合料以及外加剂等因素对其抗冻性能的影响，并且关于其冻融劣化机理以及性能预测模型的研究成果较少。针对冻融循环作用下低热硅酸盐水泥混凝土的性能演化规律进行系统、深入的研究，对于其在寒冷地区的推广和应用具有重要的现实意义和工程参考价值。

本章以低热硅酸盐水泥基混凝土为研究对象，对比普通硅酸盐水泥混凝土，测试了其在冻融循环作用下的质量变化、强度损失、相对动弹性模量、水化产物微观形貌以及孔结构特征，系统研究了水胶比、粉煤灰掺量和引气剂掺量对其抗冻性能的影响规律；此外，利用超声平测法和显微维氏硬度表征了低热硅酸盐水泥基混凝土的冻融损伤时变行为，建立了冻融混凝土损伤层厚度及浆体显微维氏硬度分布预测模型，提出了基于等效显微维氏硬度的冻融混凝土抗压强度预测公式。

4.1 试验材料与试验方法

4.1.1 试验材料

4.1.1.1 水泥

试验水泥采用四川嘉华特种水泥有限公司生产的低热硅酸盐水泥（P. LH），对照水泥为南京海螺水泥有限公司生产的42.5级普通硅酸盐水泥（P. O），其化学成分及矿物组成见表4.1，物理及力学性能指标见表4.2，XRD衍射图谱如图4.1所示。

表4.1 水泥化学成分及矿物组成

水泥	化学成分/%							矿物组成/%			
	CaO	SiO_2	Al_2O_3	Fe_2O_3	MgO	SO_3	R_2O	C_3S	C_2S	C_3A	C_4AF
P. LH	58.74	22.82	3.55	4.28	4.99	2.43	0.39	28.7	43.9	2.1	13.0
P. O	62.83	20.50	5.61	3.84	1.70	3.07	1.31	48.0	22.9	8.4	11.7

注 $R_2O=Na_2O+0.658K_2O$。

表 4.2　　水泥物理及力学性能指标

水泥	密度/(g/m³)	比表面积/(m²/kg)	凝结时间/min		安定性	抗压强度/MPa		
			初凝	终凝		7d	28d	90d
P.LH	3.21	332	233	343	合格	25.4	53.6	69.8
P.O	3.22	356	125	277	合格	41.5	57.1	65.3

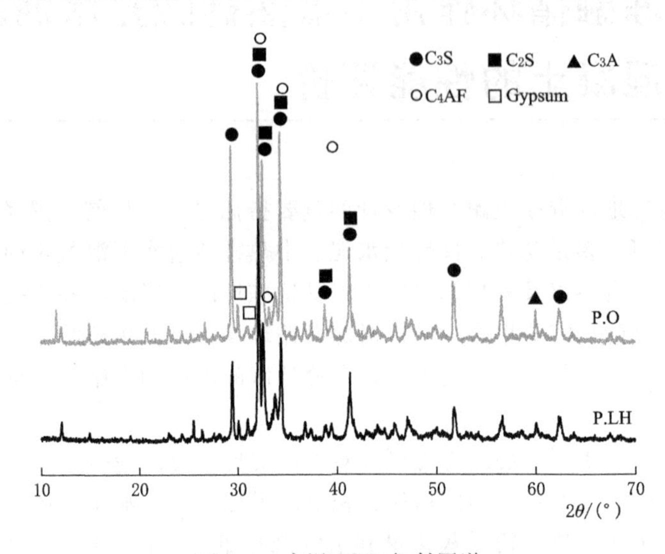

图 4.1　水泥 XRD 衍射图谱

4.1.1.2　粉煤灰

矿物掺合料为南京热电厂生产的 F 类Ⅱ级粉煤灰（FA），其化学成分与物理性能指标见表 4.3，XRD 衍射图谱如图 4.2 所示。

表 4.3　　矿物掺合料化学成分及物理性能指标

矿物掺合料	化学成分/%								物理指标	
	CaO	SiO_2	Al_2O_3	Fe_2O_3	MgO	SO_3	R_2O	Loss	密度/(g/m³)	比表面积/(m²/kg)
FA	5.61	48.65	35.41	5.95	1.46	0.98	0.84	2.88	2.55	383

注　$R_2O=Na_2O+0.658K_2O$。

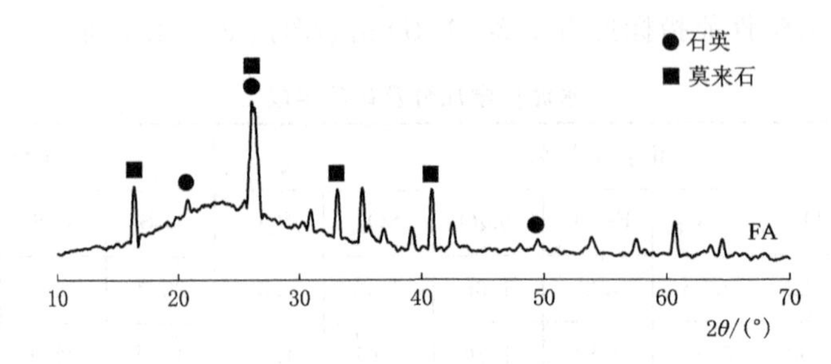

图 4.2　粉煤灰 XRD 图谱

4.1.1.3 骨料

细骨料是细度模数为2.71的天然河砂，粗骨料是粒径为5～16mm的连续级配碎石，其物理性能见表4.4、表4.5。

表4.4 细骨料的物理性能

表观密度/(kg/m^3)	堆积密度/(kg/m^3)	细度模数	分区	含泥量/%
2560	1510	2.9	Ⅱ	0.7

表4.5 粗骨料的物理性能

表观密度/(kg/m^3)	堆积密度/(kg/m^3)	针片状含量/%	压碎指标/%	含泥量/%
2780	1610	2.2	4.5	0.3

4.1.1.4 外加剂

外加剂采用江苏苏博特公司生产的高性能聚羧酸减水剂和南京瑞迪公司生产的松香类引气剂，其中减水剂减水率为20%，固含量为25%。

4.1.2 配合比与试件制备

为系统研究水胶比、粉煤灰掺量和引气剂掺量对低热硅酸盐水泥基混凝土抗冻性能的影响，参考实际工程中常见的水工混凝土配合比方案，分别设计了水胶比为0.3、0.4、0.5，粉煤灰掺量为0、15%、30%、45%和引气剂掺量为0、0.3%、0.6%的8组低热硅酸盐水泥基混凝土，并配制了普通硅酸盐水泥混凝土作为对照组，见表4.6。含气量根据《水工混凝土试验规程》(SL/T 352—2020)[185] 中的相关要求进行测定。

表4.6 冻融试验混凝土配合比与拌和物含气量

试件编号	混凝土配合比/(kg/m^3)								含气量/%
	P.O	P.LH	FA	水	细骨料	粗骨料	减水剂	引气剂	
OPC	360	0	0	144	792	1094	5.40	1.08	4.5
LHC	0	360	0	144	792	1094	5.40	1.08	4.8
L-0.3	0	336	144	144	742	1024	7.20	1.44	4.3
L-0.5	0	202	86	144	842	1116	1.73	0.86	5.3
L-15F	0	306	54	144	792	1094	4.32	1.08	5.4
L-30F	0	252	108	144	792	1094	3.60	1.08	5.4
L-45F	0	198	162	144	792	1094	2.88	1.08	5.7
L-A0	0	252	108	144	792	1094	5.40	0.00	1.7
L-A1	0	252	108	144	792	1094	5.40	2.16	8.6

根据表4.6中的配合比设计方案，分别制备尺寸为100mm×100mm×400mm的棱柱体混凝土试件用于测定其在冻融循环过程中的质量损失、相对动弹性模量、超声指标和显微维氏硬度，制备尺寸为100mm×100mm×100mm的立方体混凝土试件用于测定其在冻融循环过程中的抗压强度、孔隙率和微观形貌。成型后在试模表面覆膜，置于20℃实验室环境中养护24h后拆模，然后移入环境温度为(20±2)℃、相对湿度大于98%的标准养护

室中养护86d，以消除水泥混凝土后期水化对于试验结果造成的影响。养护结束后，将所有试件取出置于饱和石灰水中浸泡4天使其充分饱水，然后分别以3个试件为1组，进行快速冻融试验。

4.1.3　试验方法

4.1.3.1　快速冻融试验

冻融试验根据《水工混凝土试验规程》（SL/T 352—2020）中的“快冻法”进行。试验过程中，混凝土试件完全浸没于装有水（冰）的尺寸为120mm×120mm×500mm的铁皮试件盒中，通过热交换液体（防冻液）的温度变化进行连续且自动的冻融循环，每次循环过程约为4h，温升、温降阶段结束时的试件中心温度分别为（8±2）℃和（−18±2）℃。试验过程中的试件温度变化如图4.3所示。

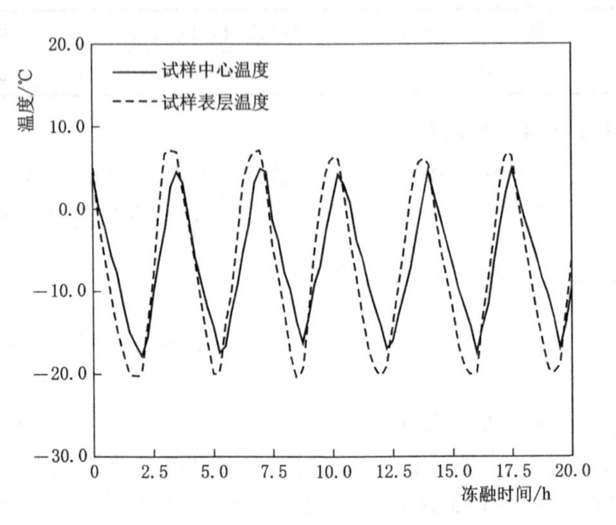

图4.3　冻融过程中的混凝土试件温度变化曲线

4.1.3.2　质量损失

对尺寸为100mm×100mm×400mm的混凝土棱柱体试件进行300次冻融循环，每25次循环后取出试件，冲洗干净并擦干其表面水分，置于称量10kg、感量为5g的台秤上测定其质量变化，并按式（4.1）计算其质量损失率W_n，以3个试件试验结果的平均值为测定值。

$$W_n = \frac{G_0 - G_n}{G_0} \times 100\% \tag{4.1}$$

式中：G_0为混凝土试件冻融前的质量，kg；G_n为经n次冻融循环后的试件质量，kg。

4.1.3.3　相对动弹性模量

采用频率范围为100～10000Hz的相对动弹仪，分别测定每25次冻融循环后的棱柱体混凝土试件自振频率，并按式（4.2）计算其相对动弹性模量，以3个试件试验结果的平均值为测定值。

$$P_n = \frac{f_n^2}{f_0^2} \times 100\% \tag{4.2}$$

式中：P_n为相对动弹性模量，%；f_0为混凝土试件冻融前的自振频率，Hz；f_n为该试件经n次冻融循环后的自振频率，Hz。

4.1.3.4　抗压强度

对尺寸为100mm×100mm×100mm的混凝土立方体试件进行300次冻融循环，每隔50次循环后取出试件，冲洗干净并擦干其表面，在万能试验机上测定其抗压强度，加载速率为0.5～0.8MPa/s，并按式（4.3）计算其相对抗压强度F_n。

$$F_n = \frac{\sigma_n}{\sigma_0} \times 100\% \tag{4.3}$$

式中：σ_0 为混凝土试件冻融前的抗压强度，MPa；σ_n 为该试件经 n 次冻融循环后的抗压强度，MPa。

4.1.3.5 孔隙率

混凝土冻融试件的孔隙率采用真空饱水干燥法间接测得。每 50 次冻融循环后将尺寸为 100mm×100mm×100mm 立方体混凝土试件取出，擦干表面，放入真空干燥箱中恒温 100℃干燥 24h，取出后冷却至室温，测得干燥质量为 m_1，之后将试件放入真空饱水仪中在真空状态下（绝对压力为 65KPa）保持 18h，经充分饱水后取出擦干表面，测得其饱和面干质量为 m_n，然后采用排液法测得立方体试件的体积 V。孔隙率 ϕ_n 和孔隙率增长率 $\Delta\phi$ 分别按照式（4.4）和式（4.5）计算。

$$\phi_n = \frac{m_n - m_1}{V\rho_w} \times 100\% \tag{4.4}$$

$$\Delta\phi = \frac{\phi_n - \phi_0}{\phi_0} \times 100\% \tag{4.5}$$

式中：ρ_w 为水的密度，g/cm^3；ϕ_0 为初始孔隙率，%。

4.1.3.6 扫描电子显微镜（SEM）与压汞（MIP）试验

为了研究冻融过程中低热硅酸盐水泥混凝土浆体水化产物及微观孔结构的劣化情况，将冻融循环到指定次数的 100mm×100mm×100mm 立方体混凝土试件取出，擦干表面后在混凝土试件代表性位置用切割机切取尺寸约为 $0.5cm^3$ 的砂浆样品，取样过程中注意避开粗骨料，放入真空干燥箱中烘干 24h，干燥箱温度设为 38℃，烘干后关闭干燥箱直至冷却至室温，然后采用密封袋将测试样品封装，并立即进行 MIP 和 SEM 测试。

4.2 基于传统指标的低热硅酸盐水泥基混凝土冻融损伤评价

4.2.1 质量损失

测试各组混凝土棱柱体试件在 300 次冻融循环内的质量损失，并计算其质量损失率，结果如图 4.4 所示。质量损失率是描述混凝土抗冻能力的常用指标之一，当试件质量损失率超过 5%时，通常可判定混凝土发生冻融破坏。由图 4.4 可知，9 组混凝土试件的质量均随冻融循环次数的增加而下降，在 300 次快速冻融循环后，其质量损失率均未超过 5%。

如图 4.4（a）所示，相较于普通硅酸盐水泥混凝土，低热硅酸盐水泥混凝土在较低冻融循环次数下的质量损失率与其相近，当冻融循环次数大于 75 次后，低热硅酸盐水泥混凝土的质量损失率逐渐低于前者。冻融循环 200 次和 300 次时，低热硅酸盐水泥混凝土的质量损失率为普通硅酸盐水泥混凝土质量损失率的 74.1%、85.3%，说明低热硅酸盐水泥混凝土较普通硅酸盐水泥混凝土的抗冻性能略优。

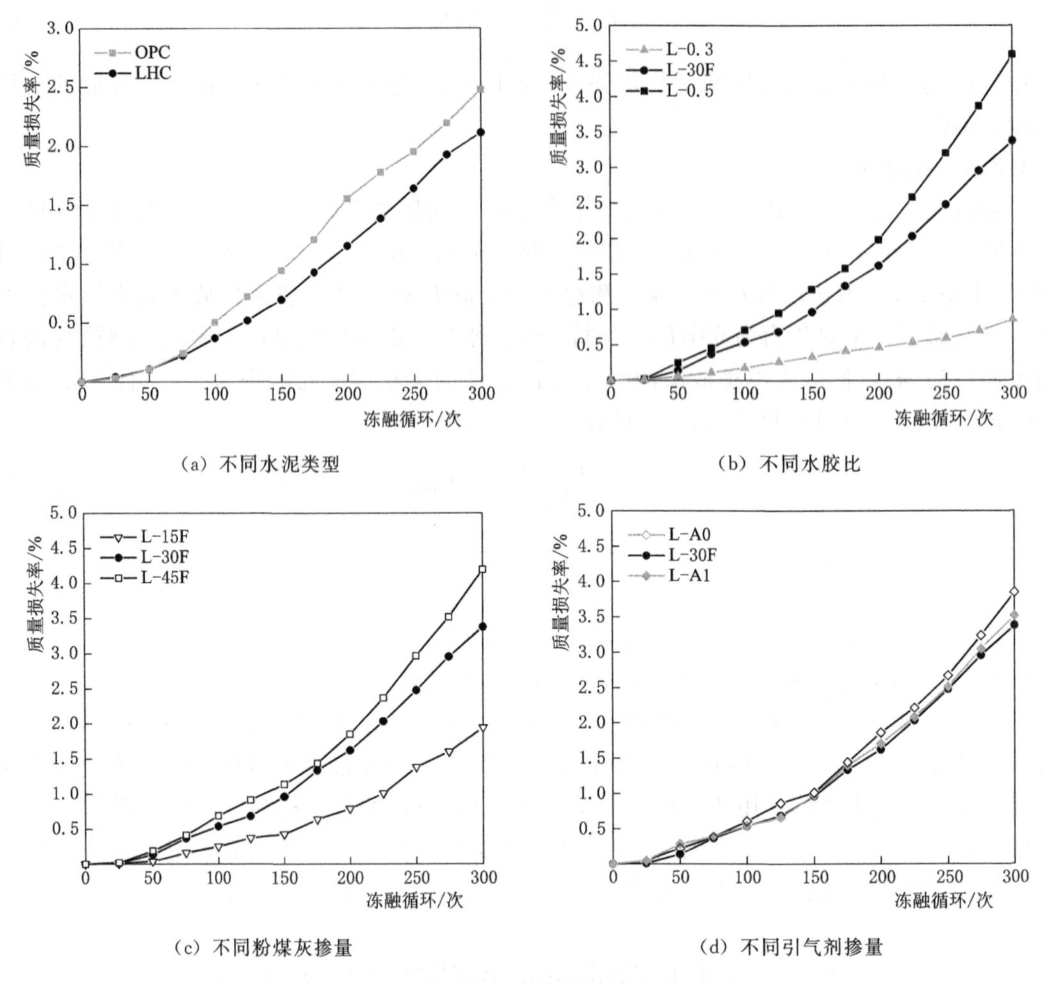

(a) 不同水泥类型

(b) 不同水胶比

(c) 不同粉煤灰掺量

(d) 不同引气剂掺量

图 4.4 冻融循环作用下混凝土试件质量损失率

如图 4.4（b）所示，对于不同水胶比的低热硅酸盐水泥混凝土试件，相同冻融次数下，其质量损失随着水胶比的增大而明显提高。冻融循环 300 次后，水胶比为 0.3、0.4、0.5 的 L-0.3、L-30F 和 L-0.5 三组试件的质量损失率分别为 0.86%、3.38% 和 4.59%，说明水胶比是影响低热硅酸盐水泥混凝土抗冻性能的主要因素。

如图 4.4（c）所示，对于不同粉煤灰掺量的低热硅酸盐水泥混凝土，相同冻融次数下，其质量损失随着粉煤灰掺量的提高而增加。结合图 4.4（a）可知，经过 300 次冻融循环后，LHC、L-15F、L-30F 和 L-45F 四组试件的质量损失率分别为 2.12%、1.94%、3.38%和 4.20%，即从试件质量损失率的角度来看，掺入 15%粉煤灰后低热硅酸盐水泥混凝土的抗冻性能有所提高，但随着掺量的继续增加，其抗冻性能逐渐降低。

如图 4.4（d）所示，对于不同引气剂掺量（含气量）的低热硅酸盐水泥混凝土，相同冻融循环次数下，掺量为 0.3%和 0.6%的 L-30F（含气量为 5.4%）和 L-A1（含气量为 8.6%）试件的质量损失率相近，均略低于不掺引气剂的 L-A0（含气量为 1.7%）试件。经过 300 次冻融循环后，L-A0、L-30F 和 L-A1 三组试件的质量损失率分别为

3.84%、3.38%和3.52%，说明适量引气可以提高低热硅酸盐水泥混凝土的抗冻性能，但当含气量过高时反而会引起混凝土抗冻性的降低。

采用MATLAB软件对各组低热硅酸盐水泥混凝土试件质量变化与冻融循环次数进行回归分析，可得考虑水胶比、粉煤灰掺量和引气剂掺量的低热硅酸盐水泥混凝土冻融试件质量变化预测模型，见式（4.6）。

$$G_n = k_w k_f k_a e^{-0.0001n}, R^2 = 0.973 \tag{4.6}$$

其中

$$k_w = 8.1305w^{-0.173} \tag{4.7}$$

$$k_f = -5.3736f^2 + 3.915f - 0.6937 \tag{4.8}$$

$$k_a = -0.0175\ln a + 1.1048 \tag{4.9}$$

式中：G_n 为 n 次冻融循环后低热硅酸盐水泥混凝土试件质量，kg；n 为冻融循环次数；k_w、k_f、k_a 分别为与水胶比、粉煤灰掺量和引气剂掺量相关的参数；w 为水胶比；f 为粉煤灰掺量，%；a 为混凝土含气量，%。

4.2.2 相对动弹性模量

测定并计算各组混凝土棱柱体试件在300次冻融循环内的相对动弹性模量，结果如图4.5所示。相对动弹性模量是描述混凝土抗冻能力的主要指标，当试件相对动弹性模量下降到60%时，通常可判定混凝土发生冻融破坏。在300次冻融循环内，9组混凝土试件的相对动弹性模量均随着冻融循环次数的增加而降低，并且在试验结束时均高于60%。

如图4.5（a）所示，在75次冻融循环以前，低热硅酸盐水泥混凝土试件的相对动弹性模量略低于普通硅酸盐水泥混凝土。随着冻融循环次数的增加，低热硅酸盐水泥混凝土的相对动弹性模量明显高于普通硅酸盐水泥混凝土试件，当冻融循环200次、300次时，低热硅酸盐水泥混凝土的相对动弹性模量分别为97.97%和94.49%，对应的普通硅酸盐水泥混凝土相对动弹性模量为96.27%和92.24%，说明低热硅酸盐水泥混凝土的抗冻性能略优于普通硅酸盐水泥混凝土，这与冻融循环作用下二者质量损失率的结论相一致。

如图4.5（b）所示，对于不同水胶比的低热硅酸盐水泥混凝土，在相同冻融循环次数下，3组试件的相对动弹性模量均随水胶比的增加而明显降低。对于水胶比为0.5的L-0.5试件，其相对动弹性模量在早期随着冻融循环次数的增加而逐渐降低，当冻融循环大于150次后，相对动弹性模量的降低速率显著加快。当冻融循环300次时，L-0.3、L-30F和L-0.5试件的相对动弹性模量分别为95.09%、85.13%和72.38%，进一步证实了水胶比是影响低热硅酸盐水泥混凝土抗冻性能的主要因素。

如图4.5（c）所示，对于不同粉煤灰掺量的低热硅酸盐水泥混凝土试件，相同冻融循环次数下，其相对动弹性模量随着粉煤灰掺量的增加而降低。结合图4.5（a）可知，当冻融循环次数为300次时，LHC、L-15F、L-30F和L-45F试件的相对动弹性模量分别为94.49%、88.10%、85.13%和78.19%，即根据相对动弹性模量指标，低热硅酸盐水泥混凝土的抗冻性能随其粉煤灰掺量的增加而降低。L-15F和LHC试件的相对动弹性模量与其质量损失率的相对大小并不一致，这可能是由于试验测量原理不同所导致的，前者主要表征混凝土试件整体密实性的下降程度，而后者则主要反映了冻融试件表面的剥落损伤状况。

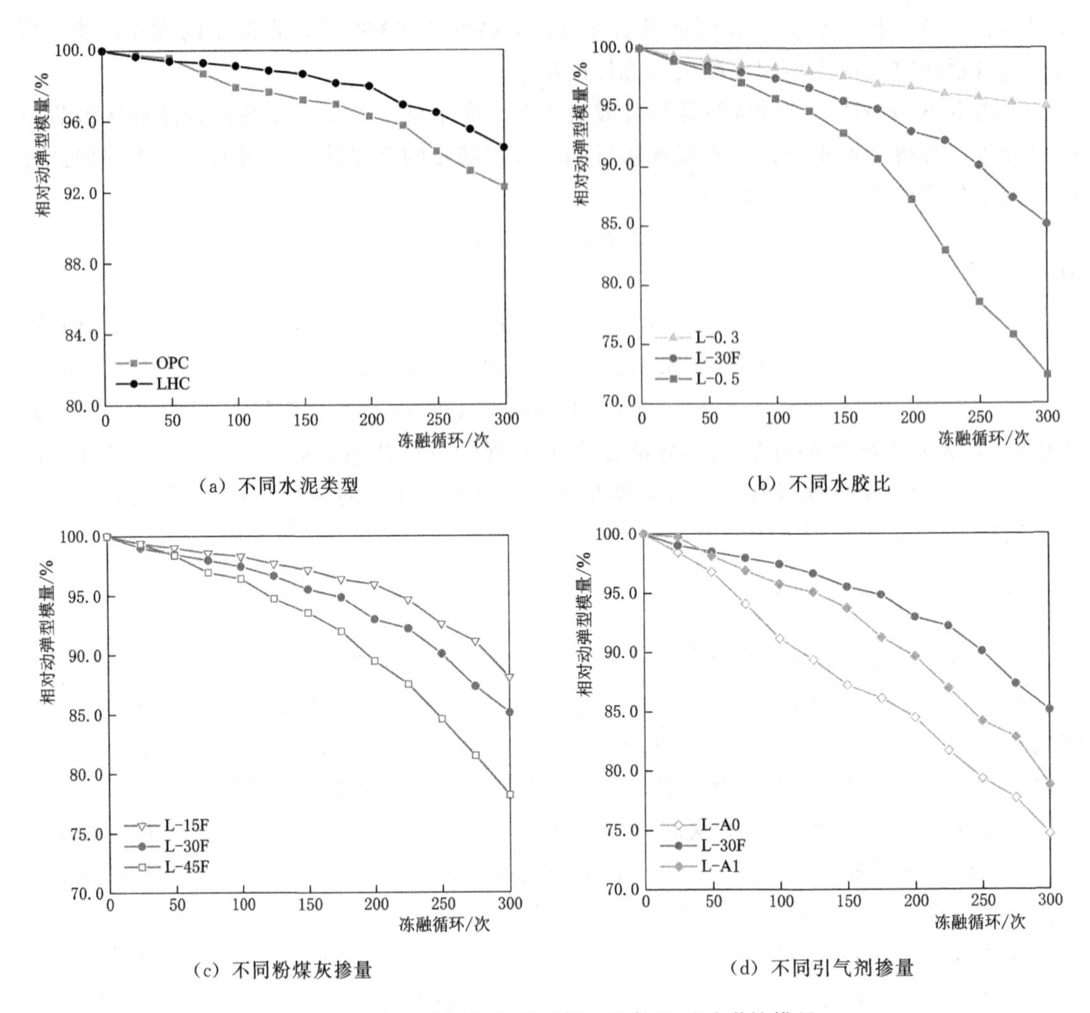

图 4.5 冻融循环作用下混凝土试件相对动弹性模量

如图 4.5（d）所示，对于不同引气剂掺量（含气量）的低热硅酸盐水泥混凝土，相同冻融循环次数下，经过 100 次冻融循环后的三组试件的相对动弹性模量由大到小依次为 L－30F、L－A1 和 L－A0。经过 300 次冻融循环后，L－A0、L－30F 和 L－A1 三组试件的相对动弹性模量分别为 74.69％、85.13％和 78.77％。因此，可以判定在一定掺量范围内，低热硅酸盐水泥混凝土的抗冻性能随着引气剂掺量的增加而提高，并且存在引气剂最佳掺量，当超过最佳掺量后反而会造成抗冻性能的降低。

对图 4.5 的试验数据进行回归分析，可建立考虑水胶比、粉煤灰掺量和引气剂掺量的冻融低热硅酸盐水泥混凝土相对动弹性模量预测公式：

$$P_n = k_w k_f k_a e^{-0.0005n}, R^2 = 0.954 \tag{4.10}$$

式中：P_n 为 n 次冻融循环后低热硅酸盐水泥混凝土的相对动弹性模量；n 为冻融循环次数；k_w、k_f、k_a 分别按式（4.11）～式（4.13）计算。

$$k_w = 0.426w^{-0.1523} \tag{4.11}$$

$$k_f = 0.0463f^2 - 0.1506f + 0.9153 \tag{4.12}$$

$$k_a = -0.0628\ln a + 2.1368 \tag{4.13}$$

4.2.3 抗压强度

测试各组混凝土试件在不同冻融次数下的抗压强度，并按式（4.3）计算其相对抗压强度，结果分别如图 4.6 和图 4.7 所示。对于不同水胶比的低热硅酸盐水泥混凝土试件，如图 4.7（b）所示，L-30F 和 L-0.5 试件的相对抗压强度在 300 次冻融循环内均随着冻融次数的增加而明显降低。对于 L-0.3 试件，当冻融循环次数为 50 次时，其相对抗压强度为 102.5%，这主要是由于早期冻胀作用在一定程度上密实了混凝土结构所导致的，之后则随着冻融次数的增加而逐渐降低。相同冻融次数下，经 100 次冻融循环后的三组混凝土试件的相对抗压强度由大到小依次为 L-0.3、L-30F 和 L-0.5。当冻融循环 300 次后，三者的相对抗压强度分别为 86.8%、69.8%和 20.7%，证明水胶比是影响低热硅酸盐水泥混凝土抗冻性能的主要因素。

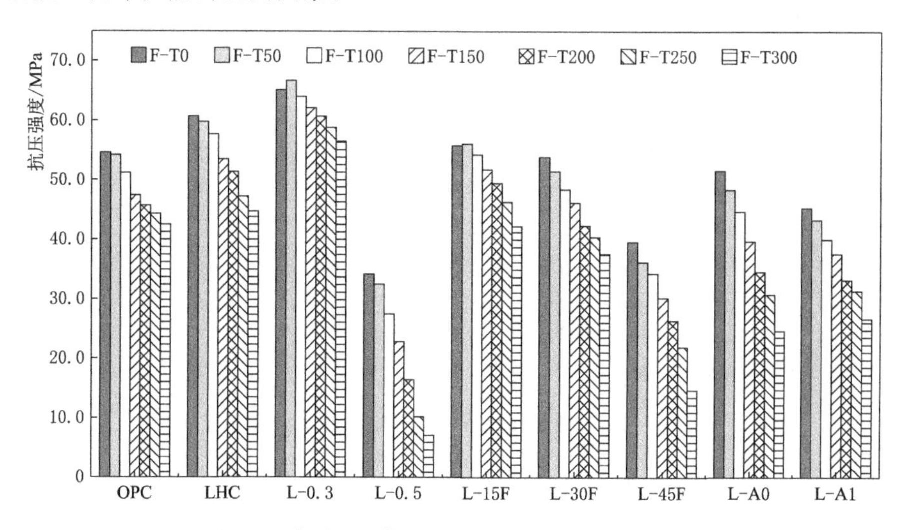

图 4.6 冻融循环作用下混凝土试件抗压强度变化

如图 4.7（c）所示，对于不同粉煤灰掺量的低热硅酸盐水泥混凝土试件，L-30F 和 L-45F 试件的相对抗压强度在 300 次冻融循环内均随着冻融次数的增加而明显降低。对于 L-15F 试件，当冻融循环次数为 50 次时，其相对抗压强度为 100.4%，之后随着冻融次数的增加而逐渐降低。相同冻融次数下，三组混凝土试件的相对抗压强度由大到小依次为 L-15F、L-30F 和 L-45F，并且当冻融循环 300 次时，三者的相对抗压强度分别为 75.6%、69.8%和 37.1%，而此时 LHC 相对抗压强度为 74.3%，说明低热硅酸盐水泥混凝土的抗冻性能随其粉煤灰掺量的增加而降低。

如图 4.7（d）所示，三组不同引气剂掺量（含气量）低热硅酸盐水泥混凝土的相对抗压强度规律与其相对动弹性模量一致，均随着冻融次数的增加而逐渐降低，且在相同冻融次数下由大到小依次为 L-30F、L-A1 和 L-A0。经过 300 次冻融循环后，L-A0、L-30F 和 L-A1 三组试件的相对抗压强度分别为 47.7%、69.8%和 58.9%。

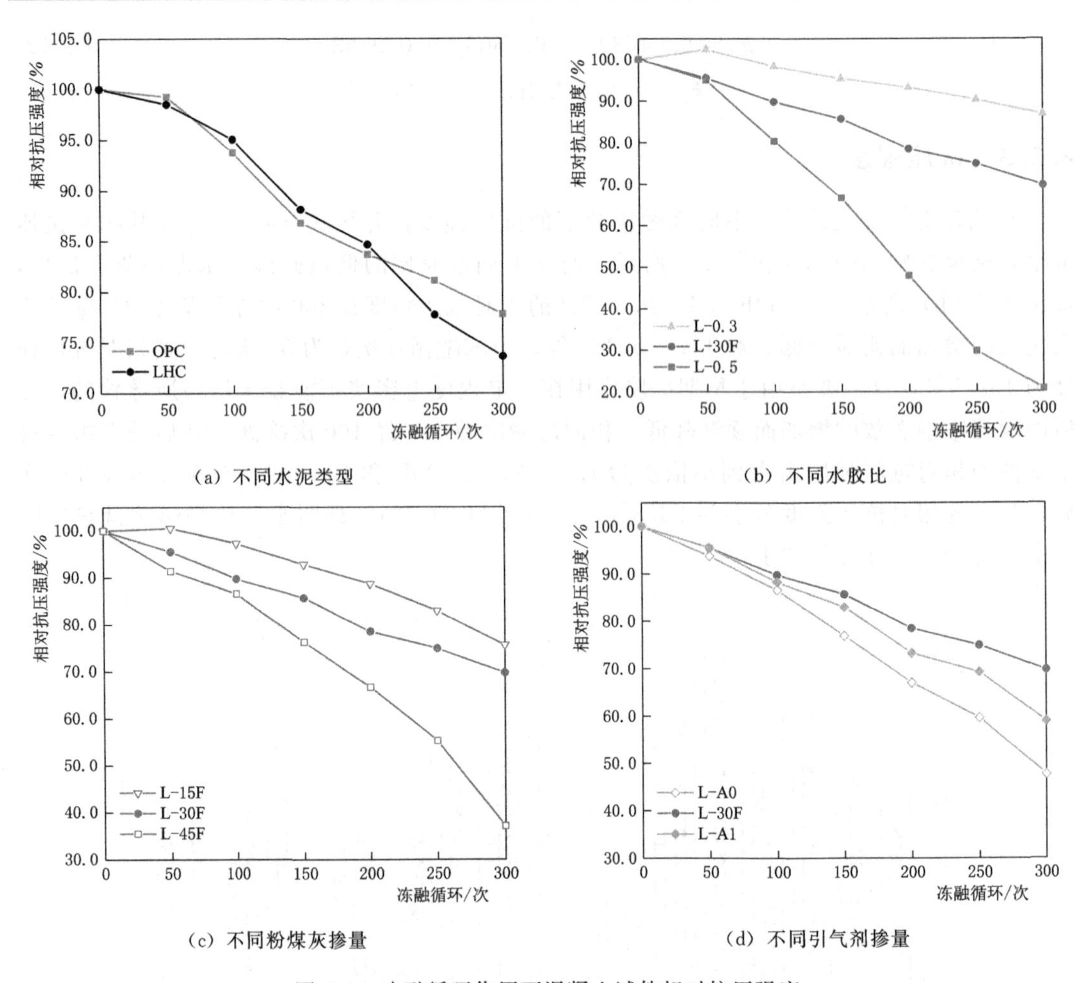

图 4.7 冻融循环作用下混凝土试件相对抗压强度

对图 4.7 中的各组试验数据进行回归分析，可建立考虑水胶比、粉煤灰掺量和引气剂掺量的冻融低热硅酸盐水泥混凝土相对抗压强度预测公式：

$$F_n = k_w k_f k_a e^{-0.0015n}, R^2 = 0.917 \tag{4.14}$$

式中：F_n 为 n 次冻融循环后低热硅酸盐水泥混凝土的抗压强度损失率；n 为冻融循环次数；k_w、k_f、k_a 分别按式（4.15）～式（4.17）计算。

$$k_w = 0.3924 w^{-0.6122} \tag{4.15}$$

$$k_f = -0.3503 f^2 - 0.0655 f + 0.5676 \tag{4.16}$$

$$k_a = 0.0202 \ln a + 2.9016 \tag{4.17}$$

4.2.4 孔隙率与孔结构

4.2.4.1 孔隙率

采用真空饱水干燥法测试各组混凝土试件在不同冻融循环次数下的孔隙率，并按式（4.5）计算其孔隙率增长率，结果分别如图 4.8 和图 4.9 所示。相同配合比条件下，冻融试验前低热硅酸盐水泥混凝土和普通硅酸盐水泥混凝土的孔隙率分别为 5.39%和 5.45%。

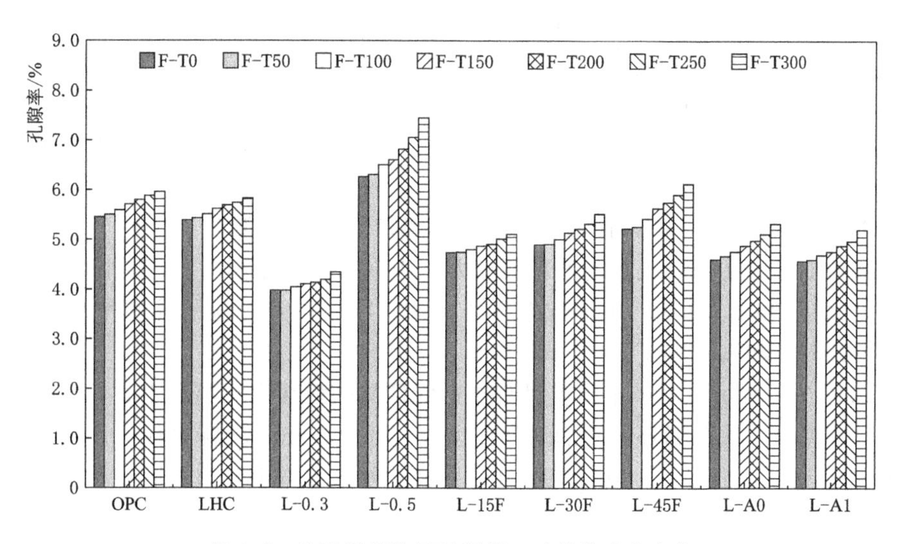

图 4.8 冻融循环作用下混凝土试件孔隙率变化

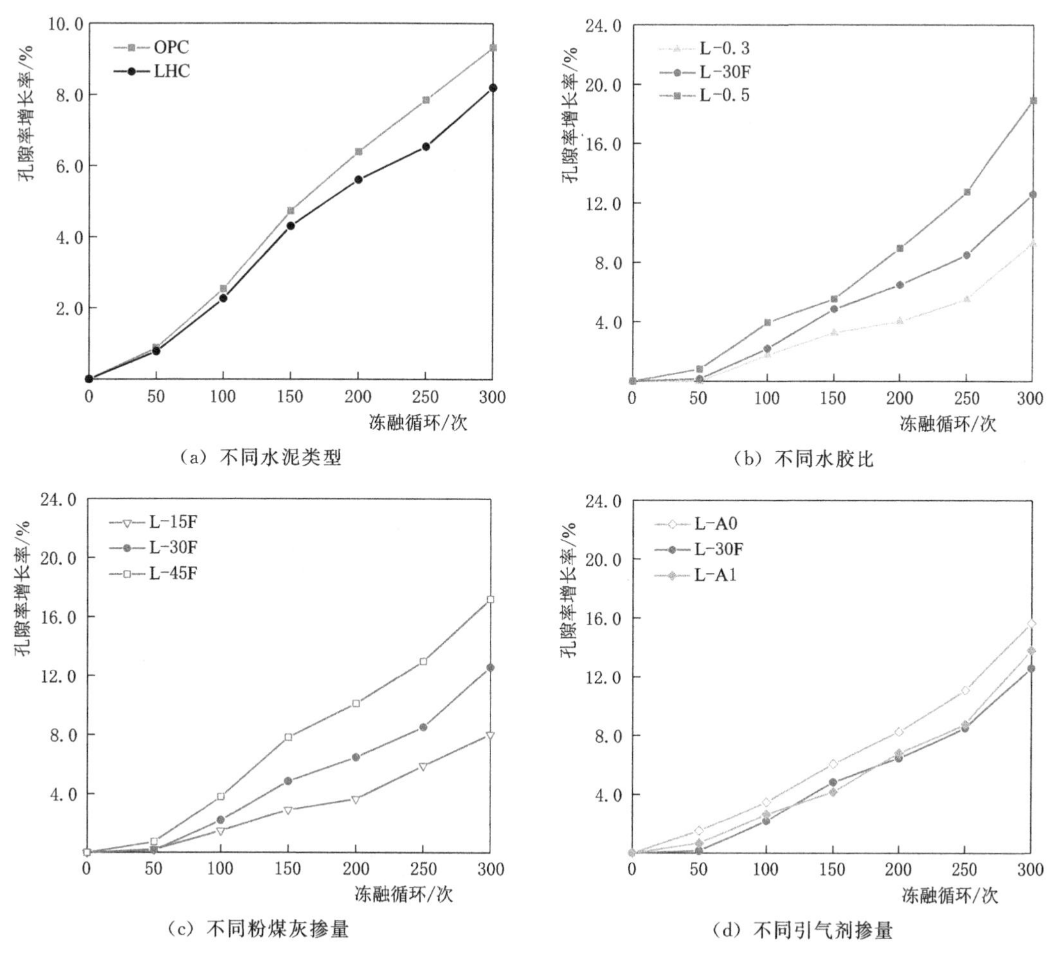

(a) 不同水泥类型

(b) 不同水胶比

(c) 不同粉煤灰掺量

(d) 不同引气剂掺量

图 4.9 冻融循环作用下混凝土试件孔隙率增长率

如图4.9（a）所示，在冻融循环作用下，低热硅酸盐水泥与普通硅酸盐水泥混凝土的孔隙率相近且变化规律相似，均随着冻融循环次数的增加而增大。当冻融循环200次、300次时，低热硅酸盐水泥混凝土的孔隙率增长率分别为5.60%和8.21%，对应的普通硅酸盐水泥混凝土孔隙率增长率为6.39%和9.32%，据此可判定低热硅酸盐水泥混凝土的抗冻性能优于普通硅酸盐水泥混凝土。

如图4.9（b）所示，对于不同水胶比的低热硅酸盐水泥混凝土试件，三组试件的孔隙率增长率均随着冻融循环次数的增加而增大。当冻融次数相同时，三者由大到小依次为L-0.5、L-30F和L-0.3，并且当冻融循环300次后，其对应的孔隙率增长率分别为18.94%、12.60%和9.31%。

如图4.9（c）所示，对于不同粉煤灰掺量的低热硅酸盐水泥混凝土试件，三组试件的孔隙率增长率亦随着冻融循环次数的增加而增大，并且在相同冻融次数下，孔隙率增长率由大到小依次为L-45F、L-30F和L-15F，经300次冻融循环时的孔隙率增长率分别为17.20%、12.60%和8.02%。

如图4.9（d）所示，三组不同引气剂掺量（含气量）的低热硅酸盐水泥混凝土的孔隙率增长率与其质量损失率规律一致，即随着冻融循环次数的增加而增大，L-30F和L-A1相近且略低于L-A0。经过300次冻融循环后，L-A0、L-30F和L-A1三组试件的孔隙率增长率分别为15.65%、12.60%和13.81%。

根据文献[162]，冻融条件下混凝土孔隙率与冻融循环次数的关系为

$$\rho_n=\rho_0 e^{an} \tag{4.18}$$

式中：ρ_n为n次冻融循环后的混凝土孔隙率，%；ρ_0为冻融循环试验前的混凝土孔隙率，%；a为与混凝土材料相关的系数；n为冻融循环次数。

将冻融循环0次和300次的混凝土试件孔隙率代入式（4.18），计算得到各组配合比试件对应的相关系数a，结果见表4.7。从中可以看出，低热硅酸盐水泥混凝土的相关系数a略小于普通硅酸盐水泥混凝土，并且a随着混凝土试件水胶比的增加而增大，随着粉煤灰掺量的增加而增大，在一定范围内随着引气剂掺量的增加而减小，而当引气剂掺量过高时系数a增大。

表4.7　冻融混凝土孔隙率及相关系数a

试件编号	ρ_0/%	ρ_{300}/%	$a\times10^{-4}$
OPC	5.45	5.96	2.97
LHC	5.39	5.83	2.63
L-0.3	3.98	4.35	2.96
L-0.5	6.26	7.45	5.78
L-15F	4.74	5.12	2.57
L-30F	4.90	5.52	3.95
L-45F	5.22	6.12	5.29
L-A0	4.60	5.32	4.85
L-A1	4.57	5.20	4.31

4.2.4.2 孔结构

分别取经冻融循环 0 次、200 次后的 OPC、LHC 和 L-30F 三组混凝土试件表层位置砂浆样品以及 LHC 试件中心位置的砂浆样品，经处理后进行 MIP 试验，测得其孔结构特征参数及孔径分布情况见表 4.8 和表 4.9。

表 4.8　冻融混凝土孔结构特征参数

试件编号	取样位置	冻融循环/次	孔隙率/%	总孔体积/cm^3	总孔面积/cm^2	最可几孔径/nm	临界孔径/nm	平均孔径/nm
OPC	表层	0	23.26	0.1308	19.20	42.8	48.3	27.3
		200	23.63	0.1349	18.64	53.4	66.8	28.9
LHC	表层	0	22.81	0.1258	19.72	40.1	46.3	25.5
		200	23.55	0.1354	17.24	56.1	66.4	31.4
	中心	0	22.94	0.1249	20.68	42.4	47.4	24.2
		200	23.20	0.1342	18.31	52.0	59.6	29.3
L-30F	表层	0	19.74	0.1054	19.11	37.4	43.0	22.1
		200	21.08	0.1319	17.26	60.4	65.7	30.6

表 4.9　冻融混凝土孔径分布

试件编号	取样位置	冻融循环/次	孔径分布/%			
			＜20nm	20～50nm	50～200nm	＞200nm
OPC	表层	0	23.55	28.38	12.75	35.32
		200	16.90	30.72	14.69	37.69
LHC	表层	0	23.34	26.77	11.47	38.42
		200	15.17	27.86	14.67	42.30
	中心	0	21.55	27.38	11.16	39.91
		200	17.39	28.12	14.33	40.16
L-30F	表层	0	28.78	30.62	9.54	31.06
		200	16.54	27.33	15.30	40.83

根据表 4.8 可知，随着冻融循环次数的增加，混凝土表层试件的孔隙率增大。冻融循环 200 次后，OPC、LHC 和 L-30F 三组试件的孔隙率分别增加 0.4%、0.7%和 1.3%，总孔体积分别增加 3.1%、7.6%和 25.1%，总孔面积分别降低 2.9%、12.6%和 9.7%，说明随着冻融循环作用的进行，混凝土内部的孔隙和微裂缝不断发展、扩大以及聚合，逐渐引起混凝土内部损伤。此外，经过 200 次冻融循环后 OPC、LHC 和 L-30F 三组试件的最可几孔径分别较冻融试验前增加 24.8%、39.9%和 61.5%，临界孔径增加 38.3%、43.4%和 52.8%，平均孔径增加 5.9%、23.1%和 38.5%。

根据表 4.9 可以看出，三组混凝土试件表层的孔径分布情况在冻融前后发生了较大的变化，总体趋势为小于 20nm 的无害孔明显减少，20～50nm 的少害孔基本保持不变，50～200nm 的有害孔以及大于 200nm 的多害孔不断增加。具体为，经过 200 次冻融循环后，OPC、LHC和L-30F三组试件的无害孔分别减少28.2%、35.0%和42.5%，少害孔增加8.3%、4.1%和-10.8%，有害孔增加15.2%、27.9%和60.4%，多害孔增加6.7%、10.1%和31.5%。

对于中心位置的LHC混凝土砂浆样品，其孔结构特征参数随冻融循环次数的变化规律与表层样品一致。当冻融循环次数为200时，中心区域混凝土孔隙率增大0.3%，总孔体积增加7.5%，总孔面积降低11.5%，最可几孔径、临界孔径和平均孔径分别增加22.6%、25.7%和21.1%。此外，中心区域的混凝土的无害孔、少害孔、有害孔和多害孔分别增加-19.3%、2.7%，28.4%和0.6%，说明其孔结构劣化程度较表层混凝土略低。

4.2.5　水化产物形貌

分别取低热硅酸盐水泥混凝土经冻融循环0次、200次后的试件表层和中心位置砂浆样品，经处理后进行SEM试验，其孔结构及微观水化产物形貌如图4.10所示。图4.10（a）、（b）为混凝土在100倍放大倍率下的微观形貌，从中可以看出，随着冻融循环次数的增加，混凝土试件的孔径逐渐变大且孔隙明显增多。图4.10（c）～（f）为混凝土在3000倍放大倍率下的微观形貌，由图可知，冻融试验前LHC混凝土试件的表层水化产物较中心位置的水化产物更加密实，可能是标准养护环境下表层浆体水化更加充分所致；经过200次冻融循环后，表层混凝土出现明显的裂缝，中心混凝土有微裂缝，即随着冻融循环次数的增加，混凝土发生了冻胀破坏，且表层试件的损伤程度高于中心混凝土试件。

（a）表层试件F-T0（放大100倍）

（b）表层试件F-T200（放大100倍）

（c）表层试件F-T0（放大3000倍）

（d）表层试件F-T200（放大3000倍）

图4.10（一）　LHC冻融混凝土试件扫描电镜图

(e) 中心试件 F-T0（放大 3000 倍）

(f) 中心试件 F-T200（放大 3000 倍）

图 4.10（二） LHC 冻融混凝土试件扫描电镜图

4.3 基于超声法的低热硅酸盐水泥基混凝土冻融损伤评价

4.3.1 超声波在混凝土中的传播特性

试件外观、质量损失、抗压强度以及相对动弹性模量是评价混凝土冻融损伤程度的常用指标，但其往往难以有效表征混凝土结构在空间分布上的冻融损伤程度。未冻融前的混凝土试件一般可被视为均质材料，而随着冻融循环次数的增加，其表层将逐渐产生不同程度的微裂纹进而发展成为由表及里的冻融损伤层。近些年来，利用超声波表征材料损伤层厚度的方法逐渐被应用到混凝土的耐久性评价中。

超声波在混凝土中的传播速度与材料自身性质相关，通常材料越密实，波速越快，在检测过程中可按式（4.19）进行计算。当混凝土内部存在裂缝、孔洞以及界面时，超声波通过这些缺陷区域将会产生绕射、反射以及衰减等现象，造成波速降低。超声平测法的基本原理是通过脉冲波在混凝土损伤层与未损伤层之间的传播速度差异来计算损伤层厚度。如图 4.11 所示，沿着混凝土表面放置一系列的接收器，则可通过在一端发射超声脉冲信号检测其材料内部的均匀性。假设冻融混凝土损伤层厚度为 h，超声波在损伤层的传播速度 v_1 小于其在未损伤层的传播速度 v_2。将发射器置于混凝土表面端部位置发出超声脉冲，当接收器靠近发射器时只能感应到表层声波并且此时时间-距离点的斜率为 $1/v_1$，平行移动接收器，当折射角 θ_2 随着距离的延长而增加至 $\pi/2$ 时，射线被折射到过渡界面，此时临界角 $\theta_{ic}=\arcsin(v_1/v_2)$，即当波以临界角 θ_{ic} 入射时，折射角将平行于两种材料的界面。沿着斜率 $1/v_2$ 外推得到 $x=0$ 时直线与纵轴的截距 t_i，则混凝土冻融损伤层厚度可根据式（4.20）计算得到。

$$v=\frac{l}{t} \tag{4.19}$$

$$h=\frac{t_i v_1 v_2}{2\sqrt{v_2^2-v_1^2}} \tag{4.20}$$

式中：v 为超声波传播速度，km/s；l 为换能器之间的距离，mm；t 为超声波传播时间，μs。

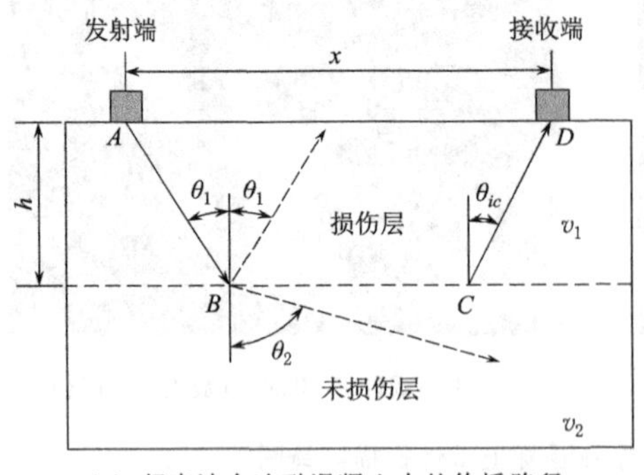

(a) 超声波在冻融混凝土中的传播路径

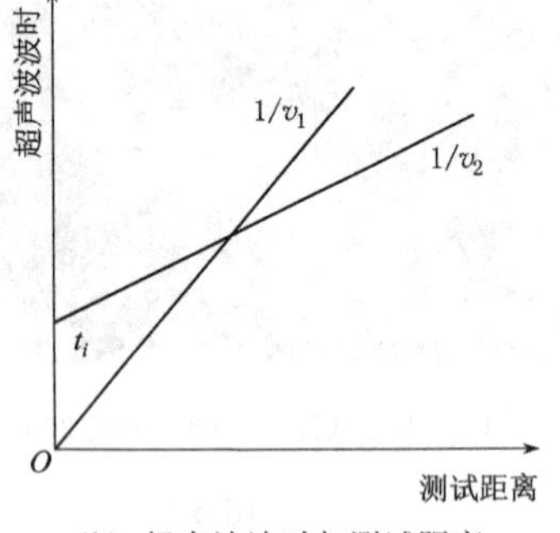

(b) 超声波波时与测试距离

图 4.11 超声波在冻融混凝土中的传播示意图

如图 4.12 (a) 所示，将超声波发射器和接收端分别置于冻融混凝土试件的两个端面，接触面上均匀涂抹凡士林作为耦合介质，即可测量各组混凝土试件在不同冻融循环次数下的超声波波时，并按式 (4.19) 计算对应的超声波波速。图 4.12 (b) 展示了混凝土冻融损伤层的测量方法，即将超声波发射器置于混凝土棱柱体试件左侧端部表面位置，向另一端面方向每间隔 50mm 设置一个测点，移动接收器检测每个测点的首波到达时间和波速，按式 (4.20) 分别计算经 0 次、50 次、100 次、150 次和 200 次冻融循环后的混凝土损伤层厚度，最终结果取 3 个试件的算术平均值。

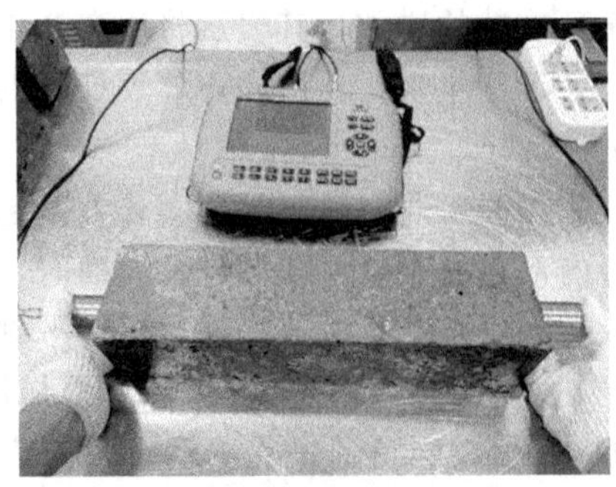

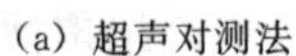

(a) 超声对测法

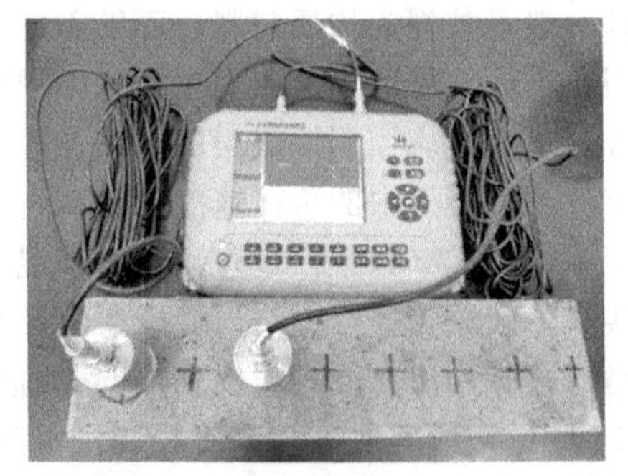

(b) 超声平测法

图 4.12 超声法测试混凝土冻融损伤程度示意图

4.3.2 冻融损伤评价

计算各组混凝土在冻融循环 300 次内的超声波速和相对超声波速，结果分别如图 4.13 和图 4.14 所示。冻融循环作用下各组混凝土试件中的相对超声波速与相对动弹性模量变化规律一致，均随着冻融循环次数的增加而不断降低。在相同冻融次数下，低热硅酸盐水泥混凝土与普通硅酸盐水泥混凝土的超声波速以及相对超声波速均较为相近，不同水胶比的 3 组试件相对超声波速由大到小依次为 L－0.3、L－30F 和 L－0.5，不同粉煤灰掺量的 3 组试件相对超声波速由大到小依次为 L－15F、L－30F 和 L－45F，不同引气剂掺量的 3

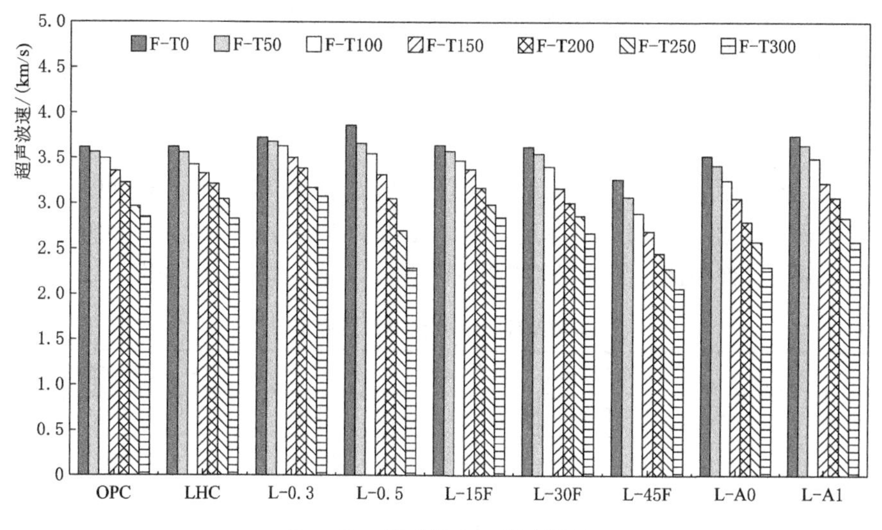

图 4.13 冻融混凝土超声波速

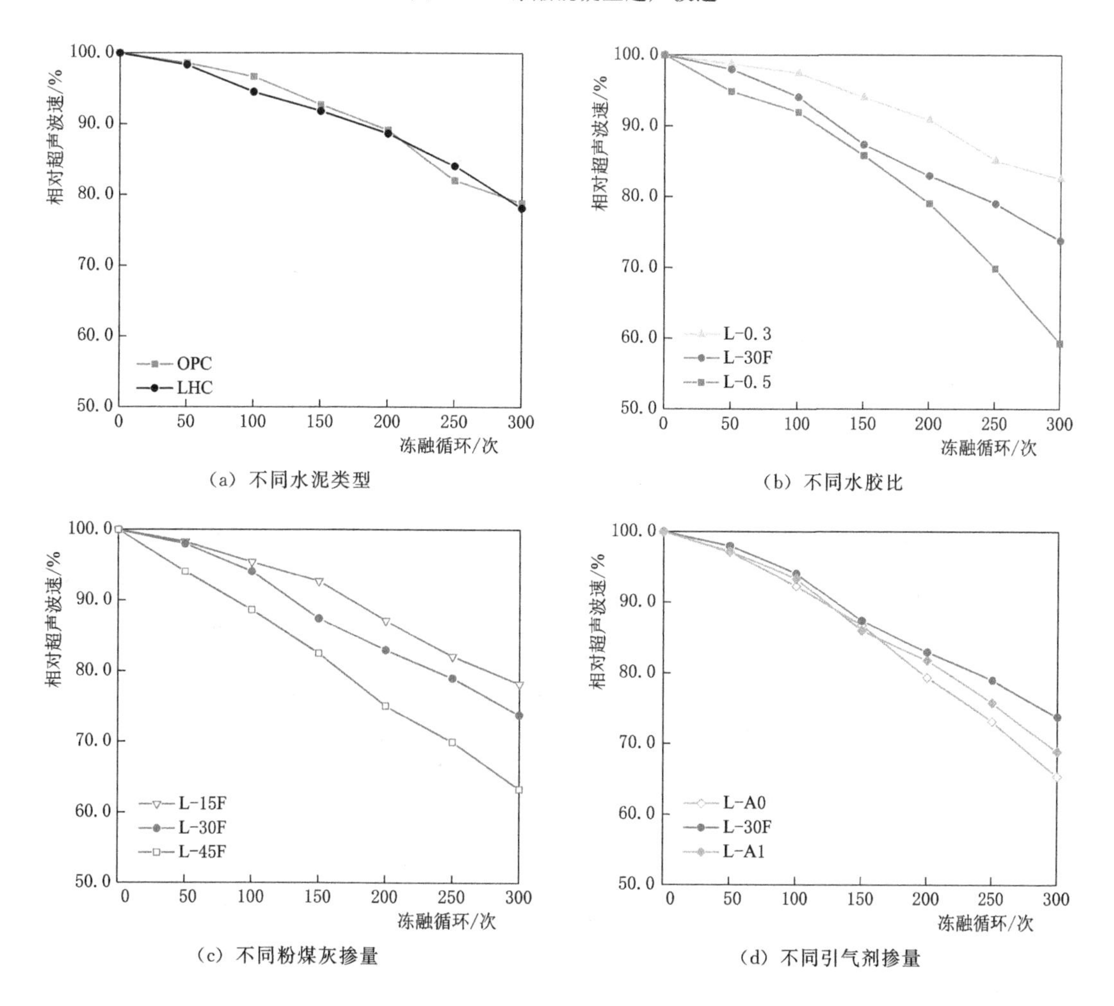

(a) 不同水泥类型

(b) 不同水胶比

(c) 不同粉煤灰掺量

(d) 不同引气剂掺量

图 4.14 冻融循环作用下混凝土试件相对超声波速

组试件相对超声波速由大到小依次为L-30F、L-A1和L-A0，其中水胶比和粉煤灰掺量对低热硅酸盐水泥混凝土抗冻性能的影响较为明显。

4.3.3 冻融损伤层厚度

测试超声脉冲在各组冻融混凝土不同距离处的传播时间，绘制关系曲线并按式（4.20）计算混凝土冻融损伤层厚度，结果见表4.10和图4.15。以经历200次冻融循环的LHC混凝土试件为例，其冻融损伤层厚度计算过程见表4.11和图4.16。

表4.10　冻融条件下混凝土损伤层厚度

试件编号	冻融损伤层厚度/mm				线性拟合结果	
	F-T50	F-T100	F-T150	F-T200	拟合公式	R^2
OPC	6.7	10.2	14.1	26.0	$y=0.1156x$	0.9790
LHC	8.9	13.6	16.8	24.6	$y=0.1233x$	0.9896
L-0.3	2.1	5.3	8.9	14.4	$y=0.0647x$	0.9830
L-0.5	10.8	17.4	25.2	38.7	$y=0.184x$	0.9949
L-15F	7.6	12.3	17.9	25.0	$y=0.1239x$	0.9978
L-30F	7.0	14.5	19.3	28.2	$y=0.1378x$	0.9980
L-45F	9.1	17.7	26.4	35.8	$y=0.1779x$	0.9999
L-A0	8.5	15.6	23.8	32.4	$y=0.1605x$	0.9997
L-A1	8.6	15.1	22.0	30.3	$y=0.1507x$	0.9991

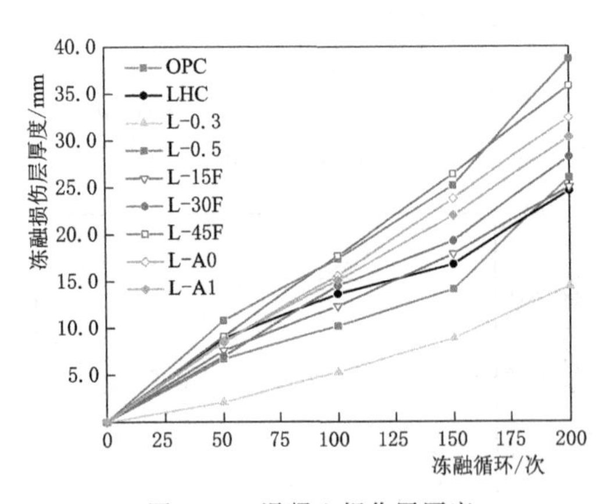

图4.15　混凝土损伤层厚度与冻融循环次数关系

由表4.10可知，冻融混凝土的损伤层厚度与冻融循环次数基本呈线性相关关系，因此可用一条过原点直线对相关数据进行拟合，根据所得拟合公式以及服役环境的年平均冻融次数即可推算实际工程中低热硅酸盐水泥混凝土结构的耐久性寿命。拟合公式中斜率的物理意义可理解为与混凝土材料相关的冻融损伤系数，亦可据此判定不同配比的混凝土材料抗冻性能相对优劣，其结果与冻融条件下的强度损失、相对动弹性模量、抗压强度和孔隙率等宏观性能试验所得结论一致。

根据表4.10，分别对各组低热硅酸盐水泥混凝土冻融损伤层厚度以其200次冻融循环所对应数据进行归一化处理，然后对所得结果进行回归分析，可建立考虑水胶比、粉煤灰掺量和引气剂掺量的低热硅酸盐水泥混凝土相对冻融损伤厚度预测公式：

$$H = k_w k_f k_a e^{0.0094n}, R^2 = 0.931 \tag{4.21}$$

式中：H 为 n 次冻融循环后低热硅酸盐水泥混凝土的相对损伤厚度，mm；n 为冻融循环次数；k_w、k_f、k_a 分别按式（4.22）～式（4.24）计算。

表 4.11　　在冻融 200 次后超声波 LHC 混凝土中的传播时间

试件	传播时间/μs							$10^6 \cdot t_i$ /s	v_1 /（m/s）	v_2 /（m/s）	厚度 /mm
	50mm	100mm	150mm	200mm	250mm	300mm	350mm				
1	19.1	40.7	70.6	99.5	117.9	146.6	160.3	14.97	1.94	2.40	24.8
2	22.6	53.4	91.7	115.6	130.2	156.1	179.8	25.25	1.45	2.29	23.6
3	24.0	54.9	90.7	114.4	130.0	151.0	178.6	26.02	1.50	2.34	25.4

$$k_w = 0.2115 w^{0.1107} \tag{4.22}$$

$$k_f = 0.2837 f^2 - 0.1482 f + 0.3571 \tag{4.23}$$

$$k_a = 0.1349 \ln a + 2.8849 \tag{4.24}$$

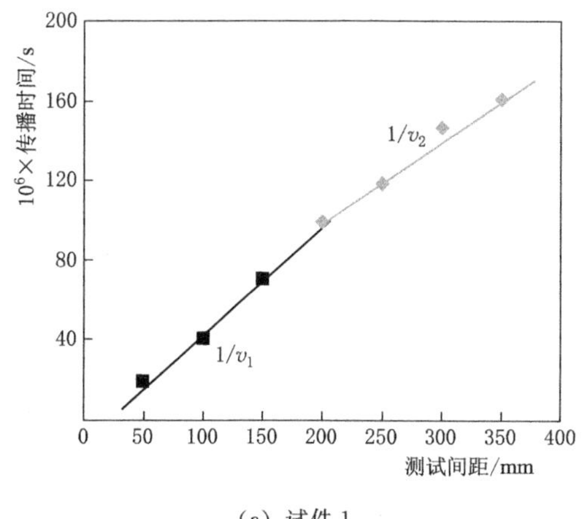

（a）试件 1

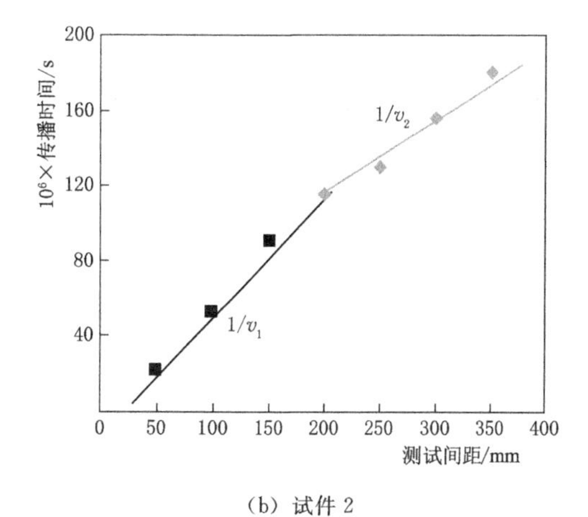

（b）试件 2

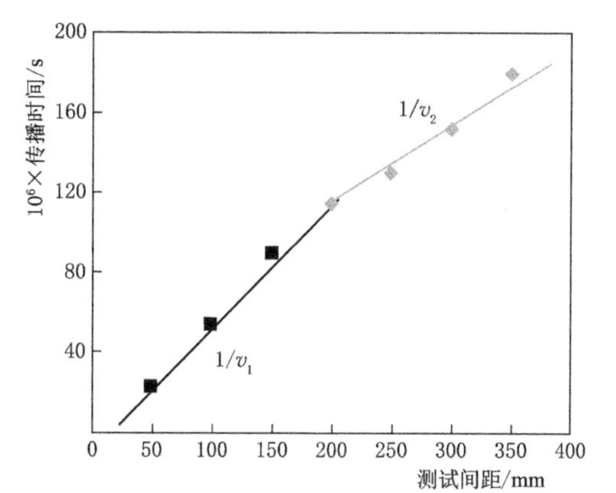

（c）试件 3

图 4.16　LHC 混凝土冻融 200 次超声波波时与测试间距关系

4.4　基于显微维氏硬度的低热硅酸盐水泥基混凝土冻融损伤评价

4.4.1　显微维氏硬度

硬度是描述材料抵抗变形能力的指标，根据试验加载速度和测量方法的不同可归纳为静态压痕硬度、动态压痕硬度和划痕硬度。压痕硬度代表材料抵抗外部压力进入其表面的能力，通常被认为是近似估算其他力学参数的有效方法，其测试过程具有局部性和即时性，能够较好地反馈材料成分的微观结构变化。显微维氏硬度试验是通过对试件表面施加一个较小荷载使之产生压痕，再根据压痕单位表面积上的试验力值计算硬度的一种静态压痕方法。如图 4.17 所示，将锥面夹角为 136°的金刚石正四棱锥压头以一定的试验力 P 压入试件表面并保持一定时间后卸荷，压头棱线将在材料表面形成压痕。测量压痕对角线长度并计算压痕面积，据此可计算材料的显微维氏硬度如下：

$$HV=\frac{P}{A}=\frac{2P\sin\frac{136^\circ}{2}}{l^2} \tag{4.25}$$

其中

$$l=\frac{l_1+l_2}{2} \tag{4.26}$$

式中：HV 为显微维氏硬度，MPa；P 为试验力，9.8N；A 为压痕面积，mm^2；l_1 和 l_2 分别为压痕对角线的长度，mm。

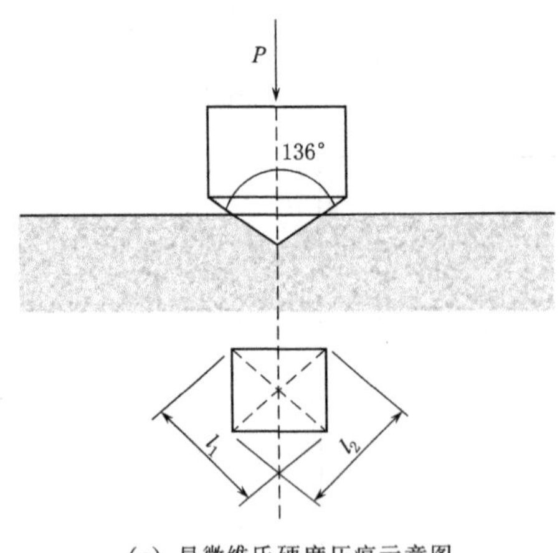

(a) 显微维氏硬度压痕示意图

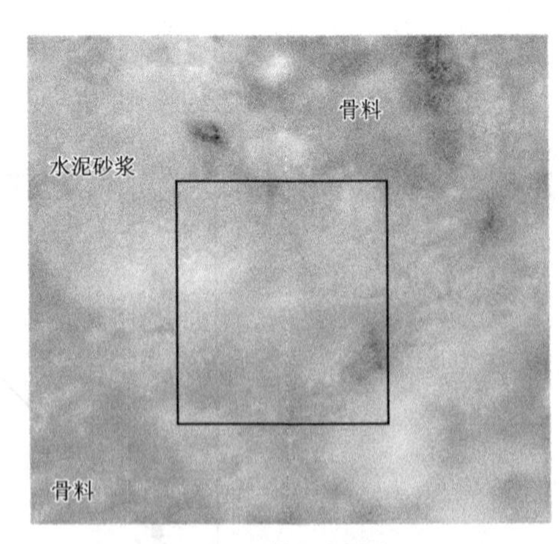

(b) 显微压痕图片

图 4.17　显微维氏硬度测试示意图

本节拟通过测试不同冻融循环次数下低热硅酸盐水泥混凝土浆体截面的显微维氏硬度变化规律，探究其冻融损伤时变行为，以期更加科学地评价冻融循环作用下低热硅酸盐水泥混凝土的性能劣化过程。如图 4.18 所示，将冻融循环到 0 次、50 次、100 次、150 次和 200 次的棱柱体混凝土试件取出，擦干表面后利用切割机从试件中间位置切取尺寸为 50mm×50mm×20mm 的混凝土块，之后分别用 200 目、400 目、800 目和 1200 目的砂纸将待测表面充分磨光，利用 HDX－1000TC 型维氏显微硬度仪测试距试件表面不同深度处的混凝土浆体显微维氏硬度，试验荷载为 0.981N，持荷时间为 15s，结果取 4 个测点的算数平均值，测试过程中注意避开骨料。

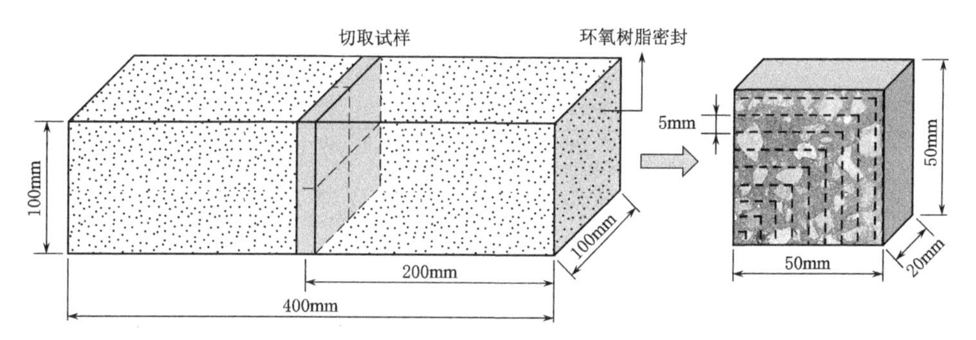

图 4.18 显微维氏硬度试验取样示意图

4.4.2 冻融损伤评价

不同冻融循环次数下，各组混凝土试件的截面浆体显微维氏硬度测试结果如图 4.19 所示。冻融试验前，低热硅酸盐水泥混凝土的显微维氏硬度略高于相同配合比的普通硅酸盐水泥混凝土试件，说明经标准养护 90d 后以 C_2S 为主要矿物成分的低热硅酸盐水泥水化更加充分和密实，后期强度更高；当以 L－30F 试件为标准对照组时，可以得出结论，冻融试验前试件截面的显微维氏硬度随着混凝土水胶比的增大而降低，随着粉煤灰掺量的增加而降低，当引气剂掺量过高时也会造成其硬度下降，这些与抗压强度试验结论是一致的。

各组混凝土试件的截面显微维氏硬度均随着冻融次数的增加而降低，且降低幅度与试件位置距混凝土表面的距离基本呈正相关。通常认为，混凝土的冻融损伤是由于微观物理变化造成的一个由表及里的劣化过程。由图 4.19 可知，混凝土冻融破坏是一个由表及里损伤与整体劣化共同作用的过程，并且前者的表现较后者更为明显，一方面与养护过程中混凝土试件表面的 Ca^{2+} 溶出有关，另一方面是由于冻融过程中试件不同位置处的孔隙结构以及含水率有所不同。另外，冻融循环试验的温变机制所导致的混凝土试件表面、中心位置温变幅度差对此也有一定影响。

计算各组配合比混凝土试件经不同冻融次数后截面浆体的显微维氏硬度降低率，结果如图 4.20 所示。其中，混凝土冻融损伤层深度位置处对应的显微维氏硬度 HV_{THK}、初始显微维氏硬度 HV_0 及其降低率见表 4.12。

根据冻融混凝土的损伤层厚度和显微维氏硬度降低率，结合冻融过程中混凝土试件不同位置处的孔隙结构和水化产物微观形貌变化，发现混凝土试件内部的冻融损伤劣化是一个连续且不同步的过程。混凝土材料的性能参数不会在损伤层过渡面处产生突变，可以通过浆体截面的显微维氏硬度量化这些指标。如图 4.21 所示，以 LHC 混凝土试件为例，根

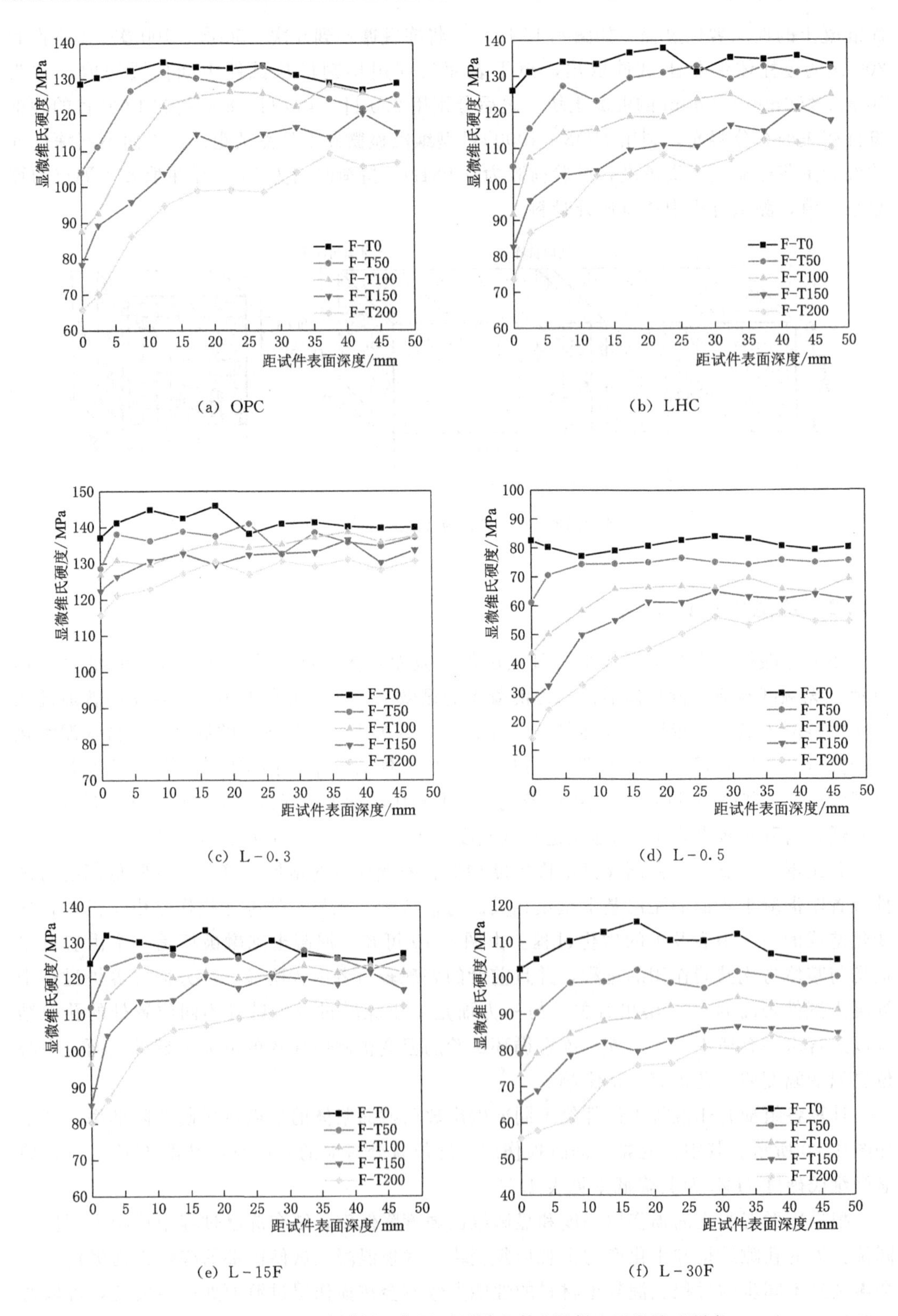

(a) OPC

(b) LHC

(c) L-0.3

(d) L-0.5

(e) L-15F

(f) L-30F

图 4.19(一) 冻融循环作用下不同配合比混凝土显微维氏硬度

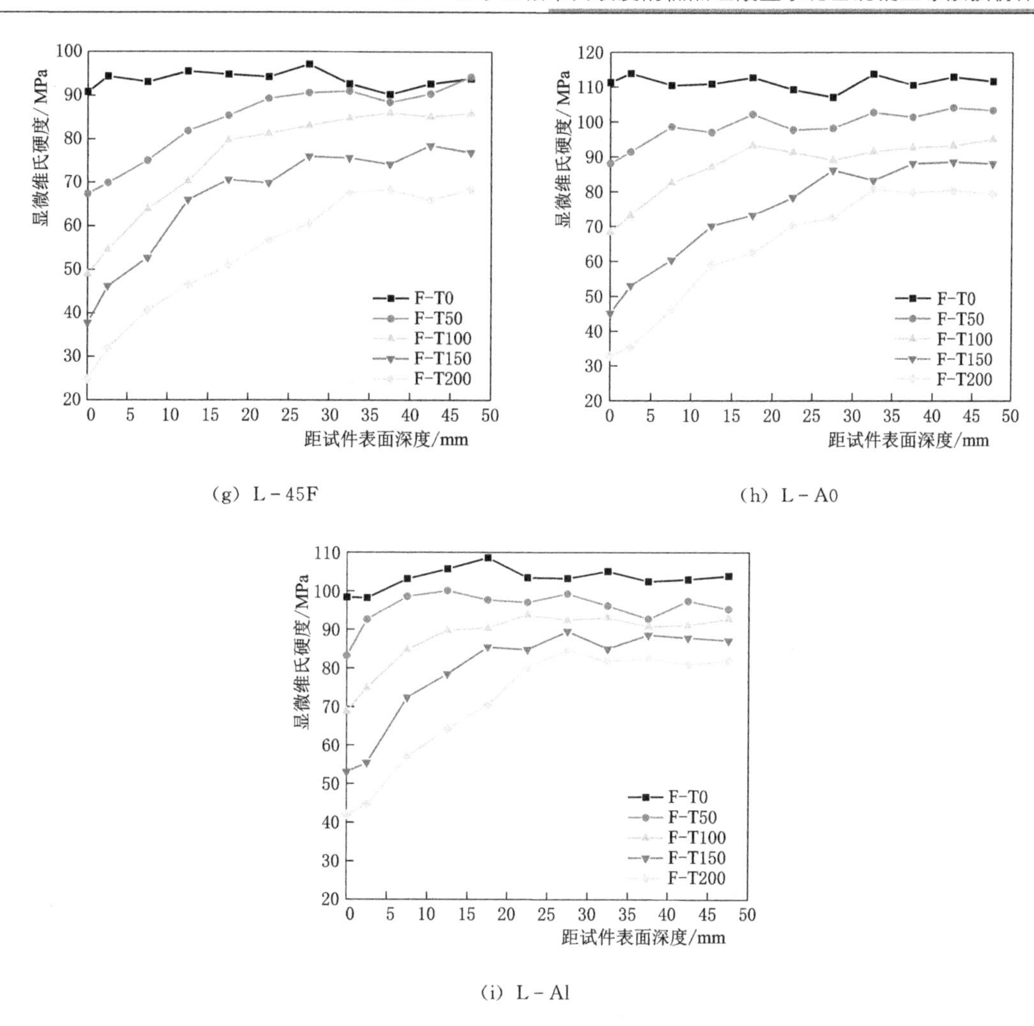

(g) L-45F

(h) L-A0

(i) L-Al

图 4.19（二） 冻融循环作用下不同配合比混凝土显微维氏硬度

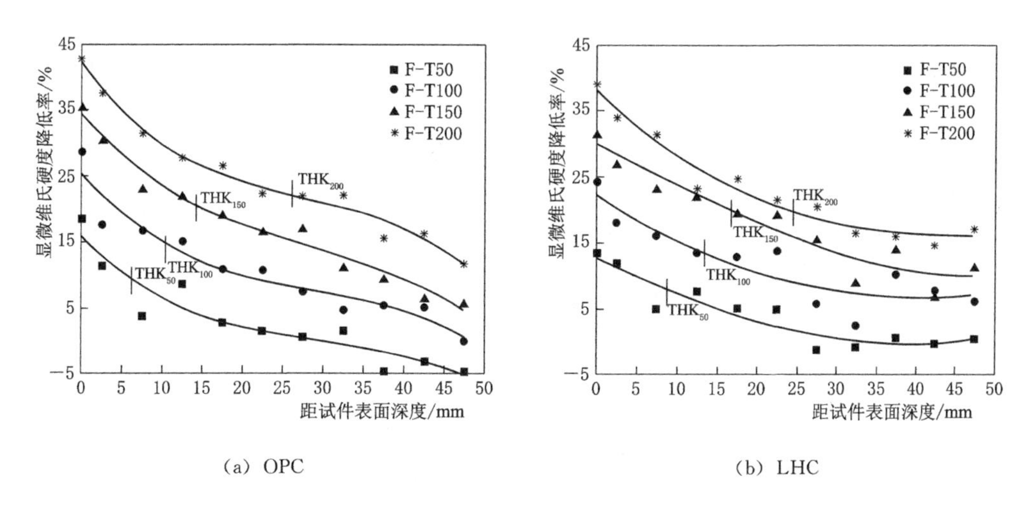

(a) OPC

(b) LHC

图 4.20（一） 不同冻融循环次数后混凝土浆体显微维氏硬度降低率

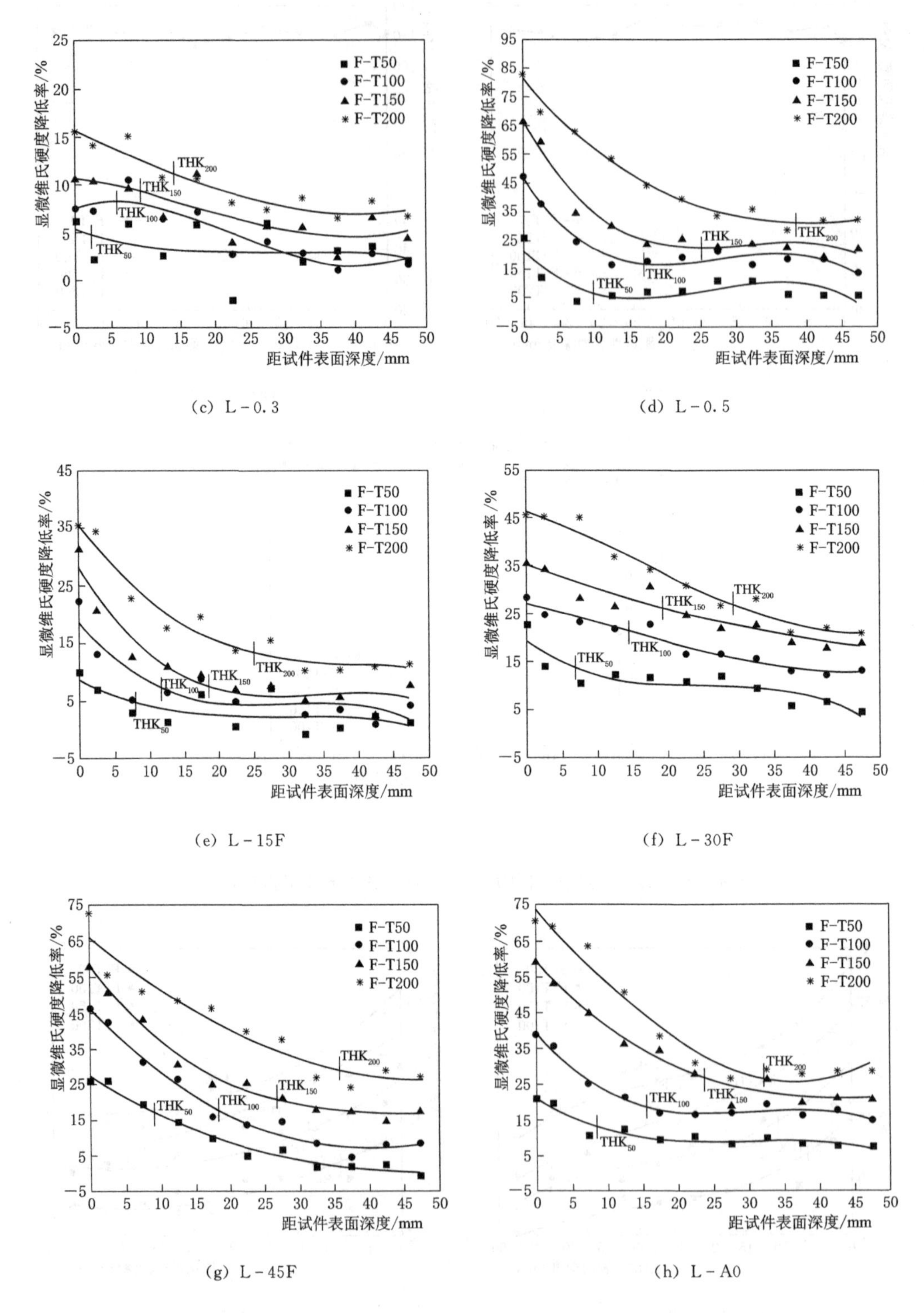

(c) L-0.3

(d) L-0.5

(e) L-15F

(f) L-30F

(g) L-45F

(h) L-A0

图 4.20（二）　不同冻融循环次数后混凝土浆体显微维氏硬度降低率

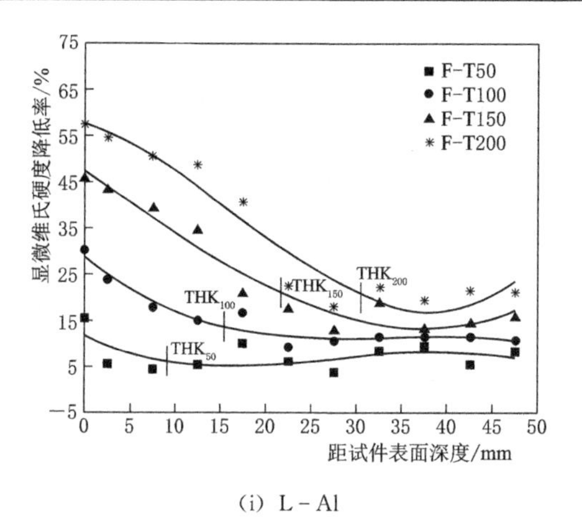

(i) L-Al

图 4.20（三） 不同冻融循环次数后混凝土浆体显微维氏硬度降低率

表 4.12 冻融循环作用下混凝土损伤层厚度与浆体显微维氏硬度

试件编号	冻融次数/次	损伤层厚/mm	HV_{THK}/MPa	HV_0/MPa	降低率/%
OPC	50	6.7	124.3	132.1	5.9
	100	10.2	114.0	134.7	15.4
	150	14.1	106.1	134.9	21.3
	200	26.0	104.9	134.0	21.7
LHC	50	8.9	122.1	134.8	9.4
	100	13.6	116.0	134.8	13.9
	150	16.8	110.0	135.9	19.1
	200	24.8	106.2	135.6	21.7
L-0.3	50	2.1	135.4	141.0	4.0
	100	5.3	131.2	143.8	8.8
	150	8.9	130.0	144.9	10.3
	200	14.4	128.2	144.3	11.2
L-0.5	50	10.8	74.9	79.2	5.4
	100	17.4	67.0	80.9	17.2
	150	25.2	62.5	84.8	26.3
	200	38.7	56.8	80.0	29.0
L-15F	50	7.6	126.1	130.0	3.0
	100	12.3	120.5	129.4	6.9
	150	17.9	118.8	131.5	9.7
	200	25.0	110.0	128.9	14.7
L-30F	50	7.0	97.5	109.8	11.2
	100	14.5	89.6	113.2	20.8

续表

试件编号	冻融次数/次	损伤层厚/mm	HV_{THK}/MPa	HV_0/MPa	降低率/%
L-30F	150	19.3	80.6	114.1	29.4
	200	28.2	80.4	110.8	27.4
L-45F	50	9.1	77.8	94.2	17.4
	100	17.7	80.1	95.0	15.7
	150	26.4	74.8	96.7	22.6
	200	35.8	67.9	91.6	25.9
L-A0	50	8.5	98.9	110.2	10.3
	100	15.6	100.0	111.7	10.5
	150	23.8	90.4	100.6	10.1
	200	32.4	80.0	113.8	29.7
L-A1	50	8.6	98.5	103.7	5.0
	100	15.1	89.9	107.5	16.4
	150	22.0	84.9	104.8	19.0
	200	30.3	83.1	104.9	20.8

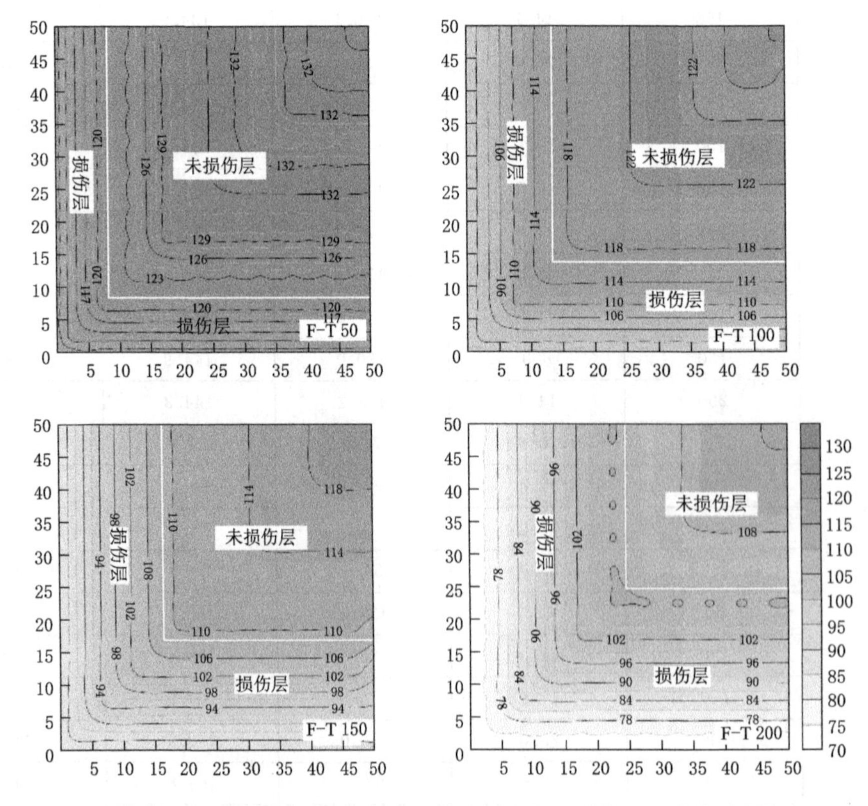

图 4.21　不同冻融循环次数下低热硅酸盐水泥混凝土显微维氏硬度

据冻融损伤层理论，经 50 次、100 次、150 次和 200 次冻融循环后，当其显微维氏硬度降低率大于 9.4%、13.9%、19.1%及 21.7%时即可判定该处发生冻融破坏。

由于实际工程中的混凝土结构尺寸远大于试验室常用的 100mm×100mm×400mm 抗冻试件尺寸，并且对于低热硅酸盐水泥常用以配制的大体积混凝土而言，其最小端面尺寸往往超过 1m，因此冻融混凝土损伤层厚度与显微维氏硬度关系的实际发展趋势可能为如图 4.22 所示的曲线，类似于 Logistic 函数图像，即冻融混凝土沿其横截面可以划分为损伤区、过渡区和完好区 3 个部分。其中，损伤区为试件外表面到超声平测法所对应的损伤层最大深度处，完好区的起始位置与混凝土结构自身的性能指标相关，例如密实度、导热系数等，与图 4.21 中的未损坏层相对应，损伤区与完好区之间的区域为过渡区。需要指出的是，由于快速冻融试验的试件尺寸和作用机理限制，实验室环境下的冻融混凝土试件难以存在未经损伤的完好区域，但在下文的模型构建中将考虑这种情况。

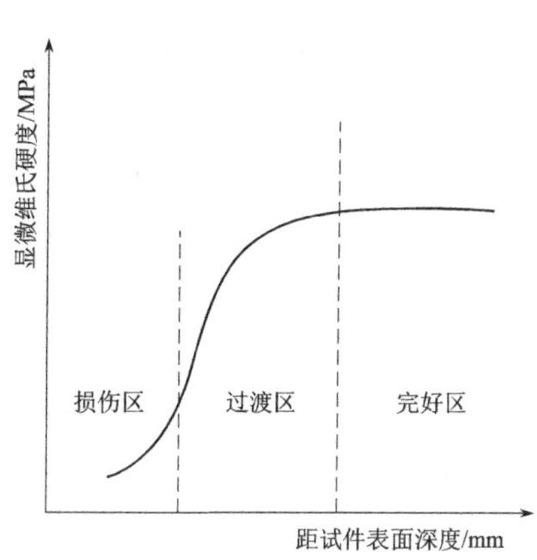

图 4.22 基于显微维氏硬度的冻融混凝土截面分区

4.4.3 冻融损伤预测模型

4.4.3.1 基于 Logistic 函数的混凝土显微维氏硬度分布模型

为建立冻融循环作用下低热硅酸盐水泥混凝土显微维氏硬度分布模型，需做以下假定：

(1) 冻融过程中，混凝土损伤区仍有残余强度，即作用于试件上的荷载由损伤区和未损伤区共同承担。

(2) 混凝土力学性能随冻融次数的增加而逐渐劣化，假设其力学性能与冻融次数呈线性负相关。

(3) 随着冻融次数的增加，距离混凝土表面足够远的完好区显微维氏硬度保持不变。

基于以上假定，采用 Logistic 函数对各组冻融混凝土的显微维氏硬度数据进行拟合，其函数表达式如下：

$$HV=\frac{A_1-A_2}{1+\left(\frac{x}{x_0}\right)^P}+A_2 \tag{4.27}$$

式中：x 为距离试件表面的深度值，mm；HV 为显微维氏硬度，MPa；P 为与曲线形状有关的经验参数，本章中 P 取值为 0.5。

当 $x=0$ 时，$HV=A_1$；当 $x\to\infty$ 时，$HV=A_2$；当 $x=x_0$ 时，$HV=(A_1+A_2)/2$。

$$A_1=A_1^b-\frac{A_1^b-A_1^f}{N}n=A_1(n) \tag{4.28}$$

式中：A_1^b、A_1^f 分别为冻融混凝土表面的初始显微维氏硬度和最终显微维氏硬度；n 为冻融循环次数，$N=200$。

将式（4.28）代入式（4.27），得

$$HV=\frac{\left[A_1^b-\dfrac{(A_1^b-A_1^f)n}{200}\right]-A_2}{1+\left(\dfrac{x}{x_0}\right)^P}+A_2=HV(x,n) \tag{4.29}$$

根据表 4.13 中试验数据，利用式（4.29）模拟计算各组配合比混凝土试件的浆体显微维氏硬度 HV 随截面深度 x 和冻融循环次数 n 的变化规律，预测模型函数图像如图 4.23 所示。计算试验值与预测值的平均绝对误差和平均相对误差，并以相对误差 $|\delta|\leqslant 10\%$ 为条件计算各组拟合合格率，所得结果见表 4.14。可知，式（4.29）具有较高的拟合精度，即该模型能够较准确地预测不同冻融循环次数下混凝土浆体试件指定位置处的显微维氏硬度。

表 4.13　混凝土试件初始显微维氏硬度 A_1^b、最终显微维氏硬度 A_1^f、完好区域显微维氏硬度 A_2 值和 x_0

试件编号	A_1^b /MPa	A_1^f /MPa	A_2/MPa	x_0/mm			
				F-T50	F-T100	F-T150	F-T200
OPC	128.6	65.8	130.4	2.9	6.0	8.8	9.4
LHC	126.0	73.6	132.5	3.4	5.0	6.8	7.4
L-0.3	137.1	115.8	140.1	1.9	2.5	4.8	7.2
L-0.5	82.6	14.1	81.7	2.3	6.4	7.1	10.6
L-15F	124.4	80.3	126.9	2.3	2.5	2.7	5.5
L-30F	102.4	55.8	108.2	2.5	5.1	6.0	12.2
L-45F	90.8	24.8	93.4	11.6	12.3	9.1	13.0
L-A0	111.2	32.8	110.9	5.0	7.6	10.8	13.1
L-A1	98.4	42.0	103.6	2.1	5.1	12.7	16.3

4.4.3.2　基于等效显微维氏硬度的混凝土抗压强度预测模型

硬度是指在外力作用下材料抵抗变形的能力，抗压强度为材料在荷载作用下发生破坏时的应力，二者均是反映材料力学性能的参数，即硬度和强度之间可在某种条件下建立一定的函数关系。本节拟根据冻融混凝土的截面显微维氏硬度建立其抗压强度预测模型。

首先定义等效显微维氏硬度（equivalent micro vickers hardness）的概念，即单位面积上显微维氏硬度的平均值，记为 $\overline{HV}(n)$。以本章为例，其计算公式如下：

$$\overline{HV}(n)=\frac{2\int_0^L HV(x,n)(L-x)\mathrm{d}x}{L^2} \tag{4.30}$$

式中：$\overline{HV}(n)$ 为经冻融循环 n 次后的等效显微维氏硬度，MPa；L 为试件边长，取值为 50mm；HV（x，n）为冻融 n 次后距冻融试件表面深度为 x 的浆体显微维氏硬度，MPa。

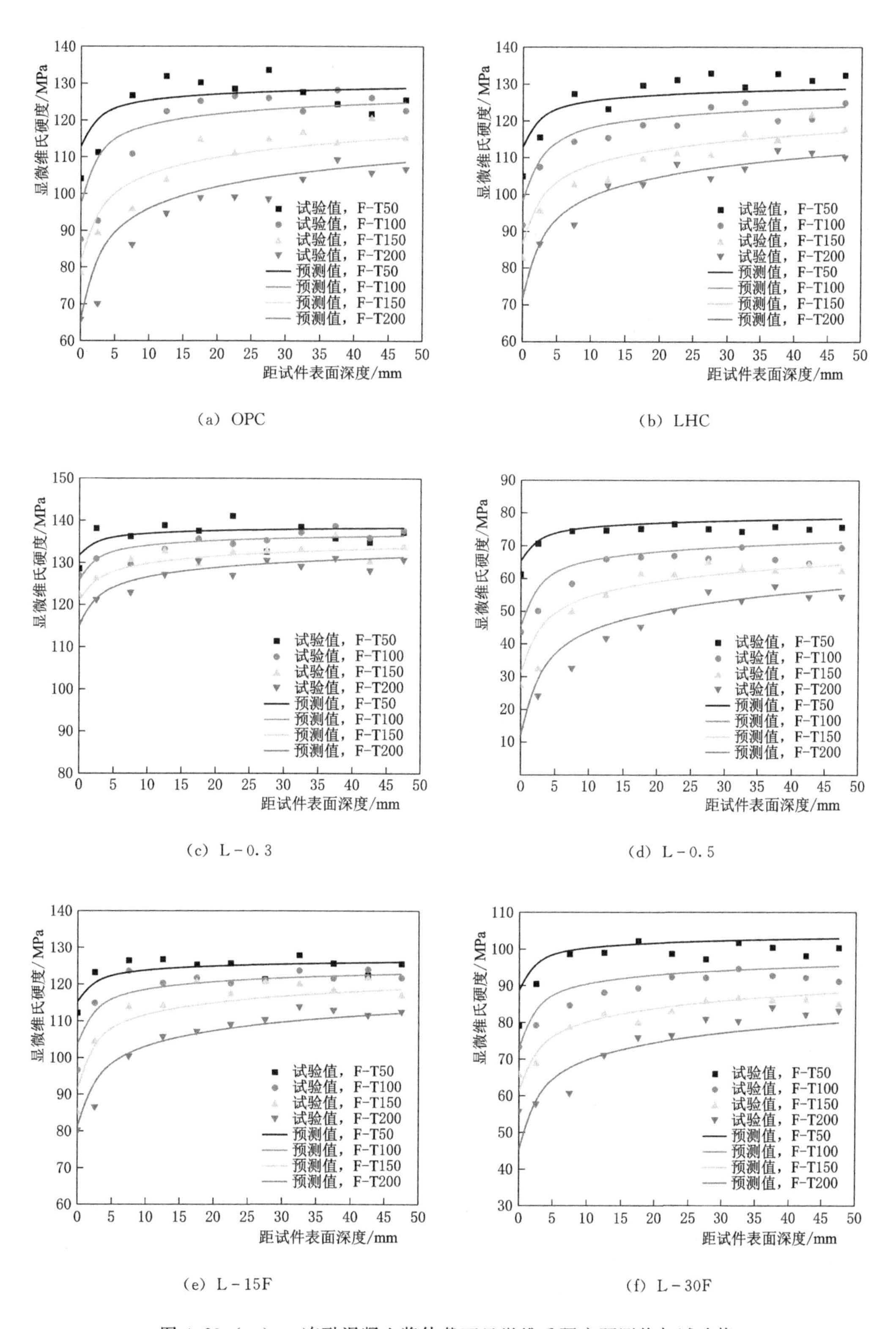

(a) OPC (b) LHC

(c) L-0.3 (d) L-0.5

(e) L-15F (f) L-30F

图 4.23（一） 冻融混凝土浆体截面显微维氏硬度预测值与试验值

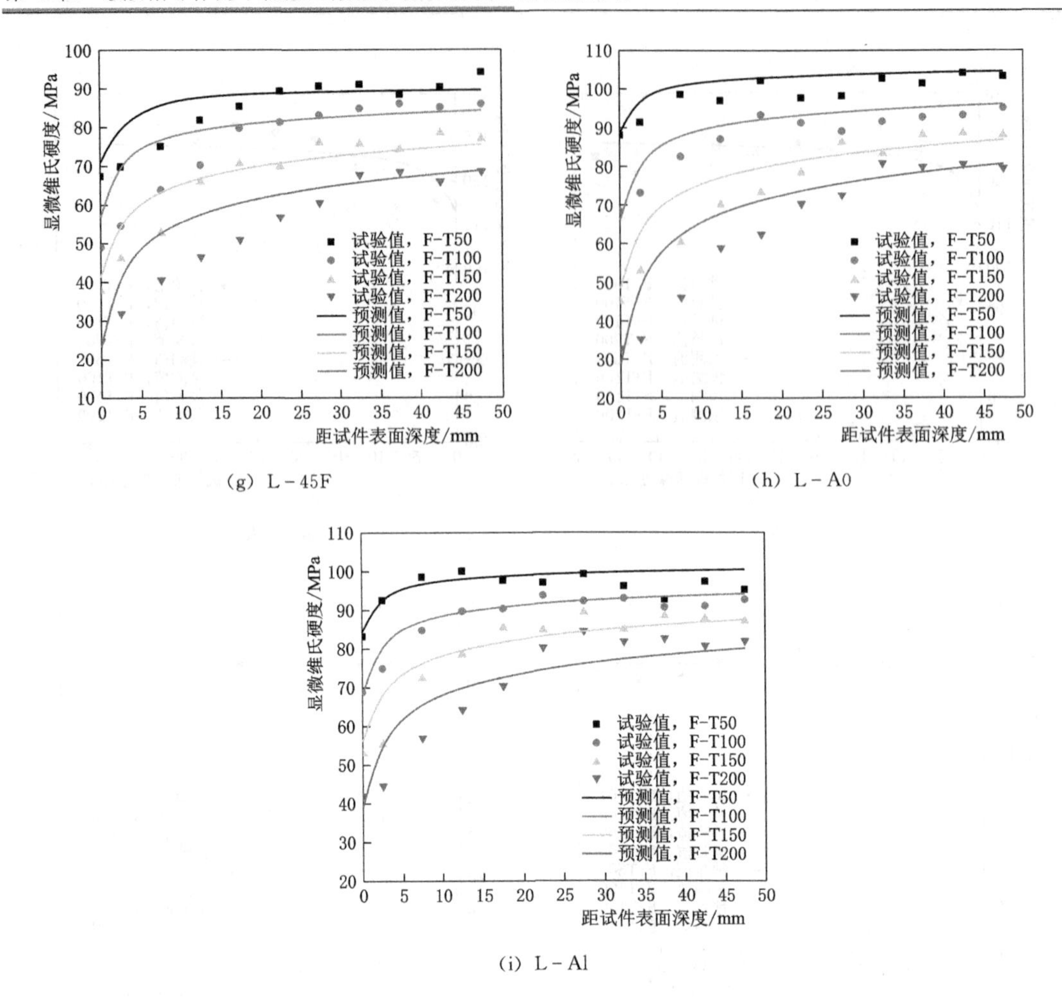

(g) L－45F

(h) L－A0

(i) L－A1

图4.23（二）　冻融混凝土浆体截面显微维氏硬度预测值与试验值

表4.14　　模型预测值与试验值误差

试件编号	样本个数/个	绝对误差/MPa	相对误差/%	合格率/%
OPC	44	4.5	4.4	93.2
LHC	44	3.1	2.8	100.0
L－0.3	44	1.6	1.2	100.0
L－0.5	44	2.9	6.2	81.8
L－15F	44	2.2	2.0	97.7
L－30F	44	3.1	3.9	93.2
L－45F	44	4.7	8.4	70.4
L－A0	44	4.5	7.2	79.5
L－A1	44	3.4	4.8	90.9

利用式（4.30）分别计算各组混凝土试件经不同冻融次数后的等效显微维氏硬度，结果如图4.24所示。从图4.24中可以看出，各组混凝土试件的等效显微维氏硬度均随冻融

循环次数的增加呈近似线性下降。LHC和OPC混凝土试件的等效显微维氏硬度相近，且明显高于掺加30%粉煤灰的L-30F混凝土；当以L-30F试件为标准对照组时，在相同冻融次数下，混凝土截面等效显微维氏硬度随着水胶比的减小而显著提高，随着粉煤灰掺量的增加而降低，引气剂掺量对其影响不明显，这与冻融混凝土的抗压强度发展规律一致。对不同冻融次数下的混凝土等效显微维氏硬度与抗压强度数据进行拟合，结果如图4.25所示。

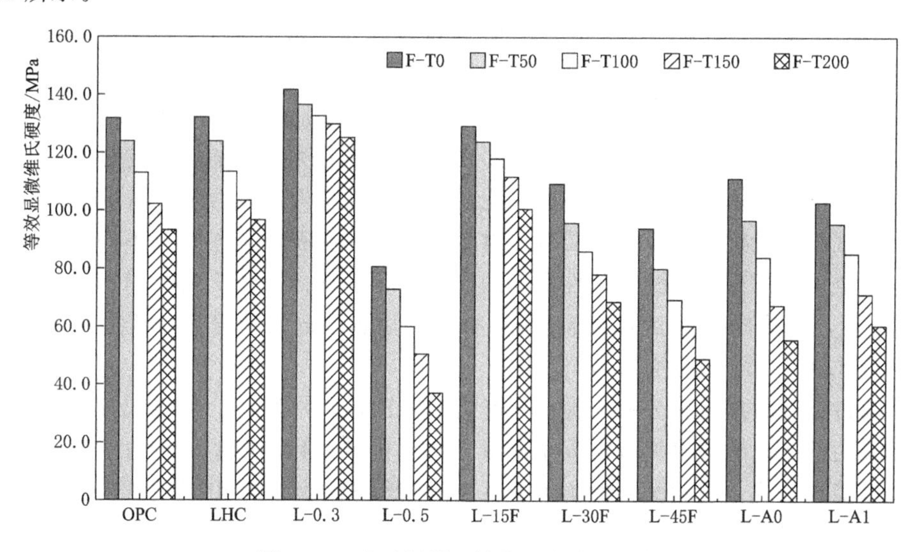

图4.24 冻融混凝土等效显微维氏硬度

冻融循环作用下低热硅酸盐水泥混凝土的抗压强度与浆体等效显微维氏硬度之间近似符合线性关系，当采用过原点的直线对各组配合比实验数据进行拟合时，其相关系数大于0.99，说明拟合函数具有较高的计算精度。因此，根据试验结果，冻融条件下低热硅酸盐水泥混凝土抗压强度与其等效显微维氏硬度之间的关系函数可以归纳为

$$\sigma_{cu,k}=0.489\overline{HV} \qquad (4.31)$$

式中：$\sigma_{cu,k}$ 为冻融混凝土抗压强度，MPa。

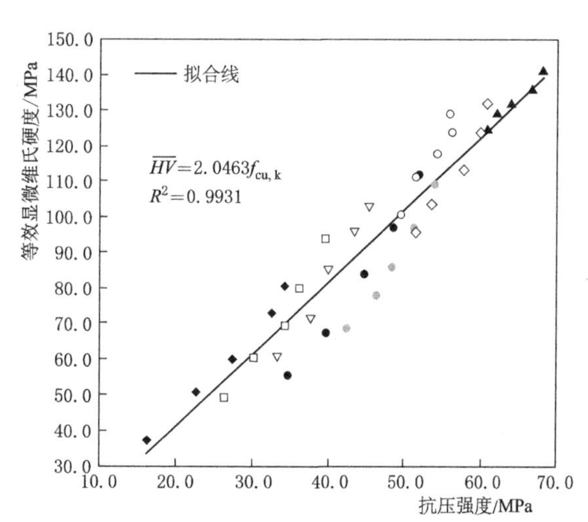

图4.25 冻融循环作用下低热硅酸盐水泥基混凝土的抗压强度与等效显微维氏硬度

将式(4.31)代入式(4.30)，即可得出任意冻融次数下的混凝土抗压强度预测公式：

$$\sigma_{cu,k}=\frac{0.977\int_0^L HV(x,n)(L-x)\mathrm{d}x}{L^2} \qquad (4.32)$$

4.5　本　章　结　论

（1）冻融循环作用下，经标准养护90d的低热硅酸盐水泥混凝土质量损失、相对动弹性模量、抗压强度、孔隙率和孔结构等性能劣化规律与同配合比的普通硅酸盐水泥混凝土相似，其综合抗冻性能略优于后者。相同引气条件下，水胶比是影响低热硅酸盐水泥混凝土抗冻性能的主要因素，降低水胶比可有效提高其抗冻能力。在15%～45%掺量范围内，低热硅酸盐水泥混凝土的抗冻性能随粉煤灰掺量的增加而降低，适量的引气剂可以有效提高低热硅酸盐水泥混凝土的抗冻性能，但当引气过量时其抗冻能力反而会降低。

（2）混凝土冻融破坏是一个由表及里损伤与整体共同劣化叠加作用的过程，并且前者通常发挥主导作用，这与混凝土浆体的水化程度、孔隙结构以及含水率等因素有关，并受到冻融循环试验温变机制的影响。混凝土材料的冻融损伤破坏是连续且不同步的，显微维氏硬度可以定量表征冻融混凝土试件内部的损伤劣化程度。经历50次、100次、150次和200次循环后，低热硅酸盐水泥混凝土冻融损伤层位置处的浆体显微维氏硬度降低率分别为9.4%、13.9%、19.1%和21.7%。

（3）通过试验数据回归分析，提出了考虑冻融次数、水胶比、粉煤灰掺量和引气剂掺量4个因素的低热硅酸盐水泥基混凝土质量变化、相对动弹性模量、相对抗压强度和相对损伤层厚度拟合公式，其相关系数均大于0.9，可为冻融循环作用下低热硅酸盐水泥基混凝土的性能预测提供参考。

（4）基于Logistic函数建立的冻融混凝土显微维氏硬度分布模型可预测指定冻融次数和位置处的浆体显微维氏硬度，具有较高的计算精度；等效显微维氏硬度反映了混凝土承力面的整体硬度水平，与冻融混凝土抗压强度具有良好的线性关系，所建拟合函数的相关系数均大于0.99。

第5章 冲磨作用下低热硅酸盐水泥基混凝土的损伤规律

水工混凝土的冲磨破坏是指在含砂、砾石水流的高速冲刷作用下，水泥浆体和骨料不断从混凝土表面剥离，造成过流面混凝土的形貌改变和力学性能退化，进而导致建筑物结构功能性损伤的现象。我国西部地区以山溪性河流为主，河道泥沙中推移质含量较高。在此类地区修建的水工建筑物，其过流面的混凝土面临较为严峻的推移质冲磨破坏的潜在危害。因此，抗冲磨性能是低热硅酸盐水泥混凝土工程应用所需考虑的关键耐久性之一。目前，针对低热硅酸盐水泥混凝土抗冲磨性能的文献报道多是与普通硅酸盐水泥、中热硅酸盐水泥混凝土的简单对比，相关研究缺乏系统性，并且对于冲磨作用下低热硅酸盐水泥混凝土的损伤劣化行为以及预测模型等方面鲜有涉及。

本章采用水下钢球法试验模拟推移质冲磨作用下低热硅酸盐水泥混凝土的性能劣化过程，通过测试抗压强度、质量损失、抗冲磨强度、磨蚀速率、磨蚀深度、磨蚀体积以及分形维数等指标，研究水胶比和矿物掺合料对低热硅酸盐水泥混凝土抗冲磨性能的影响规律，提出基于机械探针法的混凝土三维磨蚀形貌测量方法，并利用投影寻踪回归软件建立低热硅酸盐水泥混凝土磨蚀性能预测模型。此外，还对水泥浆体的显微维氏硬度、水化热、水化产物组成及C—S—H凝胶结构等性能进行了分析，探讨其与混凝土抗冲磨强度之间的关系。

5.1 试验材料与试验方法

5.1.1 试验材料

试验材料与第4章相同，本处不再赘述。

除粉煤灰外，本章使用的矿物掺合料还包括S95级矿渣微粉（ground granulated blast furnace slag，GS）以及硅粉（silica fume，SF），其化学成分与物理性能指标见表5.1。

5.1.2 配合比与试件制备

参考实际工程中常见的水工抗冲磨混凝土配合比，应用低热硅酸盐水泥分别配制了粉煤灰混凝土和矿渣-硅粉混凝土，以及水胶比为0.3、0.4和0.5的3组低热硅酸盐水泥混凝土，并设置了普通硅酸盐水泥混凝土作为对照组，试验配合比见表5.2。

表 5.1　矿物掺合料化学成分及物理性能指标

矿物掺合料	化学成分/%								物理指标	
	CaO	SiO_2	Al_2O_3	Fe_2O_3	MgO	SO_3	R_2O	烧失量	密度/(g/m^3)	比表面积/(m^2/kg)
GS	10.05	37.66	9.95	1.67	9.81	0.10	0.65	0.80	2.92	483
SF	1.39	90.76	0.81	0.96	3.63	0.49	1.45	3.46	2.21	19540

表 5.2　冲磨试验混凝土配合比　单位：kg/m^3

试件编号	P.O	P.LH	FA	GS	SF	水	细骨料	粗骨料	减水剂
OPC	360	0	0	0	0	144	792	1094	5.4
LHC	0	360	0	0	0	144	792	1094	5.4
L-0.3	0	480	0	0	0	144	742	1024	7.2
L-0.5	0	288	0	0	0	144	792	1094	4.3
L-FA	0	252	108	0	0	144	792	1094	5.4
L-GF	0	252	0	72	36	144	792	1094	5.7

按照表5.2所列各组配合比方案，分别浇筑成型尺寸为Φ300mm×100mm的圆柱形混凝土试件和100mm×100mm×100mm立方体混凝土试件，然后将试块表面覆盖塑料薄膜，放入温度为(20±2)℃、相对湿度$RH \geqslant 98\%$的标准养护室中静置24h，待其硬化后脱模，然后继续置于标准养护室中养护至180d，冲磨试验开始前将试件在水中浸泡4d使其充分饱水。其中，尺寸为Φ300mm×100mm的试件用于测试水下钢球法试验中的混凝土抗冲磨强度、质量损失和磨蚀形貌，尺寸为100mm×100mm×100mm的立方体试块用以测试其抗压强度，每次测试均以3个试件的平均值作为最终结果。

此外，将水胶比为0.4、尺寸为40mm×40mm×40mm的OPC、LHC、L-FA和L-GF 4组水泥净浆试件，置于温度为(20±2)℃的饱和石灰水中养护180d后进行微观性能测试。

5.1.3　试验方法

5.1.3.1　水下钢球法

按照《水工混凝土试验规程》(SL/T 352—2020)中水下钢球法的相关要求进行混凝土抗冲磨试验，实验设备为南京水利科学研究院制造的混凝土抗冲磨试验机。如图5.1所示，该仪器主要由电机装置、钢筒、底座、搅拌桨以及研磨钢球组成。试验前，在底座和混凝土试件之间放置两根边长为6mm的矩形钢轨，混凝土试件表面垂直于搅拌桨底部且相距38mm。将70个不同直径的钢球置于浸没在水中的混凝土试件表面，当装置开动时，搅拌桨以1200r/min的转速旋转，带动水中钢球在混凝土表面不断滚动及跳跃，以模拟实际工况下含砂石水流对混凝土的冲磨过程。

5.1.3.2 质量损失

分别在累计冲磨 24h、48h、72h、96h 和 120h 后取出混凝土试件，将其表面清洗干净，擦除表面水分后放在称量为 30kg、感量为 5g 的台秤上称重。试件的质量损失率 ω_T 按照式（5.1）计算：

$$\omega_T = \frac{G_0 - G_T}{G_0} \times 100\% \qquad (5.1)$$

式中：ω_T 为混凝土试件经冲磨时间 T 后的质量损失率；G_0 为冲磨试验前的混凝土试件质量，kg；G_T 为冲磨时间 T 后的混凝土试件质量，kg。

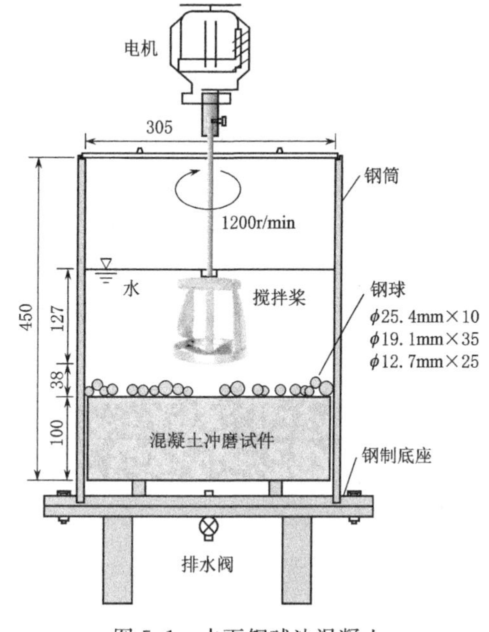

图 5.1 水下钢球法混凝土冲磨试验机（单位：mm）

5.1.3.3 磨蚀速率与抗冲磨强度

按照式（5.2）计算混凝土试件在不同冲磨周期的磨蚀速率 r_T，即单位面积、单位时间内混凝土试件的磨损质量。抗冲磨强度 R_T 按照式（5.3）计算。

$$r_T = \frac{G_0 - G_T}{TA} \qquad (5.2)$$

$$R_T = \frac{1}{r_T} \qquad (5.3)$$

式中：r_T 为磨蚀速率，$g \cdot m^2/h$；T 为混凝土累计冲磨时间，h；A 为混凝土试件的受冲磨面积，m^2；R_T 为抗冲磨强度，表示混凝土单位面积上磨损单位质量所需的时间，$h \cdot m^2/kg$。

5.1.3.4 三维形貌测量

采用简化的三维形貌扫描测量系统确定混凝土表面磨蚀形貌经时变化[186]。如图 5.2 所示，该测量系统主要由机械探针式数字深度计、固定座杆和水平移动杆三部分组成，探头在垂直方向上的最大量程为 60mm，测试精度为 0.01mm。测量前，在冲磨试件上建立三维直角坐标系（X，Y，Z），其中 Z 轴垂直于混凝土表面，该方向即为待测磨蚀深度。沿 $X-Y$ 平面移动探针测量试件表面坐标，各测点水平间距为 5mm。分别测试各组混凝土

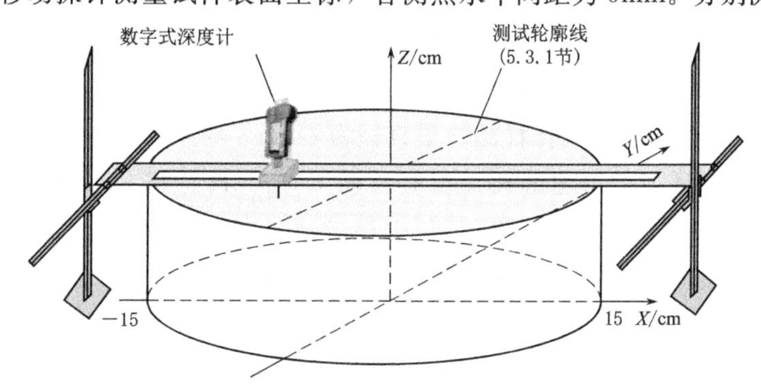

图 5.2 磨蚀混凝土三维形貌测量示意图

试件在累计冲磨 24h、48h、72h、96h 和 120h 后的测点数据，并据此计算其磨蚀深度、体积损失和分形维数等指标。

5.1.3.5 显微维氏硬度

采用 HDX-1000 型数字显微硬度计测试经标准养护 180d 后的各组混凝土立方体试件的砂浆显微维氏硬度值。试验参数及操作步骤参考 4.4.1 节中的相关内容，每个样品表面进行 20 次测量，最终结果取其算术平均值，测试过程中注意避开粗骨料。

5.1.3.6 胶凝材料水化热

为了探究胶凝材料组成、水化热与其混凝土抗冲磨性能之间的关系，根据《水泥水化热测定方法》(GB/T 12959—2008)[167] 中直接法的相关要求，采用数字式水泥水化热测量仪测试表 5.3 所列各组水泥砂浆试件在水化前期 168h 的温度变化，并计算其水化热和水化热速率。试验过程中设置平行实验组，当其水化热误差不大于 12J/g 时数据有效，结果取两组平均值。

表 5.3 水化热试验胶凝材料配合比

试件编号	P.O/%	P.LH/%	FA/%	GS/%	SF/%	水胶比
OPC	100	0	0	0	0	0.4
LHC	0	100	0	0	0	0.4
L-FA	0	70	30	0	0	0.4
L-GF	0	70	0	20	10	0.4

5.1.3.7 X 射线衍射 (XRD) 及热重分析 (TG)

养护 180d 后，分别从 OPC、LHC、L-FA、L-GF 4 组水泥净浆试件中切取尺寸为 $1cm^3$ 左右的样品，置于 38℃的环境中烘干 24h，然后经充分研磨并真空干燥处理后分别进行 XRD 和 TG 试验以确定其水化产物物相组成。其中，XRD 试验在 Bruker D8 Advance 型 XRD 分析仪上进行，工作电压为 40kV，电流为 40mA，扫描速度为 10°/min，扫描范围为 10°～70°；TG 试验采用 NETZSCH STA 449F3 型同步热分析仪，温升速率为 10℃/min，温度区间为 30～550℃，在氮气氛围下进行。

5.1.3.8 固体核磁共振 (NMR)

选取经养护 180d 后的 OPC、LHC、L-FA、L-GF 4 组水泥净浆样品，经磨粉和干燥处理后分别在 Bruker 400M 核磁共振谱仪上进行 ^{29}Si 固体核磁共振分析。磁场强度为 9.39T，魔角转速为 10kHz，固体样品转子直径为 4mm，共振频率为 119.2MHz，脉冲宽度为 2.0μs。C—S—H 凝胶平均链长 L_{CA} 是反映 C—S—H 中硅氧四面体聚合度的指标，其计算公式如下[187]：

$$L_{CA}=\frac{2I(Q^1)+I(Q^2)+1.5I[Q^2(Al)]}{I(Q^1)} \tag{5.4}$$

式中：$I(Q^1)$、$I(Q^2)$ 和 $I[Q^2(Al)]$ 分别为 Q^1、Q^2 和 Q^2 (Al) 信号积分面积的相对强度，%。

5.2 冲磨作用下低热硅酸盐水泥基混凝土宏观劣化规律

5.2.1 质量损失

称量120h内不同冲磨周期下各组混凝土试件质量并计算其质量损失率，结果见表5.4和图5.3。

表5.4　磨蚀混凝土试件质量　单位：kg

冲磨时间/h	OPC	LHC	L-0.3	L-0.5	L-FA	L-GF
0	16.738	16.827	17.727	16.822	16.759	16.712
24	16.387	16.619	17.634	16.333	16.423	16.507
48	15.881	16.335	17.497	15.915	16.022	16.195
72	15.494	15.985	17.300	15.354	15.538	15.841
96	15.110	15.554	17.139	15.028	15.095	15.441
120	14.652	15.154	16.924	14.608	14.655	15.065

由图5.3（a）可知，低热硅酸盐水泥混凝土和普通硅酸盐水泥混凝土的质量损失率均随着累计冲磨时间的延长而增加，并且相同配合比条件下，前者的质量损失率明显低于后者。当磨蚀时间为72h和120h时，低热硅酸盐水泥混凝土的质量损失率分别为普通硅酸盐水泥混凝土质量损失率的67.3%和79.8%，因此可以判断低热硅酸盐水泥混凝土的抗冲磨性能明显优于普通硅酸盐水泥混凝土。

如图5.3（b）所示，对于不同水胶比的低热硅酸盐水泥混凝土，在相同冲磨时间条件下，3组混凝土试件的质量损失率由大到小依次为L-0.5、LHC和L-0.3，其累计冲磨72h和120h所对应的质量损失率分别为2.4%、5.0%、8.7%和4.5%、9.9%和13.2%，即水胶比是影响低热硅酸盐水泥混凝土抗冲磨性能的主要因素。

根据图5.3（c）可知，掺加30%粉煤灰的L-FA混凝土试件的质量损失率在整个磨蚀试验周期内均明显大于不掺粉煤灰的LHC混凝土，累计冲磨72h和120h时，L-FA的质量损失率分别为LHC质量损失率的145.8%和126.3%。复掺20%矿渣微粉和10%硅粉的L-GF混凝土试件的质量损失率则与LHC试件相近，累计冲磨72h和120h时，L-GF的质量损失率分别为LHC的104.2%和99.2%。因此可以得出结论，粉煤灰的掺入明显降低低热硅酸盐水泥混凝土的抗冲磨性能，而复掺矿渣和硅粉对于低热硅酸盐水泥混凝土的抗冲磨性能并无明显改善。

此外，从图5.3中可以看出，混凝土试件的质量损失率随着冲磨时间的延长而增加，并且二者之间存在较好的线性关系，即冲磨速率可近似视为一个常数。因此，可用通过原点的直线对各组不同配合比试件的试验数据进行拟合，所得结果见表5.5，各组拟合函数的相关系数均大于0.99，说明该函数拟合精度很高。

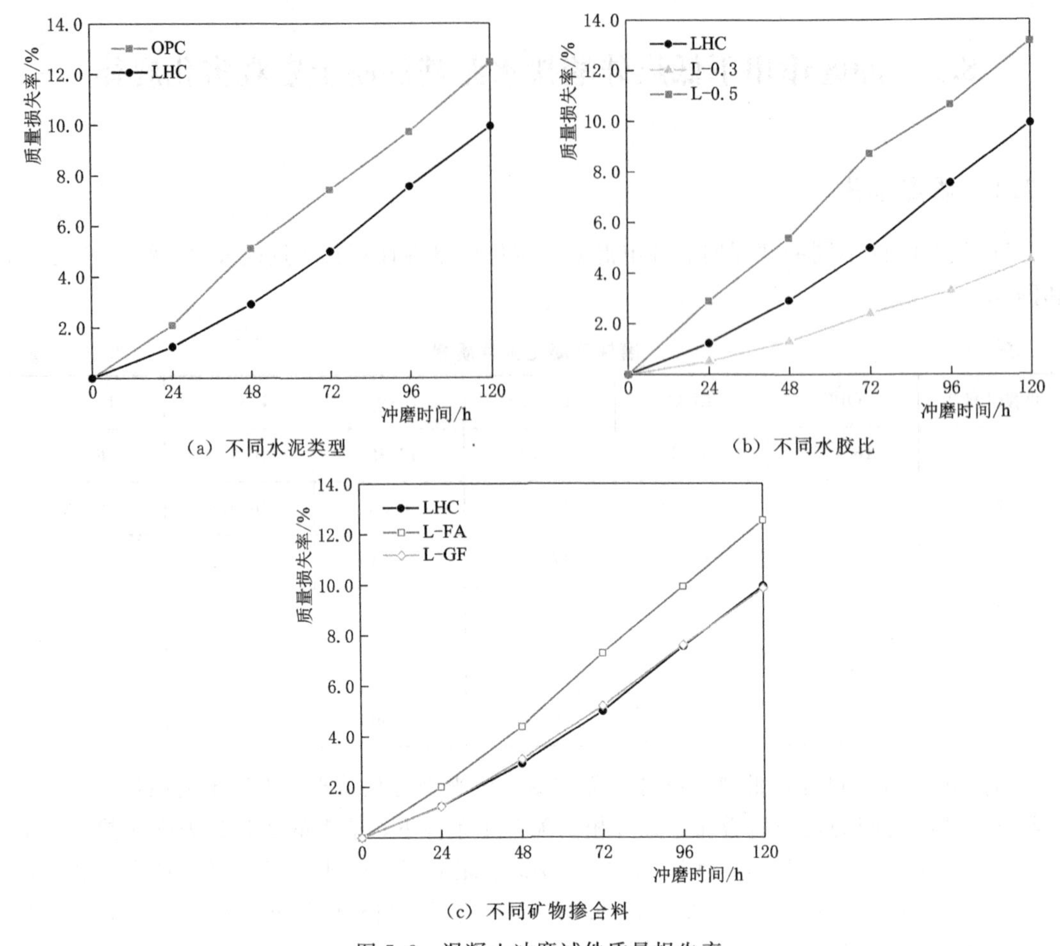

(a) 不同水泥类型

(b) 不同水胶比

(c) 不同矿物掺合料

图 5.3　混凝土冲磨试件质量损失率

表 5.5　　　　磨蚀混凝土质量损失率与冲磨时间的拟合函数

拟合结果	OPC	LHC	L-0.3	L-0.5	L-FA	L-GF
拟合公式	$\omega=0.1029T$	$\omega=0.0773T$	$\omega=0.035T$	$\omega=0.1124T$	$\omega=0.1024T$	$\omega=0.0778T$
R^2	0.9994	0.9907	0.9906	0.9986	0.9983	0.9935

5.2.2　抗冲磨强度与磨蚀速率

计算 6 组混凝土试件在不同累计磨蚀时间下的抗冲磨强度和磨蚀速率，结果见表 5.6 和图 5.4。在 120h 试验周期内，低热硅酸盐水泥混凝土的抗冲磨强度均高于相同配合比的普通硅酸盐水泥。水胶比是影响低热硅酸盐水泥混凝土抗冲磨性能的关键因素，水胶比越低试件抗冲磨强度越高。掺入 30%粉煤灰后，低热硅酸盐水泥混凝土的抗冲磨强度降低，而复掺 20%矿渣和 10%硅粉的低热硅酸盐水泥混凝土抗冲磨强度并无明显提高，这与磨蚀试件质量损失率的结论是一致的。不同磨蚀周期对应的混凝土抗冲磨强度略有差异，图 5.4 中的磨蚀速率也证实了这一点。例如，L-0.5 混凝土对应的 24h 磨蚀速率明显高于之后的磨蚀速率，而其他 5 组混凝土试件的磨蚀速率则随着累计冲磨时间的延长呈增加趋势。这说明混凝土表层的水泥石强度决定了其早期的冲磨过程，后期的磨蚀作用则逐渐开始由暴露的骨料和水泥浆体共同承担。L-0.5 试件的水胶比高，其水泥石强度低于骨料强度，因此早期表层水泥石作为主要冲磨载体时的磨蚀速率明显高于后期，直至冲磨至 96h、120h 时渐趋稳定，这个过程主要取决于水泥浆体和粗骨料之间的强度差异。

表 5.6 **混凝土试件抗冲磨强度** 单位：$h \cdot m^2/kg$

冲磨时间/h	OPC	LHC	L-0.3	L-0.5	L-FA	L-GF
24	4.3	5.8	9.8	3.1	4.1	5.7
48	4.1	5.6	8.7	3.7	4.0	5.5
72	4.0	5.4	8.4	3.5	3.9	5.3
96	4.1	5.1	8.4	3.8	4.0	5.1
120	4.0	4.9	8.5	3.8	4.0	5.1
平均值	4.1	5.4	8.7	3.6	4.0	5.3

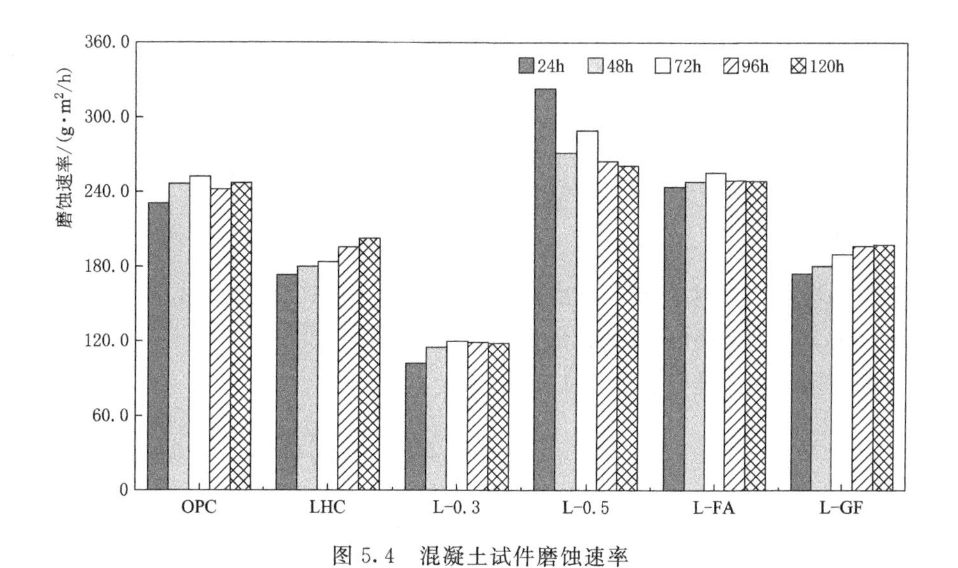

图 5.4 混凝土试件磨蚀速率

5.2.3 磨蚀深度

利用简化的三维形貌测量系统确定每个测点的磨蚀深度，然后分别按式（5.5）、式（5.6）计算各组混凝土试件在不同冲磨时间条件下的平均磨蚀深度（d_a）和最大磨蚀深度（d_m），结果见表 5.7。

$$d_a = \sum_{i=1}^{N} \Delta z_i / N \tag{5.5}$$

$$d_m = \max\{\Delta z_i\} \tag{5.6}$$

式中：Δz_i 为混凝土试件上每个测点的磨蚀深度，mm；N 为测点数，当测点间距为 5mm 时，$N=2864$。

表 5.7　　混凝土试件磨蚀深度　　单位：mm

试件编号	平均磨蚀深度 (d_a)					最大磨蚀深度 (d_m)				
	24h	48h	72h	96h	120h	24h	48h	72h	96h	120h
OPC	3.25	6.79	11.93	15.70	19.14	10.53	19.01	25.42	29.11	33.35
LHC	2.69	4.14	6.18	8.36	10.59	7.60	12.23	16.39	22.15	29.17
L-0.3	1.01	2.42	3.74	4.84	5.63	4.35	8.31	11.47	14.30	16.71
L-0.5	3.75	6.62	10.97	12.73	14.59	12.68	19.84	26.78	31.82	37.15
L-FA	3.30	5.90	9.59	11.86	13.42	9.14	17.16	22.28	27.12	31.73
L-GF	2.31	4.01	6.18	8.11	10.14	8.08	11.19	16.66	22.61	29.02

从表 5.7 中可以看出，各组混凝土试件的平均磨蚀深度和最大磨蚀深度均随着冲磨时间的延长而不断增加。以 OPC 和 LHC 试件为例，绘制其在不同冲磨时间下的磨蚀深度曲线，结果如图 5.5 所示。在相同冲磨时间内，低热硅酸盐水泥混凝土的平均磨蚀深度和最大磨蚀深度均低于普通水泥混凝土，即前者的抗冲磨性能更优。

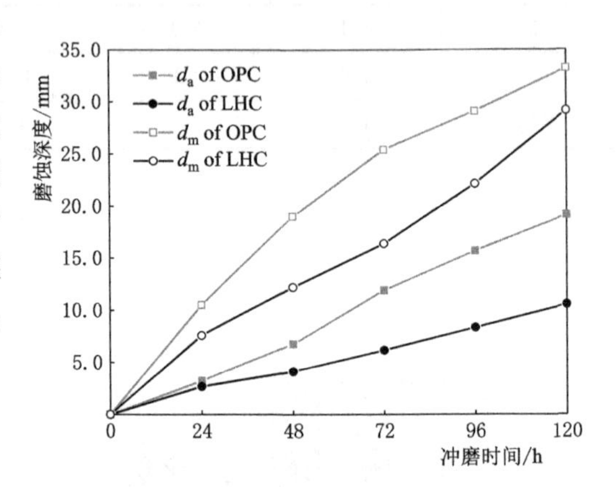

图 5.5　OPC、LHC 混凝土试件磨蚀深度曲线

5.2.4　磨蚀体积

根据测得的混凝土试件表面各点磨蚀深度，按照式（5.7）计算磨蚀混凝土在不同冲磨时间下的磨蚀体积，结果如图 5.6 所示。

$$V=\iint_S [Z_0 - Z(X,Y)]\,\mathrm{d}s=\iint_S \Delta z\,\mathrm{d}s=\sum_{i=1}^{N}\Delta z_{(X_n,Y_n)}\,\Delta s_i \tag{5.7}$$

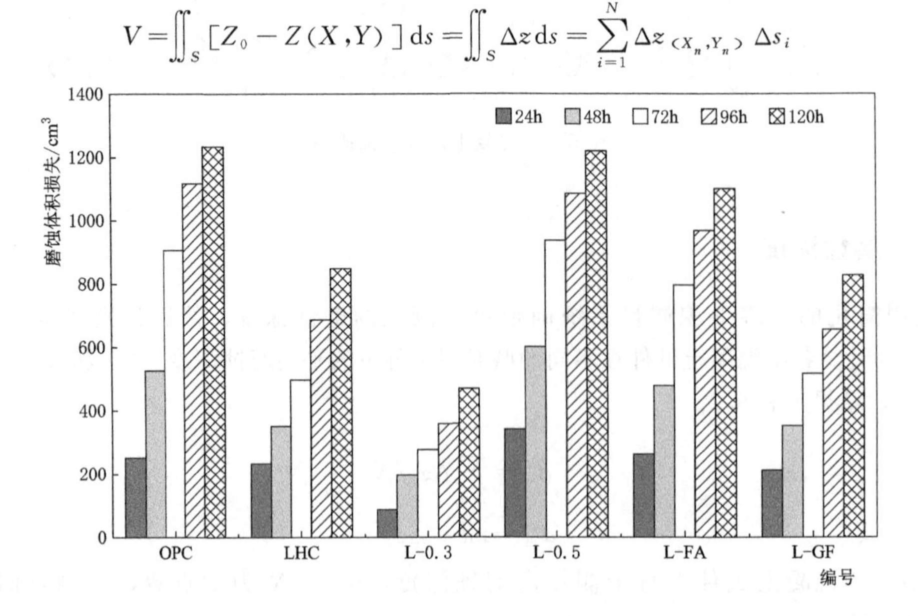

图 5.6　混凝土试件磨蚀体积

式中：V 为混凝土磨蚀体积，cm^3；Δz 为测点的磨蚀深度，cm；Δs_i 为水平面上的面积元素，cm^2；N 为混凝土试件表面上测量点的总个数。

根据图 5.6 可知，随着累计冲磨时间的延长，圆柱体混凝土试件的体积损失不断增加，并且其单位时间内的体积损失率逐渐减小。相同冲磨时间下，普通水泥混凝土试件的体积损失均大于低热硅酸盐水泥混凝土试件，说明前者的抗冲磨性能劣于后者。与 LHC 混凝土相比，L－0.3 试件在各冲磨周期内的体积损失均最小，L－0.5 试件的体积损失最大，其次是 L－FA 和 L－GS，这与其磨蚀速率的规律是一致的。

5.3 低热硅酸盐水泥基混凝土磨蚀形貌及预测模型

5.3.1 固定纵断面磨蚀轮廓

根据测得的磨蚀混凝土三维形貌数据，选取圆柱体磨蚀表面上 $X=0$ 线段对应的纵向截面，对不同磨蚀时间条件下的试件冲刷轮廓变化进行表征，结果如图 5.7 所示。图 5.7 (a)、(b)、(c) 自上至下分别为 LHC 和 OPC 试件、L－0.3 和 L－0.5 试件、L－FA 和 L－GF 试件经冲磨 24h、72h 和 120h 的轮廓线。

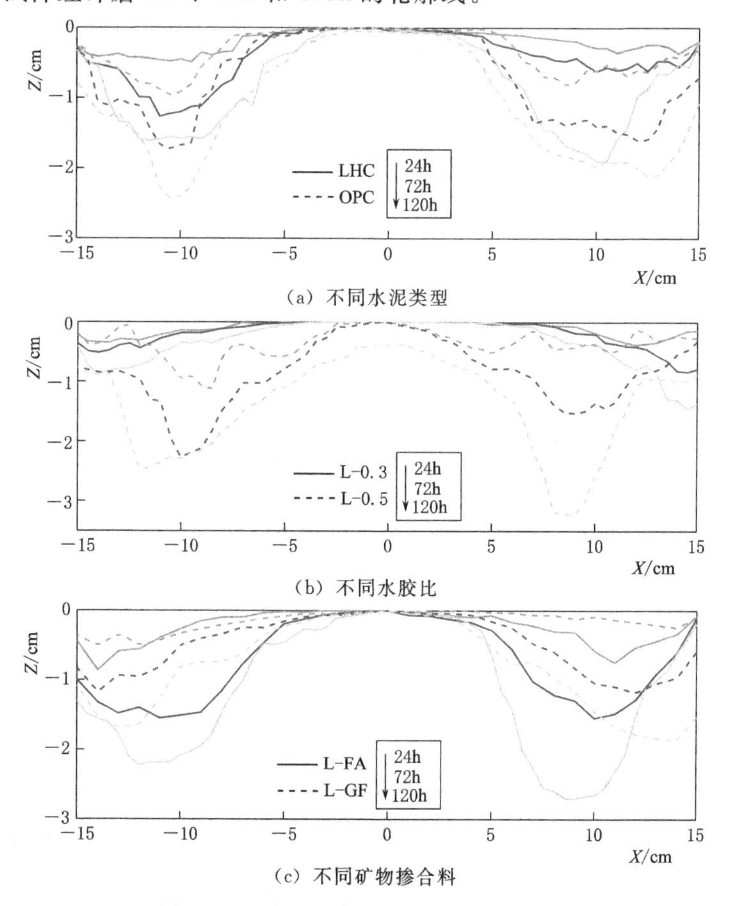

图 5.7 混凝土试件表面磨蚀轮廓线变化

根据冲刷轮廓线的形状变化，可以将水下钢球法试验中的混凝土磨蚀损伤行为看作是一个与冲磨时间和空间位置有关的过程，该过程大致可概括为3个阶段。在初始冲磨期，除圆柱形试件中心轮廓的小部分区域几乎没有变化外，试件表面直径方向上的磨损深度随冲磨时间的延长近似线性增加，并从试件中心到边缘连续增长。随着冲磨作用的继续进行，轮廓线边缘区域将会出现一些随机分散的凹坑。然后，这些冲刷坑开始不断加深和扩大，并承担了这一阶段作用在混凝土表面的大部分冲磨能量。此外，从图5.7中也可以直观地观察出水泥种类、水胶比、矿物掺合料和冲磨周期等因素对混凝土磨蚀性能的影响，所得结论与前文的分析结果相一致，此处不再赘述。

5.3.2　磨蚀表面形貌

以低热硅酸盐水泥混凝土试件为例，根据其三维形貌数据，绘制其在不同冲磨时间条件下的磨蚀图像，结果如图5.8所示。

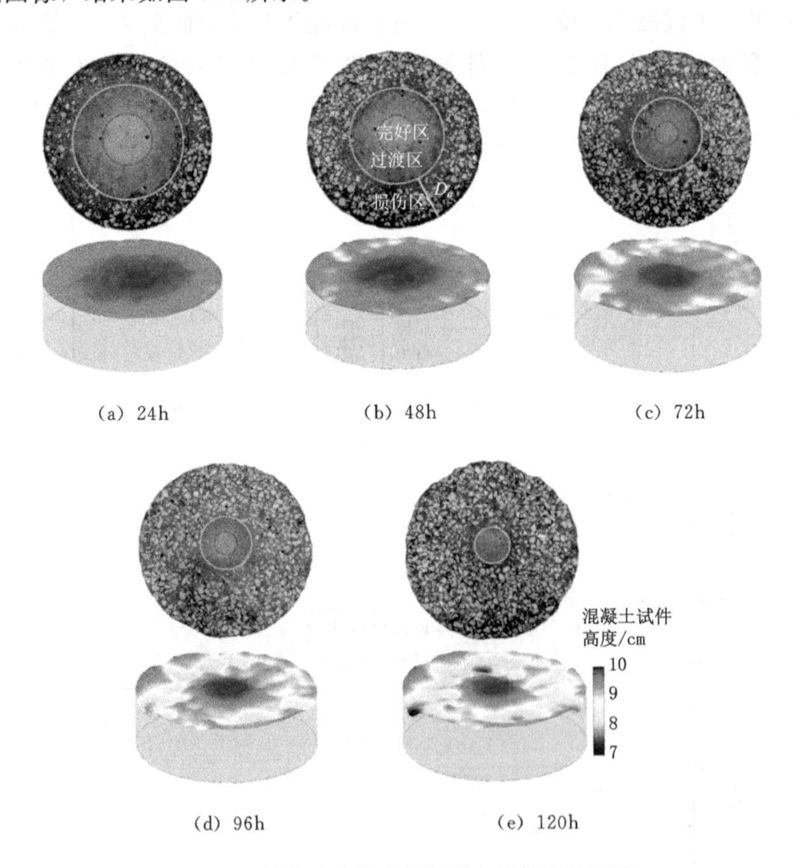

(a) 24h　(b) 48h　(c) 72h

(d) 96h　(e) 120h

图5.8　低热硅酸盐水泥混凝土试件磨蚀图像

如图5.8所示，可以将圆柱体混凝土试件的磨蚀表面大致分为损伤区、过渡区和完好区3个区域。其中，损伤区是指从试件表面外边缘开始的粗骨料磨蚀露出部分；完好区处于圆形试件表面的中心位置，该区域经过冲磨之后仍然保持试验前的形态；过渡区是位于损伤区和完好区之间的部分，该位置上的混凝土形态表现为水泥砂浆发生了磨蚀但是还未暴露出粗骨料。随着累计冲磨时间的延长，损伤区域的面积逐渐增大，过渡区和完好区面积逐渐减小，直至最后消失。

为进一步分析混凝土磨蚀表面形貌演化规律，在圆形磨蚀表面上选取一块正方形区域绘制其三维形貌图，如图 5.9 所示。混凝土的磨蚀损伤过程通常可视为一个与流速、流态、磨粒形状和尺寸等因素相关的随机过程，对于水下钢球法试验中的混凝土试件，其损伤演变过程与磨蚀表面的不规则程度有着较为直观的关系。在冲磨试验初期，混凝土表面的微裂缝、凹坑等薄弱缺陷位置处首先在冲磨作用下发生形态改变。随着冲磨时间的延长，混凝土表面凹坑在其早期磨损的基础上迅速扩大，即磨蚀表面的不规则性则加速了后期冲磨损伤进程。

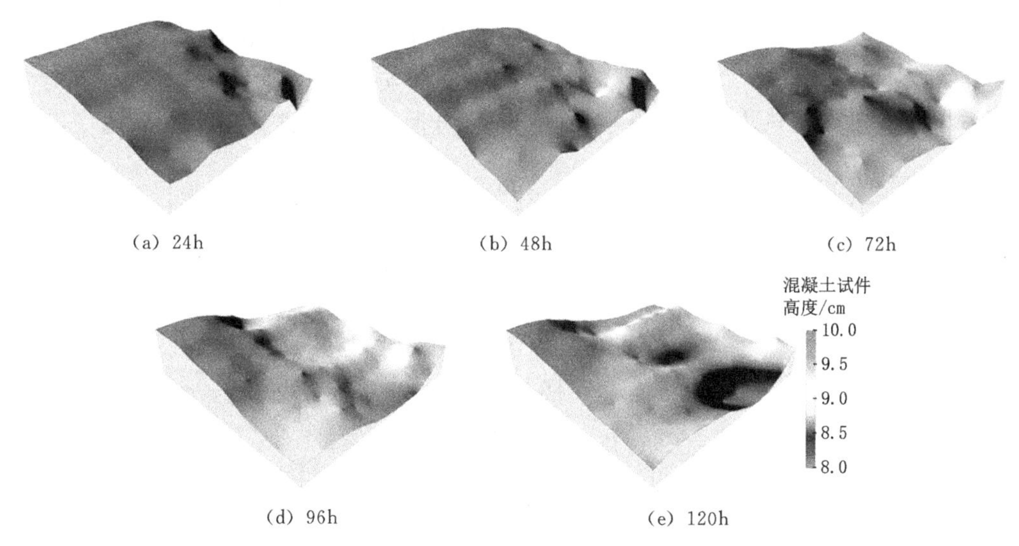

图 5.9　低热硅酸盐水泥混凝土磨蚀表面三维形貌图

5.3.3　磨蚀混凝土分形维数

分形维数是一种表征几何复杂性和空间填充能力的指标，可以用于定量描述分形结构的不规则程度、自相似程度以及破碎程度等，目前在材料科学、土木工程、信息科学等诸多领域均有广泛应用。当分形维数大于 1 且小于 2 时，表示一条不光滑的、曲折的曲线，在此区间内，分形维数越大则意味着曲线弯曲程度越高，即长度越长；当分形维数大于 2 且小于 3 时，表示为一个粗糙的曲面，在此区间内，分形维数越大则说明该曲面的凹凸性越强，曲面越能有效充满空间，即比表面积越大。现有研究表明，混凝土是一种非均匀的多相混合物，磨蚀损伤后的混凝土不规则表面是冲磨损伤行为的真实记录，蕴含着丰富的信息，且磨蚀表面具有自相似性，符合分形理论的基本规律。

常见的分形维数测定方法包括盒计数法、三角形棱柱体表面积法、投影覆盖法和立方体覆盖法等。本节采用立方体覆盖法计算混凝土冲磨表面的分形维数，以分析其磨蚀损伤程度[188]。如图 5.10 所示，假设在磨蚀表面上存在一个正方形网格 $ABCD$，其 4 个点对应的曲面高度分别为 $h_{(i,j)}$，$h_{(i+1,j)}$，$h_{(i,j+1)}$，$h_{(i+1,j+1)}$。采用边长为 δ 的立方体对该磨蚀表

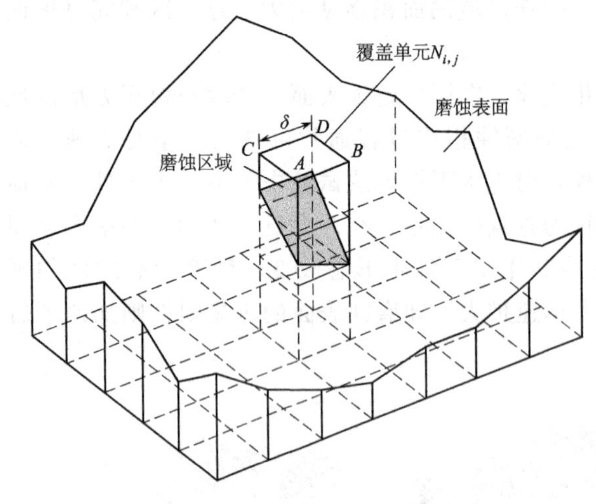

图5.10　“立方体覆盖法”计算示意图

面进行覆盖，$N_{i,j}$ 为 $ABCD$ 区域对应的曲面被完全覆盖时所需的立方体，其计算公式见式（5.8）。此时，覆盖整个磨蚀表面下方空间所需的总立方数 $N(\delta)$ 按照式（5.9）计算。多次改变网格尺度 δ 的大小，并依次计算对应的覆盖整个磨蚀曲面所需的立方体总数。当磨损表面满足自相似的分形性质时，$N(\delta)$ 和 δ 之间存在式（5.10）所示关系。显然，当网格尺度 δ 的取值越小时，覆盖磨蚀曲面所需的立方体个数越多，越接近真实的磨蚀曲面粗糙情况，其对应的分形维数按照式（5.11）计算。

$$N_{i,j}=\mathrm{int}\{\frac{1}{\delta}[\max(h_{(i,j)},h_{(i+1,j)},h_{(i,j+1)},h_{(i+1,j+1)})-\min(h_{(i,j)},h_{(i+1,j)},h_{(i,j+1)},h_{(i+1,j+1)})]+1\} \tag{5.8}$$

$$N(\delta)=\sum_{i,j=1}^{n-1}N_{i,j} \tag{5.9}$$

$$N(\delta)\sim\delta^{-D} \tag{5.10}$$

$$D=-\lim_{\delta\to 0}\frac{\ln N(\delta)}{\ln\delta} \tag{5.11}$$

式中：n 为磨损表面上的测量点数量；int 为取整函数；D 为分形维数。

根据上述原理，分别计算各组磨蚀混凝土试件在不同冲磨时间下的分形维数，如图5.11所示。各组混凝土试件的分形维数均随着冲磨时间的延长而增加，其增加速率在试验早期较为显著，后期则逐渐减慢，增至2.60附近后随冲磨作用的进行几乎再无明显变化。以L-0.5试件为例，当冲磨时间超过72h时，其分形维数几乎不再增长。但根据5.2.3节的试验结果可知，此时该试件的磨蚀深度仍持续显著增加，因此可以推断冲磨过程后期磨蚀混凝土的分形维数将趋于一个常数，不能再有效地反映混凝土表面的损伤程度。此外，在相同的冲磨时间条件下，各组混凝土的分形维数规律与其质量损失率、抗冲磨强度、磨蚀体积等宏观性能规律一致，即低热硅酸盐水泥混凝土试件的分形维数小于相同配合比的普通硅酸盐水泥混凝土试件，低热硅酸盐水泥基混凝土的分形维数随水胶比和粉煤灰掺量的增加而增大，复掺20%矿渣微粉和10%硅灰对其分形维数无明显影响。

由上述分析可知，磨蚀混凝土表面形貌的分形维数可以较好地表征其早期冲磨损伤程度。对于实际工程中的混凝土构件，由于现场测量的不便以及初始资料缺失等因素，往往难以准确测定其磨蚀质量损失和磨蚀深度。为此，图5.12分别列出了不同冲磨时间下5组低热硅酸盐水泥基混凝土试件的质量损失率、平均磨蚀深度和分形维数，采用幂函数对图中试验数据进行拟合，所得拟合曲线与试验结果具有良好的相关性。由此，可以得出磨蚀混凝土的分形维数与其质量损失率和磨蚀深度的函数关系，结果分别见式（5.12）和式（5.13）。通过对实际工程中磨蚀混凝土表面照片的分析，即可确定其分形维数以便计算磨蚀混凝土的质量损失率和磨蚀深度。

$$\omega = 1.0 \times 10^{-4} \times D^{11.833}, R^2 = 0.9424 \tag{5.12}$$

$$d_a = 1.7 \times 10^{-3} \times D^{9.3301}, R^2 = 0.9566 \tag{5.13}$$

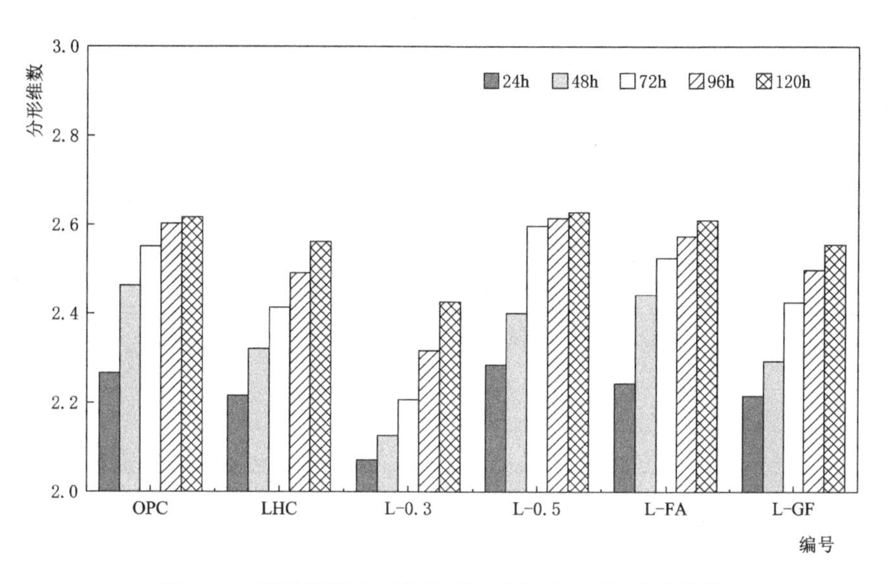

图 5.11 磨蚀混凝土试件在不同冲磨时间下的分形维数

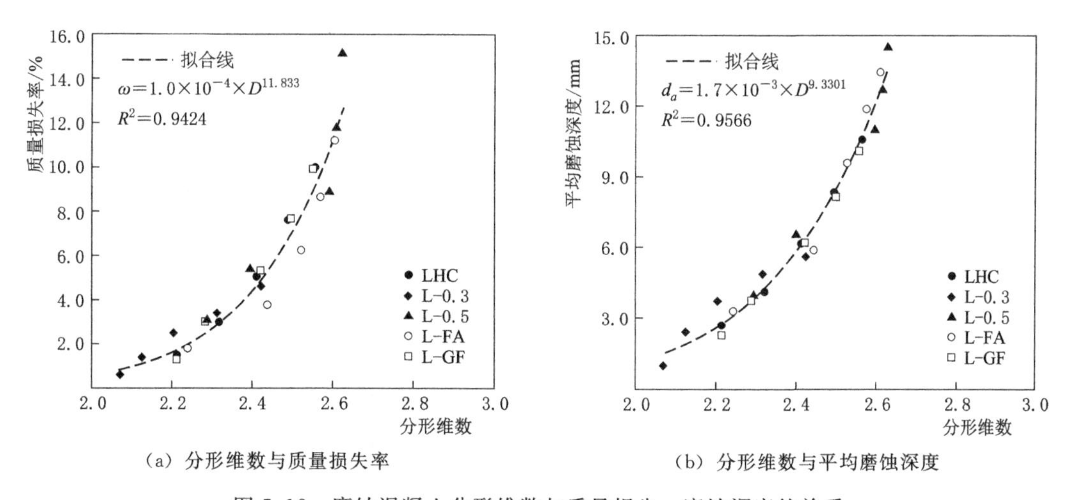

(a) 分形维数与质量损失率　　(b) 分形维数与平均磨蚀深度

图 5.12 磨蚀混凝土分形维数与质量损失、磨蚀深度的关系

5.3.4 磨蚀性能预测

5.3.4.1 磨蚀区域转换

水下钢球法试验通过钢筒内搅拌桨的旋转带动水流，利用钢球对试件表面的环向研磨模拟过流面混凝土在含砂石水流作用下的磨蚀过程。实际上，现实工况下的过流面混凝土

受到的冲刷作用鲜有环向，冲磨破坏通常为沿水流方向的整体剥蚀损伤。因此，在建立混凝土磨蚀性能预测模型时可以考虑改变环向磨蚀表面以模拟真实的冲磨工况。

本章提出一种将圆形磨损表面转化为矩形区域的新方法，以更真实地模拟水工冲磨工况，从而更好地了解混凝土的磨蚀损伤过程。首先，选取垂直于水流磨蚀方向的圆柱形试件磨蚀面上1/4面积的扇形区域，在该区域内建立极坐标，测量每间隔3°的径向直线上的磨蚀深度；以冲磨72h对应的磨蚀距离（D_a）作为矩形区域的边长，另一边是对应于$D_a/2$的弧长L。最后，以LHC、L－0.3和L－0.5试件为例，测量混凝土试件表面上各个测点的磨蚀深度，并将试验数据代入相应的矩形区域，计算转换区域的平均磨蚀深度、体积损失和分形维数，所得结果见表5.8。以LHC试件为例，其转换区域的磨蚀形貌变化如图5.13所示。

表5.8　基于转换区域的混凝土磨蚀性能指标

样本类型	水胶比	冲磨时间/h	平均磨蚀深度/mm	分形维数	体积损失/cm^3
	X_1	X_2	Y_1	Y_2	Y_3
T	0.3	0	0.00	2.0000	0.00
T	0.3	24	1.96	2.1644	21.93
R	0.3	48	3.14	2.2194	44.16
T	0.3	72	4.50	2.2860	63.86
T	0.3	96	6.02	2.3458	88.93
T	0.3	120	7.54	2.4157	124.52
R	0.4	0	0.00	2.0000	0.00
T	0.4	24	3.45	2.3819	56.61
T	0.4	48	5.06	2.5096	83.03
T	0.4	72	7.46	2.5510	122.52
R	0.4	96	9.55	2.6263	157.00
T	0.4	120	12.49	2.6585	206.17
T	0.5	0	0.00	2.0000	0.00
T	0.5	24	5.22	2.4002	90.28
T	0.5	48	8.47	2.5336	130.57
R	0.5	72	11.03	2.6280	179.56
T	0.5	96	13.76	2.7041	215.60
T	0.5	120	15.57	2.7286	256.11

注　T为训练样本（training samples）；R为校核样本（reserved samples）。

5.3.4.2　投影寻踪回归建模

根据PPR模型样本选取准则，建模样本应适当包含试验区间的边界点，并尽量提高其在试验区间内的均匀分布度，将表5.8中的数据分成14组训练样本和4组校核样本，分别用来建立PPR模型以及验证模型计算精度。自变量分别为水胶比（X_1）、冲磨时间（X_2），预测指标分别为平均磨蚀深度（Y_1）、分形维数（Y_2）和体积损失（Y_3）。建模过程中需设置3个参数，分别为$Span=0.3$、$M=5$和$M_u=3$，其中$Span$代表平滑系数，决定了模型的灵敏度，取值范围为0～1.0，取值越小则表示模型灵敏度越高。M和M_u分别为岭函数的上限个数和最优个数，二者共同决定了模型寻找数据内在结构的精细程度。

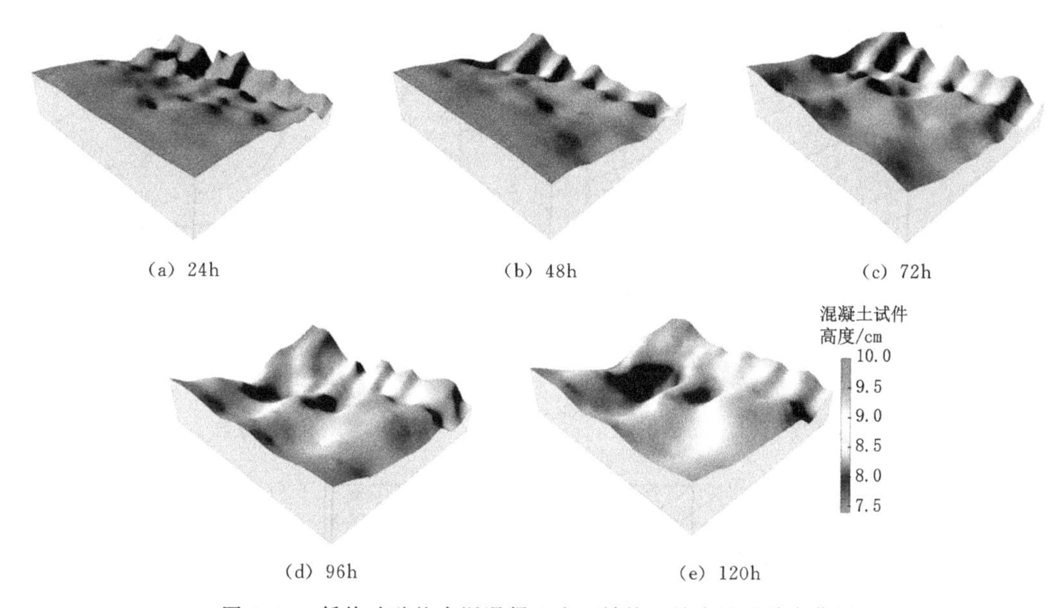

图5.13 低热硅酸盐水泥混凝土表面转换区域磨蚀形貌变化图

5.3.4.3 模型计算精度验证

模型建立后，分别计算训练样本和校核样本的平均绝对误差、平均相对误差，并且以相对误差$|\delta|\leqslant5\%$为判断条件计算各组样本方案合格率，据此对PPR模型计算精度进行评价，结果见表5.9。建模样本和校核样本的平均相对误差均小于3.0%、合格率均大于90%，且二者数据较为相近，符合PPR模型精度判别准则，因此可以判定该模型具有较高的计算精度。

表5.9　　模型绝对误差、相对误差与合格率

样本类型	磨蚀指标	样本个数/个	绝对误差/%	相对误差/%	合格率/%
训练样本	磨蚀深度	14	0.02	2.64	92.86
	分形维数	14	0.02	1.23	100.00
	磨蚀体积	14	1.77	2.12	92.86
校核样本	磨蚀深度	4	0.13	1.73	100.00
	分形维数	4	0.32	1.61	100.00
	磨蚀体积	4	1.35	1.68	100.00

5.3.4.4 模型仿真计算

根据建立的PPR预测模型，分别对不同水胶比、不同冲磨时间条件下低热硅酸盐水泥混凝土的平均磨蚀深度、分形维数和磨蚀体积损失进行仿真计算，结果如图5.14所示。

根据该冲磨性能等值线图，能够预测不同水胶比的低热硅酸盐水泥混凝土在指定冲磨时间条件下的抗冲磨性能，所得结果可为低热硅酸盐水泥混凝土的磨蚀性能评价与寿命预测提供参考。

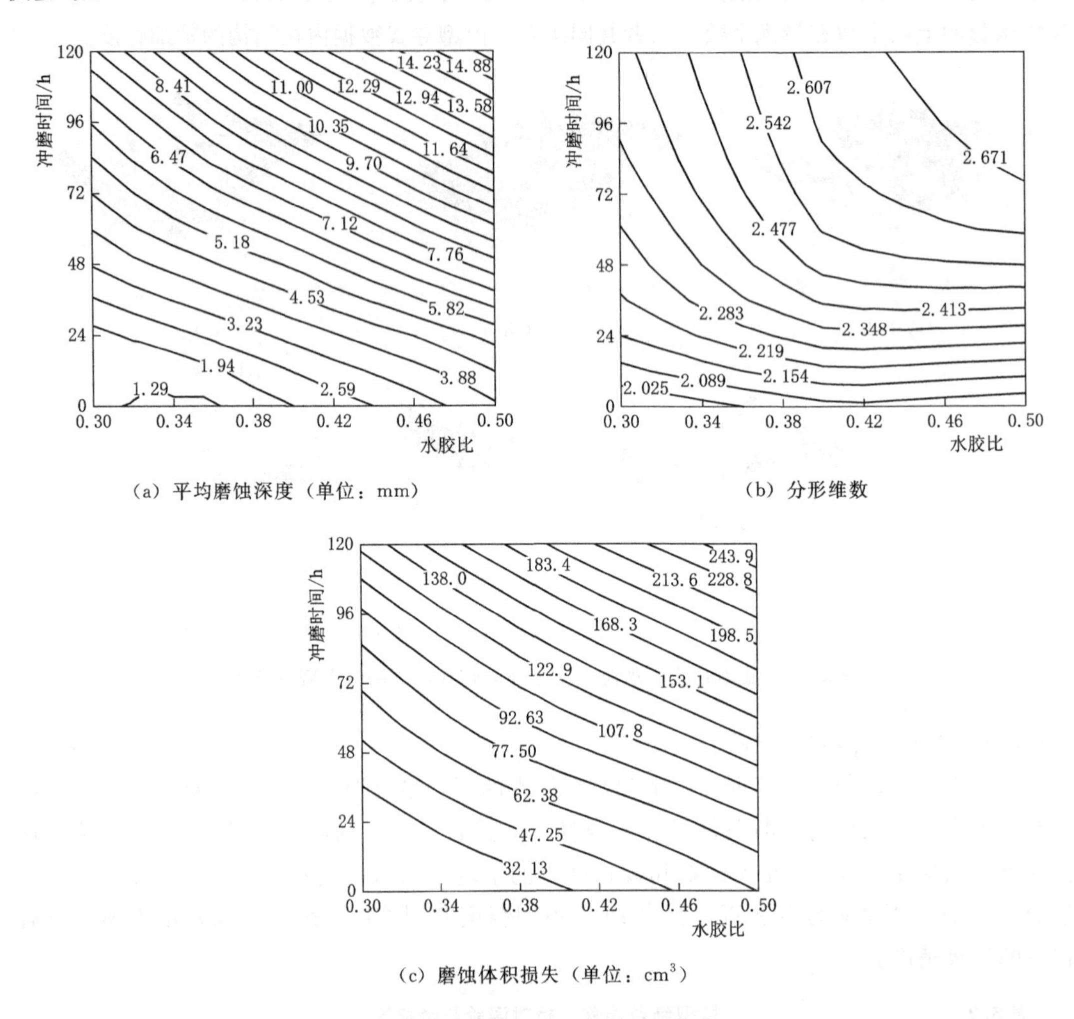

(a) 平均磨蚀深度（单位：mm）

(b) 分形维数

(c) 磨蚀体积损失（单位：cm^3）

图5.14　基于PPR模型的低热硅酸盐水泥混凝土磨蚀性能等值线图

5.4　低热硅酸盐水泥基混凝土的磨蚀性能影响因素

5.4.1　抗压强度与抗冲磨强度

分别测定6组混凝土试件在养护7d、28d、90d和180d后的立方体抗压强度，结果如图5.15所示。其中，OPC、LHC、L-0.3、L-0.5、L-FA和L-GF试件的180d抗压强度分别为57.1MPa、63.8MPa、74.1MPa、45.5MPa、52.3MPa和61.2MPa。由图5.15可知，低热硅酸盐水泥混凝土的抗压强度早期发展缓慢，7d、28d抗压强度均低于同配比的普通硅酸盐水泥混凝土，但其后期强度增长率较高，90d 和 180d 抗压强度分别较后者提高 3.4%和 11.7%。掺入 30%粉煤灰后，低热硅酸盐水泥混凝土的抗压强度略有降低，而复掺 10%硅粉和 20%矿渣粉则可有效提高低热硅酸盐水泥混凝土试件的早期抗压强度。此外，水胶比仍是决定混凝土抗压强度的主要因素。

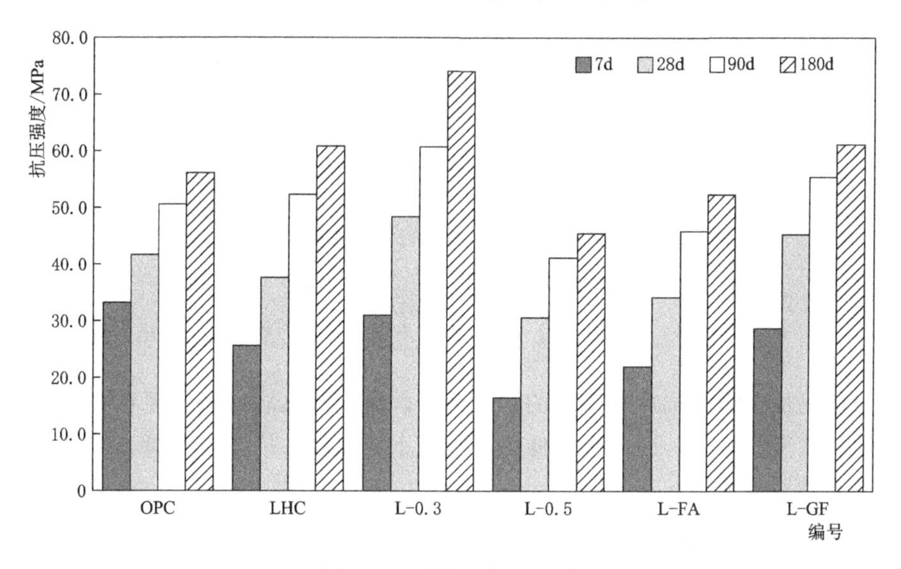

图 5.15 混凝土抗压强度

现有研究多认为普通硅酸盐水泥混凝土材料的抗冲磨强度与其抗压强度呈正相关，即抗压强度越高，混凝土材料的抗冲磨性能越好，因此工程界通常采用提高混凝土抗压强度的方法来改善其抗冲磨性能。本节针对各组低热硅酸盐水泥基混凝土的 180d 抗压强度数据，分别与其 24h、72h 和 120h 的抗冲磨强度进行了拟合，所得结果如图 5.16 所示。

根据图 5.16 可知，不同水胶比、不同矿物掺合料的低热硅酸盐水泥基混凝土抗冲磨强度随其抗压强度的提高而增大，但二者非线性相关关系，当用指数函数对其数据进行拟合时试验数据间具有较高的相关系数。这说明，对于低热硅酸盐水泥基混凝土材料而言，

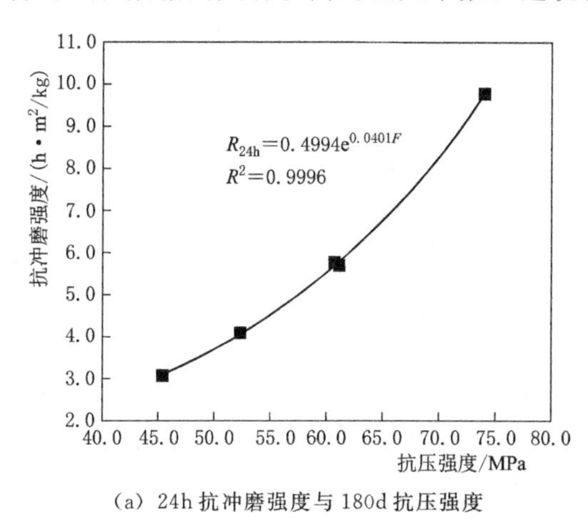

(a) 24h 抗冲磨强度与 180d 抗压强度

(b) 72h 抗冲磨强度与 180d 抗压强度

图 5.16（一） 低热硅酸盐水泥基混凝土试件的抗冲磨强度与抗压强度

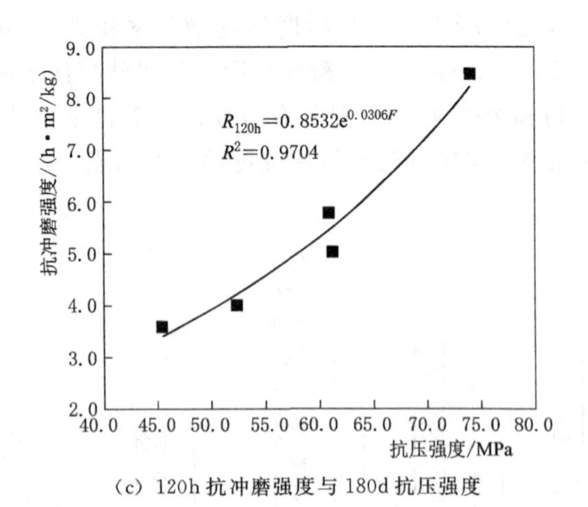

(c) 120h 抗冲磨强度与 180d 抗压强度

图 5.16（二） 低热硅酸盐水泥基混凝土试件的抗冲磨强度与抗压强度

提高抗压强度仍是提高其抗冲磨强度的有效途径。由于低热硅酸盐水泥存在早期强度发展缓慢、后期强度高的特点，因此应用低热硅酸盐水泥配制的抗冲磨混凝土应该经长龄期养护条件后再开始服役使用。

5.4.2 显微维氏硬度与抗冲磨强度

测量各组混凝土试件浆体截面上的显微维氏硬度并计算其平均值，结果见表 5.10。相同配合比条件下，LHC 混凝土的显微维氏硬度大于 OPC，说明以 C_2S 为主导矿物成分的低热硅酸盐水泥水化产物更加密实、强度高。水胶比对混凝土显微维氏硬度具有显著影响，L-0.3 和 L-0.5 试件的显微维氏硬度分别为 LHC 试件硬度的 123.1% 和 75.8%。L-FA 试件较 LHC 混凝土的显微维氏硬度有明显降低，而 L-GF 混凝土的显微维氏硬度略高于 LHC 试件，主要是由于粉煤灰的掺入稀释了胶凝材料中的相关水化产物，而复掺矿渣粉和硅粉则在一定程度上促进了水泥胶凝材料水化。通过以上分析可知，各组混凝土浆体显微维氏硬度的变化规律与其抗压强度试验结果一致，因此对于经标准养护 180d 的低热硅酸盐水泥基混凝土，可计算得到其二者之间的函数关系，结果见式（5.14）。

$$HV=2.3359\sigma, R^2=0.9998 \tag{5.14}$$

式中：HV 为混凝土试件的显微维氏硬度，MPa；σ 为其轴心抗压强度，MPa。

表 5.10 **混凝土试件浆体截面上的显微维氏硬度** 单位：MPa

试件编号	OPC	LHC	L-0.3	L-0.5	L-FA	L-GF
显微维氏硬度	133.4	141.2	173.8	107.1	118.5	144.7

5.4.1 节讨论了低热硅酸盐水泥基混凝土材料抗压强度与其抗冲磨强度之间的函数关系，根据式（5.14）可知，混凝土浆体显微维氏硬度与其抗压强度之间存在良好的线性相关关系。同样地，分别对低热硅酸盐水泥基混凝土的 180d 显微维氏硬度和 24h、72h、120h 抗冲磨强度数据用指数函数进行拟合，所得结果如图 5.17 所示。

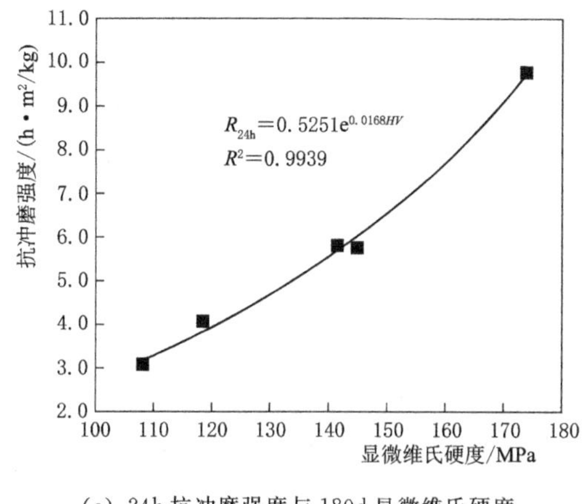

(a) 24h抗冲磨强度与180d显微维氏硬度

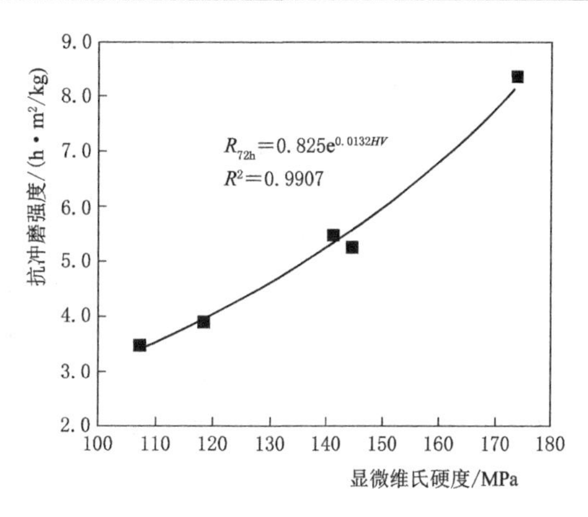

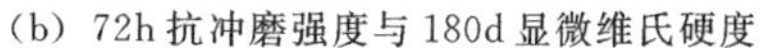

(b) 72h抗冲磨强度与180d显微维氏硬度

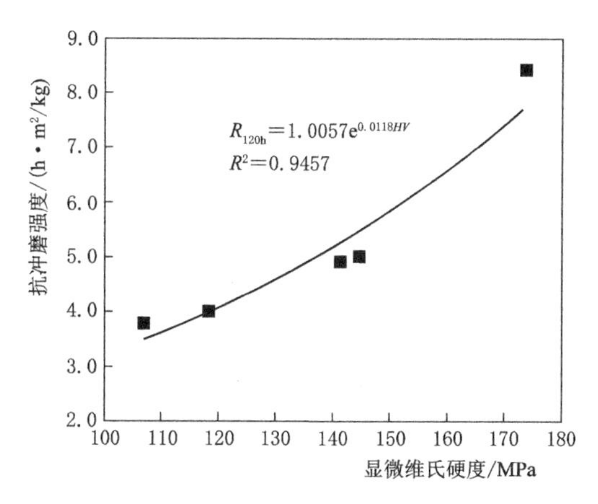

(c) 120h抗冲磨强度与180d显微维氏硬度

图5.17 低热硅酸盐水泥基混凝土试件的抗冲磨强度与截面显微维氏硬度

5.4.3 水化产物物相组成

分别对养护180d的OPC、LHC、L-FA和L-GF 4组水泥净浆试件进行XRD和TG试验，分析其物相组成，结果如图5.18和图5.19所示。

由图5.18可知，4种水泥浆体水化产物中的主要结晶相相同，包括$Ca(OH)_2$、AFt、石膏（gypsum）、碳酸钙（$CaCO_3$）以及未水化的C_3S和C_2S等。低热硅酸盐水泥浆体中的$Ca(OH)_2$含量低于普通硅酸盐水泥，主要是由于C_2S和C_3S的水化反应差异造成的。L-GF水化产物中$Ca(OH)_2$以及未水化的C_3S、C_2S含量均低于LHC，说明复掺矿渣微粉和硅粉可以充分发挥矿物掺合料的火山灰活性，与水泥浆体中的$Ca(OH)_2$发生“二次水化”反应，并在一定程度上促进了低热硅酸盐水泥的水化。L-FA水化产物中的$Ca(OH)_2$含量也明显降低，主要是由于粉煤灰的掺入稀释了复合胶凝材料中C_3S和C_2S的含量，使得对应的水化产物相对较少。

从图5.19可以看出4种水泥浆体水化产物中$Ca(OH)_2$、C—S—H凝胶以及石膏含量的差异。如图5.19所示，$Ca(OH)_2$的脱水温度在410～480℃之间，据此可以判断4种水

泥浆体 $Ca(OH)_2$ 含量由大到小依次为 OPC、LHC、L-FA、L-GF，对应的脱水质量损失率分别为 2.96%、2.64%、0.93%、1.47%，这与 XRD 分析结果一致。有研究认为，80～100℃出现的吸热峰主要与 C—S—H 凝胶以及 AFt 脱水有关，125℃左右的吸热峰则是由于石膏的部分脱水所引起。实际上，自由水、AFt、C—S—H 凝胶以及石膏的分解峰通常在 60～200℃范围的 DTG 曲线上重叠出现，定量分析该区域水化产物的质量损失往往很困难。$Ca(OH)_2$ 是水泥水化产物中硬度最高的成分，因此 L-FA 和 L-GF 中 $Ca(OH)_2$ 含量的降低可能是引起其浆体显微维氏硬度降低，进而导致抗冲磨强度下降的原因之一。此外，复掺矿渣微粉和硅粉促进了低热硅酸盐水泥的水化，在消耗水泥浆体中 $Ca(OH)_2$ 含量的同时又增加了其 C—S—H 凝胶含量。C—S—H 凝胶在水泥水化产物中具有较大的比表面积，其范德华力较大，能够有效提高浆体的黏结能力，因此可以推断，水化产物中 C—S—H 凝胶含量的增加是改善其浆体抗冲磨性能的一个重要原因。

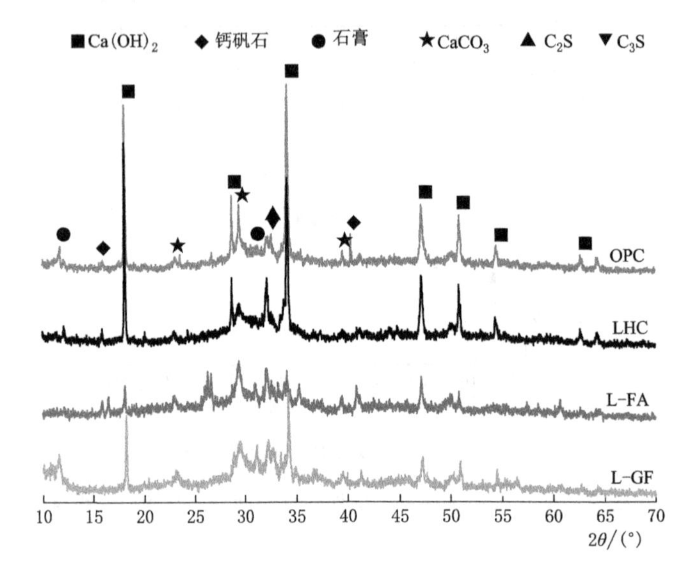

图 5.18　4 组水泥净浆试件 XRD 图谱

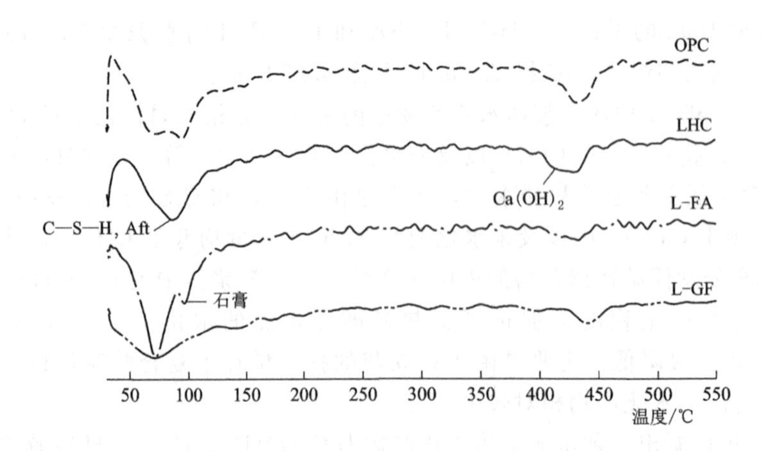

图 5.19　4 组水泥净浆试件 DTG 曲线

5.4.4　C—S—H 聚合度

在^{29}Si 固体核磁共振谱中，Si 所处的化学环境用 Q^i 表示，其中 i（i=0～4）为每个硅氧四面体单元与相邻四面体共享氧原子的个数，通过测定 Q^i 的相对含量即可分析 C—S—H 凝胶的结构信息。4 种水泥浆体的^{29}Si NMR 图谱如图 5.20 所示，位于 -72×10^{-6}、-75×10^{-6}、-79×10^{-6}、-82×10^{-6}、-85×10^{-6} 左右处的共振信号分别表示 Q^0（阿利特和贝利特矿物的硅氧四面体）、Q^{OH}（水化硅酸根单体）、Q^1（C—S—H 二聚体或高聚体中直链末端的硅氧四面体）、Q^2（Al）（C—S—H 链中间与铝氧四面体相邻的硅氧四面体）和 Q^2（C—S—H 直链中间的硅氧四面体）。

由图 5.20 可知，养护 180d 的 4 种水泥浆体 Q^0 峰值由大到小依次为 LHC、L-FA、L-GF 和 OPC，说明普通硅酸盐水泥的水化反应最为充分，而低热硅酸盐水泥由于其水化进程较慢，因此浆体中的熟料矿物含量最高。粉煤灰、矿渣微粉以及硅粉等矿物掺合料的掺入不仅稀释了水泥熟料含量，并且可在一定程度上促进胶凝材料的二次水化作用，因此 L-FA 和 L-GF 浆体中的熟料矿物少于 LHC。4 种水泥浆体的 Q^{OH} 峰的走势和大小相对一致，OPC 和 LHC 具有明显的 Q^1 峰，Q^2（Al）在 OPC、LHC 和 L-GF 图谱中以峰肩形式存在。此外，4 种浆体的 Q^2 峰值较为相近。

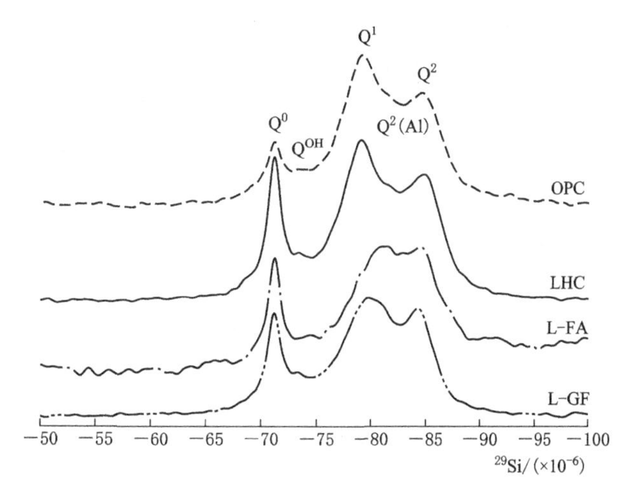

图 5.20　4 种水泥浆体^{29}Si NMR 图谱

采用 Origin 软件中的高斯去卷积法计算图中各峰的累积强度，并计算其对应 C—S—H 凝胶结构的平均链长 L_{CA}，结果见表 5.11。由表 5.11 可知，低热硅酸盐水泥浆体中 C—S—H 凝胶的平均链长大于普通硅酸盐水泥，复掺 20%矿渣微粉和 10%硅粉的 L-GF 浆体 C—S—H 平均链长略高于 LHC，也证实了矿物掺合料的掺入促进了低热硅酸盐水泥浆体水化。由于粉煤灰的火山灰活性较低，因此掺入 30%粉煤灰的 L-FA 浆体 C—S—H 凝胶结构平均链长最小。此外，根据 4 种胶凝材料对应的混凝土抗冲磨强度试验结果，可以推断出水泥浆体 C—S—H 凝胶聚合度的增加可以提高其混凝土材料抗冲磨性能。

表 5.11　C—S—H 凝胶结构的平均链长

试件编号	OPC	LHC	L-FA	L-GF
L_{CA}	4.7	5.3	4.1	5.6

5.5 本 章 结 论

（1）低热硅酸盐水泥混凝土的抗冲磨性能优于相同配合比的普通硅酸盐水泥混凝土，前者在冲磨72h、120h后的质量损失率分别为后者的67.3%和79.8%，抗冲磨强度为后者的135.0%和122.5%。此外，低热硅酸盐水泥混凝土的180d抗压强度与显微维氏硬度均高于普通硅酸盐水泥混凝土。以C_2S为主导矿物成分的低热硅酸盐水泥水化生成的$Ca(OH)_2$数量少于普通硅酸盐水泥，且其水化产物中C—S—H凝胶的平均链长和聚合度较高，因此具有更高的抗压强度、硬度和抗冲磨强度。

（2）掺入30%粉煤灰后，低热硅酸盐水泥混凝土的抗冲磨性能明显降低，冲磨72h、120h后的质量损失率分别为不掺粉煤灰试件的145.8%和126.3%，抗冲磨强度为后者的72.2%和81.6%，这是由于粉煤灰的掺入主要发挥物理填充作用，稀释了胶凝材料中的水泥熟料矿物成分。复掺20%矿渣微粉和10%硅粉对于低热硅酸盐水泥混凝土的抗冲磨性能、抗压强度和显微维氏硬度等力学性能并无明显提高。

（3）水胶比是影响低热硅酸盐水泥混凝土抗冲磨性能的主要因素，降低水胶比可有效提高低热硅酸盐水泥混凝土的抗冲磨强度。与水胶比为0.4的低热硅酸盐水泥混凝土相比，水胶比为0.3的混凝土试件在经历72h冲磨作用后质量损失率降低51.8%、抗冲磨强度提高55.6%，水胶比为0.5的混凝土试件质量损失率提高74.6%、抗冲磨强度降低35.2%。

（4）根据不同冲磨时间条件下混凝土试件的磨蚀损伤演化规律，将其圆形表面划分为损伤区、过渡区和完好区3个区域。采用机械探针法测定了低热硅酸盐水泥混凝土的三维磨蚀形貌以及截面冲刷轮廓线的经时变化。在冲磨破坏初始阶段，混凝土试件表面的微裂缝、凹坑等缺陷位置处首先发生磨蚀损伤，而混凝土磨蚀表面的不规则性又进一步加剧了后期磨蚀损伤程度，直至到达冲磨破坏稳定阶段。

（5）采用立方体覆盖法计算得到各组磨蚀混凝土的分形维数，发现其在试验初期随着冲磨时间的延长而增大，增至2.60附近时逐渐趋于稳定，该指标能够较为真实、具体地反映混凝土早期磨蚀损伤程度。此外，提出了分形维数与质量损失率、磨蚀深度的关系函数，两者均具有较高的相关系数。

（6）基于水下钢球法试验的局限性，提出了一种通过变换环向冲磨表面的测量方法来模拟实际工况下的磨蚀情况。在此基础上，利用投影寻踪回归软件建立了考虑水胶比和冲磨时间的低热硅酸盐水泥混凝土抗冲磨性能预测模型，并对磨蚀深度、分形维数和体积损失进行了仿真计算，证实该预测模型具有较高的计算精度，可为实际工程中低热硅酸盐水泥混凝土的抗冲磨性能评价及寿命预测提供参考。

第6章 硫酸盐侵蚀作用下低热硅酸盐水泥基浆体的劣化行为

混凝土的硫酸盐侵蚀通常指外部SO_4^{2-}侵入到水泥基体中并与其水化产物发生化学反应，生成石膏、钙矾石等膨胀性产物，导致混凝土开裂以及承载能力下降，进而造成建筑物破坏的现象。我国西北地区属于干旱、半干旱气候，盐碱地面积大，山区岩层中常伴有石膏类硫酸盐夹层或沉积层等，土壤和地下水中的SO_4^{2-}浓度偏高，在此类地区修建的水工混凝土结构普遍面临较为严峻的硫酸盐侵蚀危害，并且通常伴有镁盐、铵盐等复合侵蚀情况发生。对硫酸盐侵蚀作用下低热硅酸盐水泥基材料的性能损伤规律进行系统研究具有重要的工程价值。

本章系统研究了不同水胶比、不同粉煤灰掺量条件下低热硅酸盐水泥基净浆试件在不同溶液浓度和不同阳离子类型硫酸盐侵蚀环境下的孔隙率、SO_4^{2-}扩散规律、膨胀率、抗压强度和显微维氏硬度等物理、力学性能时变行为，并且通过XRD、TG和SEM等测试手段分析了硫酸盐侵蚀硬化水泥浆体的物相组成与微观结构变化，建立了硫酸盐侵蚀作用下低热硅酸盐水泥基浆体的SO_4^{2-}扩散深度、抗压强度损失率和显微维氏硬度分布等预测模型。

6.1 试验材料与试验方法

6.1.1 试验材料

本章所用试验材料主要包括低热硅酸盐水泥、普通硅酸盐水泥、粉煤灰和拌和用水，其物理、化学性能指标与4.1.1节所列内容相同。

配制硫酸盐侵蚀溶液的化学药品为无水硫酸钠（Na_2SO_4）、硫酸钾（K_2SO_4）、无水硫酸镁（$MgSO_4$）和无水硫酸铵［$(NH_4)_2SO_4$］，产品纯度规格均为分析纯（AR）。

6.1.2 配合比与试件制备

参考工程中常见的低热硅酸盐水泥混凝土配合比，分别设计了水胶比为0.3、0.4、0.5，粉煤灰掺量为0、15%、30%和45%的6组低热硅酸盐水泥基净浆试件，并且配制了普通硅酸盐水泥净浆试件作为对照组，研究水泥种类、水胶比和粉煤灰掺量3个因素对于硫酸盐侵蚀作用下低热硅酸盐水泥基浆体劣化行为的影响规律，配合比设计见表6.1。

表6.1　　硫酸盐侵蚀试验水泥石配合比

试件编号	成分			水胶比
	P.LH/%	P.O/%	FA/%	
OPC	0	100	0	0.4
LHC	100	0	0	0.4
L-0.3	100	0	0	0.3
L-0.5	100	0	0	0.5
L-15F	85	0	15	0.4
L-30F	70	0	30	0.4
L-45F	55	0	45	0.4

根据表中配合比，将各组拌和好的水泥净浆分别倒入尺寸为Φ50mm×100mm的PVC管模具以及两端装有铜质测头的尺寸为25mm×25mm×280mm的金属模具中成型，轻轻震动模具以排除游离气泡，然后将试件表面覆盖保鲜膜后置于标准养护室（20℃、98%*RH*）内养护24h后拆模。检查水泥石试件外观，确认密实无缺陷后将所有试件完全浸泡于饱和石灰水中，在20℃的室温环境下养护90d。

6.1.3　侵蚀浸泡方案

为了研究不同硫酸盐侵蚀环境下低热硅酸盐水泥基浆体的性能演化规律，分别设计了不同浓度的硫酸钠溶液和相同浓度、不同阳离子类型的硫酸盐溶液两种侵蚀浸泡方案。见表6.2，以质量分数为5.0%的Na_2SO_4溶液为标准侵蚀溶液，将7组水泥净浆试件完全浸没于该试验箱中，研究水泥类型、水胶比和粉煤灰掺量对水泥基材料硫酸盐侵蚀性能的影响；又分别配制了质量分数为0.5%、3.0%、8.0%和10.0%的4组不同浓度的Na_2SO_4侵蚀溶液，研究5种浓度梯度条件下低热硅酸盐水泥浆体的性能损伤规律。此外，配制了质量分数为5%的K_2SO_4、$MgSO_4$和$(NH_4)_2SO_4$三种溶液，分析4种溶液阳离子类型对低热硅酸盐水泥硫酸盐侵蚀性能的影响。其中，考虑到西部地区混凝土硫酸盐侵蚀环境中常伴有镁盐破坏，因此又对比研究了普通硅酸盐水泥和掺30%粉煤灰的低热硅酸盐水泥净浆试件在该侵蚀环境下的性能损伤规律。

表6.2　　硫酸盐侵蚀溶液浸泡方案

试件编号	Na_2SO_4					K_2SO_4	$MgSO_4$	$(NH_4)_2SO_4$
	0.5%	3.0%	5.0%	8.0%	10.0%	5.0%	5.0%	5.0%
OPC			√				√	
LHC	√	√	√	√	√	√	√	√
L-0.3			√					
L-0.5			√					
L-15F			√					
L-30F			√				√	
L-45F			√					

注　表中√表示设置有该侵蚀浸泡方案。

如图 6.1 所示，为了保证硫酸盐侵蚀沿着圆柱形水泥石试件的直径方向进行，浸泡前分别将圆柱体试件的两端用环氧树脂密封，用于测试膨胀率的棱柱体试件不做此处理。之后，将各组水泥净浆试件分别放入装有 8 种硫酸盐侵蚀溶液的不同密闭试验箱中，并保证完全浸没。为了保持侵蚀溶液浓度的稳定性，在试验过程中每隔 30d 更换一次溶液。

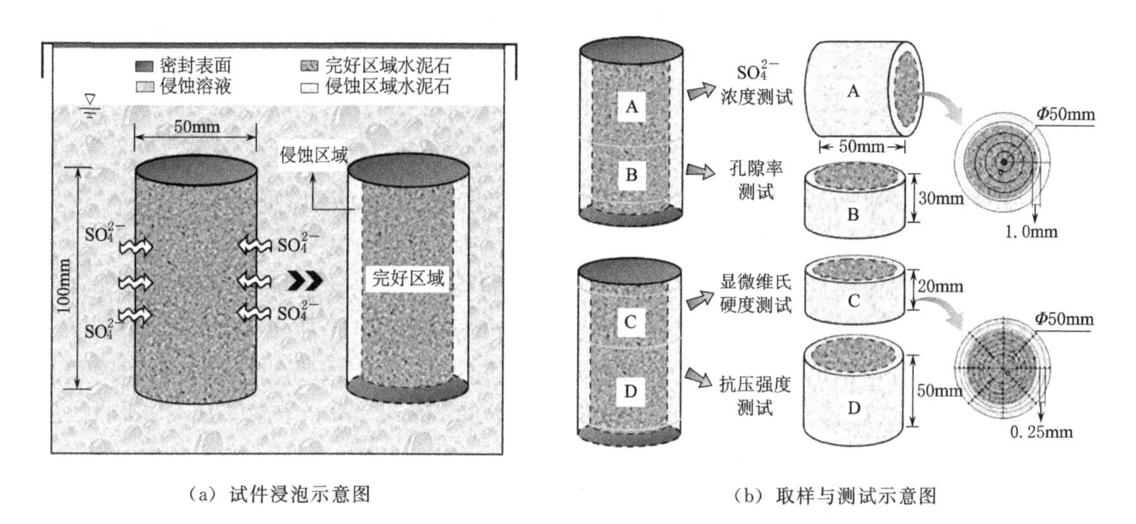

(a) 试件浸泡示意图

(b) 取样与测试示意图

图 6.1 硫酸盐侵蚀试件浸泡及取样示意图

6.1.4 测试方法

将浸泡到规定龄期的圆柱体试件取出，将其分别切割成不同尺寸的小圆柱体进行孔隙率、SO_4^{2-} 浓度、抗压强度和显微维氏硬度测试，如图 6.1 (b) 所示。此外，由于线性膨胀率为非破坏性试验，因此整个试验过程中选择同组特定的棱柱体试件进行相关测试。每项试验中均准备 3 个试件，并用测试数据的平均值作为最终试验结果。

6.1.4.1 孔隙率

将切割后尺寸为 Φ50mm×30mm 的小圆柱体试件放入 38℃的真空干燥箱中恒温干燥 24h，取出后称量其干燥质量 m_0。然后将试件置于真空饱水仪（绝对压力 65KPa）中保持 60min，使其充分饱水后取出并擦干表面，此时称量其饱和面干质量 m_t，然后采用排液法测量试件体积 V，据此分别计算试件经硫酸盐侵蚀 30d、90d、180d 和 360d 的孔隙率 P 及其损失率 ΔP ，见式（6.1）和式（6.2）。

$$P=\frac{m_t-m_0}{V\rho_w}\times 100\% \tag{6.1}$$

$$\Delta P=\frac{P_t-P_0}{P_0}\times 100\% \tag{6.2}$$

式中：ρ_w 为水的密度，g/cm^3；t 为试件在硫酸盐侵蚀溶液中的浸泡龄期，d；P_0 为初始孔隙率。

6.1.4.2 硫酸根离子浓度

SO_4^{2-} 由表及里的扩散和迁移行为导致了混凝土的损伤演化，其在水泥浆体中的浓度分布是评价硫酸盐侵蚀过程的重要指标。首先将切割后尺寸为Φ50mm×50mm的圆柱体试件放在干燥箱中保持24h，然后将试件固定在车床上，沿其直径方向从试件边缘到中心逐层研磨并收集水泥石粉末，每次进刀深度为1mm，总研磨深度为8mm。将收集到的粉末进行干燥、再研磨后，按照《水泥化学分析方法》（GB/T 176—2017）[189] 中的硫酸钡重量法测试经硫酸盐侵蚀30d、90d和180d的水泥石中SO_4^{2-}浓度$W_{SO_4^{2-}}$，试验结果按照式（6.3）计算。

$$W_{SO_4^{2-}}=\frac{0.412m_1}{m}\times 100\% \tag{6.3}$$

式中：m为粉末试件的初始质量，g；m_1为试验灼烧后的沉淀物品质量，g。

6.1.4.3 抗压强度

抗压强度是水泥基材料最基本、最重要的力学性能，也是量化水泥石硫酸盐侵蚀损伤程度的常用指标。将切割后尺寸为Φ50mm×50mm的小圆柱体试件置于CSS-44100电子万能试验机上进行单轴抗压强度试验，控制加载速率为0.10mm/min，记录其破坏荷载并按照式（6.4）、式（6.5）计算试件经硫酸盐侵蚀30d、90d、180d、360d和540d的抗压强度σ_t与抗压强度损失率$\Delta\sigma_t$。

$$\sigma_t=\frac{F_t}{A} \tag{6.4}$$

$$\Delta\sigma_t=\frac{\sigma_0-\sigma_t}{\sigma_0}\times 100\% \tag{6.5}$$

式中：F_t为破坏荷载，kN；A为圆柱体水泥石试件的截面面积，m^2；t为水泥石侵蚀龄期，d；σ_0为未侵蚀试件的抗压强度，MPa。

6.1.4.4 显微维氏硬度

显微维氏硬度是一种能够即时表征材料局部微观结构变化的力学指标，可用于评价水泥石在硫酸盐侵蚀条件下的性能损伤过程。首先，将切割后尺寸为Φ50mm×20mm的水泥石试件依次用400目、800目和1200目的砂纸充分打磨，直至其待测表面光滑平整。然后，如图6.2所示，将试件放在HDX-1000TC显微硬度计上，试验负荷设置为0.9807N，持荷时间为15s，沿着硫酸盐侵蚀方向由表及里每隔0.5mm测量一次显微维氏硬度，对应每处深度的硬度试验结果取自8个相同测距点的平均值。

6.1.4.5 XRD

用于XRD和TG试验的水泥石粉末取样过程与SO_4^{2-}浓度试验相同，选择侵蚀深度为0.5～1.5mm范围内的表层侵蚀样品。XRD测试采用Bruker D8高级衍射仪，Cu靶K_α射线，扫描速率为10°/min，步宽为0.02°，扫描范围为10°～50°。

6.1.4.6 TG

TG测试在耐驰449 F3同步热分析仪上进行，升温速率为10℃/min，温度范围为30～500℃，环境气体为氮气。

6.1.4.7 SEM

用于进行SEM试验的水泥石样品取自侵蚀试件表层，大小约为0.5cm^3。将样品经喷金处理后，置于 SU8010 扫描电子显微镜工作台上观察其微观形貌，加速电压设为 15 kV。

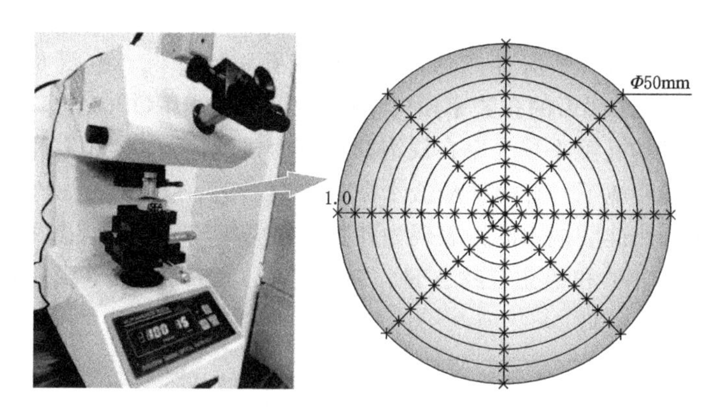

图 6.2 显微维氏硬度测试及取点示意图

6.2 硫酸盐侵蚀作用下低热硅酸盐水泥基浆体孔隙率与硫酸根离子浓度分布

6.2.1 孔隙率

6.2.1.1 水泥种类对侵蚀试件孔隙率的影响

分别测试浸泡于 5% Na_2SO_4 和 5% $MgSO_4$ 溶液中的 OPC、LHC 和 L-30F 试件的孔隙率并计算其孔隙率损失率，结果如图 6.3 和图 6.4 所示。

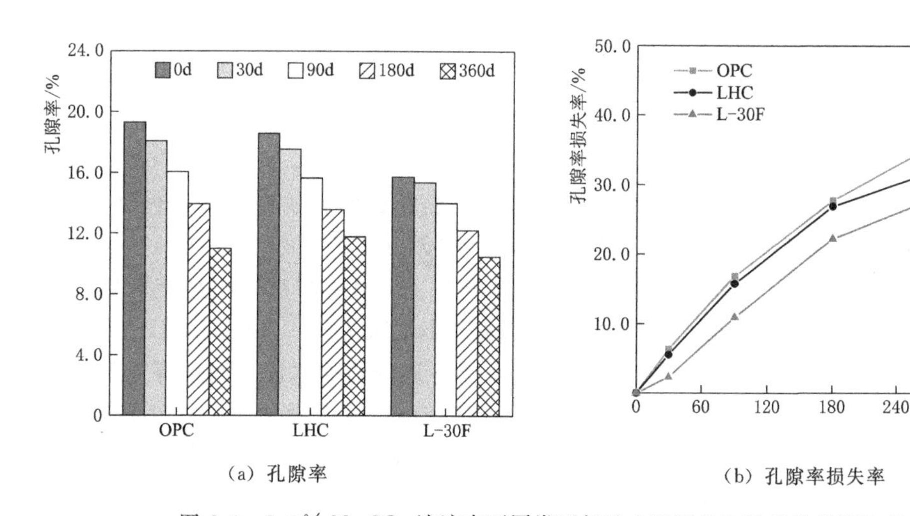

(a) 孔隙率　　(b) 孔隙率损失率

图 6.3 5.0% Na_2SO_4 溶液中不同类型侵蚀水泥石的孔隙率及其损失率

如图 6.3 (a) 所示，LHC 试件的初始孔隙率略低于 OPC 试件，并且掺入 30%粉煤灰后其孔隙率进一步降低，说明低热硅酸盐水泥基浆体较普通硅酸盐水泥更加密实，掺入粉煤灰后由于其形态填充效应，提高了水泥试件的密实性。此外，3 组水泥石试件的孔隙率均随着侵蚀龄期的延长而降低，产生这一现象的原因一方面是由于水泥的继续水化作用使其结构更加密实，另一方面主要是由于溶液中的 SO_4^{2-} 进入水泥石中，与水泥水化产物反应生成了钙矾石和石膏等膨胀性产物，进而使其孔隙率降低。由图 6.3（b）可知，在相同试验周期内，3 组水泥石的孔隙率损失率由大到小依次为 OPC、LHC 和 L-30F，其中 OPC 和 LHC 试件的孔隙率损失率在浸泡初期较为接近，而 L-30F 水泥石则明显较低。这说明在硫酸钠侵蚀环境下，普通硅酸盐水泥石中的 SO_4^{2-} 侵入速度较快，因此反应生成的膨胀性产物多于低热硅酸盐水泥，表现为孔隙率损失率较高。粉煤灰的掺入降低了低热硅酸盐水泥石的总钙含量和铝化合物含量，减少了石膏和钙矾石等膨胀性侵蚀产物的生成，因此孔隙率损失率较低。

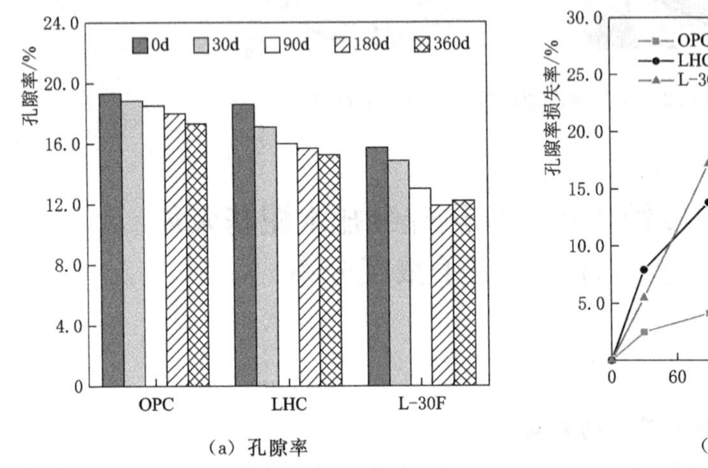

(a) 孔隙率

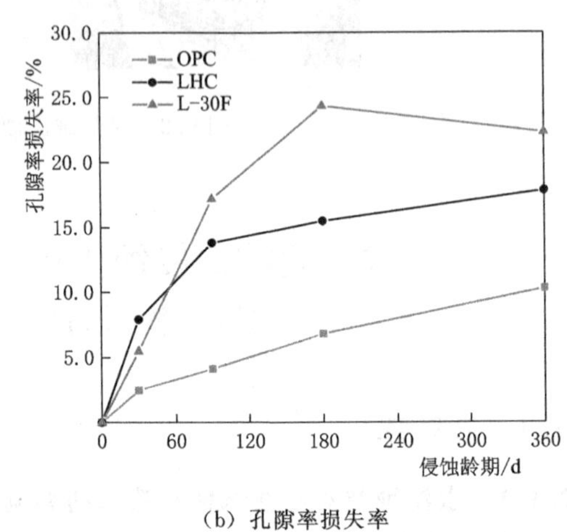

(b) 孔隙率损失率

图 6.4 5.0% $MgSO_4$ 溶液中不同类型侵蚀水泥石的孔隙率及其损失率

如图 6.4（a）所示，浸泡在 5% $MgSO_4$ 溶液中的 OPC、LHC 和 L-30F 试件孔隙率变化规律与 5% Na_2SO_4 溶液中水泥石孔隙率变化规律相似，均随着侵蚀龄期的延长而逐渐降低，说明其在硫酸盐、镁盐复合侵蚀环境中不断生成了钙矾石和石膏等膨胀性侵蚀产物。L-30F 水泥石孔隙率在侵蚀初期随着侵蚀龄期的延长而降低，而浸泡 360d 后开始增加，可能是由于粉煤灰的掺入降低了低热硅酸盐水泥石抗硫酸盐、镁盐复合侵蚀的能力，使得试件在侵蚀后期由于开裂、剥落而造成孔隙率增大（图 6.5）。如图 6.4（b）所示，3 组水泥石在 $MgSO_4$ 侵蚀环境下的孔隙率损失率与在 Na_2SO_4 溶液中明显有区别，在相同侵蚀龄期（中后期）下，3 组水泥石孔隙率由大到小依次为 L-30F、LHC、OPC，即硫酸镁侵蚀条件下低热硅酸盐水泥的抗侵蚀性能劣于普通硅酸盐水泥，而粉煤灰的掺入则增强了这一劣化效果。分析其原因，可能是由于低热硅酸盐水泥浆体中 $Ca(OH)_2$ 含量较低，镁盐侵蚀作用下生成的附着于水化产物表面的不溶性 Mg $(OH)_2$ 较少，与普通硅酸盐水泥相比，在一定程度上降低了对于硫酸盐离子自由扩散的抑制作用，增大了 SO_4^{2-} 在水泥石中的扩散深度，表现为试件孔隙率损失率增大。粉煤灰的掺入则进一步降低了水泥浆体中氢氧化钙和铝相化合物的含量，因此其孔隙率损失率高于纯低热硅酸盐水泥试件。

6.2.1.2 水胶比对侵蚀试件孔隙率的影响

分别测试浸泡于 5% Na_2SO_4 溶液中不同水胶比的 L-0.3、LHC 和 L-0.5 水泥石试件孔隙率并计算其孔隙率损失率，结果如图 6.6 所示。

图 6.5 经 Na_2SO_4 和 $MgSO_4$ 溶液浸泡 360d 的水泥石试件外观

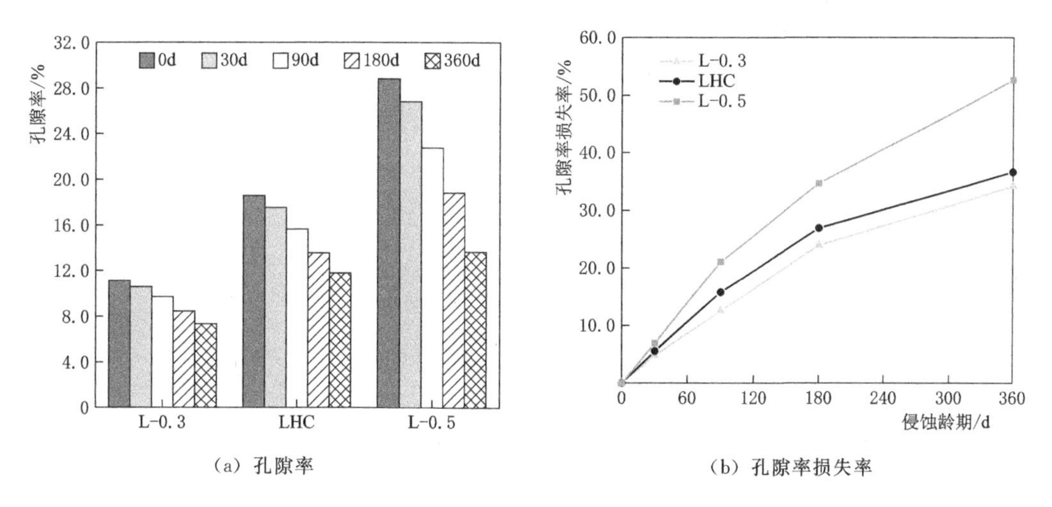

(a) 孔隙率 (b) 孔隙率损失率

图 6.6 5.0% Na_2SO_4 溶液中不同水胶比侵蚀水泥石的孔隙率及其损失率

由图 6.6 (a) 可知，低热硅酸盐水泥浆体试件初始孔隙率随其水胶比的增大而明显提高，3 组水泥石试件孔隙率均随着侵蚀龄期的延长而减小，说明在 Na_2SO_4 侵蚀溶液中 SO_4^{2-} 扩散深度不断增加，对应的膨胀性侵蚀产物含量增多，因此表现为水泥石更加密实、孔隙率减小。如图 6.6 (b) 所示，3 组水泥石在同一侵蚀龄期下的孔隙率损失率由大到小依次为 L-0.5、LHC、L-0.3，说明随着水胶比的降低，相同侵蚀龄期下低热硅酸盐水泥石试件的孔隙率损失率减小，即 SO_4^{2-} 在水泥石中的扩散速率降低，并且生成的膨胀性侵蚀产物减少。此外，各组水泥石试件孔隙率损失率的曲线斜率均随着侵蚀龄期的延长而逐渐降低，这主要是由于试件后期孔隙率减小、密度增加所导致的 SO_4^{2-} 扩散速率减慢造成的，并且也进一步说明了钙矾石、石膏等硫酸盐侵蚀膨胀性产物对于水泥石浆体试件的密实作用是有一定限度的。

6.2.1.3 粉煤灰掺量对侵蚀试件孔隙率的影响

分别测试浸泡于 5% Na_2SO_4 溶液中不同粉煤灰掺量的 L-15F、L-30F 和 L-45F 低热硅酸盐水泥石试件孔隙率并计算其孔隙率损失率，结果如图 6.7 所示。从图 6.7 中可以看出，3组低热硅酸盐水泥石试件的孔隙率均随着侵蚀龄期的延长而降低，证明在此过程中不断生成的膨胀性侵蚀产物密实了水泥石浆体。需要指出的是，3种试件的初始孔隙率由大到小依次为L－45F、L－15F、L－30F，说明水泥石试件孔隙率与粉煤灰掺量不成正比，其中掺入30%粉煤灰的低热硅酸盐水泥浆体试件密实度最好。其原因一方面是由于适量的粉煤灰可以发挥其“形态效应”提高水泥浆体的流动性并改善硬化水泥石试件的孔隙结构，另一方面其“火山灰活性”可以与水泥浆体中的$Ca(OH)_2$发生二次水化作用，增强水泥石的致密性，在二者综合作用下L－30F试件的孔隙率小于L－15F；而当粉煤灰掺量过高时，复合胶凝材料中的水泥用量减少，导致水化产物减少，并且此时掺合料的“形态效应”与“火山灰活性效应”均难以有效发挥，因此硬化后的水泥石孔隙率增大，即L－45F试件的孔隙率大于L－30F。由图6.7（b）可知，在试验侵蚀龄期内，L－45F试件的孔隙率损失率最高，这进一步证实过高掺量的粉煤灰会导致水泥抗硫酸盐侵蚀性能降低。在侵蚀180d之前，L－15F试件的孔隙率损失率小于L－30F试件，而360d时L－15试件的孔隙率损失率却大于L－30F试件，说明相对较低掺量的粉煤灰对于水泥硫酸盐侵蚀作用的抑制仅在早期有效，在长龄期条件下难以保证其对水泥抗硫酸盐侵蚀性能的改善效果。

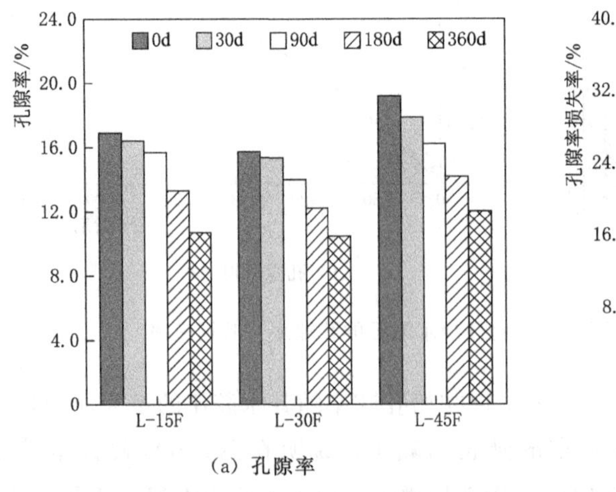

（a）孔隙率

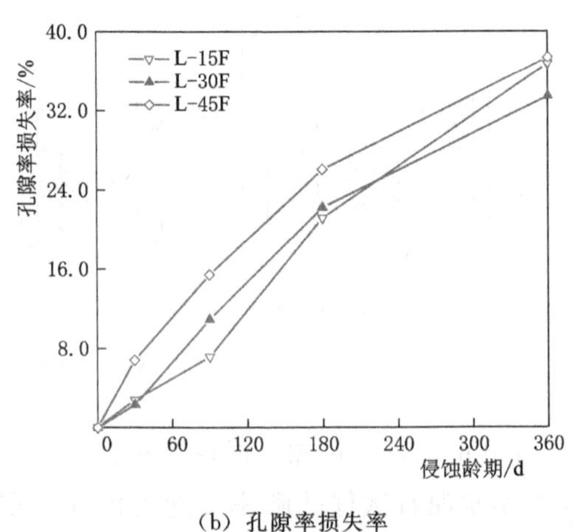

（b）孔隙率损失率

图6.7　5.0% Na_2SO_4溶液中不同粉煤灰掺量侵蚀水泥石的孔隙率及其损失率

6.2.1.4　溶液浓度对侵蚀试件孔隙率的影响

分别测试浸泡于0.5%、3.0%、5.0%、8.0%和10.0%浓度条件下Na_2SO_4溶液中低热硅酸盐水泥石试件的孔隙率并计算其孔隙率损失率，结果如图6.8所示。在不同浓度的Na_2SO_4侵蚀溶液中，各组低热硅酸盐水泥石试件的孔隙率均随着侵蚀龄期的延长而减小，说明溶液中的SO_4^{2-}扩散进入水泥石内部并生成了膨胀性侵蚀产物，进而使水泥石试件的密实性增加。从图6.8中还可以看出，相同侵蚀龄期下试件孔隙率的降低值基本随着溶液浓度的增大而增大，图6.8（b）中各组水泥石孔隙率损失率的曲线也证实了这一点，即在同一侵蚀龄期下，5组LHC试件的孔隙率损失率由大到小分别对应10.0%、8.0%、5.0%、3.0%和0.5%浓度的Na_2SO_4溶液。水泥石中SO_4^{2-}的扩散速率通常与外部环境

的 SO_4^{2-} 浓度差呈正相关，即当外部侵蚀溶液的浓度较高时，SO_4^{2-} 的扩散速率增大，可以产生更多的石膏、钙矾石等膨胀性产物，尽管过高的 SO_4^{2-} 溶液浓度可能会导致水泥石表面生成较厚的膨胀性产物覆盖层，从而在某种程度上抑制后续的扩散能力，但这并不影响宏观上侵蚀作用下 SO_4^{2-} 浓度与其扩散速率的相关关系。

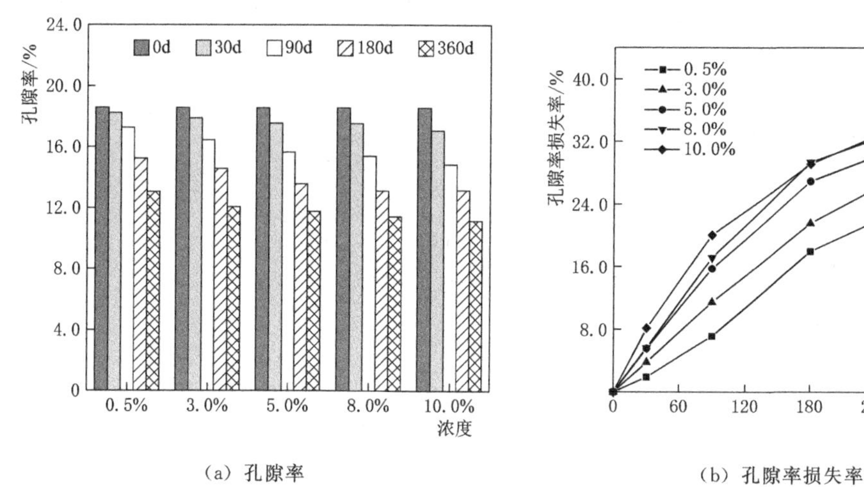

(a) 孔隙率

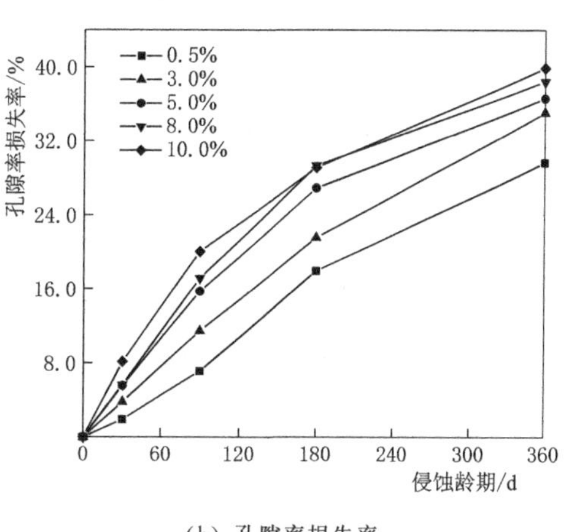

(b) 孔隙率损失率

图 6.8　不同浓度 Na_2SO_4 溶液中 LHC 水泥石的孔隙率及其损失率

6.2.1.5　阳离子类型对侵蚀试件孔隙率的影响

分别测试浸泡于 5.0%浓度条件下的 Na_2SO_4、K_2SO_4、$MgSO_4$ 和 $(NH_4)_2SO_4$ 溶液中低热硅酸盐水泥石试件孔隙率并计算其孔隙率损失率，结果如图 6.9 所示。由图 6.9 可知，Na_2SO_4、K_2SO_4 和 $MgSO_4$ 三种侵蚀溶液中 LHC 试件的孔隙率均随着侵蚀龄期的延长而降低，而 $(NH_4)_2SO_4$ 溶液中的 LHC 水泥石孔隙率却随着侵蚀作用的进行而逐渐增大。K_2SO_4 溶液中 LHC 试件的孔隙率及其损失率与 Na_2SO_4 溶液中的低热硅酸盐水泥石较为接近，$MgSO_4$ 溶液中 LHC 试件的孔隙率及其损失率已在前文讨论过，此处不再赘述。为进一步探究不同阳离子类型硫酸盐侵蚀溶液对低热硅酸盐水泥石孔隙率的影响机理，在试验过程中测试 4 种溶液的 pH 值，结果见表 6.3。Na_2SO_4、K_2SO_4 和 $MgSO_4$ 三种侵蚀溶液的 pH 值分别为 7.21、7.24、8.12，而 $(NH_4)_2SO_4$ 溶液的 pH 值为 6.13，属于酸性溶液。因此，可以推断，铵盐和硫酸盐复合侵蚀条件下的低热硅酸盐水泥石同时发生了 Ca^{2+} 溶蚀和硫酸盐侵蚀，并且前者占主导作用，酸性溶液环境消耗了水泥石中 $Ca(OH)_2$、C—A—H 以及部分 C—S—H，导致水泥试件的微观结构变得疏松多孔，表现为宏观孔隙率的增大。

6.2.2　硫酸根离子浓度分布

6.2.2.1　水泥种类对侵蚀试件 SO_4^{2-} 浓度的影响

测试在 5.0% Na_2SO_4 溶液中浸泡 30d、90d 和 180d 的 OPC、LHC 和 L-30F 水泥石试件中 SO_4^{2-} 浓度分布，结果如图 6.10 所示。就样品表面附近的损伤区域而言，3 种浆体中的 SO_4^{2-} 浓度均随着距试件表面深度的增加而不断减小，并且随着侵蚀龄期的延长而显著增加，这主要是由于 SO_4^{2-} 进入水泥石后与其水化产物反应生成的石膏、钙矾石等膨胀性微溶产物附着在试件表层孔隙，在一定程度上限制了 SO_4^{2-} 的进一步扩散。在试件内部，3 种水泥石的 SO_4^{2-} 浓度随着深度的增加并无明显变化，均可视为恒定值，由高到低依次为 OPC、LHC、L－30F，这与水泥材料中所含的石膏等含硫化合物的初始含量有关。低热硅酸盐水泥中的 SO_3 含量低于普通硅酸盐水泥，掺入粉煤灰后将进一步降低胶凝材料中的硫含量。

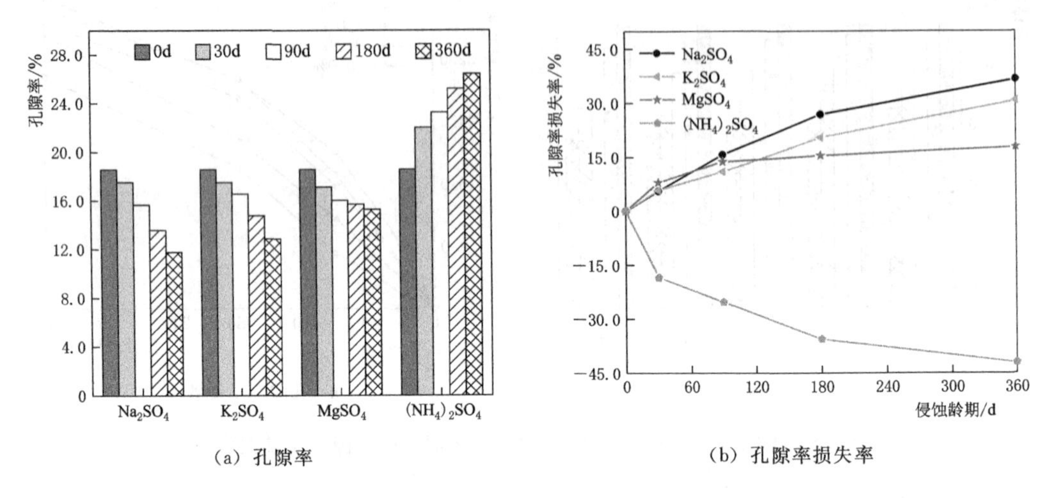

(a) 孔隙率　　(b) 孔隙率损失率

图 6.9　5.0%浓度硫酸盐溶液中 LHC 水泥石的孔隙率及其损失率

表 6.3　不同硫酸盐侵蚀溶液的 pH 值实测值

溶液类型	Na_2SO_4	K_2SO_4	$MgSO_4$	$(NH_4)_2SO_4$
pH 值	7.21	7.24	8.12	6.13

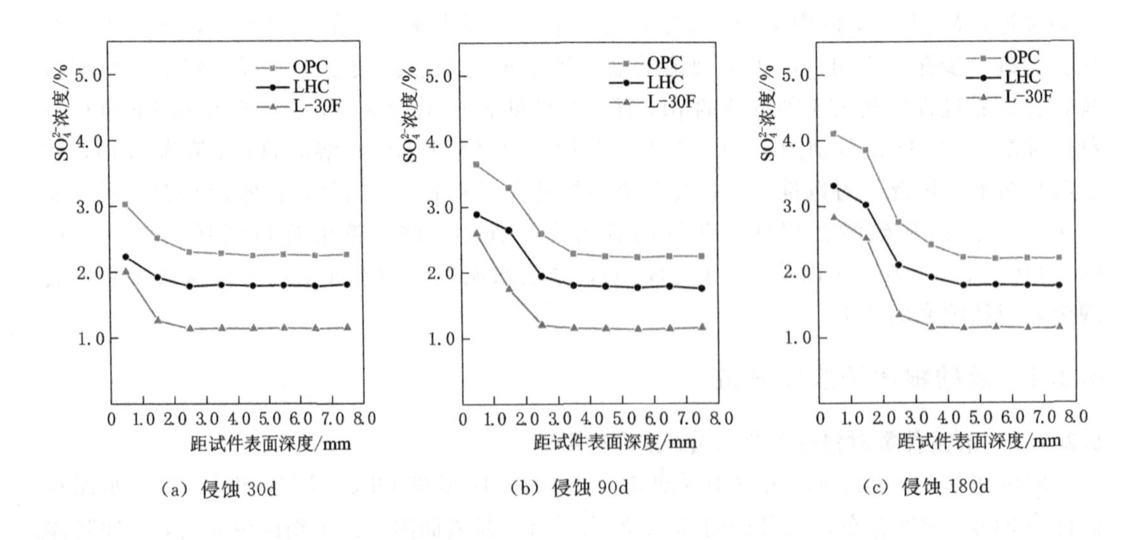

(a) 侵蚀 30d　　(b) 侵蚀 90d　　(c) 侵蚀 180d

图 6.10　5% Na_2SO_4 溶液中不同类型水泥浆体中的 SO_4^{2-} 浓度

测试在 5.0% $MgSO_4$ 溶液中浸泡 30d、90d 和 180d 的 OPC、LHC 和 L－30F 三种水泥浆体中的 SO_4^{2-} 浓度，结果如图 6.11 所示。浸泡在 $MgSO_4$ 溶液中的 OPC、LHC 和 L－30F 三种试件的 SO_4^{2-} 含量稳定值与 Na_2SO_4 溶液中的相关规律一致，说明在试件内部区域未发生硫酸盐侵蚀，其 SO_4^{2-} 浓度不受侵蚀龄期和侵蚀深度的影响。而对于试件表层的侵蚀区域而言，三组水泥石中的 SO_4^{2-} 浓度均随着深度的增加而迅速降低。浸泡 180d 之后，低热硅酸盐水泥浆体表层区域与其中心未侵蚀区域的 SO_4^{2-} 浓度差值大于普通硅酸盐水泥浆体，且当掺入 30%粉煤灰后，两区域的 SO_4^{2-} 浓度差值进一步增大。产生这一现象的原因与其孔隙率变化规律的分析一致，即普通硅酸盐水泥浆体水化生成的 $Ca(OH)_2$ 数量多于低热硅酸盐水泥，因此前者在 $MgSO_4$ 侵蚀溶液中生成的沉淀性侵蚀产物 $Mg(OH)_2$ 的量较高，累积在水泥石试件表层限制了 SO_4^{2-} 的进一步深入扩散，宏观上表现为 SO_4^{2-} 的侵入深度较低。同理，掺入粉煤灰后的低热硅酸盐水泥试件中 $Ca(OH)_2$ 含量进一步降低，因此其表面损伤区域的 SO_4^{2-} 增加量最多。

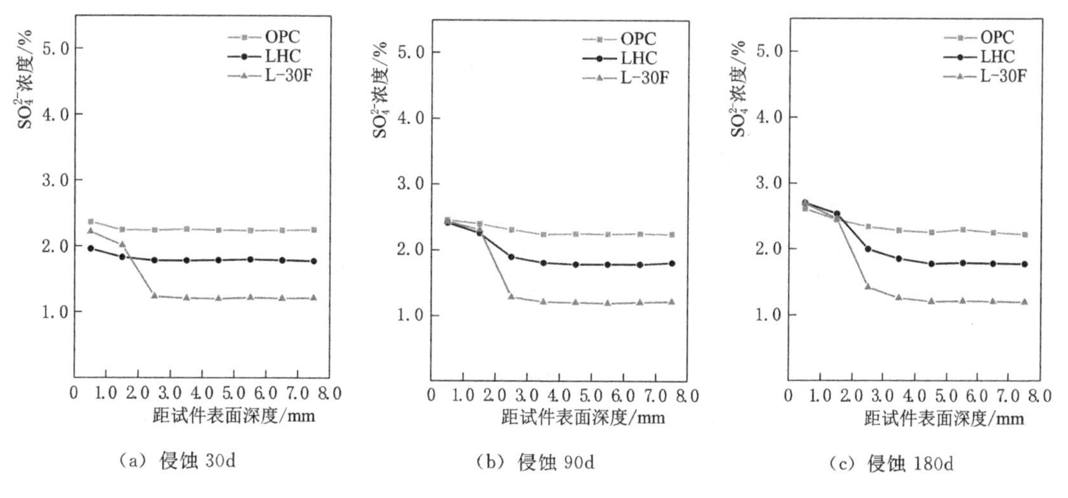

(a) 侵蚀 30d　　(b) 侵蚀 90d　　(c) 侵蚀 180d

图 6.11　5% $MgSO_4$ 溶液中不同类型水泥浆体中的 SO_4^{2-} 浓度

6.2.2.2 水胶比对侵蚀试件 SO_4^{2-} 浓度的影响

测试在 5.0% Na_2SO_4 溶液中浸泡 30d、90d 和 180d 的 L－0.3、LHC 和 L－0.5 水泥石试件中 SO_4^{2-} 浓度分布，结果如图 6.12 所示。由图 6.12 可知，在试件表层侵蚀区域，不同水胶比的 3 组低热硅酸盐水泥浆体中的 SO_4^{2-} 浓度均随深度的增加而迅速减小，并且在试验周期内 SO_4^{2-} 浓度的相对大小一致，即由大到小均为 L－0.5、LHC、L－0.3。结合上节的试验结果分析可知，SO_4^{2-} 的扩散分布情况与试件初始孔隙率密切相关。当水泥试件的水胶比增大时，水泥浆体中可蒸发水含量增多，因此硬化水泥石的孔隙率较大，导致外部 SO_4^{2-} 在水泥石中的扩散速率增加。在未经侵蚀的试件内部区域，3 种水泥石中的 SO_4^{2-} 初始浓度基本一致，但由于水胶比不同导致水泥石密度有所差异，即水胶比小的试件单位体积内所含的水化产物较多，因此表现为 L－0.3 试件中的 SO_4^{2-} 浓度略高于 LHC 和 L－0.5。

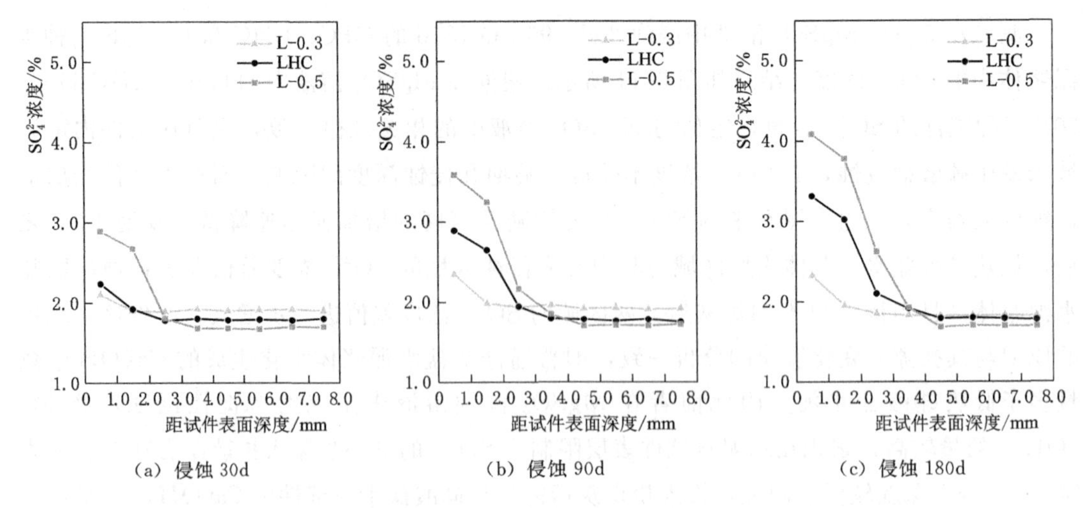

(a) 侵蚀 30d (b) 侵蚀 90d (c) 侵蚀 180d

图 6.12 5% Na_2SO_4 溶液中不同水胶比水泥浆体中的 SO_4^{2-} 浓度

6.2.2.3 粉煤灰掺量对侵蚀试件 SO_4^{2-} 浓度的影响

测试在 5.0% Na_2SO_4 溶液中浸泡 30d、90d 和 180d 的 L－15F、L－30F 和 L－45F 水泥石试件中 SO_4^{2-} 浓度分布，结果如图 6.13 所示。3 组试件浆体表层侵蚀区域的 SO_4^{2-} 浓度均随着试件深度的增加而降低，但其相对大小与粉煤灰掺量并不相关，其中 L－15F 和 L－30F 水泥石对应同一深度下的 SO_4^{2-} 浓度相对大小基本一致，而 L－45F 试件的 SO_4^{2-} 浓度下降速率较慢，表现为其在 0.5mm 深度处的 SO_4^{2-} 浓度小于 L－15F 和 L－30F，而在 1.5mm 或 2.5mm 深度处的 SO_4^{2-} 浓度却较高。造成这种现象的原因主要与试件孔隙率有关，当粉煤灰掺量过高时，水泥浆体的水化产物量相对减少，一方面造成了试件的初始孔隙率增大，另一方面使得侵蚀生成的膨胀性产物较少，对于试件表层孔隙的沉积堵塞作用不明显，因此综合表现为 SO_4^{2-} 在其水泥浆体中的扩散速率相对较高。对于未经硫酸盐侵蚀的试件内部区域，3 组试件的初始 SO_4^{2-} 浓度由大到小依次为 L－15F、L－30F、L－45F。

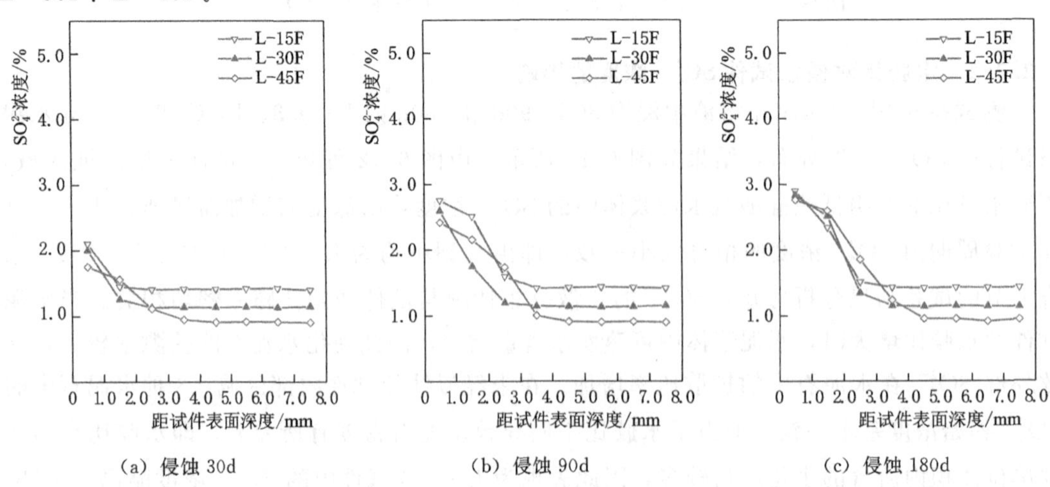

(a) 侵蚀 30d (b) 侵蚀 90d (c) 侵蚀 180d

图 6.13 5.0% Na_2SO_4 溶液中不同粉煤灰掺量侵蚀水泥浆体中的 SO_4^{2-} 浓度

6.2.2.4 溶液浓度对侵蚀试件 SO_4^{2-} 浓度的影响

测试在 0.5%、3.0%、5.0%、8.0%和 10.0% 5 种浓度条件下 Na_2SO_4 溶液中浸泡 30d、90d 和 180d 的低热硅酸盐水泥石中 SO_4^{2-} 浓度分布，结果如图 6.14 所示。在水泥石表层区域，侵蚀溶液浓度对于试件中的 SO_4^{2-} 分布情况有明显影响，表现为同一侵蚀环境下试件的 SO_4^{2-} 浓度随着侵蚀深度的增加而减小，相同侵蚀深度条件下试件 SO_4^{2-} 浓度随着溶液浓度的提高而显著增大。产生这一现象的原因不难分析，外部溶液中的 SO_4^{2-} 向水泥石中的扩散是在浓度差的作用下进行的，因此溶液浓度越高，试件表层的 SO_4^{2-} 浓度的累积增速越大，表现为高浓度的硫酸盐溶液对于水泥混凝土材料的侵蚀破坏作用更强。需要指出的是，有学者认为，SO_4^{2-} 的扩散深度与侵蚀溶液浓度并不成正比，低浓度 Na_2SO_4 溶液中的 SO_4^{2-} 扩散能力大于高浓度溶液，但由于低浓度 SO_4^{2-} 所生成的钙矾石和石膏等侵蚀产物的含量相对较低，因此其对水泥石材料的破坏作用相对较小[97-98]。本试验中未能普遍观察到这一规律，但可从部分试件的扩散深度上证实低浓度侵蚀溶液的 SO_4^{2-} 扩散能力可能更强。例如，在侵蚀龄期为 90d 和 180d 时，0.5%和 3.0%浓度 Na_2SO_4 溶液对应的侵蚀深度大于 5.0%浓度溶液。

6.2.2.5 阳离子类型对侵蚀试件 SO_4^{2-} 浓度的影响

测试在 5.0%浓度的 Na_2SO_4、K_2SO_4、$MgSO_4$ 和 $(NH_4)_2SO_4$ 溶液中浸泡 30d、90d 和 180d 的低热硅酸盐水泥石中 SO_4^{2-} 浓度分布，结果如图 6.15 所示。由图可知，在水泥石表层侵蚀区域，$MgSO_4$ 溶液中 LHC 试件的 SO_4^{2-} 浓度增加值小于 Na_2SO_4 溶液中的对应增量，相关规律及原因已在前文中讨论过。相同深度条件下，K_2SO_4 溶液与 Na_2SO_4 溶液中 LHC 试件 SO_4^{2-} 浓度相近，并且均随侵蚀龄期的延长而增加、随侵蚀深度的增加而降低，说明 K^+、Na^+ 两种类型阳离子对低热硅酸盐水泥硫酸盐侵蚀过程的影响并无明显差异。相较于其他 3 种侵蚀溶液，浸泡于 $(NH_4)_2SO_4$ 溶液中的水泥石表层 SO_4^{2-} 浓度显著提高，并且扩散深度明显增大。这主要是由于 $(NH_4)_2SO_4$ 溶液中的低热硅酸盐水泥浆体损伤类型主要为溶蚀破坏，随着 Ca^{2+} 的不断溶出，试件孔隙率增大，几乎不存在硫酸盐侵蚀的膨胀性产物沉积、堵塞在孔隙表层的情况，因此 SO_4^{2-} 的扩散速率较快。

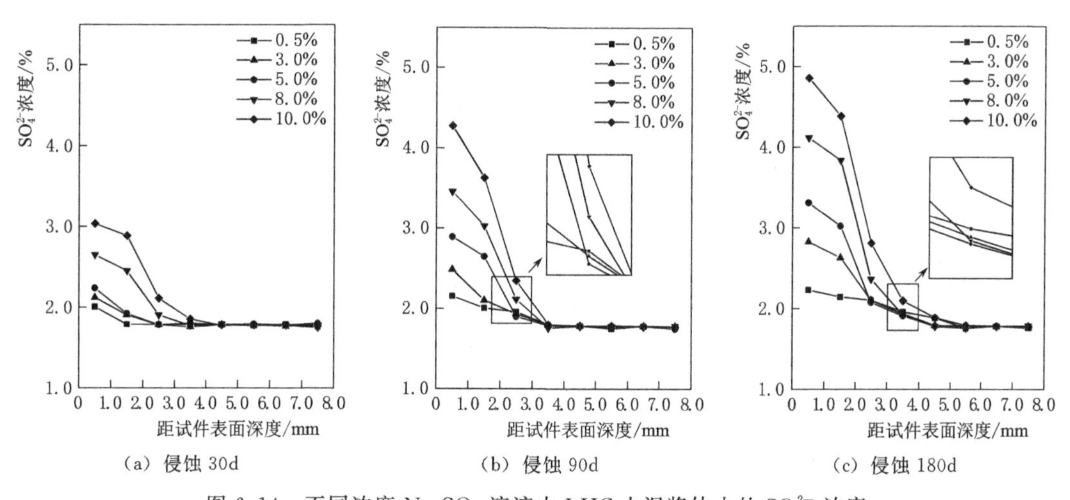

(a) 侵蚀 30d (b) 侵蚀 90d (c) 侵蚀 180d

图 6.14 不同浓度 Na_2SO_4 溶液中 LHC 水泥浆体中的 SO_4^{2-} 浓度

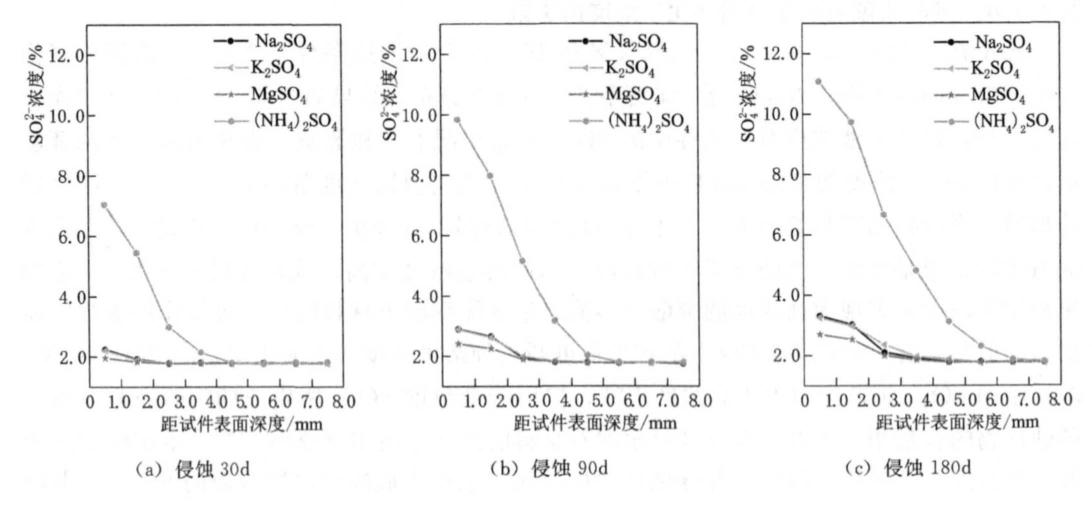

(a) 侵蚀 30d　(b) 侵蚀 90d　(c) 侵蚀 180d

图 6.15　5.0%浓度硫酸盐溶液中 LHC 水泥浆体中的 SO_4^{2-} 浓度

6.2.3 硫酸根离子扩散深度

计算不同硫酸盐侵蚀条件下各组水泥石试件的 SO_4^{2-} 扩散深度，测定方法如下：将图 6.10～图 6.15 中 SO_4^{2-} 浓度与试件深度的关系曲线分别做光滑处理，然后计算各组水泥石未侵蚀区域的 SO_4^{2-} 初始浓度的平均值，并在图像上绘制以此数据为纵坐标的水平横线，该横线与侵蚀区域 SO_4^{2-} 浓度曲线的第一个交点即为相应侵蚀条件下的 SO_4^{2-} 扩散深度。所得结果见表 6.4。

表 6.4　**水泥浆体中 SO_4^{2-} 扩散深度**

试件编号	侵蚀条件		扩散深度/mm		
	溶液类型	溶液浓度/%	侵蚀 30d	侵蚀 90d	侵蚀 180d
OPC	Na_2SO_4	5.0	2.63	4.08	4.75
LHC	Na_2SO_4	5.0	2.27	3.30	4.19
L-0.3	Na_2SO_4	5.0	1.71	2.66	3.48
L-0.5	Na_2SO_4	5.0	3.22	4.49	4.72
L-15F	Na_2SO_4	5.0	1.93	3.25	3.58
L-30F	Na_2SO_4	5.0	1.88	2.79	3.83
L-45F	Na_2SO_4	5.0	3.48	4.21	4.74
OPC	$MgSO_4$	5.0	1.51	2.73	3.36
LHC	$MgSO_4$	5.0	1.85	2.74	3.53
L-30F	$MgSO_4$	5.0	2.64	3.36	4.22
LHC	Na_2SO_4	0.5	1.65	3.31	4.21
LHC	Na_2SO_4	3.0	2.03	3.38	4.38
LHC	Na_2SO_4	8.0	3.38	4.07	4.83

续表

试件编号	侵蚀条件		扩散深度/mm		
	溶液类型	溶液浓度/%	侵蚀 30d	侵蚀 90d	侵蚀 180d
LHC	Na_2SO_4	10.0	4.01	4.39	5.28
LHC	K_2SO_4	5.0	2.33	3.26	4.32
LHC	$(NH_4)_2SO_4$	5.0	4.64	5.76	7.31

由表 6.4 可知，在 5.0% Na_2SO_4 溶液浸泡条件下，LHC 水泥石试件的 SO_4^{2-} 扩散深度小于 OPC，说明低热硅酸盐水泥的抗 Na_2SO_4 溶液侵蚀性能优于普通硅酸盐水泥；L-30F 试件的 SO_4^{2-} 扩散深度较 LHC 进一步降低，说明掺入适量的粉煤灰可以提高低热硅酸盐水泥基材料的抗 Na_2SO_4 溶液侵蚀性能。在 5.0% $MgSO_4$ 溶液浸泡条件下，同一龄期 3 组水泥石中的 SO_4^{2-} 扩散深度由大到小依次为 L-30F、LHC、OPC，说明低热硅酸盐水泥的抗 $MaSO_4$ 侵蚀性能劣于普通硅酸盐水泥，粉煤灰的掺入不利于提高低热硅酸盐水泥基材料抵抗硫酸盐、镁盐双重侵蚀的能力。同一侵蚀龄期下，5.0% K_2SO_4 溶液中的 LHC 水泥石 SO_4^{2-} 扩散深度与 5.0% Na_2SO_4 溶液相近，均明显小于 $(NH_4)_2SO_4$ 溶液中的扩散深度。此外，水胶比、粉煤灰掺量以及溶液浓度对于 SO_4^{2-} 扩散深度的影响规律与 6.2.2 节所得结论一致。

6.3 硫酸盐侵蚀作用下低热硅酸盐水泥基浆体抗压强度与显微维氏硬度

6.3.1 抗压强度

6.3.1.1 水泥种类对侵蚀试件抗压强度的影响

分别测试浸泡于 5.0%浓度条件下 Na_2SO_4 和 $MgSO_4$ 溶液中 OPC、LHC 和 L-30F 水泥石试件的抗压强度并计算其强度损失率，结果如图 6.16、图 6.17 所示。

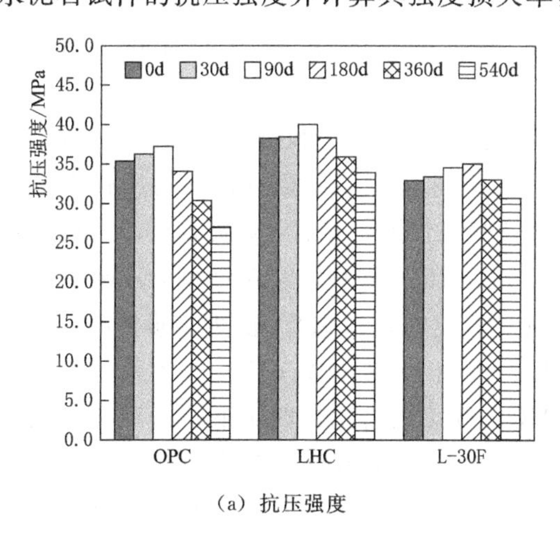

(a) 抗压强度

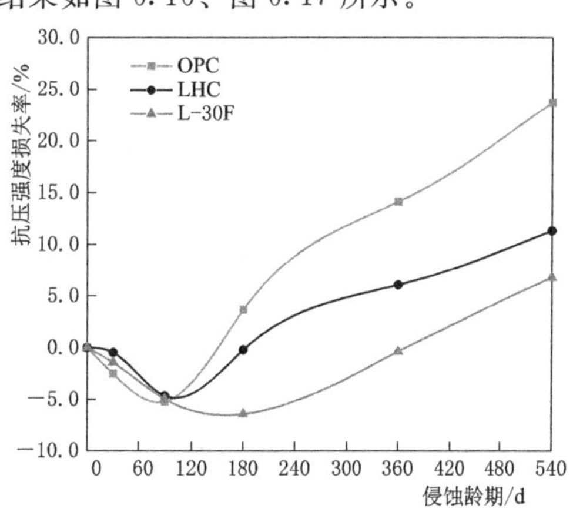

(b) 抗压强度损失率

图 6.16 5.0%浓度 Na_2SO_4 溶液中不同类型侵蚀水泥石的抗压强度及其损失率

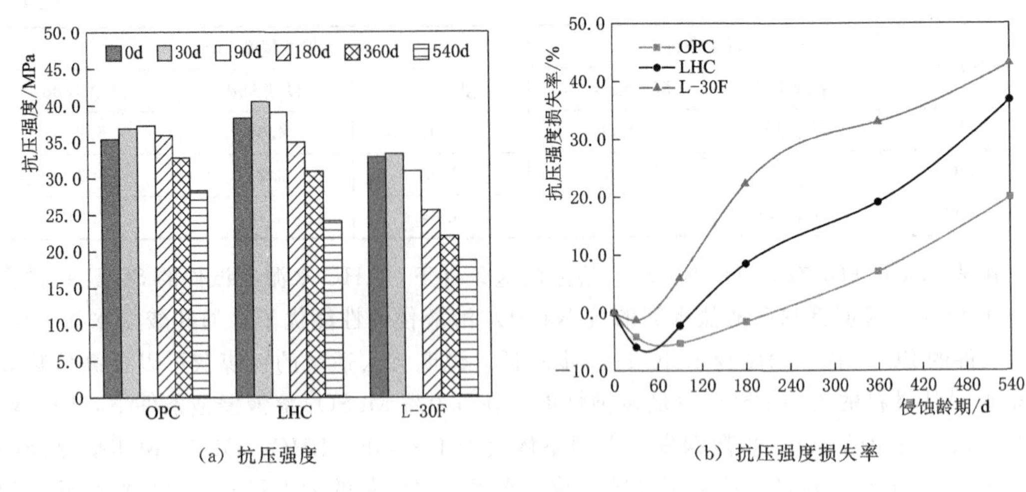

(a) 抗压强度　　　　(b) 抗压强度损失率

图 6.17　5.0%浓度 $MgSO_4$ 溶液中不同类型侵蚀水泥石的抗压强度及其损失率

由图 6.16（a）可知，低热硅酸盐水泥经养护 90d 后的抗压强度高于相同配合比的普通硅酸盐水泥，当掺入 30%粉煤灰后其抗压强度有所降低。对于浸泡在 Na_2SO_4 溶液中的 OPC、LHC 和 L-30F 三组水泥石试件，其抗压强度随侵蚀龄期的变化规律基本一致，即前 90d 内抗压强度随着侵蚀龄期的延长而增加，之后开始降低（L-30F 试件强度 180d 后降低），其中 OPC 水泥石的抗压强度降低最为明显。增强期的出现有水泥石的后期水化作用因素，最主要的原因是早期硫酸盐侵蚀反应生成的石膏、钙矾石等膨胀性侵蚀产物密实了水泥石的孔隙结构，进而提高了其力学性能。然而随着硫酸盐侵蚀反应的持续发生和侵蚀产物的不断累积，最终膨胀应力超过水泥石的极限抗拉强度，表现为水泥石的开裂、剥落以及强度损失，因此迅速进入劣化期。图 6.16（b）中的抗压强度损失率也证明了这一点，三组试件的抗压强度损失率在 90d 之前均为负值，普通硅酸盐水泥的抗压强度增长率最高、低热硅酸盐水泥次之，说明低热硅酸盐水泥的抗硫酸盐侵蚀性能优于普通硅酸盐水泥。侵蚀 90d 之后，三组试件的抗压强度损失率从大到小变化为 OPC、LHC、L-30F，并且其最低值分别出现在 78d、96d、163d，抗压强度损失率转正时间为 142d、181d、367d。

如图 6.17（a）所示，三组水泥试件在 $MgSO_4$ 溶液中的抗压强度变化规律与 Na_2SO_4 溶液相似，也可以分为增强期和劣化期两个阶段。不同的是，OPC 试件的抗压强度自侵蚀 90d 后开始降低，而 LHC 和 L-30F 的抗压强度则在侵蚀 30d 后开始降低。增强期的缩短主要是由于低热硅酸盐水泥的石膏含量以及水化生成的 $Ca(OH)_2$ 含量较低，硫酸镁侵蚀条件下难以在水泥石表面形成足量的 Mg $(OH)_2$ 沉淀物限制 SO_4^{2-} 的进一步扩散，因此随着侵蚀产物的不断积累将迅速进入强度劣化期。由图 6.17（b）可知，3 种水泥在劣化期内的强度损失率由大到小依次为 L-30F、LHC、OPC，再次证明了低热硅酸盐水泥在 $MgSO_4$ 溶液中的抗侵蚀性能劣于普通硅酸盐水泥，掺入 30%粉煤灰后会进一步降低其抗侵蚀能力。此外，OPC、LHC 和 L-30F 水泥石对应的抗压强度损失率最低值分别出现在 87d、34d 和 26d，抗压强度损失率转正时间为 218d、110d 和 47d。

6.3.1.2 水胶比对侵蚀试件抗压强度的影响

测试浸泡于5.0%浓度 Na_2SO_4 溶液中的L-0.3、LHC和L-0.5水泥石试件的抗压强度并计算其强度损失率，结果如图6.18所示。L-0.3、LHC和L-0.5试件对应的抗压强度增长期大致为180d、90d和30d，即随着水胶比的增大，Na_2SO_4 侵蚀作用下低热硅酸盐水泥石的抗压强度增长期缩短。这主要是由于随着水胶比的增大，试件孔隙率增大，单位时间内扩散进入水泥石的 SO_4^{2-} 量增多，生成的钙矾石、石膏等侵蚀产物迅速累积并产生膨胀应力，因此进入强度劣化期的时间提前。由图6.18（b）可知，劣化期3组试件的强度损失率由大到小依次为L-0.5、LHC、L-0.3，符合水胶比增大时水泥浆体抗硫酸盐侵蚀性能降低这一普遍结论。需要指出的是，在试验龄期内，L-0.3水泥石的抗压强度损失率均为负值，证明其具有良好的抗硫酸盐侵蚀能力，其强度损失率的最低点出现在204d附近，说明在此之前均为强度增强期，之后在损伤劣化期内其抗压强度仍高于初始强度。此外，L-0.5水泥石对应的抗压强度损失率最低值出现在25d，转正时间为50d。

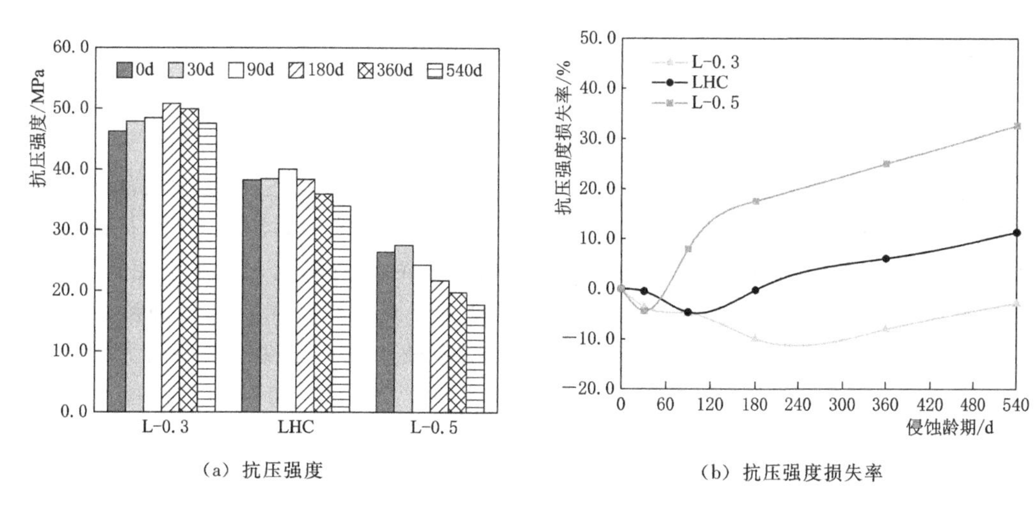

(a) 抗压强度　　(b) 抗压强度损失率

图6.18　5.0%浓度 Na_2SO_4 溶液中不同水胶比侵蚀水泥石的抗压强度及其损失率

6.3.1.3 粉煤灰掺量对侵蚀试件抗压强度的影响

测试浸泡于5.0%浓度 Na_2SO_4 溶液中的L-15F、L-30F和L-45F三组水泥石试件的抗压强度并计算其强度损失率，结果如图6.19所示。由图6.19可知，低热硅酸盐水泥石的初始抗压强度随着粉煤灰掺量的增加而降低。在 Na_2SO_4 侵蚀溶液中，L-15F、L-30F和L-45F试件对应的抗压强度增长期大致为90d、180d和30d，这与试件孔隙率和膨胀率的变化规律一致，进一步证明了适量的粉煤灰可以提高低热硅酸盐水泥的抗硫酸盐侵蚀性能，而当掺量过高时其抗侵蚀能力反而会下降。由图6.19（b）可以看出，L-15F和L-45F水泥石的劣化期抗压强度损失率较为接近，且均明显高于L-30F试件。L-15F和L-45F强度损失率的最低值分别出现在68d和30d，转正时间分别为120d和94d，而L-30F水泥石强度损失率的最低值出现时间和转正时间分别为165d和368d，均明显高于另外两组试件，这主要是由于适量的粉煤灰细化了水泥石的微观结构，导致 SO_4^{2-} 的扩散速率降低，进而使其抗压强度增强期延长。

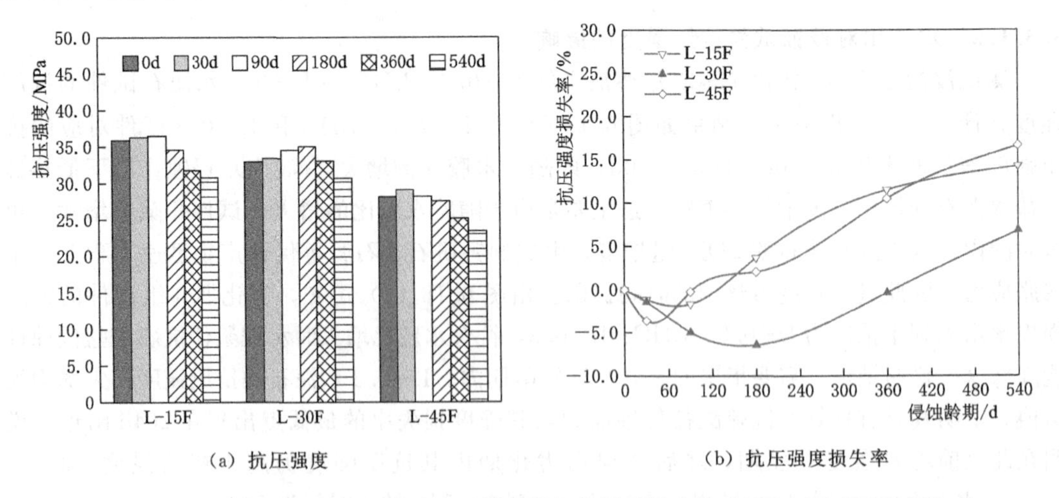

图 6.19　5.0%浓度 Na_2SO_4 溶液中不同粉煤灰掺量侵蚀水泥石的抗压强度及其损失率

6.3.1.4　溶液浓度对侵蚀试件抗压强度的影响

测试浸泡于 0.5%、3.0%、5.0%、8.0%和 10.0%浓度 Na_2SO_4 溶液中的 LHC 水泥石抗压强度并计算其强度损失率，结果如图 6.20 所示。由图 6.20 可知，Na_2SO_4 侵蚀环境中 LHC 水泥石的抗压强度增长期随着溶液浓度的提高而缩短，强度劣化期的抗压强度降低幅度则随着溶液浓度的提高而增大。当侵蚀溶液浓度较高时，SO_4^{2-} 迅速扩散、聚集在水泥石试件表层并生成膨胀性侵蚀产物，能够在短时间内填充、密实水泥孔隙结构，进而加速其开裂和损伤，因此表现为较高浓度侵蚀溶液中的水泥石抗压强度增长期缩短。由图 6.20（b）可知，劣化期 5 种浓度溶液对应的水泥石强度损失率由大到小依次为 10.0%、8.0%、5.0%、3.0%和 0.5%，也说明了 Na_2SO_4 溶液的侵蚀能力随其浓度的提高而增强。此外，溶液浓度由高到低对应的 5 组 LHC 试件抗压强度损失率最低值出现时间分别为 24d、26d、96d、73d、186d，转正时间分别为 47d、52d、181d、240d、480d。

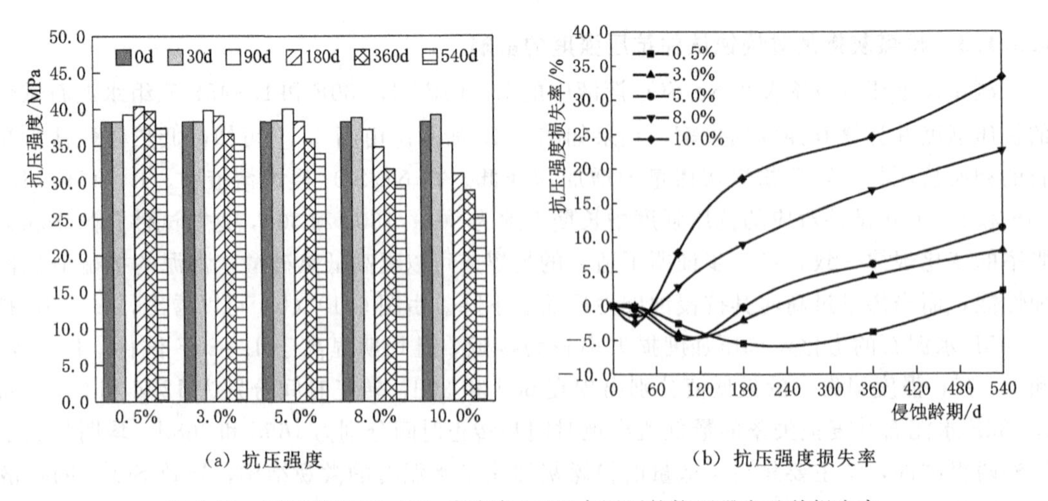

图 6.20　不同浓度 Na_2SO_4 溶液中 LHC 水泥石的抗压强度及其损失率

6.3.1.5　阳离子类型对侵蚀试件抗压强度的影响

测试浸泡于5.0%浓度条件下Na_2SO_4、K_2SO_4、$MgSO_4$和$(NH_4)_2SO_4$溶液中LHC水泥石试件的抗压强度并计算其强度损失率，结果如图6.21所示。浸泡于Na_2SO_4和K_2SO_4溶液中的LHC水泥石强度增长期均为90d，之后抗压强度开始下降，在劣化期的抗压强度损失率较为接近，其最低值出现时间分别为96d和90d，转正时间分别为181d和133d。浸泡于$(NH_4)_2SO_4$溶液中的LHC试件同时受到Ca^{2+}溶蚀与硫酸盐侵蚀的双重作用，因此其不存在强度增强期，水泥石的抗压强度随着侵蚀龄期的延长而明显降低，主要是由于水泥浆体中的Ca^{2+}溶出，$Ca(OH)_2$含量降低、水化硅酸钙发生脱钙反应，导致其力学性能持续下降。

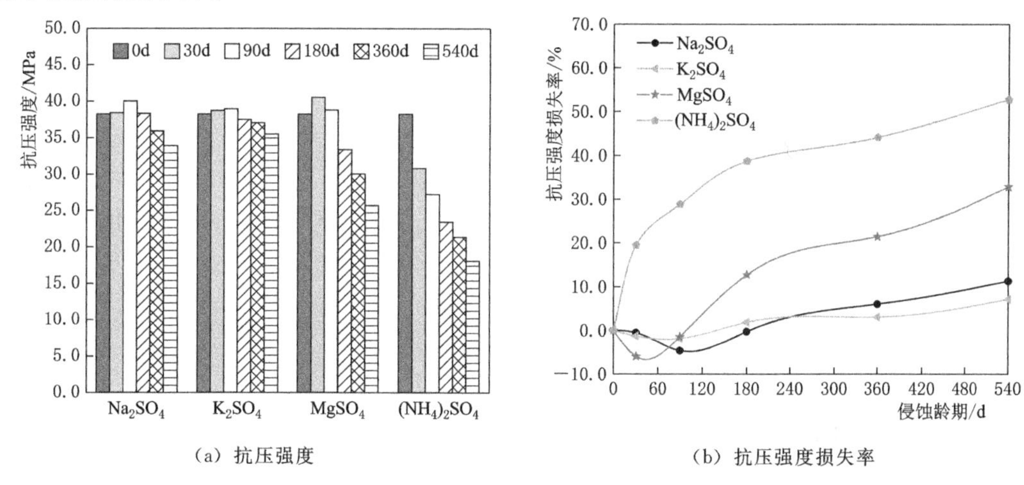

(a) 抗压强度　　(b) 抗压强度损失率

图6.21　5.0%浓度硫酸盐溶液中LHC水泥石的抗压强度及其损失率

6.3.2　抗压强度损失率预测模型

根据硫酸盐侵蚀作用下低热硅酸盐水泥基材料中的SO_4^{2-}分布规律可知，水泥石的硫酸盐侵蚀破坏是由表及里逐层发生的。因此，为了便于建立硫酸盐侵蚀水泥石的抗压强度预测模型，本节按照圆柱体试件不同区域承载力水平的差异，将其沿离子侵入方向依次划分为损伤区、强化区和完好区[190]。如图6.22所示，劣化区包括试件表面到深度为d_d的区域，完好区自SO_4^{2-}扩散深度d_s处开始至试件中心，劣化区与完好区之间为强化区。

假设水泥石的外部荷载由损伤区、强化区和完好区三者共同承担，且三个区域的水泥石材料各向同性。损伤区和强化区的抗压强度可在完好区抗压强度的基础上分别乘一个残余系数和增强系数得到，见式(6.6)和式(6.7)。

$$\sigma_d = f_d \sigma_0 \tag{6.6}$$

$$\sigma_s = f_s \sigma_0 \tag{6.7}$$

式中：σ_d为损伤区抗压强度；f_d为残余系数，本节假设其值为0.1；σ_s为强化区抗压强度；f_s为增强系数；σ_0为完好区抗压强度，采用试件侵蚀前的抗压强度值。

基于以上假设，经硫酸盐侵蚀t天的水泥石试件抗压强度可表示为

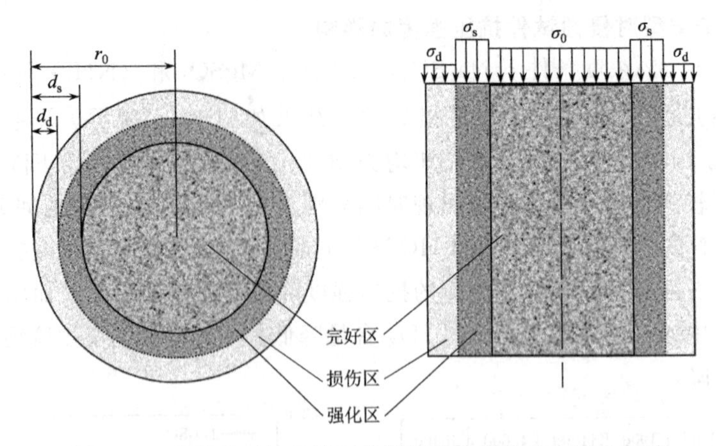

图 6.22 硫酸盐侵蚀条件下水泥石试件的截面分区示意图

$$\sigma(t)=\frac{F(t)}{A_{\text{total}}}=\frac{A_0\sigma_0+A_s\sigma_s+A_d\sigma_d}{\pi r_0^2} \tag{6.8}$$

式中：r_0 为水泥石半径，本章中取值为 25mm；A_0、A_s 和 A_d 分别为完好区、强化区和损伤区面积，其计算公式如下：

$$A_0=\pi(r_0-d_s)^2 \tag{6.9}$$

$$A_s=\pi(r_0-d_d)^2-\pi(r_0-d_s)^2 \tag{6.10}$$

$$A_d=\pi r_0{}^2-\pi(r_0-d_d)^2 \tag{6.11}$$

将式（6.6）和式（6.7）代入式（6.8），可得

$$\sigma(t)=\frac{A_0+A_sf_s+A_df_d}{\pi r_0^2}\sigma_0 \tag{6.12}$$

分别将式（6.9）～式（6.12）代入式（6.8），可得

$$\Delta\sigma(t)=1-\frac{(2r_0d_d-d_d^2)f_d+[2r_0(d_s-d_d)+d_d^2-d_s^2]f_s+(r_0-d_s)^2}{r_0^2} \tag{6.13}$$

根据式（6.13），硫酸盐侵蚀作用下水泥石试件的抗压强度损失率主要与损伤区深度 d_d 和强化区深度 d_s 有关。假设侵蚀水泥石试件的强化区宽度为 Δd，其数值可以根据硫酸盐侵蚀试件抗压强度损失率最低值出现龄期所对应的 SO_4^{2-} 扩散深度确定。d_d 与 d_s 之间的关系可由式（6.14）表示：

$$d_d=\begin{cases}0,(d_s<\Delta d)\\ d_s-\Delta d,(d_s\geqslant\Delta d)\end{cases} \tag{6.14}$$

将式（6.14）代入式（6.13），可得到硫酸盐侵蚀作用下水泥石的抗压强度损失率公式，见式（6.15）：

$$\Delta\sigma(t)=\begin{cases}1-\dfrac{(2r_0d_s-d_s^2)f_s+(r_0-d_s)^2}{r_0^2},(d_s<\Delta d)\\[2ex] 1-\dfrac{\begin{gathered}[2r_0(d_s-\Delta d)-(d_s-\Delta d)^2]f_d\\+(2\Delta dr_0-\Delta dd_s+\Delta d^2)f_s+(r_0-d_s)^2\end{gathered}}{r_0^2},(d_s\geqslant\Delta d)\end{cases} \tag{6.15}$$

式中：d_s 为 SO_4^{2-} 扩散深度值。

根据水泥石抗压强度损失率及 SO_4^{2-} 扩散深度试验结果，分别拟合计算不同硫酸盐侵蚀条件下的参数 Δd 、k 和 α，所得结果列于表 6.5 中。由表 6.5 可知，同种硫酸盐侵蚀溶液所对应的 Δd 数值较为接近，为了进一步简化模型计算，对于 Na_2SO_4 和 K_2SO_4 溶液侵蚀条件下的 Δd 取表中数据平均值 3.5mm，$MgSO_4$ 溶液侵蚀条件下的 Δd 取表中数据平均值 2.5mm，$(NH_4)_2SO_4$ 溶液侵蚀条件下的水泥石试件不存在强化区，因此 Δd 为 0。

表 6.5　　水泥石强度模型计算参数

试件编号	侵蚀条件		模型参数			
	溶液类型	溶液浓度/%	Δd/mm	k	α	f_s
OPC	Na_2SO_4	5.0	3.9	0.85	0.34	1.12
LHC	Na_2SO_4	5.0	3.3	0.71	0.34	1.15
L-0.3	Na_2SO_4	5.0	3.5	0.44	0.40	1.45
L-0.5	Na_2SO_4	5.0	3.2	1.55	0.22	1.08
L-15F	Na_2SO_4	5.0	2.7	0.59	0.37	1.20
L-30F	Na_2SO_4	5.0	3.5	0.49	0.39	1.23
L-45F	Na_2SO_4	5.0	3.5	1.94	0.17	1.25
OPC	$MgSO_4$	5.0	3.2	0.33	0.47	0.95
LHC	$MgSO_4$	5.0	1.9	0.54	0.36	0.92
L-30F	$MgSO_4$	5.0	2.4	1.09	0.26	0.89
LHC	Na_2SO_4	0.5	4.1	0.29	0.50	1.28
LHC	Na_2SO_4	3.0	4.0	0.47	0.43	1.19
LHC	Na_2SO_4	8.0	3.4	1.72	0.20	1.10
LHC	Na_2SO_4	10.0	4.0	2.38	0.15	1.08
LHC	K_2SO_4	5.0	3.3	0.72	0.34	1.07
LHC	$(NH_4)_2SO_4$	5.0	0.0	1.96	0.25	0.56

采用式（6.15）对不同硫酸盐侵蚀条件下各组水泥石的抗压强度损失率数据进行拟合，试验值与模型预测值的对比结果如图 6.23 所示，并将模型参数 f_s 的数值拟合结果也列于表 6.5 中。从图 6.23 可以看出，该模型能够较好地反映各组水泥石试件抗压强度损失率的增强阶段和劣化阶段，并且试验值与模型预测值之间具有较好的相关性，拟合误差较小，是一种预测硫酸盐侵蚀作用下低热硅酸盐水泥基材料抗压强度损失率的有效方法。

6.3.3 显微维氏硬度

6.3.3.1 水泥种类对侵蚀试件显微维氏硬度的影响

测试在 5.0% Na_2SO_4 溶液中浸泡 30d、90d、180d 和 360d 的 OPC、LHC 和 L-30F 水泥石试件截面显微维氏硬度，结果如图 6.24 所示。由图 6.24 可知，浸泡于 5.0% Na_2SO_4 溶液中 OPC、LHC 和 L-30F 水泥石试件的显微维氏硬度分布规律相似，在试件表层区域

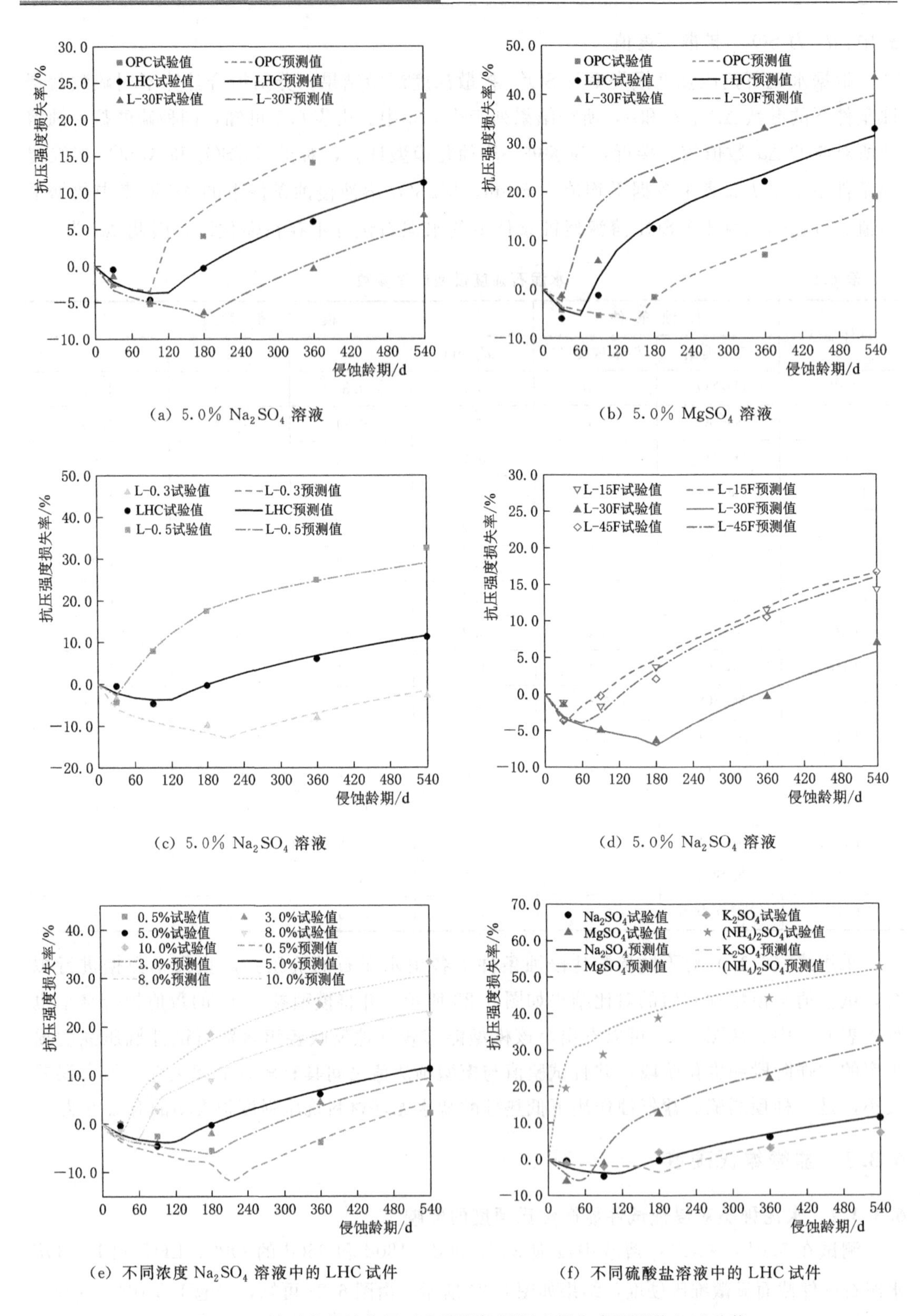

(a) 5.0% Na_2SO_4 溶液

(b) 5.0% $MgSO_4$ 溶液

(c) 5.0% Na_2SO_4 溶液

(d) 5.0% Na_2SO_4 溶液

(e) 不同浓度 Na_2SO_4 溶液中的 LHC 试件

(f) 不同硫酸盐溶液中的 LHC 试件

图 6.23　硫酸盐侵蚀作用下水泥石抗压强度损失率预测值与试验值

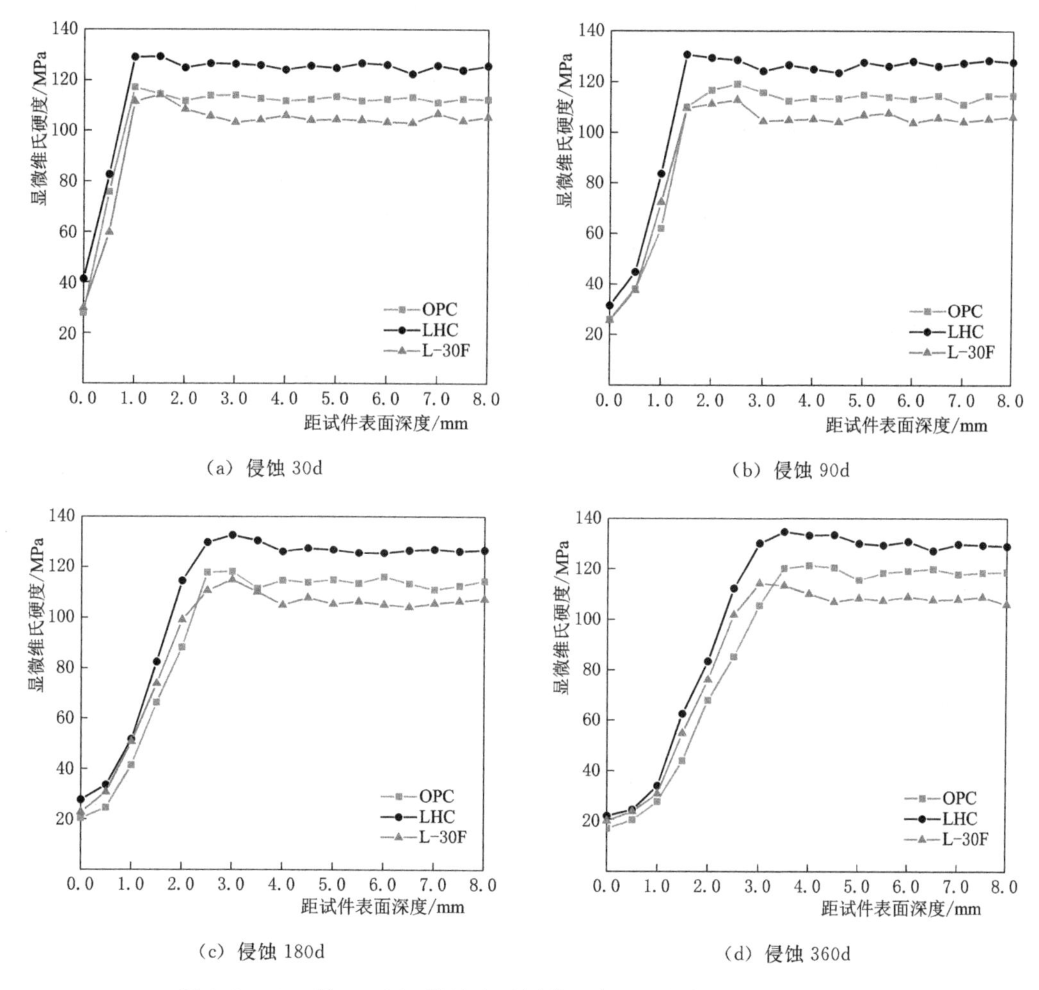

(a) 侵蚀 30d

(b) 侵蚀 90d

(c) 侵蚀 180d

(d) 侵蚀 360d

图 6.24 5.0% Na_2SO_4 溶液中不同类型水泥石的截面显微维氏硬度

均随着水泥石深度的增加而逐渐增大，直至达到最大值后经过短暂下降最终趋于试件内部区域的一个稳定值，基本符合硫酸盐侵蚀由表及里、逐层发生的反应规律。试件表层的显微维氏硬度值明显低于其临近数值，这可能是由于试件表层除发生了硫酸盐侵蚀外，还因与中性侵蚀溶液的长期接触而发生了 Ca^{2+} 溶蚀有关。显微维氏硬度曲线上的峰值显然也与硫酸盐侵蚀反应有关，这一硬度增强区域的出现主要是由于膨胀性硫酸盐侵蚀产物填充了该区域的孔隙结构，因此其位置也可在一定程度上反映 SO_4^{2-} 的侵入深度。对于靠近试件表层的损伤区域，同一试件的显微维氏硬度值随着侵蚀龄期的延长而逐渐降低，并且损伤区域的深度随着侵蚀龄期的延长而增加，侵蚀 30d 后，试件表层硬度损伤区域的 3 组试件硬度值由大到小依次为 LHC、OPC、L－30F，这与其初始显微维氏硬度的相对大小规律一致，也从另一方面说明了低热硅酸盐水泥浆体的水化产物密度和强度均高于同配比的普通硅酸盐水泥。而当侵蚀 360d 后，三者硬度值由大到小改变为 LHC、L－30F、OPC，说明硫酸盐侵蚀条件下低热硅酸盐水泥浆体的硬度性能降低速率较慢，即其抗硫酸盐侵蚀性能优于普通硅酸盐水泥，掺入 30%粉煤灰后可进一步改善这一性能。

测试在5.0% $MgSO_4$ 溶液中浸泡30d、90d、180d和360d的OPC、LHC和L-30F试件截面显微维氏硬度，结果如图6.25所示。从图中可以看出，浸泡于5.0% $MgSO_4$ 溶液中的OPC、LHC和L-30F水泥石显微维氏硬度也随深度的增加而逐渐增大直至达到一个稳定值，但与 Na_2SO_4 侵蚀溶液中不同的是，$MgSO_4$ 侵蚀条件下的水泥浆体显微维氏硬度曲线上并未观察到增强区域。这与其抗压强度分区的相关结论一致，主要是由于水泥浆体在镁盐的侵蚀作用下生成了没有胶结能力的 $Mg(OH)_2$ 和M—S—H等产物，进而造成硫酸盐侵蚀区域的硬度明显降低。3种水泥石稳定区显微维氏硬度值由大到小依次为LHC、OPC、L-30F，但从侵蚀30d开始其表面损伤区域相同深度的显微维氏硬度由大到小改变为OPC、LHC、L-30F，这也证明了硫酸镁侵蚀条件下低热硅酸盐水泥性能劣化程度高于普通硅酸盐水泥，掺入30%粉煤灰对其抗侵蚀能力并无改善。

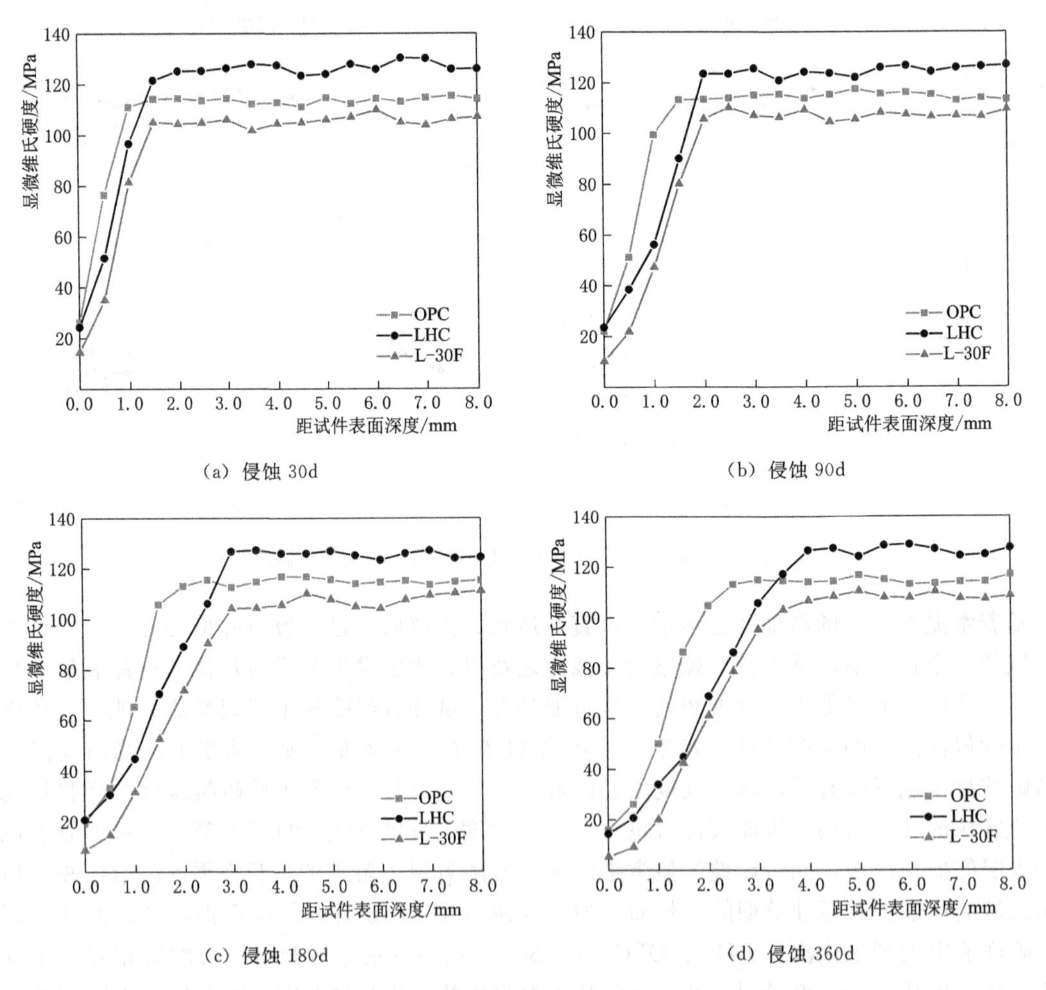

图6.25 5.0% $MgSO_4$ 溶液中不同类型水泥石的截面显微维氏硬度

6.3.3.2 水胶比对侵蚀试件显微维氏硬度的影响

测试浸泡于5% Na_2SO_4 溶液中不同水胶比的L-0.3、LHC和L-0.5水泥石截面显微维氏硬度，结果如图 6.26 所示。由图可知，水胶比对于低热硅酸盐水泥石的初始显微维氏硬度值具有明显影响，即降低水胶比可以显著提高水泥浆体的显微维氏硬度。对于不同侵蚀龄期的水泥石损伤区显微维氏硬度，3 组试件由大到小依次为 L－0.3、LHC、L－0.5，且均随着试件深度的增加而增大，存在明显的硬度增强区域。此外，3 组水泥石显微维氏硬度稳定区域所对应的试件深度均随着侵蚀龄期的延长而增加，相同侵蚀龄期下各组水泥浆体对应的硬度增强区最大深度值由大到小依次为 L－0.5、LHC、L－0.3，这与其 SO_4^{2-} 的扩散深度相对大小一致。

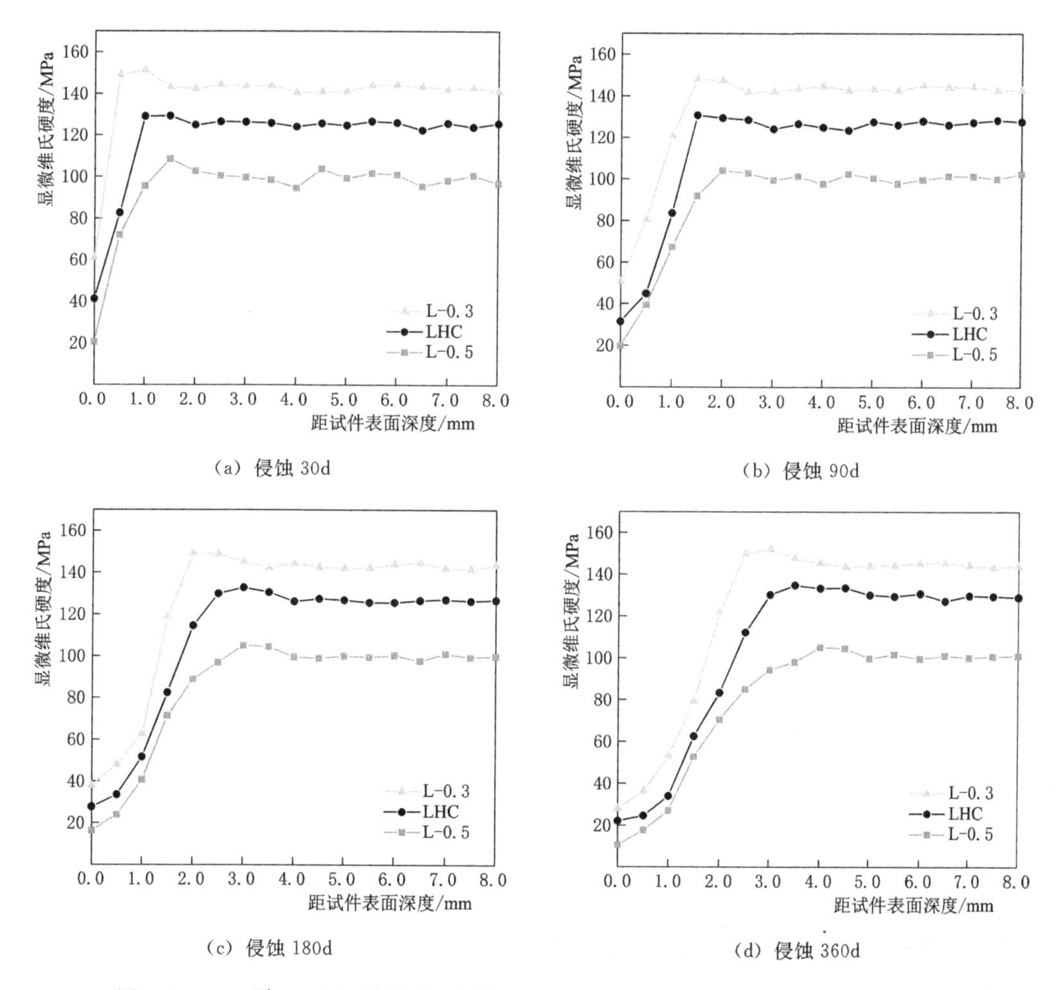

图 6.26　5.0% Na_2SO_4 溶液中不同水胶比低热硅酸盐水泥石的截面显微维氏硬度

6.3.3.3　粉煤灰掺量对侵蚀试件显微维氏硬度的影响

测试浸泡于 5% Na_2SO_4 溶液中不同粉煤灰掺量的 L－15F、L－30F 和 L－45F 水泥浆体显微维氏硬度，结果如图 6.27 所示。对于不同硫酸盐侵蚀龄期下的试件表层损伤区域，3 组粉煤灰-低热硅酸盐水泥石显微维氏硬度由大到小依次为 L－15F、L－30F、L－45F，这与其未侵蚀区域显微维氏硬度稳定值的相对大小一致，说明低热硅酸盐水泥石试件初始显微维氏硬度随其粉煤灰掺量的增加而降低。产生这一现象的原因主要是由于粉煤灰的掺入稀释了水泥熟料矿物成分，使其水化产物量减少，与粉煤灰对水泥石抗压强度的影响规律基本一致。此外，可以观察到3组水泥浆体显微维氏硬度增强区域均随着侵蚀龄期的延长而向试件中心方向移动，并且在同一侵蚀龄期下三者硬度峰值所对应的深度由大到小趋势为L－45F＞L－30F＞L－15F。

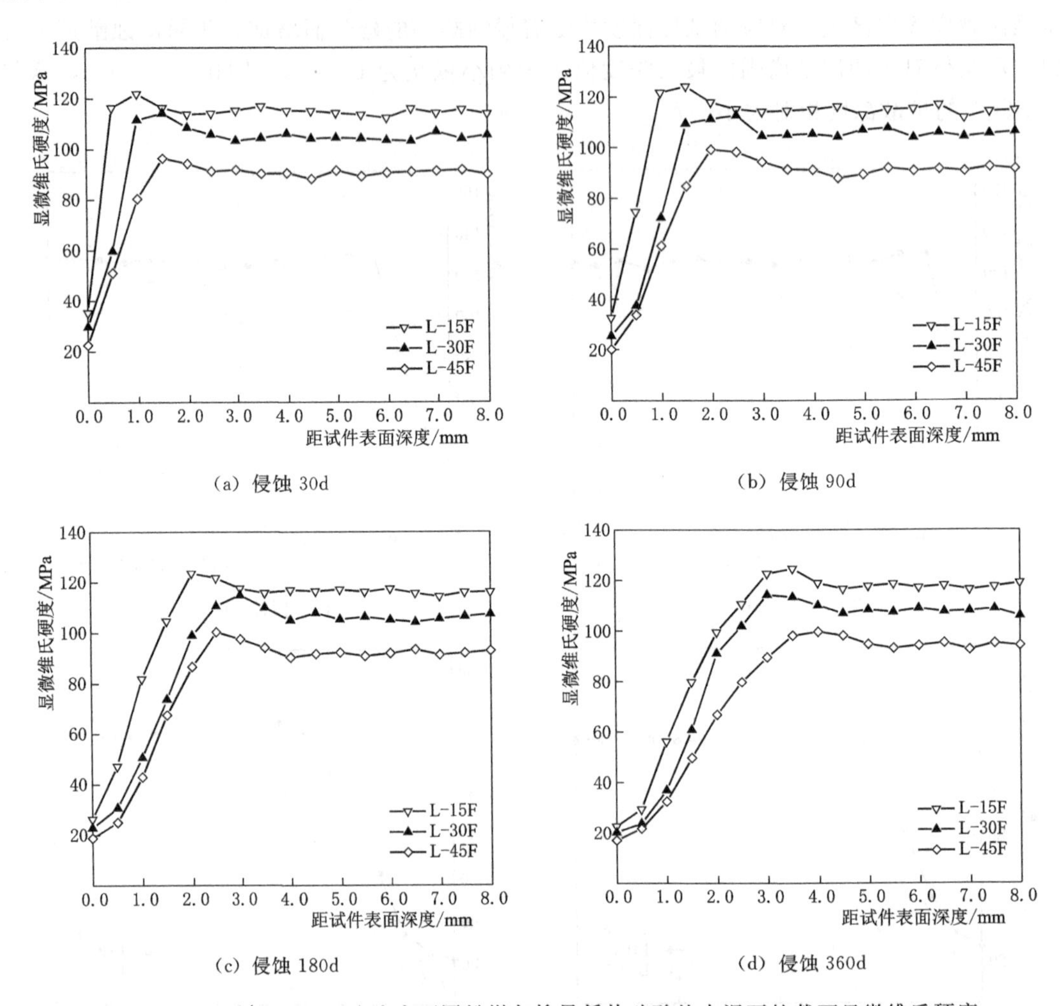

图6.27 5.0% Na_2SO_4 溶液中不同粉煤灰掺量低热硅酸盐水泥石的截面显微维氏硬度

6.3.3.4 溶液浓度对侵蚀试件显微维氏硬度的影响

分别测试浸泡于0.5%、3.0%、5.0%、8.0%和10.0%浓度条件下 Na_2SO_4 溶液中的低热硅酸盐水泥石显微维氏硬度，结果如图6.28所示。随着硫酸盐侵蚀溶液浓度的增加，LHC水泥石表层损伤区域显微维氏硬度的下降趋势逐渐明显，并且各侵蚀龄期下表层损伤区显微维氏硬度值由小到大对应的溶液浓度依次为10.0%、8.0%、5.0%、3.0%、0.5%，说明提高溶液浓度可以促进 SO_4^{2-} 在水泥石中的扩散深度，表现为水泥浆体硬度值随着膨胀性侵蚀产物的持续累积而逐渐降低。此外，对比不同侵蚀龄期的显微维氏硬度曲线，可以发现随着溶液浓度的增加，其劣化区域向试件内部前移的速率加快，对应的增强区深度也随之增加。

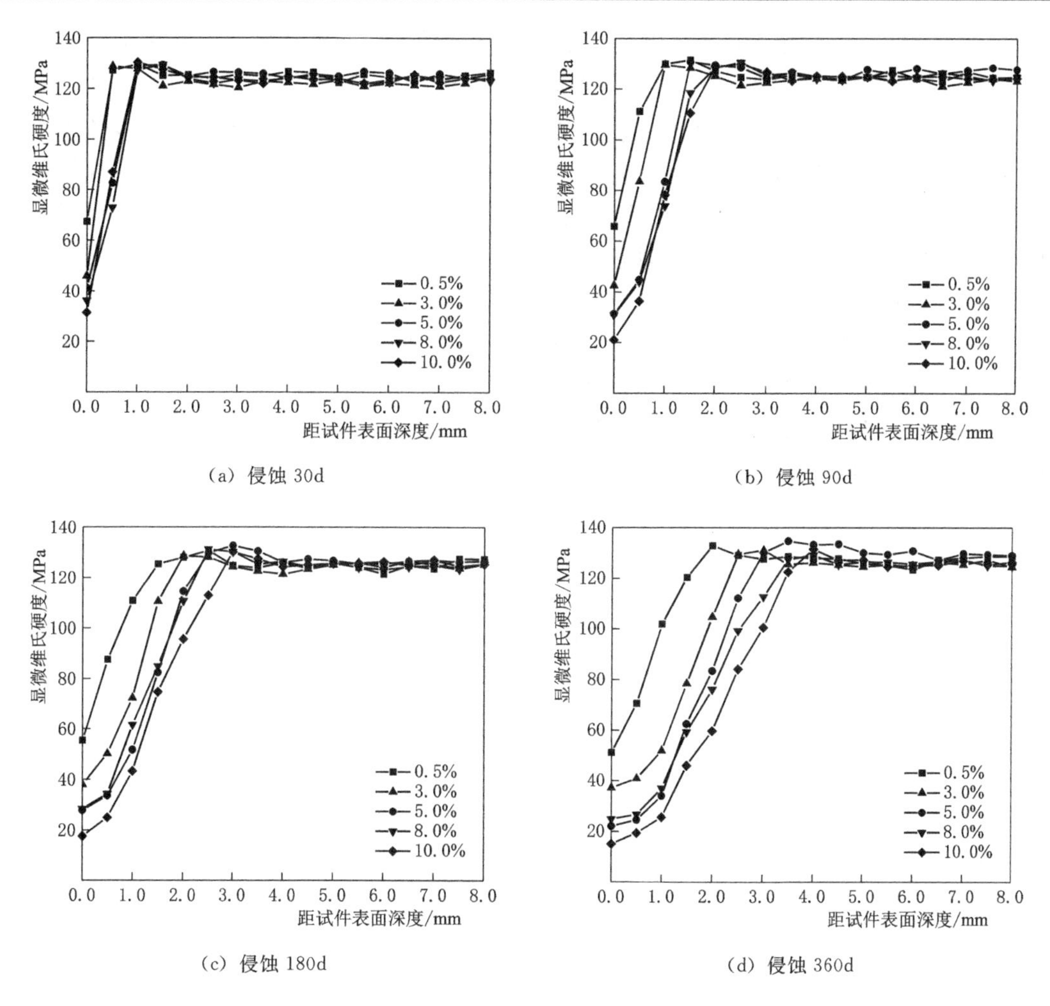

(a) 侵蚀 30d　(b) 侵蚀 90d

(c) 侵蚀 180d　(d) 侵蚀 360d

图 6.28 不同浓度 Na_2SO_4 溶液中 LHC 水泥石的截面显微维氏硬度

6.3.3.5 阳离子类型对侵蚀试件显微维氏硬度的影响

分别测试浸泡于 5.0%浓度条件下的 Na_2SO_4、K_2SO_4、$MgSO_4$ 和 $(NH_4)_2SO_4$ 溶液中的低热硅酸盐水泥石显微维氏硬度，结果如图 6.29 所示。浸泡于相同浓度 K_2SO_4 和 Na_2SO_4 溶液中的 LHC 水泥石显微维氏硬度大小相近且变化趋势相同，均存在表层损伤区、硬度强化区和内部完好区 3 个部分。浸泡于 $(NH_4)_2SO_4$ 溶液中的 LHC 水泥石显微维氏硬度具有较大的表层损伤区，并且损伤区深度随着侵蚀龄期的延长而显著增加，在其硬度分布曲线上并未观察到强化区的存在。造成这一现象的原因主要是由于 $(NH_4)_2SO_4$ 中水泥浆体发生了明显的 Ca^{2+} 溶出现象，并且酸性溶液环境下硫酸盐侵蚀产物中的钙矾石不能稳定存在，即一定程度上减少了膨胀性产物的生成，因此不存在显微维氏硬度强化区。

6.3.4 显微维氏硬度分布预测模型

6.3.4.1 基于显微维氏硬度的水泥石损伤区域划分

对比分析图 6.24～图 6.29 中不同硫酸盐侵蚀环境下各组水泥石显微维氏硬度强化区

最大深度和 SO_4^{2-} 扩散深度，可以发现几乎所有试件的 SO_4^{2-} 扩散深度均略大于其增强区最大深度。这不难理解，当混凝土中出现侵入的 SO_4^{2-} 时，并不能代表硫酸盐侵蚀反应的发生，只有当其力学性能改变或者表现出其他材料特性损伤时才能证实硫酸盐侵蚀作用过程。据此，可以更加准确地对硫酸盐侵蚀过程中水泥石沿其侵蚀方向的截面劣化规律进行分析，如图 6.30 所示，侵蚀截面由表及里可分为 4 个区域：①损伤区，该区域水泥石受到硫酸盐侵蚀或溶蚀的作用，力学性能出现明显下降并且低于稳定区平均值；②强化区，该区域由于硫酸盐侵蚀生成的膨胀性产物对于水泥石孔隙结构的密实作用，使得其力学性能较稳定区平均值有所提高；③侵入区，该区域表示 SO_4^{2-} 已经扩散进入，但由于侵蚀反应尚未发生或者侵蚀产物累积不足以改变水泥石宏观性能的区域；④完好区，该区域未受 SO_4^{2-} 扩散以及侵蚀的影响，水泥石的物理及力学性能保持稳定并与其初始值一致。需要说明的是，由于侵蚀机理的差异，在硫酸镁、硫酸铵侵蚀溶液中的水泥石浆体截面不存在增强区。

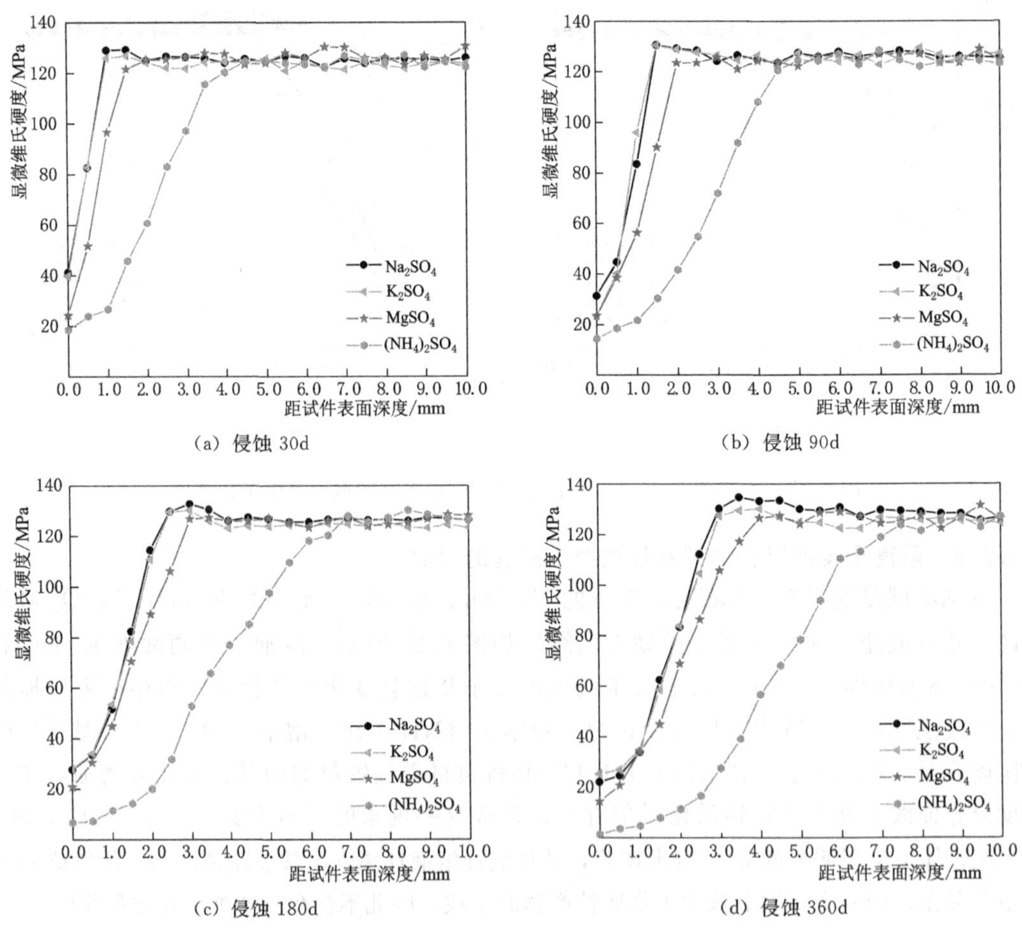

(a) 侵蚀 30d　(b) 侵蚀 90d

(c) 侵蚀 180d　(d) 侵蚀 360d

图 6.29　5.0%浓度硫酸盐溶液中 LHC 水泥石的截面显微维氏硬度

6.3.4.2　基于 Logistic 函数的水泥石显微维氏硬度分布模型

为了建立硫酸盐侵蚀水泥石显微维氏硬度分布模型，首先对图 6.30 中的侵蚀截面分

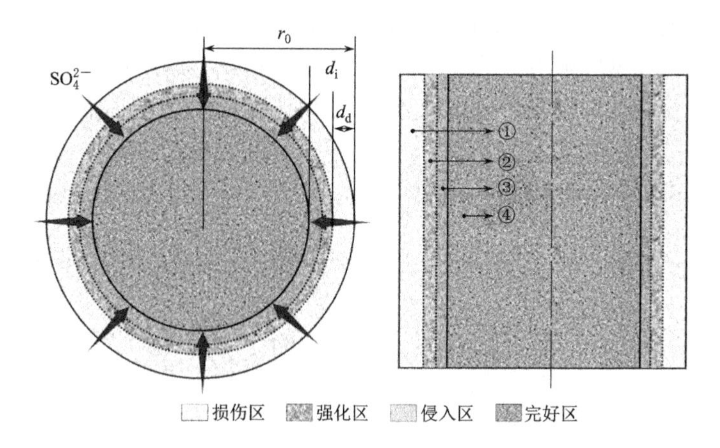

图 6.30 硫酸盐侵蚀水泥石截面分区示意图

区进行简化。以 5.0% Na_2SO_4 溶液中侵蚀 360d 的 LHC 为例，其显微维氏硬度分布曲线如图 6.31 所示，假设水泥石显微维氏硬度值达到 SO_4^{2-} 溶解峰线便开始保持稳定并不再变化，即 SO_4^{2-} 的最大扩散深度即为显微维氏硬度强化区的最大深度 x_f，其数值可根据式 (6.16) 计算[191]：

$$x_f = d = kt^a \tag{6.16}$$

假设各组水泥石损伤区深度为 x_d，增强区峰值显微维氏硬度 HV_p 所对应的深度为 x_f，表层显微维氏硬度为 HV_s，完好区显微维氏硬度的平均值为 HV_0，分别根据试验数据计算以上基于显微维氏硬度分区的特征参数值。采用式 (6.17) 所示改进的 Logistic 进函数对低热硅酸盐水泥石的显微维氏硬度进行拟合计算。

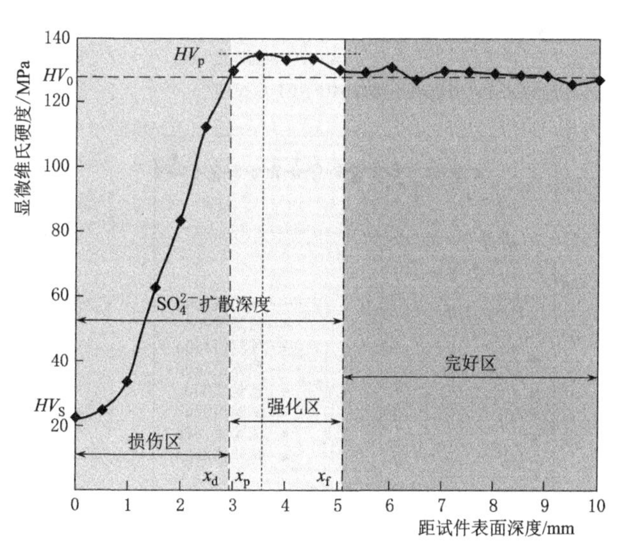

图 6.31 硫酸盐侵蚀作用下水泥石显微维氏硬度分布与截面分区

$$HV(x,t)=\begin{cases}\dfrac{HV_s-HV_p}{1+\left(\dfrac{x}{x_p-x}\right)^q}+HV_p,(0<x<x_p)\\ HV_p,(x=x_p)\\ \dfrac{HV_0-HV_p}{1+\left(\dfrac{x_f-x}{x-x_p}\right)^m}+HV_p,(x_p<x<x_f)\\ HV_0,(x_f<x<r_0)\end{cases} \tag{6.17}$$

式中：q、m 为经验参数，分别影响显微维氏硬度在损伤区升高和强化区降低的速度，其数值根据各组水泥石显微维氏硬度的试验值拟合得到。

限于篇幅，图 6.32 仅列出了不同硫酸盐侵蚀条件下的水泥石显微维氏硬度预测值与试验值。可以看出，该模型能够有效体现不同硫酸盐溶液中水泥石的显微维氏硬度随侵蚀深度和侵蚀龄期的变化规律，并且预测值与试验值之间的误差较小，具有较高的预测精度。

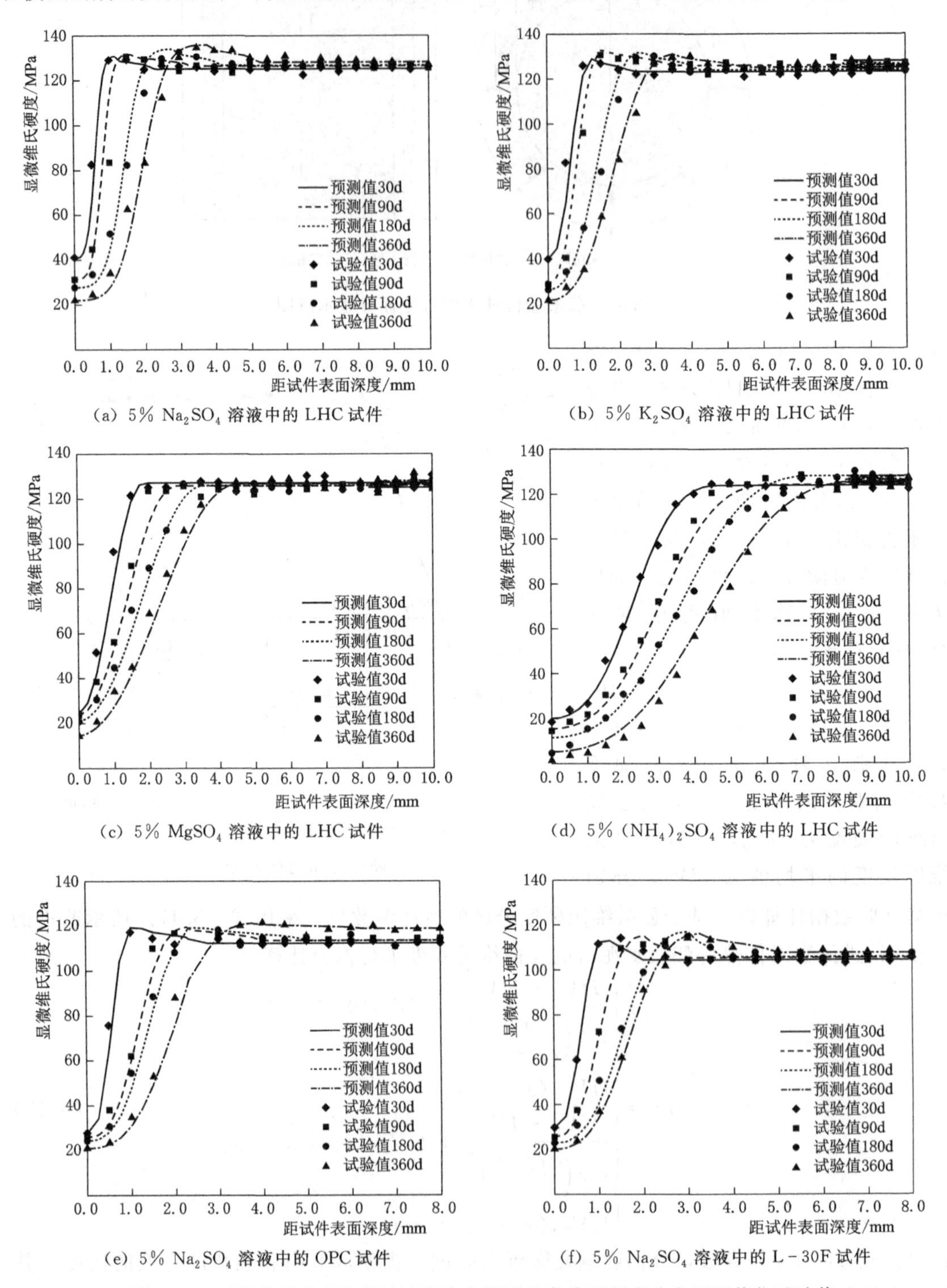

(a) 5% Na_2SO_4 溶液中的 LHC 试件　(b) 5% K_2SO_4 溶液中的 LHC 试件

(c) 5% $MgSO_4$ 溶液中的 LHC 试件　(d) 5% $(NH_4)_2SO_4$ 溶液中的 LHC 试件

(e) 5% Na_2SO_4 溶液中的 OPC 试件　(f) 5% Na_2SO_4 溶液中的 L-30F 试件

图 6.32　不同类型硫酸盐侵蚀溶液中水泥石显微维氏硬度分布预测值与试验值

6.4 硫酸盐侵蚀作用下低热硅酸盐水泥基浆体物相组成与微观形貌

6.4.1 XRD 分析

选择在 5.0%浓度 Na_2SO_4 和 $MgSO_4$ 溶液中浸泡 180d 的 OPC、LHC 和 L－30F 水泥石表层样品，以及 5.0%浓度（NH_4)$_2SO_4$ 溶液中浸泡 180d 的 LHC 水泥石表层样品，进行 X 射线衍射分析，试验结果如图 6.33 所示。

如图 6.33（a）所示，在 5.0% Na_2SO_4 溶液中浸泡 180d 的 OPC、LHC 和 L－30F 侵蚀水泥石的晶体物相组成基本相同。XRD 图谱中 18.3°、34.3°和 47.5°附近的强峰为 $Ca(OH)_2$，可以看出 3 种水泥石样品的 $Ca(OH)_2$ 含量由高到低依次为 OPC、LHC、L－30F，这与其初始水泥石中的水化产物含量相对大小规律一致，主要是由于 C_2S 水化生成的 $Ca(OH)_2$ 量明显低于 C_3S，粉煤灰的掺入稀释了水泥熟料中的矿物成分并且由于二次水化作用进一步消耗了 $Ca(OH)_2$。衍射图谱中 16.0° 和 28.9° 的两个峰与钙矾石含量有关，3 种侵蚀水泥石的钙矾石含量相对大小与 $Ca(OH)_2$ 含量一致，即 OPC＞LHC＞L－30F，这说明普通硅酸盐水泥石中的硫酸盐侵蚀产物较多，其硫酸盐侵蚀损伤程度高，也即 Na_2SO_4 侵蚀环境下低热硅酸盐水泥的抗侵蚀性能优于普通硅酸盐水泥，掺入粉煤灰后其抗侵蚀能力得到进一步提高。此外，位于 12.3° 和 42.0° 处的较弱衍射峰为石膏，其对应的 3 组水泥石试件峰值由大到小为 L－30F、LHC、OPC，其中 LHC、OPC 的衍射峰几乎难以观察到。席耀忠[102] 提出当侵蚀溶液的 pH=12.5～12.0 时，硫酸盐侵蚀的主要产物为钙矾石，LHC、OPC 侵蚀水泥石中的石膏含量较低说明此时水泥浆体的固相 $Ca(OH)_2$ 含量仍相对较多，孔隙液 pH 值较高。而由于 L－30F 的 $Ca(OH)_2$ 含量相对较低，因此其孔隙溶液的 pH 值在 11.6～10.6 范围内，此时的侵蚀产物包括了钙矾石以及石膏结晶。

由图 6.33（b）可知，$MgSO_4$ 侵蚀条件下 3 种水泥石侵蚀产物中的 $Ca(OH)_2$ 含量由高到低分别为 OPC、LHC、L－30F。与 Na_2SO_4 侵蚀环境中水泥石的 XRD 图谱不同，$MgSO_4$ 溶液中 3 种水泥石均在其衍射图谱的 38.6° 附近出现了较小峰，可以判定其为镁盐侵蚀的主要产物 Mg（OH)$_2$，但并未观察到 M—S—H 的衍射峰存在，这可能是与此时水泥浆体中 $Ca(OH)_2$ 含量仍然较高有关。此外，相比于 Na_2SO_4 溶液中水泥石侵蚀样品中的石膏，浸泡在 $MgSO_4$ 溶液中的 LHC 和 L－30F 侵蚀试件的图谱对应位置上显示出更陡峭的衍射峰，据此可以推断石膏是低热硅酸盐水泥在硫酸镁侵蚀环境下的主要产物。

对比图 6.33（c）中 Na_2SO_4 和（NH_4)$_2SO_4$ 侵蚀环境下 LHC 水泥石的 XRD 图谱，可以看到二者最大的区别是（NH_4)$_2SO_4$ 溶液中的 LHC 水泥石出现了强烈的石膏衍射峰，而 Ca（OH)$_2$ 和钙矾石的衍射峰却十分微弱。由于（NH_4)$_2SO_4$ 溶液的 pH 值仅为 6.13，属于酸性溶液，在此环境中的水泥石将首先发生 Ca^{2+} 溶蚀并引起其孔隙液 pH 值的不断下降，由于钙矾石在酸性溶液中容易分解，因此在此环境下的硫酸盐侵蚀反应不会有钙矾石生成，其在图中所对应的微弱衍射峰主要为水泥浆体自身的水化产物。

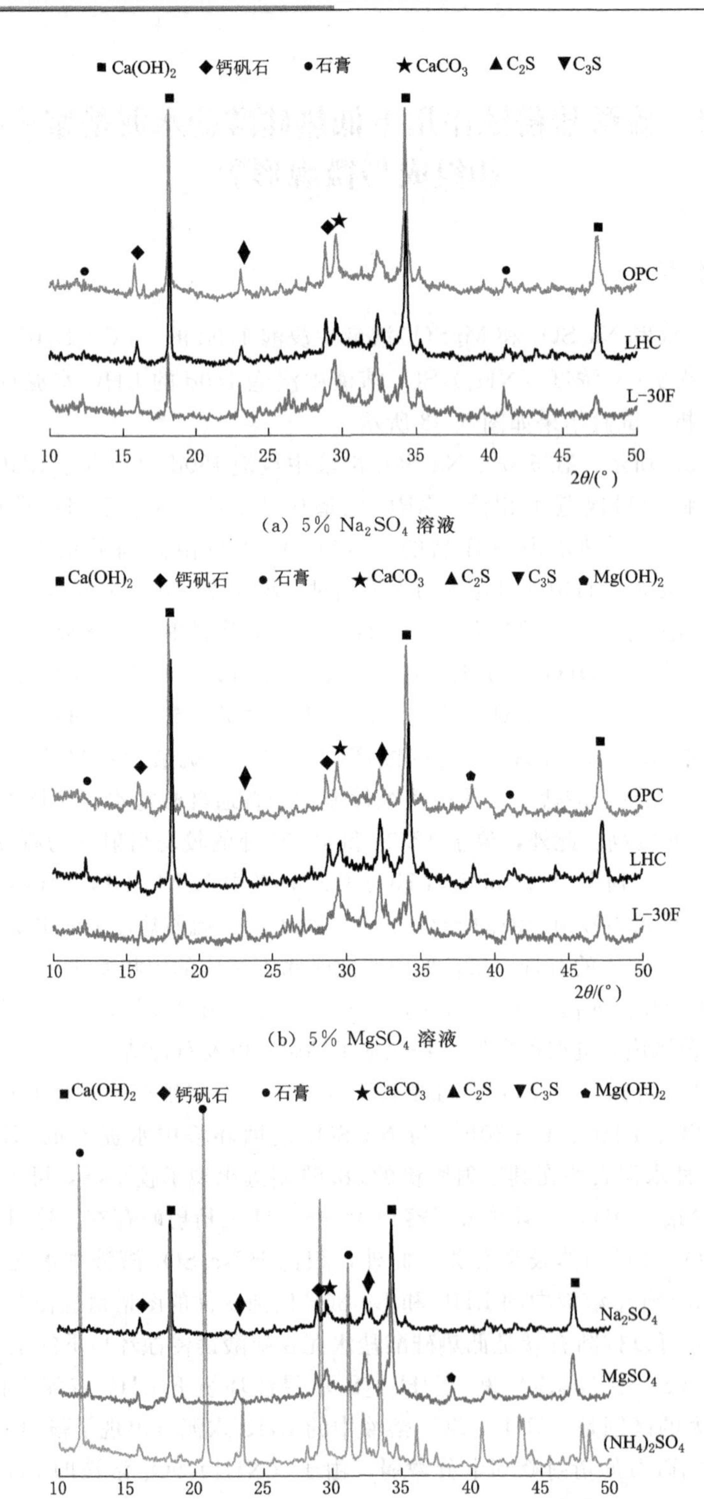

图 6.33　硫酸盐侵蚀水泥石的 XRD 图谱

6.4.2 TG分析

分别对5.0%浓度 Na_2SO_4 和 $MgSO_4$ 溶液中浸泡180d的OPC、LHC和L-30F表层侵蚀水泥石以及5.0%浓度 $(NH_4)_2SO_4$ 溶液中浸泡180d的LHC表层侵蚀水泥石样品进行热重分析，试验结果如图6.34所示。

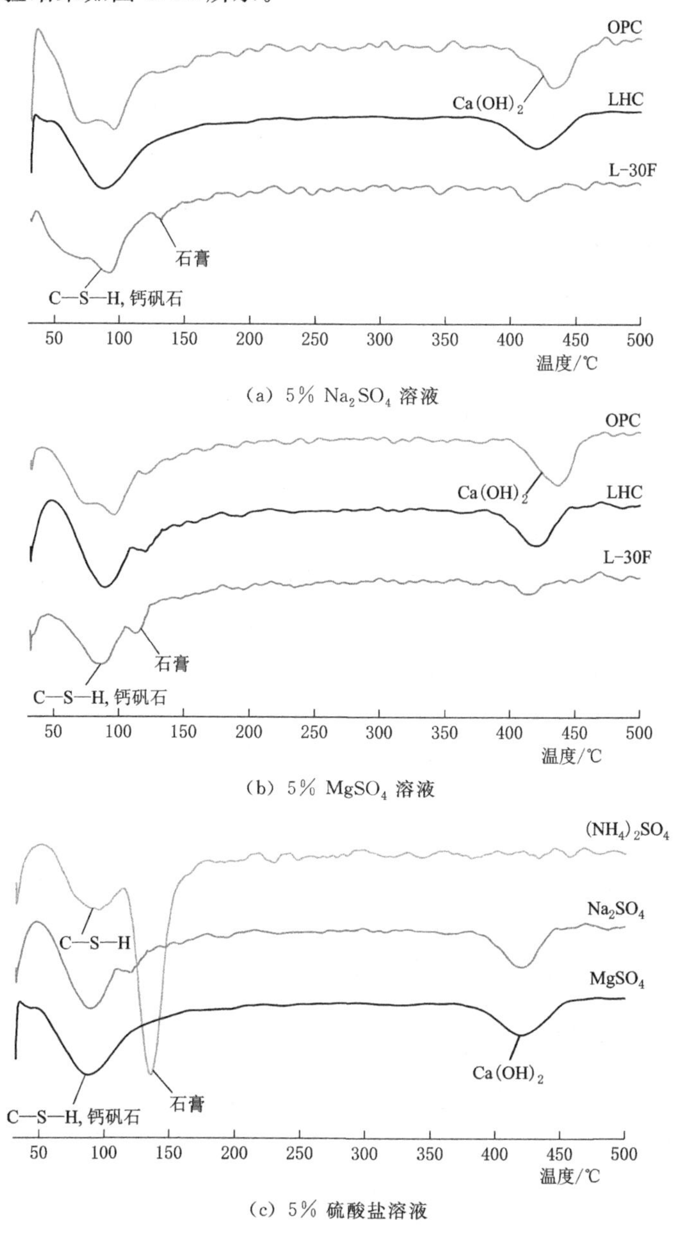

图6.34 硫酸盐侵蚀水泥石的DTG曲线

微分热重曲线（differential thermogravimetric curve，DTG）进一步证实了XRD数据的分析结果。DTG曲线上80～100℃范围的吸热峰主要与C—S—H凝胶以及钙矾石的含量有关，125℃左右的吸热峰则是由于石膏的部分脱水造成的。从图中可以看出，浸泡于 Na_2SO_4 溶液中的OPC和LHC水泥石表层主要侵蚀产物为钙矾石，而对应的L-30F试件则包括钙矾石与石膏两种侵蚀产物。对于 $MgSO_4$ 溶液中的3组水泥石试件，其DTG曲线上均可明显地观察到钙矾石和石膏两种侵蚀产物的吸热峰，并且L-30F水泥石对应的石膏量最高，其次是LHC、OPC。浸泡于 $(NH_4)_2SO_4$ 溶液中LHC水泥石的侵蚀产物中则观察到了大量的石膏，并且C—S—H吸热峰较其他溶液中的LHC试件明显较低，说明在溶蚀作用下部分C—S—H已经发生了脱钙分解。DTG曲线上410～480℃范围内的吸热峰是由于 $Ca(OH)_2$ 脱水引起的，Na_2SO_4 和 $MgSO_4$ 侵蚀条件下3组水泥石在该处的衍射峰相对大小一致，表现为 $Ca(OH)_2$ 的含量由高到低依次为OPC、LHC、L-30F，这与XRD试验结果一致。事实上，$MgSO_4$ 侵蚀溶液对应的水泥石DTG曲线上在380℃附近存在一个十分微小的吸热峰，该位置与 $Mg(OH)_2$ 的脱羟基有关，但由于其含量相对较低导致峰强很弱，因此此处不作讨论。

6.4.3 SEM分析

分别对5.0%浓度 Na_2SO_4 和 $MgSO_4$ 溶液中浸泡180d的LHC、L-30F表层侵蚀水泥石以及5.0%浓度 $(NH_4)_2SO_4$ 溶液中浸泡180d的LHC表层侵蚀水泥石进行扫描电镜试验，观察其微观结构和侵蚀产物情况，结果如图6.35所示。

根据图6.35(a)，可以观察到浸泡于5.0% Na_2SO_4 溶液中的低热硅酸盐水泥石表层样品的孔隙中充满了针状的钙矾石晶体，说明 SO_4^{2-} 已经扩散进入此区域并且与水泥水化产物发生了反应，生成的钙矾石等膨胀性侵蚀产物将导致水泥石孔隙率的降低以及膨胀率的增大，并且从微观层面确认了其浆体显微维氏硬度曲线上"强化区"的存在。图6.35(b)显示了 Na_2SO_4 溶液浸泡条件下L-30F水泥石的侵蚀产物包括钙矾石和块状石膏晶体，进一步证实了XRD和TG试验的结果分析。对于浸泡于5.0% $MgSO_4$ 溶液中的LHC和L-30F试件，由图6.35(c)～(d)可知，LHC水泥石的侵蚀产物主要包括石膏、$Mg(OH)_2$ 和M—S—H，而L-30F水泥石的侵蚀产物中除了石膏和 $Mg(OH)_2$ 外，还观察到了少量的钙矾石晶体。图6.35(e)中观察到了大量的石膏，并没有 $Ca(OH)_2$ 和钙矾石的存在，说明 $(NH_4)_2SO_4$ 溶液中LHC水泥石试件的硫酸盐侵蚀产物主要为石膏，并且 Ca^{2+} 的溶蚀作用是其侵蚀破坏的主要机理。

(a) 5% Na_2SO_4 溶液中的LHC试件

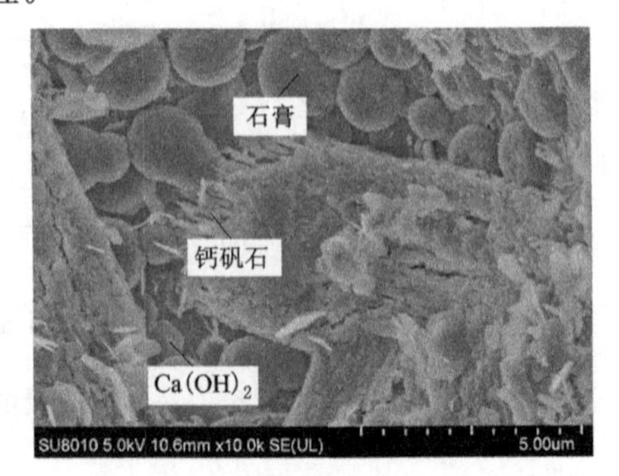

(b) 5% Na_2SO_4 溶液中的L-30试件

图6.35(一) 硫酸盐侵蚀水泥石的微观形貌

(c) 5% $MgSO_4$ 溶液中的 LHC 试件

(d) 5% $MgSO_4$ 溶液中的 L-30F 试件

(e) 5% $(NH_4)_2SO_4$ 溶液中的 LHC 试件

图 6.35（二） 硫酸盐侵蚀水泥石的微观形貌

6.5 本 章 结 论

(1) 浸泡于 Na_2SO_4 溶液中的水泥净浆试件受到典型的 SO_4^{2-} 侵蚀作用，低热硅酸盐水泥浆体中的 $Ca(OH)_2$ 和铝相化合物含量较少，与 SO_4^{2-} 反应生成的石膏、钙矾石等膨胀性侵蚀产物量相对较低，因此与相同配合比的普通硅酸盐水泥相比具有更好的抗硫酸盐侵蚀性能。

(2) 水胶比与硬化水泥浆体的孔隙率密切相关，降低水胶比能够抑制 SO_4^{2-} 在低热硅酸盐水泥浆体中的扩散速率，提高其抗硫酸盐侵蚀性能。适量的粉煤灰能够消耗和降低水泥水化产物中的氢氧化钙和铝相化合物，增加水泥浆体的流动性和密实性，进而可以提高低热硅酸盐水泥基材料的抗硫酸盐侵蚀性能。但当粉煤灰掺量过高时，复合胶凝材料中熟料矿物的减少会导致低热硅酸盐水泥浆体的力学强度和抗侵蚀性能下降。

(3) 侵蚀溶液浓度对于 SO_4^{2-} 在低热硅酸盐水泥浆体中的扩散速率具有较大影响。溶液浓度越高，低热硅酸盐水泥净浆试件的孔隙率损失率越大、抗压强度损失率提高。溶液浓度与 SO_4^{2-} 扩散深度之间不成正比，较低浓度的 SO_4^{2-} 在水泥浆体中的扩散性可能更强。

(4) 低热硅酸盐水泥浆体在不同阳离子类型硫酸盐侵蚀溶液中的损伤规律具有明显差异。K_2SO_4 溶液和 Na_2SO_4 溶液中的低热硅酸盐水泥浆体性能损伤规律相似，其各项物理、力学指标均较为相近，说明 K^+、Na^+ 对于 SO_4^{2-} 的侵蚀作用并无影响。低热硅酸盐水泥在 $MgSO_4$ 溶液中的性能劣化程度高于普通硅酸盐水泥，当掺入 30%粉煤灰后其抗侵蚀能力进一步降低。这是由于低热硅酸盐水泥浆体中的 $Ca(OH)_2$ 含量较低，与镁盐反应生成的不溶性 $Mg(OH)_2$ 较少，因此难以在水泥浆体表面形成有效的沉积层阻碍 SO_4^{2-} 的进一步扩散。$(NH_4)_2SO_4$ 溶液属于酸性溶液，此环境下低热硅酸盐水泥浆体的损伤是 Ca^{2+} 溶蚀和硫酸盐侵蚀的耦合反应，并且前者占主导作用，表现为试件孔隙率和膨胀率明显增大、力学强度迅速降低。

（5）根据抗压强度试验结果和显微维氏硬度分布规律，将侵蚀水泥浆体截面划分为损伤区、强化区和完好区 3 个区域。在此基础上，分别建立了硫酸盐侵蚀作用下低热硅酸盐水泥浆体的 SO_4^{2-} 扩散深度预测模型、抗压强度损失率预测模型，对模型参数和预测精度进行了分析和计算，证实了试验值与预测值之间具有较高的相关系数，相关模型可为硫酸盐侵蚀作用下低热硅酸盐水泥基材料的性能评价和寿命预测提供参考。

（6）Na_2SO_4 侵蚀作用下低热硅酸盐水泥浆体的主要侵蚀产物为钙矾石。$MgSO_4$ 侵蚀作用下低热硅酸盐水泥浆体的主要侵蚀产物为石膏、钙矾石和少量的 $Mg(OH)_2$ 沉淀，未在其侵蚀产物中观察到明显的 M—S—H。$(NH_4)_2SO_4$ 溶液中低热硅酸盐水泥浆体的侵蚀产物主要为块状石膏，因为 Ca^{2+} 溶蚀导致水泥孔隙液的 pH 值降低，因此在其微观水化产物中几乎观察不到钙矾石和 $Ca(OH)_2$。

第 7 章　溶蚀作用下低热硅酸盐水泥基浆体的劣化行为

溶蚀是指在浓度梯度或化学侵蚀作用下，长期与环境水接触的混凝土水化产物发生溶解，Ca^{2+}从水泥基体扩散到环境水中，导致混凝土微观结构改变、孔隙率增加和力学性能退化，最终使结构物发生损伤破坏的现象。低热硅酸盐水泥常用于大坝、涵渠、水闸等水工混凝土中以降低温度裂缝的产生，这些建筑物在整个服役期内均全部或部分浸没于水中，往往会发生不同程度的接触性溶蚀和渗透性溶蚀。此外，我国西北尤其是新疆地区拥有大量的冰川资源，当混凝土长期处于冰川融水等Ca^{2+}含量较低的软水环境中时存在溶蚀破坏潜在危害。随着我国水利工程的不断建设以及低热硅酸盐水泥的广泛应用，针对低热硅酸盐水泥基材料的溶蚀损伤规律进行系统研究具有重要现实意义。

本章通过试验测试溶蚀作用下不同水胶比、不同粉煤灰掺量、不同矿渣粉掺量的低热硅酸盐水泥基净浆试件质量损失、孔隙率、溶蚀深度、抗压强度、显微维氏硬度等指标，并与普通硅酸盐水泥的溶蚀性能进行对比，建立低热硅酸盐水泥基浆体溶蚀深度预测公式，提出显微维氏硬度分布模型和抗压强度损失率预测模型。此外，还通过碟片法探明溶蚀过程中低热硅酸盐水泥浆体的钙硅比变化规律，通过 XRD、SEM 和 EDS 等测试手段分析溶蚀水泥浆体物相组成和微观形貌变化，并据此对低热硅酸盐水泥基材料的溶蚀损伤行为进行研究。

7.1　试验材料与试验方法

7.1.1　试验材料与配合比设计

7.1.1.1　试验材料

本章所用试验材料主要包括低热硅酸盐水泥、普通硅酸盐水泥、粉煤灰、矿渣粉和拌和用水，其物理、化学性能指标与 5.1.1 节相同。

作为溶蚀加速介质的化学药品为氯化铵（NH_4Cl）试剂，产品纯度规格为分析纯（analytical reagent，AR）。

7.1.1.2　试验配合比

参考水工建筑物中常见的低热硅酸盐水泥混凝土配合比，分别设计了水胶比为 0.3、0.4、0.5，粉煤灰掺量为 15%、30%、45%和矿渣粉掺量为 20%、40%的 8 组低热硅酸盐水泥基净浆试件，并且配制了普通硅酸盐水泥净浆试件作为对照组，研究水泥种类、水胶比、粉煤灰掺量和矿渣粉掺量4个因素对于氯化铵加速溶蚀作用下水泥石性能劣化的影响规律，试件编号及配合比见表7.1。

表7.1　　　　溶蚀试验水泥石配合比

试件编号	成分				水胶比
	P. LH/%	P. O/%	FA/%	GS/%	
OPC	0	100	0	0	0.4
LHC	100	0	0	0	0.4
L-0.3	100	0	0	0	0.3
L-0.5	100	0	0	0	0.5
L-15F	85	0	15	0	0.4
L-30F	70	0	30	0	0.4
L-45F	55	0	45	0	0.4
L-20G	80	0	0	20	0.4
L-40G	60	0	0	40	0.4

7.1.2　试件制备与加速溶蚀方案

根据表7.1中列出的各组试件配合比，将成型尺寸为Φ50mm×100mm的圆柱体净浆试件用于测试水泥石在溶蚀过程中的物理、力学性能变化规律，成型制作过程同6.1.2节。将水泥石浸泡于饱和石灰水中养护90d，环境温度为（20±2）℃。达到养护龄期后，将试件取出并擦干表面，为了保证水泥石中的Ca^{2+}溶出沿其直径方向进行，将圆柱体试件的两个端面用环氧树脂密封覆盖。经以上处理后，将各组水泥石浸泡在6mol/L的NH_4Cl溶液中进行加速溶蚀试验。为防止试件发生碳化以及保证侵蚀溶液浓度，NH_4Cl溶液装在带盖的塑料密封箱中，侵蚀溶液每30d更换一次。

实际环境中，混凝土的Ca^{2+}溶出是一个十分缓慢的过程，往往需要数年甚至数十年之久。现有文献中，研究者多采用6mol/L的NH_4NO_3水溶液作为加速溶蚀介质模拟溶蚀过程的发生，其基本原理是酸性溶液环境中的NO_3^-与水泥石中的Ca^{2+}结合形成可自由溶解的Ca（NO_3）$_2$，它增加了水泥基质中可溶出相的溶解度，从而在浓度差的作用下加速水泥石中Ca^{2+}的溶出。近年来，考虑到NH_4NO_3试剂在储存和使用过程中的潜在爆炸风险，科研人员逐渐采用6mol/L NH_4Cl溶液以相同的机制加速Ca^{2+}溶出过程，其化学反应方程式如式（7.1）所列，NH_4Cl可与水泥水化产物中的$Ca(OH)_2$反应，形成易溶的$CaCl_2$和NH_3。NH_4Cl溶液对于混凝土中Ca^{2+}溶出的加速效率略低于NH_4NO_3溶液，但是显著高于去离子水。

$$Ca(OH)_2 + 2NH_4Cl \longrightarrow Ca^{2+} + 2OH^- + 2H^+ + 2NH_3(\uparrow) + 2Cl^-$$
$$\rightleftharpoons CaCl_2 + 2NH_3(\uparrow) + 2H_2O \qquad (7.1)$$

7.1.3　测试方法

将浸泡到规定龄期（14d、28d、56d、91d、140d、180d和270d）的圆柱体水泥石试

件从 NH_4Cl 溶液中取出，按照图 7.1 所示，分别将其切割成不同尺寸的小圆柱体试件进行测试，其中尺寸为 Φ50mm×30mm 的试件 A 用于孔隙率试验，尺寸为 Φ50mm×50mm 的试件 B 用于溶蚀深度测试，尺寸为 Φ50mm×20mm 的试件 C 用于显微维氏硬度测试，尺寸为 Φ50mm×50mm 的试件 D 用于抗压强度试验。此外，用于测试质量变化的试件为未经切割的完整水泥石圆柱体，并且在整个试验周期内均为同一批试件。每项试验中均准备 3 个试件，使用测试数据的平均值作为最终试验结果。

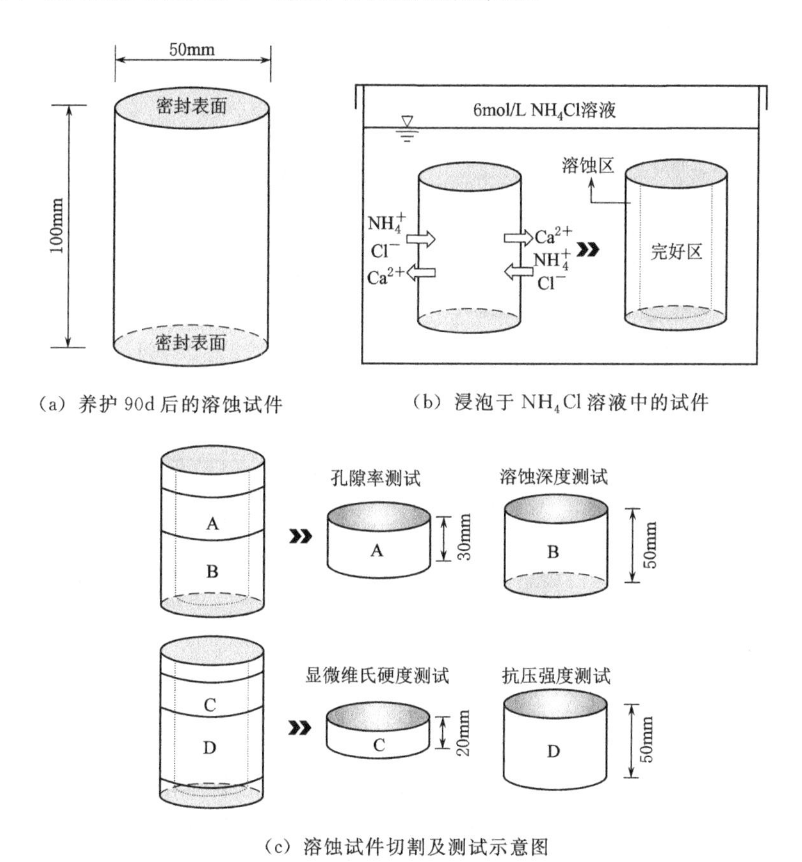

(a) 养护 90d 后的溶蚀试件　(b) 浸泡于 NH_4Cl 溶液中的试件

(c) 溶蚀试件切割及测试示意图

图 7.1　溶蚀水泥石试件浸泡及取样示意图

7.1.3.1 质量损失率

质量损失率是评价水泥石中的 Ca^{2+} 溶出性能的常见指标。将达到溶蚀龄期的圆柱体水泥石试件取出并按照图 7.1 (c) 所示方式进行切割，擦干表面水分后测量其质量 G_0，然后将试件放入 105℃的真空干燥箱中烘干 24h 后测其干质量 G_1，按式 (7.2) 计算其质量损失率 W。

$$W=\frac{G_0-G_1}{G_0}\times 100\% \tag{7.2}$$

式中：G_0 为水泥石溶蚀试件的饱和面干质量，g；G_1 为同一试件经烘干后的干燥质量，g。

7.1.3.2 孔隙率

采用饱水-干燥称重法测试各组溶蚀水泥石的孔隙率 P 并计算其损失率 ΔP，测试过程与计算方法同硫酸盐侵蚀水泥石试件，见6.1.4.1节。

7.1.3.3 溶蚀深度

将到达规定溶蚀龄期的水泥石取出，用切割机沿试件直径方向将其剖开，经清水冲洗后立即用吸水纸擦干溶蚀剖面。如图7.2（a）所示，以LHC水泥石试件为例，此时可以观察到试件剖面由两种颜色深浅不同的区域组成。在溶蚀过程中，位于水泥浆体表面区域的Ca^{2+}首先溶出，随着溶蚀龄期的延长，溶解峰线不断向试件中心方向移动，因此两个区域之间的分隔线与试件表面的距离即为Ca^{2+}的溶蚀深度d。在放大镜下通过游标卡尺测量不同溶蚀龄期的各组水泥石溶蚀深度，试验值取自溶解峰线上8个测量点深度的平均值。

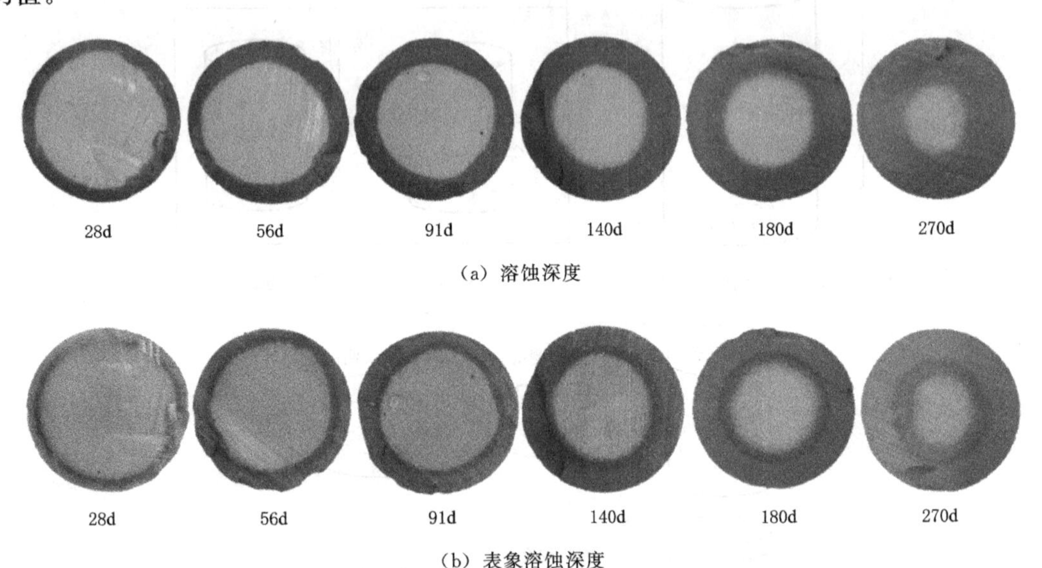

（a）溶蚀深度

（b）表象溶蚀深度

图7.2 不同溶蚀龄期的LHC低热硅酸盐水泥石截面图像

在实际工程测试中，往往难以直接观察到混凝土试件的新鲜溶蚀剖面，因此通常参考碳化深度的测量方法，在试件横截面上喷洒浓度为1%的乙醇-酚酞溶液（简称酚酞试液）来测量其表象溶蚀深度。酚酞试液在酸性环境下无色，而当pH值增大到9.0左右时便呈现粉红色。而对于水化充分的水泥石而言，当孔隙液的pH值下降至12.0时，Ca^{2+}便会发生溶出。因此，对于pH值为9.0～12.0的轻度溶蚀区域而言，即使已经发生了Ca^{2+}溶出，但采用酚酞试剂测试时仍会显示粉红色，所以这种方法所确定的溶解峰线位置往往小于真实的Ca^{2+}溶蚀深度。因此，为了建立低热硅酸盐水泥石两种溶蚀深度之间的关系，如图7.2（b）所示，本章也对表象溶蚀深度进行了测试。

7.1.3.4 抗压强度

将达到规定溶蚀龄期的水泥石取出，切割后测试其抗压强度σ_t并计算抗压强度损失率$\Delta\sigma_t$，测试过程与计算方法同6.1.4.3节。

7.1.3.5 显微维氏硬度

用于显微维氏硬度测试的溶蚀水泥石试件制备过程以及试验方法同6.1.4.4节，其中测量数据点的步长为沿溶蚀方向每间隔2.5mm，试验结果取相同深度对应的8个硬度平均值。

7.1.3.6 钙硅比（Ca/Si）测定

采用 EDTA 络合滴定法测试 OPC 和 LHC 两种溶蚀水泥石的钙硅比（Ca/Si）。其试验过程如下：首先，将养护 90d 后的 OPC 和 LHC 圆柱体水泥石试件取出，用切割机将其切成厚度为 5mm 的圆形碟片状试件，以减小沿试件厚度方向的溶蚀梯度影响，进而用平均钙硅比表征整个水泥石试件。然后将两组试件分别放入两个装有 6mol/L NH_4Cl 溶液的密闭容器中，通过高精度天平定期测量碟片试件的饱和表面干质量，并据此计算其损失率。当质量损失率分别达到 2.5%、5.0%、7.5%、10.0%、15.0%、20.0%和 25.0%时，采用 EDTA 络合滴定法测定溶液中的 Ca^{2+} 含量。然后根据元素质量守恒原理，在水泥石初始钙含量的基础上减去对应 NH_4Cl 溶液中的 Ca^{2+} 含量，即可计算出不同溶蚀龄期的水泥石钙硅比。需要指出的是，水泥浆体中的 Si^{4+} 在其非极限脱钙条件下的溶出量非常微小，因此可近似认为试验过程中没有变化。浸泡过程中不对侵蚀溶液进行更换，试验结果取 3 个试件测量数据的平均值。

7.1.3.7 XRD

为了对比不同水泥石在溶蚀前后的物相组成变化，分别取经 NH_4Cl 溶液浸泡 0d 和 91d 的 OPC、LHC、L－30F 和 L－20G 4 组水泥石表层试件进行 X 射线衍射分析。取样过程如下：根据 4 组水泥石的 91d 溶蚀深度测试结果，分别从其溶蚀损伤区域切取小水泥石块并研磨至能够通过 0.08mm 的方孔筛，然后将水泥石粉末置于 38℃的真空干燥箱中烘干 24h，之后进行 XRD 测试。

7.1.3.8 SEM－EDS

为了观察低热硅酸盐水泥石试件在溶蚀前后的微观形貌和结构，解释其物理、力学等宏观性能的损伤退化规律，分别选取 LHC 试件在溶蚀前和经溶蚀 91d 后的表层样品进行 SEM 试验，并利用随机自带的 EDS 扫描分析水泥石物相的化学元素组成。

7.2 溶蚀作用下低热硅酸盐水泥基浆体质量损失、孔隙率和溶蚀深度

7.2.1 质量损失

7.2.1.1 水泥类型对溶蚀试件质量损失率的影响

分别测试不同溶蚀龄期对应的 OPC 和 LHC 两种水泥石的质量变化并计算其质量损失率，结果如图 7.3 所示。低热硅酸盐水泥和普通硅酸盐水泥浆体试件的质量损失率均随着溶蚀龄期的延长而增加，并且在溶蚀初期的增长速率高于后期。OPC 和 LHC 水泥石在溶蚀 91d 的质量损失率分别为 5.2%、5.9%，溶蚀 180d 的质量损失率分别为 7.4%、8.0%，可以看出低热硅酸盐水泥石的质量损失率与普通硅酸盐水泥石相近，且在试验周期内均略大于后者。因此，从试件质量损失的角度来看，普通硅酸盐水泥的抗溶蚀性能略优于低热硅酸盐水泥。

7.2.1.2　水胶比对溶蚀试件质量损失率的影响

分别测试不同溶蚀龄期下L－0.3、LHC、L－0.5三组低热硅酸盐水泥石的质量变化并计算其质量损失率，结果如图7.4所示。不同水胶比的低热硅酸盐水泥试件质量损失率随着溶蚀龄期的延长而不断增加。相同溶蚀龄期下，溶蚀水泥石的质量损失率随着水胶比的增大而显著提高。例如，水胶比为0.3、0.4和0.5的低热硅酸盐水泥试件在溶蚀91d后的质量损失率分别为4.5%、5.9%、7.1%，溶蚀180d的质量损失率分别为6.5%、8.0%、10.9%，这说明降低水胶比可以有效提高水泥石的抗溶蚀能力。其原因不难分析，低水胶比的水泥石结构更加密实、孔隙率低，相同体积内含有的水泥水化产物量更多，因此NH_4^+进入水泥基体的速率相对较慢，表现为水胶比低的水泥石具有较好的抗溶蚀性能。

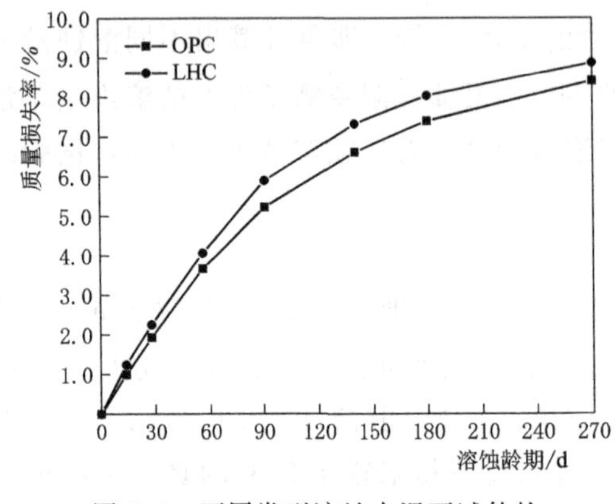

图7.3　不同类型溶蚀水泥石试件的质量损失率

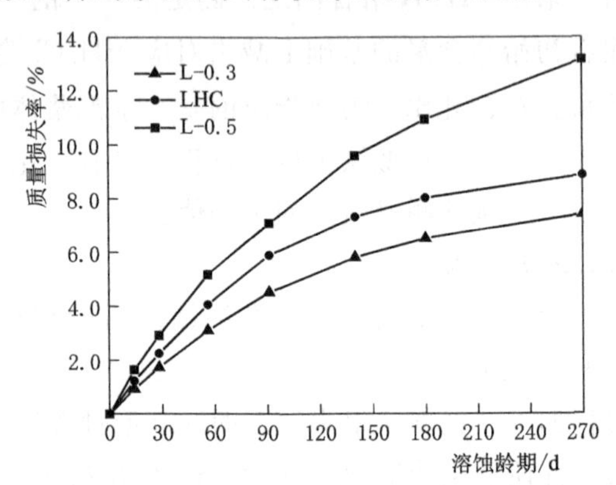

图7.4　不同水胶比溶蚀水泥石试件的质量损失率

7.2.1.3　粉煤灰掺量对溶蚀试件质量损失率的影响

分别测试不同溶蚀龄期下LHC、L－15F、L－30F、L－45F四组低热硅酸盐水泥石的质量变化并计算其质量损失率，结果如图7.5所示。粉煤灰-低热硅酸盐水泥净浆试件的质量损失率随着溶蚀龄期的延长而增加。在相同溶蚀龄期下，低热硅酸盐水泥石的质量损失率随着粉煤灰掺量的增加而降低，例如，粉煤灰掺量为0%、15%、30%、45%的低热硅酸盐水泥基浆体在溶蚀91d后的质量损失率分别为5.9%、3.9%、2.3%、2.0%，溶蚀180d的质量损失率分别为8.0%、5.4%、3.6%、3.0%，说明掺入粉煤灰能够有效提高低热硅酸盐水泥石的抗溶蚀性能。其原因可能是由于粉煤灰的掺入一方面增加了水泥浆体的流动性，进而增强了硬化水泥石的密实性、减小孔隙率，另一方面是由于粉煤灰降低了水泥水化产物中的$Ca(OH)_2$含量，使得扩散进入水泥基体的NH_4^+与$Ca(OH)_2$相遇的概率减小，进而降低了水泥石中Ca^{2+}的溶出速率，因此表现为粉煤灰掺量越高，试件的质量损失率越低。此外，相同溶蚀龄期下试件质量损失率的降低幅度与粉煤灰掺量并不成正比，L－30F和L－45F的质量损失率较为接近，据此可推断粉煤灰的最佳掺量范围为15%～30%。

7.2.1.4　矿渣粉掺量对溶蚀试件质量损失率的影响

分别测试不同溶蚀龄期下LHC、L－20G、L－40G三组低热硅酸盐水泥石的质量变化并计算其质量损失率，结果如图7.6所示。矿渣粉的掺入能够有效降低不同溶蚀龄期的低热硅酸盐水泥石质量损失率，但其降低幅度并不与矿渣粉掺量成正比，例如，矿渣粉掺量为 0、20%、40% 的低热硅酸盐水泥基浆体溶蚀 91d 后的质量损失率分别为 5.9%、1.6%、1.2%，溶蚀 180d 的质量损失率分别为 8.0%、2.4%、1.9%。产生这种现象的原因与粉煤灰的掺入相似，不同的是，矿渣粉具有更高的火山灰活性，即在提高水泥石密实性、降低水泥浆体中熟料矿物成分含量的基础上，还能进一步消耗浆体中的 $Ca(OH)_2$ 与其发生二次水化反应，因此矿渣粉较相同掺量的粉煤灰对于低热硅酸盐水泥抗溶蚀性能的提升作用更加明显。同样，也是由于其较高的火山灰活性，当掺量由 20% 提升到 40% 后，对于低热硅酸盐水泥抗溶蚀性能的改善并无明显增加，据此可以推测矿渣粉的最优掺量为 0～20%。

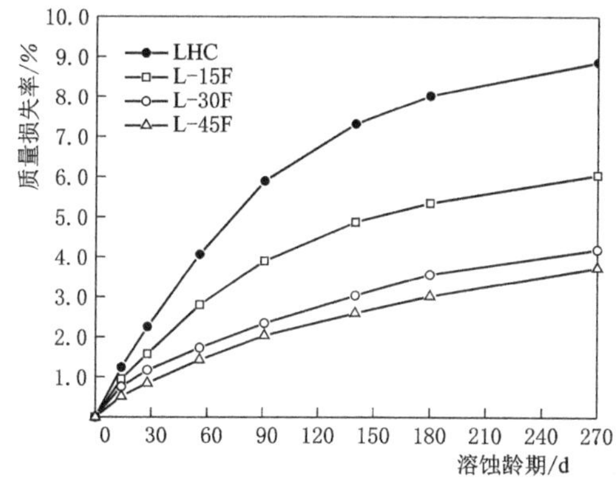

图 7.5　不同粉煤灰掺量溶蚀水泥石试件的质量损失率

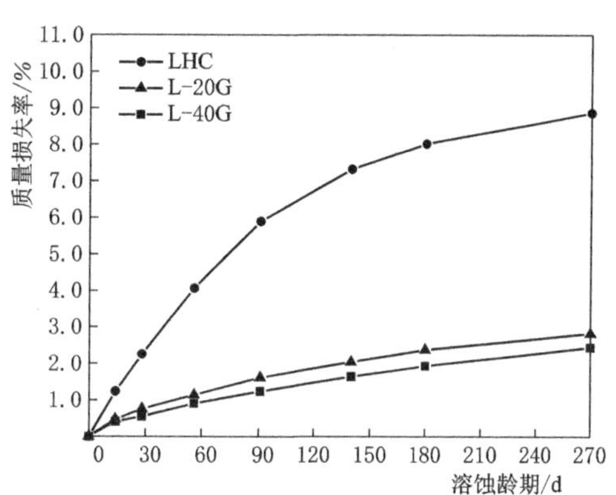

图 7.6　不同矿渣粉掺量溶蚀水泥石试件的质量损失率

7.2.2　孔隙率

7.2.2.1　水泥类型对溶蚀试件孔隙率的影响

分别测试不同溶蚀龄期的 OPC 和 LHC 水泥石孔隙率并计算其孔隙率增长率，结果如图 7.7 所示。不同溶蚀龄期下低热硅酸盐水泥和普通硅酸盐水泥石试件的孔隙率较为接近，均随着溶蚀龄期的延长而增加，并且孔隙率增长率曲线在溶蚀早期上升较快，180d 后的上升斜率逐渐趋于平缓，这与其质量损失率曲线的发展规律一致。此外，在试验龄期

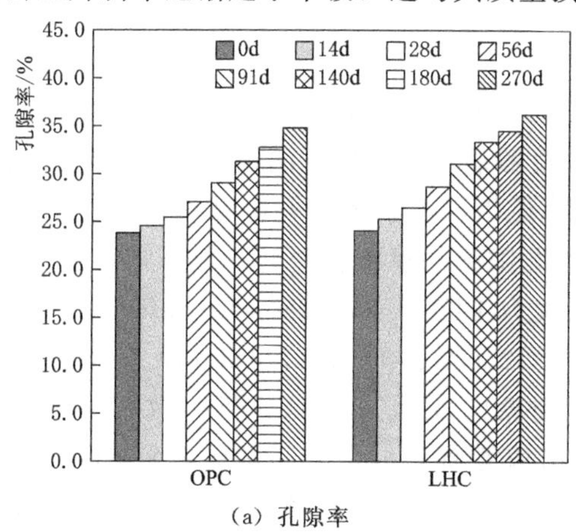

(a) 孔隙率

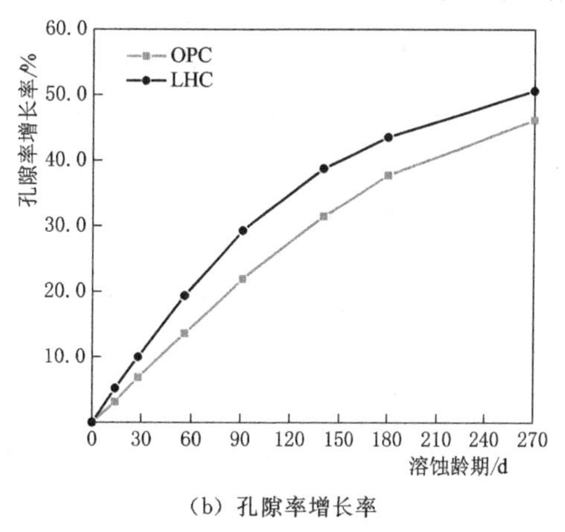

(b) 孔隙率增长率

图 7.7　不同类型溶蚀水泥石的孔隙率及孔隙率增长率

内，相同溶蚀龄期下LHC水泥石孔隙率增长率均高于OPC试件，例如，两者在溶蚀91d后的孔隙率增长率分别为29.3%、21.9%，溶蚀180d的增长率分别为43.6%、37.8%。这说明低热硅酸盐水泥浆体中的Ca^{2+}溶出速率大于相同配合比的普通硅酸盐水泥，即低热硅酸盐水泥的抗溶蚀性能略低于普通硅酸盐水泥。

7.2.2.2 水胶比对溶蚀试件孔隙率的影响

分别测试不同溶蚀龄期的L-0.3、LHC和L-0.5三组水泥石孔隙率并计算其孔隙率增长率，结果如图7.8所示。低热硅酸盐水泥石初始孔隙率随着水胶比的提高而增大，并且L-0.3、LHC和L-0.5三组试件的孔隙率均随着溶蚀龄期的延长而不断增加。在相同溶蚀龄期下，三组试件的孔隙率增长率由大到小依次为L-0.5、LHC、L-0.3，其对应的91d增长率分别为33.0%、29.3%、24.9%，180d增长率分别为48.2%、43.6%、35.7%。水胶比增大将会使水泥浆体中的水化剩余水量增多，导致硬化水泥石内部形成的蒸发水通道较多，因此其结构较为疏松、孔隙率大。此外，试件初始孔隙率的增大又导致了NH_4^+扩散进入水泥石中的速率加快，进一步加速了Ca^{2+}的溶解和扩散，因此表现为溶蚀作用下水胶比大的水泥石试件孔隙率增长率较高。

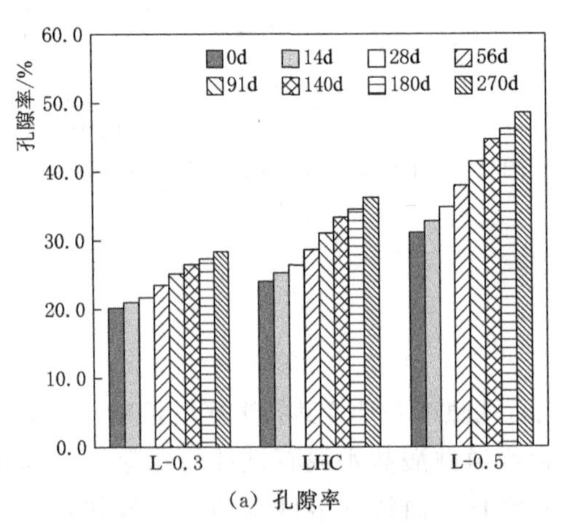

(a) 孔隙率

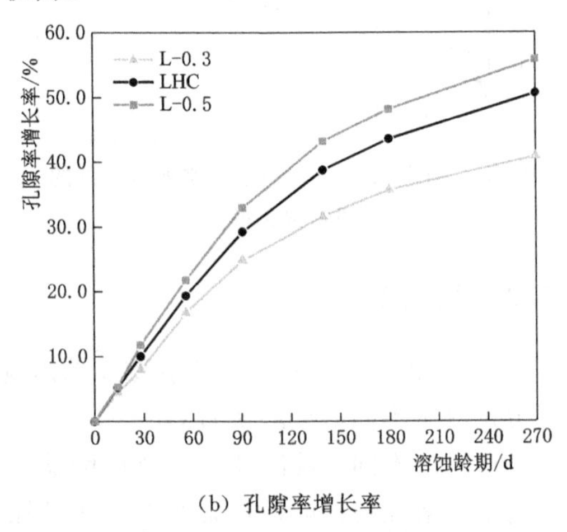

(b) 孔隙率增长率

图7.8 不同水胶比溶蚀水泥石的孔隙率及孔隙率增长率

7.2.2.3 粉煤灰掺量对溶蚀试件孔隙率的影响

分别测试不同溶蚀龄期下LHC、L-15F、L-30F和L-45F四组水泥石的孔隙率并计算其孔隙率增长率，结果如图7.9所示。低热硅酸盐水泥石试件的初始孔隙率随着粉煤灰掺量的增加而降低，即粉煤灰的掺入能够改善硬化水泥浆体的孔隙结构，降低其孔隙率。此外，随着溶蚀龄期的延长，四组水泥石的孔隙率均呈增大趋势。相同溶蚀龄期下，四组水泥浆体试件的孔隙率增长率由高到低依次为LHC、L-15F、L-30F、L-45F，其对应的91d增长率分别为29.3%、24.4%、22.0%、20.3%，180d增长率分别为43.6%、37.4%、33.3%、32.1%。产生这一现象的原因与前文分析一致，一方面在粉煤灰的“形态效应”作用下水泥石初始孔隙结构得到密实，另一方面粉煤灰的掺入降低了水泥浆体中的熟料矿物成分，使其水化产物中的$Ca(OH)_2$含量减少，并且粉煤灰还具有一定的火山灰活性，能够与水泥水化生成的$Ca(OH)_2$发生二次水化反应，进一步降低水泥石孔隙率。此外，与溶蚀作用下粉煤灰-低热硅酸盐水泥石的质量损失规律一致，孔隙率增长率的降低值与粉煤灰掺量之间不成正比，可以推断粉煤灰的最优掺量为15%～30%。

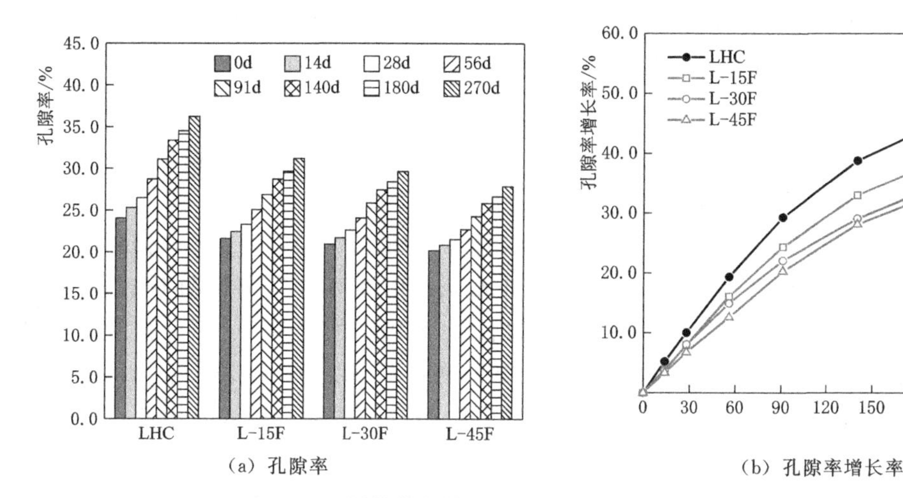

(a) 孔隙率　　(b) 孔隙率增长率

图7.9　不同粉煤灰掺量溶蚀水泥石的孔隙率及孔隙率增长率

7.2.2.4　矿渣粉掺量对溶蚀试件孔隙率的影响

分别测试不同溶蚀龄期的LHC、L－20G和L－40G三组水泥石孔隙率并计算其孔隙率增长率，结果如图7.10所示。由图可知，与粉煤灰-低热硅酸盐水泥试件的孔隙率变化规律一致，掺入20%和40%矿渣粉可以降低低热硅酸盐水泥石的初始孔隙率，并且对于溶蚀作用下的水泥石孔隙结构具有明显改善作用。在相同溶蚀龄期下，溶蚀水泥石的孔隙率增长率由大到小依次为LHC、L－20G、L－40G，三组试件对应的91d增长率分别为29.3%、11.6%、9.4%，180d增长率分别为43.6%、28.5%、25.2%。同样地，矿渣粉掺量从20%提高至40%后，低热硅酸盐水泥石的孔隙率增长率并无明显降低，因此可以推断矿渣粉的最优掺量为0%～20%。

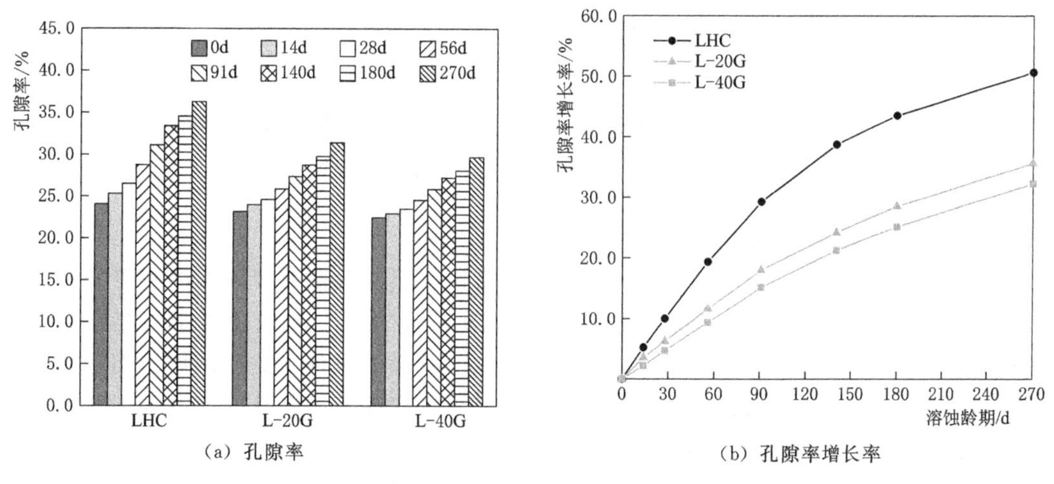

(a) 孔隙率　　(b) 孔隙率增长率

图7.10　不同矿渣粉掺量溶蚀水泥石的孔隙率及孔隙率增长率

7.2.3 溶蚀深度

软水或酸性溶液中水泥基材料的溶出性侵蚀过程主要存在扩散和溶解两种机制，其中 Ca^{2+} 的溶出主要受前者作用控制。因此，现有研究通常认为混凝土材料的溶蚀深度与溶蚀龄期的平方根之间存在良好的线性相关关系，可用式（7.3）所示的 Fick 函数来表征。

$$d_1 = k\sqrt{t} \tag{7.3}$$

式中：d_1 为溶蚀深度，mm；k 为与原材料及配合比相关的系数；t 为溶蚀龄期，d。

7.2.3.1 水泥类型对试件溶蚀深度的影响

分别测试 OPC 和 LHC 两组水泥石净浆试件不同龄期的溶蚀深度和表象溶蚀深度，并对其溶蚀深度数据进行拟合，所得结果如图 7.11 所示。由图可知，OPC 和 LHC 的溶蚀深度和表象溶蚀深度均随试件溶蚀龄期的延长而增加。相同溶蚀龄期下，低热硅酸盐水泥的溶蚀深度略高于普通硅酸盐水泥，而两组水泥试件的溶蚀深度均大于表象溶蚀深度。这说明 LHC 水泥石中的 Ca^{2+} 向外部 NH_4Cl 溶液溶出扩散的速率高于 OPC，因此普通硅酸盐水泥的抗溶蚀性能略优于低热水泥。关于溶蚀深度大于表象溶蚀深度这一现象不难理解，是由于酚酞指示剂在不同 pH 值下变色机理的限制所引起的。此外，如图 7.11（b）所示，两种水泥石净浆试件的溶蚀深度均与溶蚀龄期的平方根呈良好的线性相关关系，当采用 Fick 函数对其进行拟合时，所得结果具有较高的相关系数。

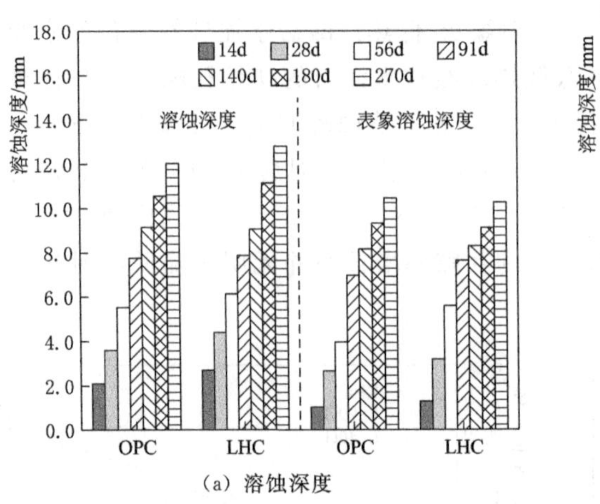

（a）溶蚀深度

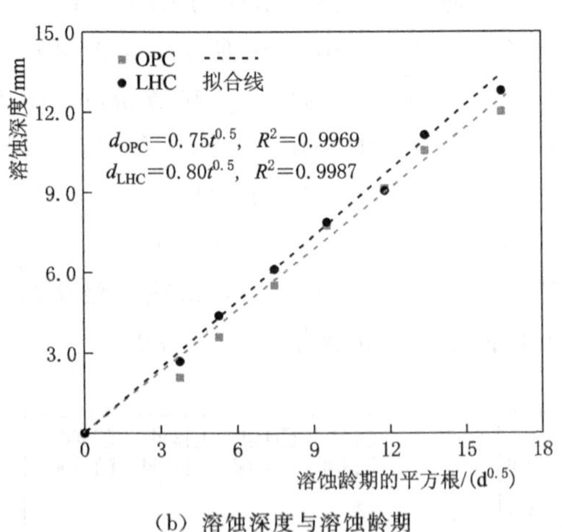

（b）溶蚀深度与溶蚀龄期

图 7.11 不同类型水泥石的溶蚀深度与表象溶蚀深度

7.2.3.2 水胶比对试件溶蚀深度的影响

分别测试 L－0.3、LHC、L－0.5 三组水泥石试件不同龄期的溶蚀深度和表象溶蚀深度，并对其溶蚀深度数据进行拟合，所得结果如图 7.12 所示。水胶比对于低热硅酸盐水泥石的溶蚀深度和表象溶蚀深度具有明显影响，二者均随着试件水胶比的增大而增加，并随着溶蚀龄期的延长而增加。这主要是由于水胶比大的水泥石试件孔隙率高，因此水化产物向外部溶解扩散的速率较大，在相同溶蚀龄期内表现为更高的溶蚀深度值。根据图 7.12（b），不同水胶比的低热硅酸盐水泥溶蚀深度与其溶蚀龄期的平方根之间也具有较好

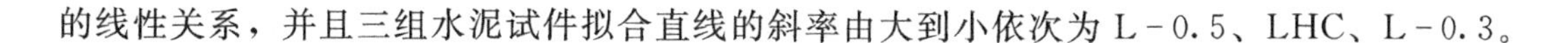

的线性关系，并且三组水泥试件拟合直线的斜率由大到小依次为 L-0.5、LHC、L-0.3。

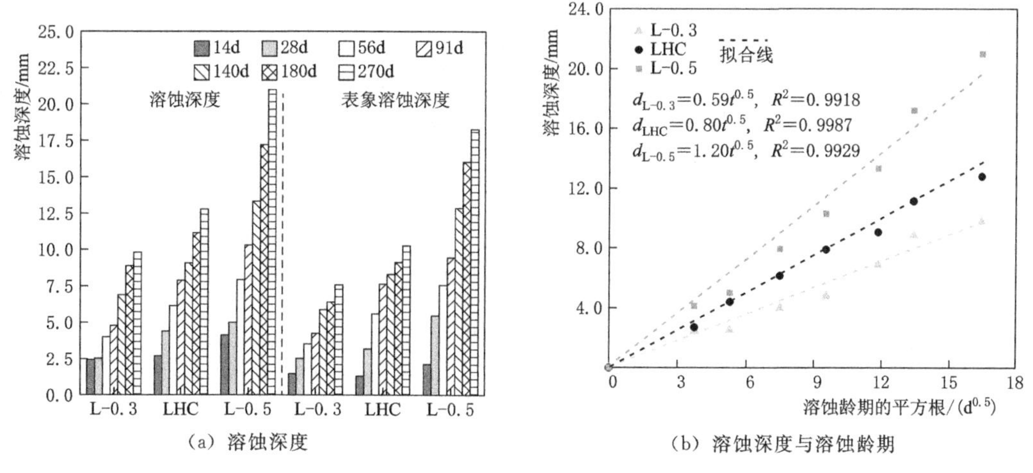

（a）溶蚀深度　　（b）溶蚀深度与溶蚀龄期

图 7.12　不同水胶比低热硅酸盐水泥石的溶蚀深度与表象溶蚀深度

7.2.3.3　粉煤灰掺量对试件溶蚀深度的影响

分别测试 LHC、L-15F、L-30F、L-45F 四组不同粉煤灰掺量的低热硅酸盐水泥石试件不同龄期的溶蚀深度和表象溶蚀深度，并采用 Fick 定律函数对其溶蚀深度数据进行拟合，所得结果如图 7.13 所示。粉煤灰-低热硅酸盐水泥净浆试件的溶蚀深度和表象溶蚀深度均随着溶蚀龄期的延长而增加。相同溶蚀龄期下，水泥石试件的溶蚀深度基本随着粉煤灰掺量的增加而降低，并且四组试件的溶蚀深度均与溶蚀龄期的平方根之间具有良好的线性相关关系，所建立拟合公式的斜率由大到小依次为 LHC、L-15F、L-30F、L-45F，其相关系数均大于 0.99。

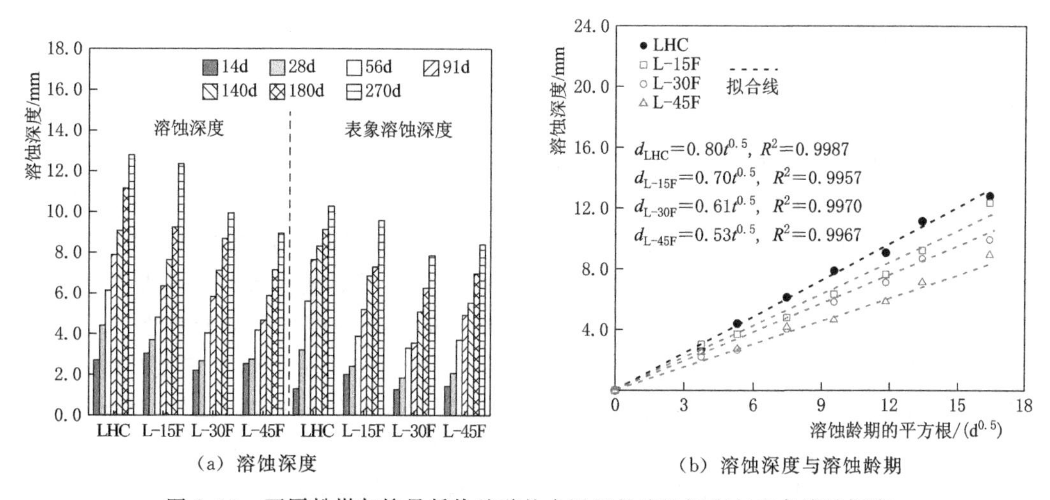

（a）溶蚀深度　　（b）溶蚀深度与溶蚀龄期

图 7.13　不同粉煤灰掺量低热硅酸盐水泥石的溶蚀深度与表象溶蚀深度

7.2.3.4　矿渣粉掺量对试件溶蚀深度的影响

分别测试 LHC、L-20G、L-40G 三组不同矿渣粉掺量的低热硅酸盐水泥试件溶蚀深度和表象溶蚀深度，并对其溶蚀深度数据进行拟合，所得结果如图7.14所示。矿渣粉-低热硅酸盐水泥石试件的溶蚀深度和表象溶蚀深度均随着溶蚀龄期的延长而增加，相同溶蚀龄期下，其溶蚀深度随着矿渣粉掺量的增加而降低，掺入20%和40%矿渣粉的溶蚀深度与表象溶蚀深度较为接近，这与其孔隙率的相对大小一致。此外，三组水泥石试件溶蚀深度与溶蚀龄期的平方根之间也具有良好的线性关系，拟合直线的斜率由大到小依次为LHC、L-20G、L-40G，相关系数均大于0.99。

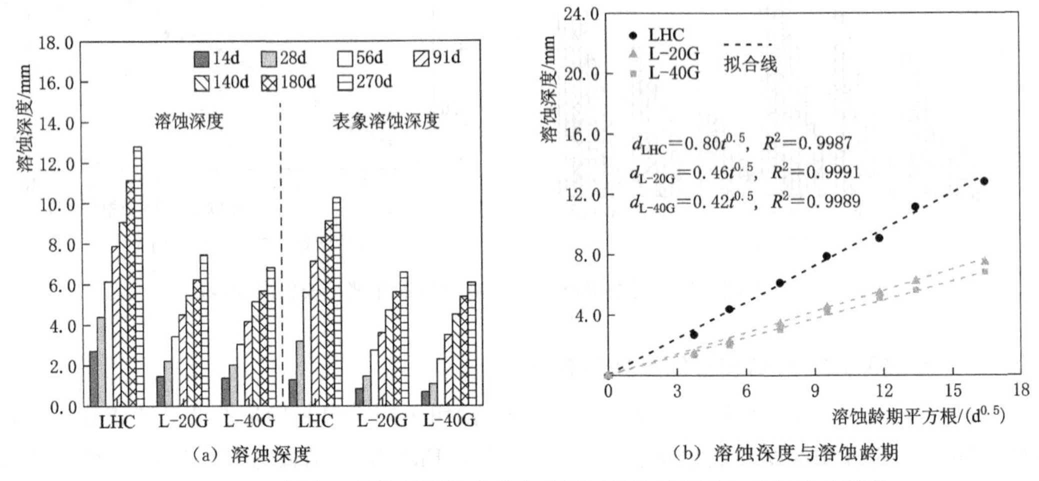

(a) 溶蚀深度　　(b) 溶蚀深度与溶蚀龄期

图7.14 不同矿渣粉掺量低热硅酸盐水泥石的溶蚀深度与表象溶蚀深度

7.3 溶蚀作用下低热硅酸盐水泥基浆体抗压强度与显微维氏硬度

7.3.1 抗压强度

7.3.1.1 水泥类型对溶蚀试件抗压强度的影响

测试不同溶蚀龄期下OPC和LHC两组水泥石试件的抗压强度并计算其强度损失率，结果如图7.15所示。经养护90d的低热硅酸盐水泥石初始抗压强度略高于相同配合比的普通硅酸盐水泥，这主要是由于其主要矿物成分中的C_2S后期强度高于C_3S所造成的。随着溶蚀龄期的延长，OPC和LHC两组水泥浆体试件的抗压强度均呈降低趋势，其抗压强度损失率曲线在溶蚀早期增长速率较快，后期渐趋平缓。这是由于随着溶蚀作用的发生，水泥浆体中固相$Ca(OH)_2$的不断溶出和C—S—H凝胶的脱钙反应增大了水泥石孔隙率，导致试件变得疏松多孔，进而引起抗压强度的持续下降。此外，根据图中抗压强度损失率曲线可知，相同溶蚀龄期下OPC、LHC水泥石的抗压强度损失率较为相近，其对应的91d强度损失率分别为18.6%、17.6%，180d强度损失率分别为30.1%、27.7%。

7.3.1.2 水胶比对溶蚀试件抗压强度的影响

测试不同溶蚀龄期下的L-0.3、LHC、L-0.5三组低热硅酸盐水泥试件的抗压强度并计算其强度损失率，结果如图 7.16 所示。水胶比对于溶蚀水泥石的抗压强度及其损失率有较为明显的影响。低热硅酸盐水泥净浆试件的初始抗压强度随着水胶比的增大而降低，并且 L－0.3、LHC、L－0.5 三组水泥石的抗压强度均随着溶蚀龄期的延长而下降。在溶蚀早期阶段，抗压强度损失率曲线的上升斜率相对陡峭，但随着溶蚀过程的持续进行，该曲线的上升速率逐渐趋于平缓，与其孔隙率增长率曲线的变化趋势一致。在相同溶蚀龄期下，三种水泥石的强度损失率由大到小依次为 L－0.5、LHC、L－0.3，对应的 91d 强度损失率分别为 28.1%、17.6%、16.0%，180d 强度损失率分别为 41.3%、27.7%、20.7%。这主要是由于水泥浆体结构随着水胶比的增大而变得疏松多孔，因此其溶蚀速率加快，表现为相同溶蚀龄期下，水胶比大的水泥石抗压强度损失率较高。

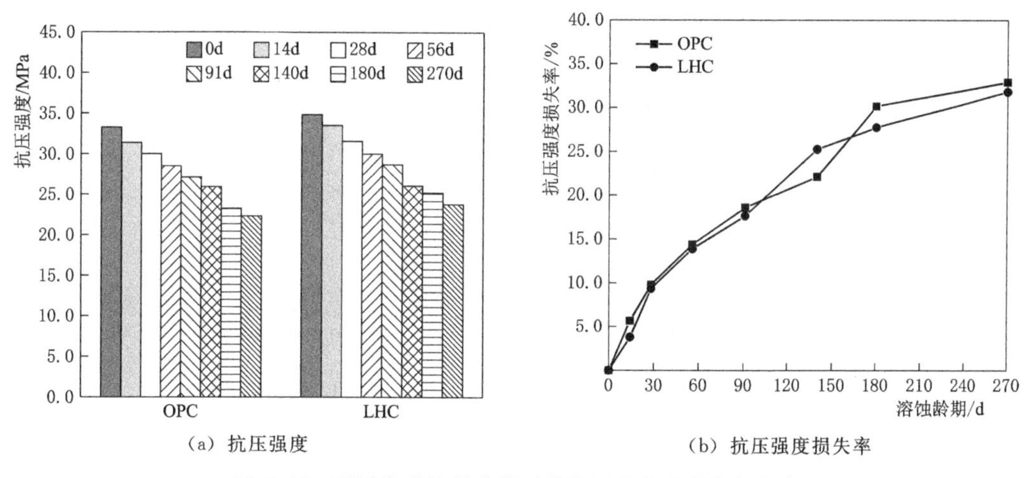

（a）抗压强度　　（b）抗压强度损失率

图 7.15　不同类型溶蚀水泥石的抗压强度及强度损失率

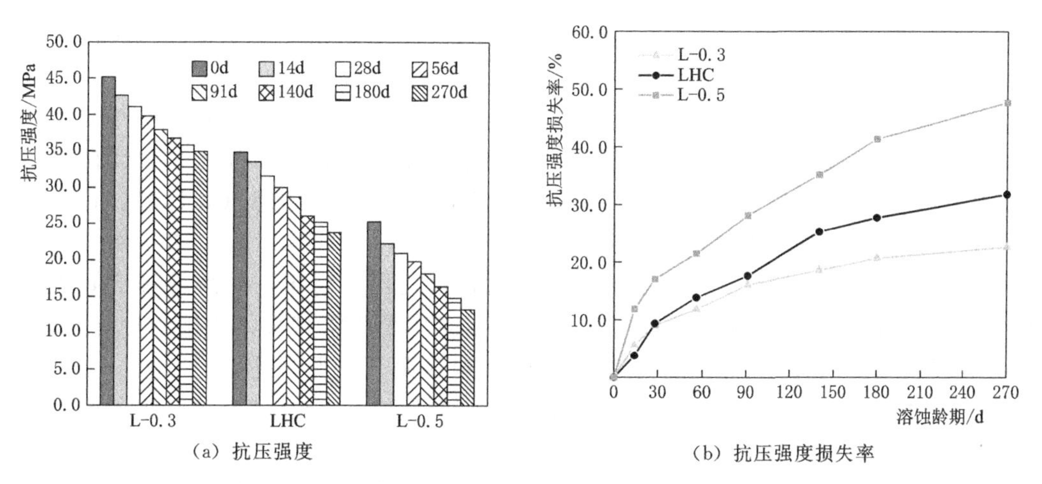

（a）抗压强度　　（b）抗压强度损失率

图 7.16　不同水胶比溶蚀水泥石的抗压强度及强度损失率

7.3.1.3　粉煤灰掺量对溶蚀试件抗压强度的影响

测试不同溶蚀龄期下 LHC、L－15F、L－30F 和 L－45F 四组水泥石试件的抗压强度并计算其强度损失率，结果如图 7.17 所示。低热硅酸盐水泥石的初始抗压强度随着粉煤灰掺量的增加而降低，各组粉煤灰-低热硅酸盐水泥试件的抗压强度随着溶蚀龄期的延长而下降。当溶蚀龄期一定时，低热硅酸盐水泥石的抗压强度损失率随粉煤灰掺量的提高而降低，四组试件的强度损失率由大到小依次为LHC、L－15F、L－30F和L－45F，其对应的91d强度损失率分别为17.6%、16.8%、14.8%、13.1%，180d损失率分别为27.7%、26.7%、23.9%、21.2%。与低热硅酸盐水泥溶蚀试件的质量损失率、孔隙率增长率等变化规律一致，粉煤灰的掺入一方面可以提高水泥石结构的致密性，另一方面可以降低水泥浆体中的$Ca(OH)_2$含量并提高固相水化产物体积分数，降低Ca^{2+}的溶出速率，因此掺入粉煤灰可以提高低热硅酸盐水泥的抗溶蚀性能。

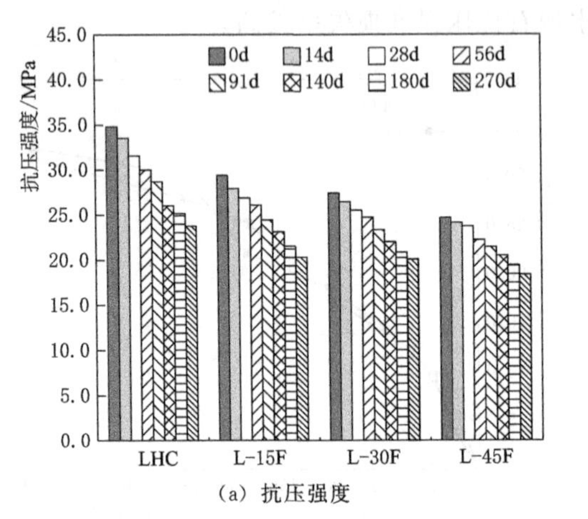

(a) 抗压强度

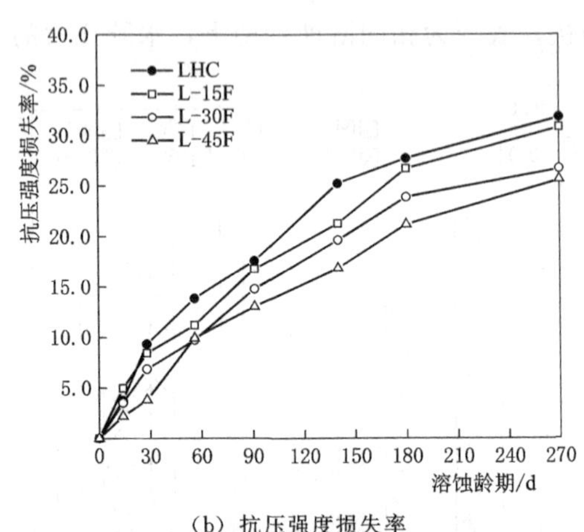

(b) 抗压强度损失率

图7.17　不同粉煤灰掺量溶蚀水泥石的抗压强度及强度损失率

7.3.1.4　矿渣粉对溶蚀试件抗压强度的影响

测试不同溶蚀龄期下LHC、L－20G和L－40G三组水泥石试件的抗压强度并计算其强度损失率，结果如图7.18所示。三组水泥石的初始抗压强度由大到小为L－20G、LHC、L－40G，说明适宜掺量的矿渣粉可以改善低热硅酸盐水泥石的力学性能。对于矿渣粉-低热硅酸盐水泥试件，其抗压强度随着溶蚀龄期的延长而降低，并且在相同溶蚀龄期下，水泥石的抗压强度损失率随矿渣粉掺量的提高而降低，LHC、L－20G、L－40G三组试件对应的91d抗压强度损失率分别为17.6%、14.7%、12.6%，180d强度损失率分别为27.7%、20.8%、18.6%。通过对比可以看出，矿渣粉对于低热硅酸盐水泥蚀溶试件抗压强度损失的改善作用大于相同掺量的粉煤灰，即矿渣粉-低热硅酸盐水泥材料的抗溶蚀性能优于粉煤灰-低热硅酸盐水泥。这主要是由于矿渣粉的火山灰活性较高，能够通过二次水化作用消耗$Ca(OH)_2$并生成C—S—H凝胶，进而密实水泥石结构所导致的。

7.3.2　抗压强度损失率预测模型

水泥浆体的Ca^{2+}溶蚀是一个由表及里逐层发生的损伤过程，参考圆柱体水泥石截面的侵蚀深度变化情况，可根据其不同区域承载力水平的差异将试件沿溶蚀方向划分为溶蚀区和完好区两部分，如图7.19所示。

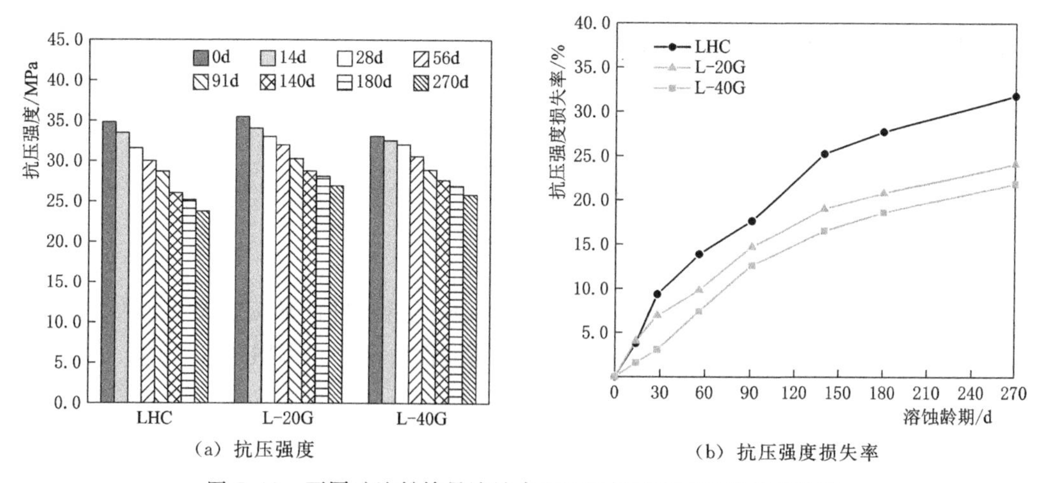

图 7.18 不同矿渣粉掺量溶蚀水泥石的抗压强度及强度损失率

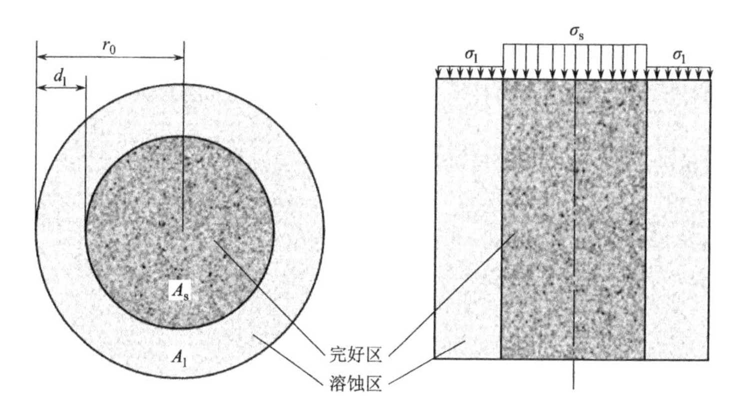

图 7.19 溶蚀水泥石试件的截面分区与应力示意图

为建立溶蚀条件下低热硅酸盐水泥石的抗压强度损失率预测模型，首先需假定溶蚀试件所承受的极限荷载为溶蚀区域与完好区域的荷载之和，即

$$F_p = \sigma_1 A_1 + \sigma_s A_s \tag{7.4}$$

$$A_s = \pi(r_0 - d_1)^2 \tag{7.5}$$

$$A_1 = \pi r_0^2 - \pi(r_0 - d_1)^2 \tag{7.6}$$

式中：F_p 为极限破坏荷载，kN；σ_1 为溶蚀区域抗压强度，MPa；A_1 为溶蚀区域截面面积，mm^2；σ_s 为完好区域抗压强度，MPa；A_s 为完好区域截面面积，mm^2；d_1 为水泥石试件的溶蚀深度，其数值按照式（7.3）计算，mm。

溶蚀水泥石的抗压强度 σ 及其强度损失率 $\Delta\sigma$ 分别按照式（7.7）和式（7.8）计算：

$$\sigma = \frac{F_p}{A_1 + A_s} \tag{7.7}$$

$$\Delta\sigma = \frac{\sigma_0 - \sigma}{\sigma_0} \times 100\% \tag{7.8}$$

式中：σ_0 为溶蚀试验前水泥石抗压强度。

假设 $K=\frac{\sigma_1}{\sigma_s}$，将式（7.4）～式（7.6）代入式（7.7），可得

$$\sigma=\frac{K\sigma_s(2r_0d-d^2)+\sigma_s(r_0-d)^2}{r_0^2} \tag{7.9}$$

将式（7.9）代入式（7.8），可得

$$\Delta\sigma=K\frac{A_1}{A_1+A_s} \tag{7.10}$$

如式（7.11）所示，将水泥石沿其侵蚀方向截面上的溶蚀区域面积与总面积的比值定义为水泥浆体溶蚀程度 α，则溶蚀水泥石的抗压强度损失率公式可用式（7.12）表示。

$$\alpha=\frac{A_1}{A_1+A_s} \tag{7.11}$$

$$\Delta\sigma=K\alpha \tag{7.12}$$

按照式（7.11）分别计算各组水泥石在不同溶蚀龄期下的溶蚀程度，并用式（7.12）对不同水胶比、不同粉煤灰掺量和不同矿渣粉掺量下的各组低热硅酸盐水泥抗压强度损失率和溶蚀程度数据进行拟合，所得结果如图 7.20 所示。从图中可以看出，水胶比、粉煤

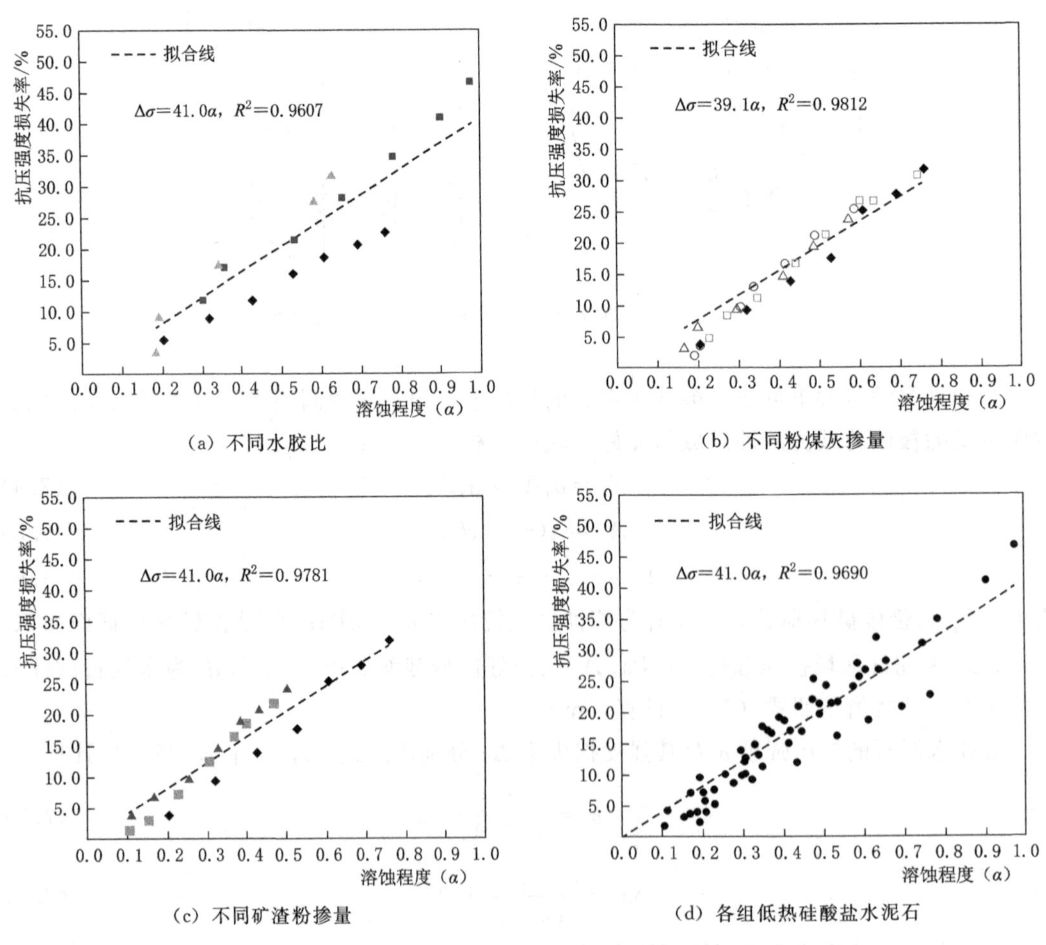

图 7.20　低热硅酸盐水泥石溶蚀程度与抗压强度损失率

灰掺量和矿渣粉掺量 3 个因素对应的 K 值分别为 41.0、39.1 和 41.0，而将所有试验数据进行拟合得到的 K 值为 41.0，因此可以近似认为溶蚀低热硅酸盐水泥石的抗压强度损失率公式为

$$\Delta\sigma(\%)=41.0\alpha \tag{7.13}$$

此外，由图 7.20（d）可知，当溶蚀程度 $\alpha=1$ 时，$\Delta\sigma(\%)=K=41.0$，说明 K 值代表了低热硅酸盐水泥石完全溶蚀后的残余强度损失率。

7.3.3 显微维氏硬度

7.3.3.1 水泥类型对溶蚀试件显微维氏硬度的影响

图 7.21 为经 NH_4Cl 溶液浸泡 28d、91d、180d、270d 的 OPC 和 LHC 两组溶蚀水泥石试件的截面显微维氏硬度分布曲线。从图中可以看出，溶蚀作用下低热硅酸盐水泥与普通硅酸盐水泥净浆的硬度分布规律相似，可以根据其变化趋势将侵蚀截面划分为完全溶蚀区（以下称溶蚀区）、过渡区和完好区 3 个部分，其中溶蚀区和过渡区可统称为劣化区。在靠近试件表层的溶蚀区域内水泥石显微维氏硬度较初始硬度值有明显下降，随着试件深度的增加并无明显增长趋势，说明溶蚀区水泥石浆体中的 Ca^{2+} 已经全部溶出，该处显微

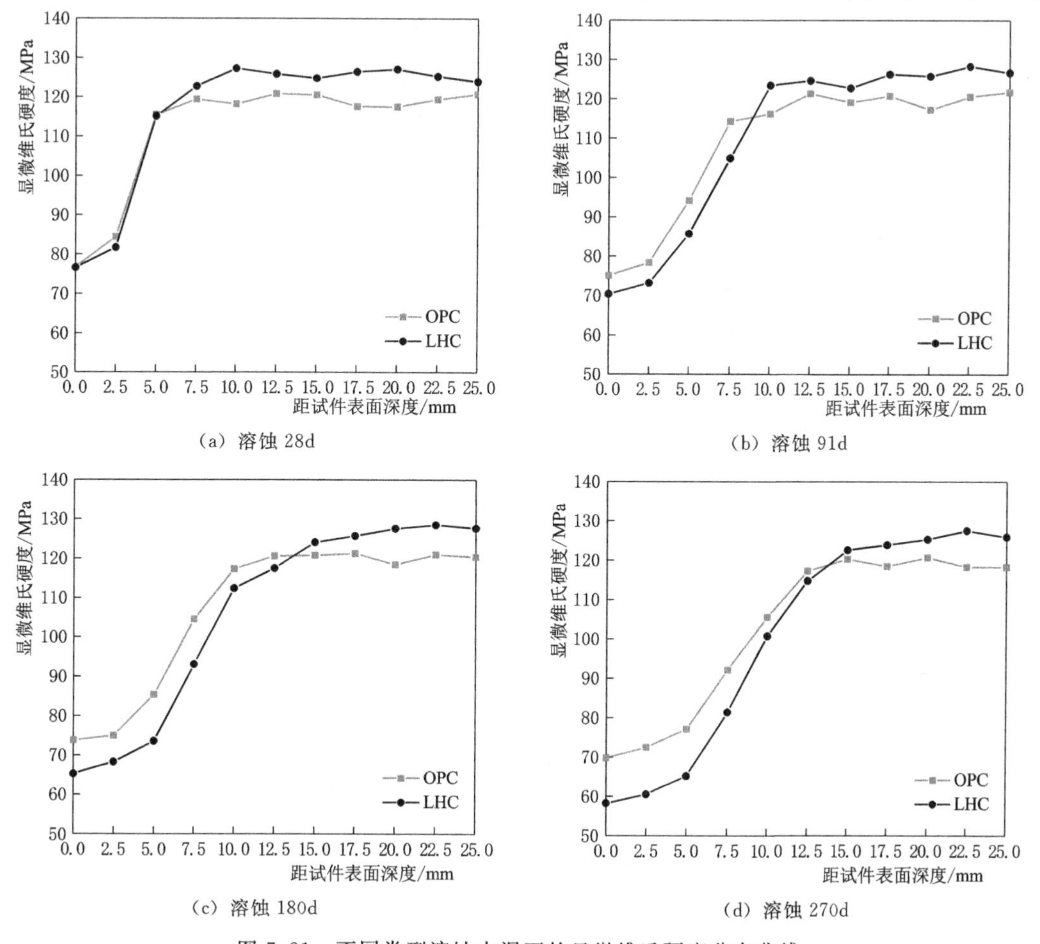

(a) 溶蚀 28d

(b) 溶蚀 91d

(c) 溶蚀 180d

(d) 溶蚀 270d

图 7.21 不同类型溶蚀水泥石的显微维氏硬度分布曲线

维氏硬度值表征了溶蚀水泥石的残余力学性能；过渡区的水泥石显微维氏硬度随着试件深度的增加而明显增大，直至达到试件某一深度处逐渐稳定并基本不再变化，表明该区域处已经发生了 Ca^{2+} 溶蚀，但由于受到 Ca^{2+} 的溶解梯度以及 NH_4^+ 的扩散速率等因素的影响，其浆体损伤程度仍相对较低；完好区域的显微维氏硬度随着深度的增加并无明显变化，其数值与初始显微维氏硬度基本一致，说明该区域孔隙液中的 pH 值仍大于 12，尚未发生 Ca^{2+} 溶出现象，水化产物的固相和液相化学平衡没有破坏，因此宏观力学性能保持不变。

此外，低热硅酸盐水泥石完好区显微维氏硬度值略大于普通硅酸盐水泥，说明其水化产物结构更加密实、具有较高的初始力学性能，这与二者的初始抗压强度规律一致。在溶蚀初期（28d），OPC 和 LHC 水泥石溶蚀区和过渡区的显微维氏硬度值较为相近，但随着溶蚀龄期的延长，LHC 显微维氏硬度分布曲线的前移速度加快，劣化区硬度值逐渐低于 OPC，并且该区域对应的试件深度也逐渐增大，说明在溶蚀作用下低热硅酸盐水泥石的力学性能劣化速率大于相同配合比的普通硅酸盐水泥试件，即低热硅酸盐水泥的抗溶蚀性能略低于普通硅酸盐水泥，这与前文的宏观性能分析结论相一致。

7.3.3.2 水胶比对溶蚀试件显微维氏硬度的影响

图 7.22 为不同水胶比的 3 组溶蚀水泥石显微维氏硬度分布曲线。从图中可以看出，水胶比对于水泥浆体的显微维氏硬度值有明显影响，降低水胶比能够显著提高水泥石的显微维氏硬度。随着溶蚀深度的增加，3 组试件的显微维氏硬度分布规律一致，硬度分布曲线中的劣化区前移速度随着水胶比的增大而增加，即 3 组水泥石的劣化区最大深度相对大小为 L-0.5>LHC>L-0.3，并且其差值随着溶蚀龄期的延长而增加。产生这种现象的原因主要与 3 组试件的孔隙率差异有关，水胶比大的水泥浆体较为疏松多孔，在酸性溶液环境下 Ca^{2+} 的溶出较快，表现为试件显微维氏硬度劣化速率增大。

7.3.3.3 粉煤灰掺量对溶蚀试件显微维氏硬度的影响

图 7.23 为不同粉煤灰掺量的 4 组溶蚀水泥石截面显微维氏硬度分布曲线。由图可知，粉煤灰-低热硅酸盐水泥试件的显微维氏硬度分布同样包括溶蚀区、过渡区和完好区 3 个阶段，其中低热硅酸盐水泥石的初始（完好区）显微维氏硬度值随着粉煤灰掺量的增加而

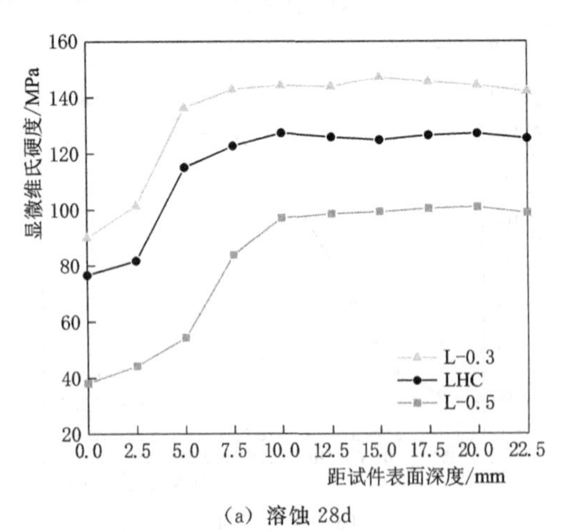

(a) 溶蚀 28d

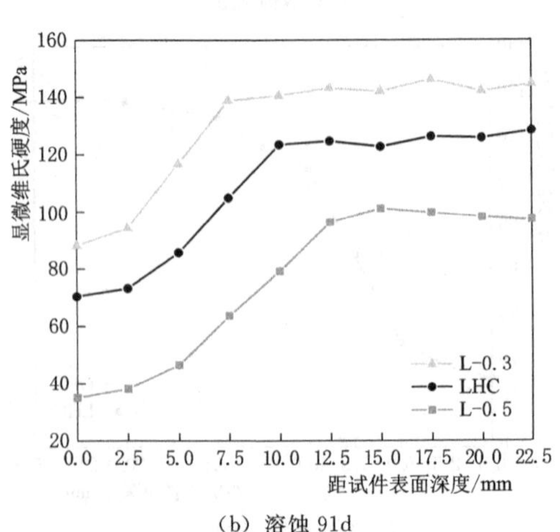

(b) 溶蚀 91d

图 7.22（一） 不同水胶比溶蚀水泥石的显微维氏硬度分布曲线

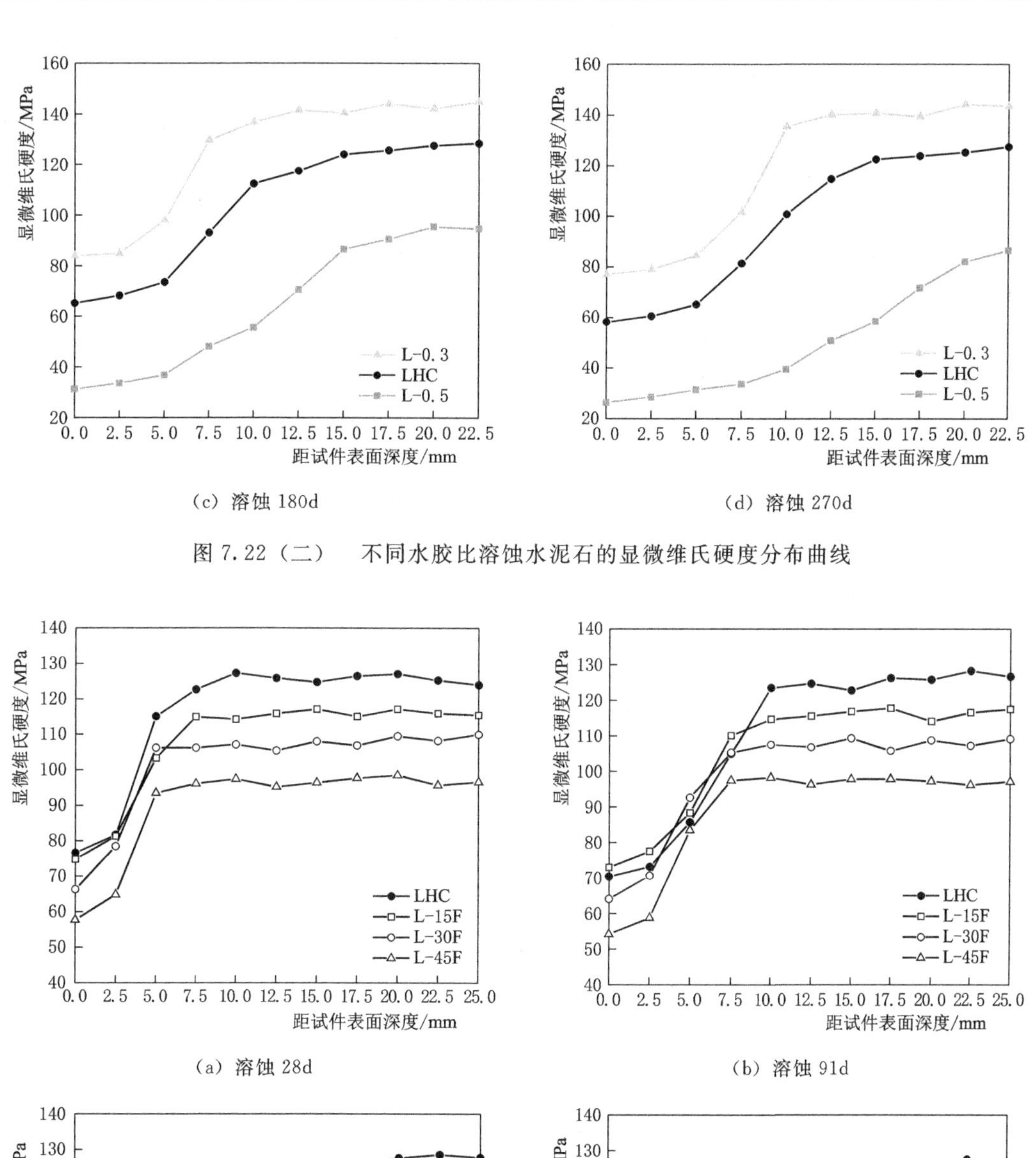

(c) 溶蚀 180d　　(d) 溶蚀 270d

图 7.22（二）　不同水胶比溶蚀水泥石的显微维氏硬度分布曲线

(a) 溶蚀 28d　　(b) 溶蚀 91d

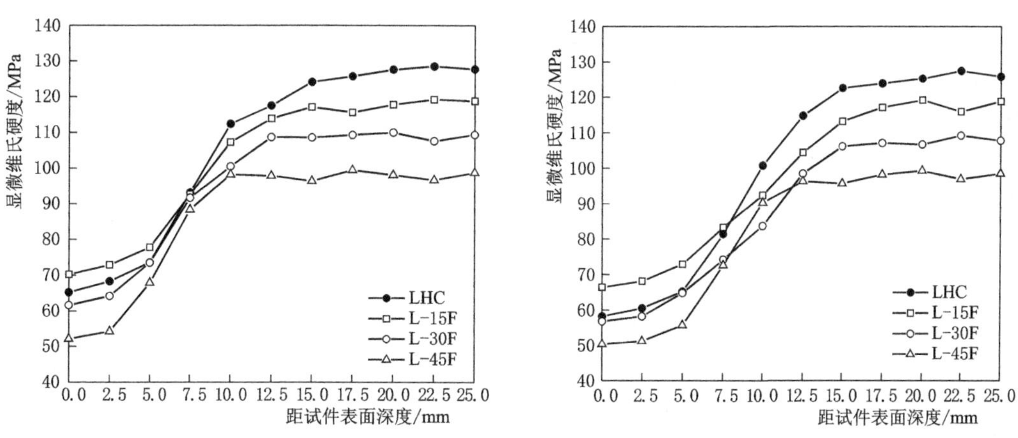

(c) 溶蚀 180d　　(d) 溶蚀 270d

图 7.23　不同粉煤灰掺量溶蚀水泥石的显微维氏硬度分布曲线

降低。4组水泥石损伤区域的硬度值随着溶蚀作用的进行有较大变化，在溶蚀初期(28d)，4组试件的损伤区显微维氏硬度相对大小与其初始显微维氏硬度一致，即LHC>L-15F>L-30F>L-45F。随着溶蚀龄期的延长，与LHC试件相比，L-15F水泥石的溶蚀区显微维氏硬度逐渐增大并超过前者，L-30F水泥石的溶蚀区显微维氏硬度与LHC试件逐渐接近，尽管试验周期内L-45F水泥石的溶蚀区硬度均小于LHC，但二者的差值也逐渐减小。这说明溶蚀作用下低热硅酸盐水泥基浆体损伤区域的力学性能随着粉煤灰掺量的增加而提高，其原因主要是由于粉煤灰的掺入密实了水泥石的孔隙结构并降低了浆体中的$Ca(OH)_2$含量，进而在一定程度上限制了Ca^{2+}的溶出速率。

7.3.3.4 矿渣粉对溶蚀试件显微维氏硬度的影响

图7.24为不同矿渣粉掺量的3组溶蚀水泥石显微维氏硬度分布曲线。掺入20%矿渣粉的L-20G试件初始显微维氏硬度与LHC水泥石相近，而当其掺量增加到40%后，L-40G试件的初始显微维氏硬度相较LHC略有降低。产生这种现象的原因是适宜掺量的矿渣能够与水泥浆体中的$Ca(OH)_2$发生二次水化反应进一步密实水泥石结构、增强其力学性能，但当掺量较高时，矿渣粉则主要发挥填料作用，降低了熟料矿物成分的相对含量，使得水泥浆体中水化产物减少，表现为力学性能下降。此外，3组水泥石的损伤区域硬

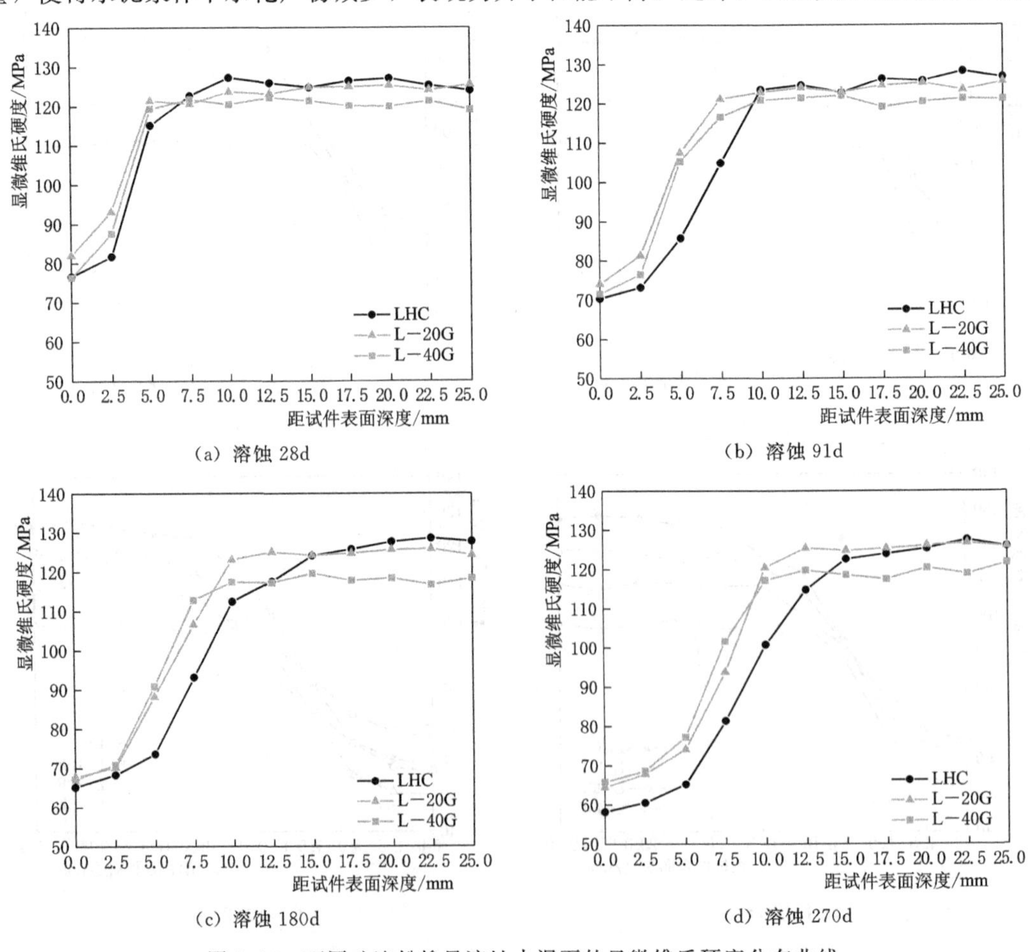

(a) 溶蚀28d

(b) 溶蚀91d

(c) 溶蚀180d

(d) 溶蚀270d

图7.24 不同矿渣粉掺量溶蚀水泥石的显微维氏硬度分布曲线

度值具有一致的相对大小规律，其中 L-20G 和 L-40G 试件的硬度值较为接近，均大于 LHC，并且其差值随着溶蚀龄期的延长而逐渐增加。从中可以推断矿渣粉的掺入能够有效提高低热硅酸盐水泥石的抗溶蚀性能，并且其最优掺量在 0～20%之间。

7.3.3.5 等效显微维氏硬度

根据式（7.14），计算各组溶蚀水泥石的 28d、91d、180d 和 270d 等效显微维氏硬度 $\overline{HV}$，结果如图 7.25 所示。

$$\overline{HV}(t)=\frac{2\pi\int_0^{r_0}HV(x,t)\cdot(r_0-x)\mathrm{d}x}{\pi r_0^2} \tag{7.14}$$

式中：$\overline{HV}(t)$ 为经侵蚀 t 天的水泥石等效显微维氏硬度，MPa；r_0 是圆柱体水泥石半径，取值为 25mm；$HV(x,t)$ 表示经侵蚀 t 天后、距离试件表面深度为 x mm 处的浆体显微维氏硬度，MPa。

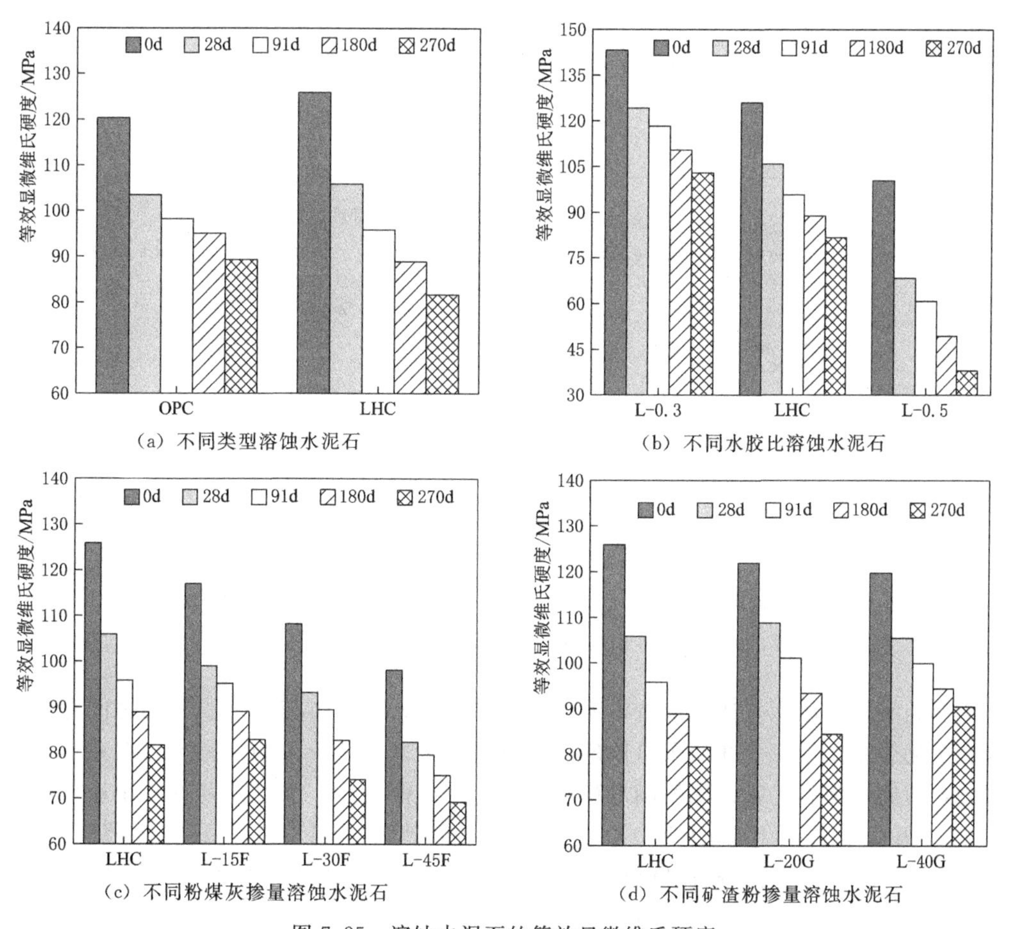

（a）不同类型溶蚀水泥石
（b）不同水胶比溶蚀水泥石
（c）不同粉煤灰掺量溶蚀水泥石
（d）不同矿渣粉掺量溶蚀水泥石

图 7.25 溶蚀水泥石的等效显微维氏硬度

从图 7.25 中可以看出，水泥石的等效显微维氏硬度能够较好地反映其在不同溶蚀龄期的力学性能。在溶蚀试验之前，低热硅酸盐水泥的等效显微维氏硬度略高于相同配合比的普通硅酸盐水泥，并且随着水胶比的减小而明显增大，随着粉煤灰和矿渣粉掺量的增加而降低。随着溶蚀龄期的延长，各组水泥石的等效显微维氏硬度均呈下降趋势，其中LHC试件的等效显微维氏硬度降低值略高于OPC，说明后者的抗溶蚀性能相对较优。此外，降低水胶比或者掺入粉煤灰、矿渣粉均可以减小低热硅酸盐水泥石的等效显微维氏硬度降低率，说明这些措施能够提高低热硅酸盐水泥基材料的抗溶蚀能力。

7.4　溶蚀作用下低热硅酸盐水泥基浆体物相组成与微观形貌

7.4.1　钙硅比

采用EDTA络合滴定法，测试不同溶蚀龄期内NH_4Cl溶液中的Ca^{2+}含量，并据此计算水泥碟片试件对应的钙硅比（Ca/Si），进而建立OPC和LHC两种水泥净浆试件在溶蚀过程中的质量损失率与Ca/Si之间的变化关系，结果如图7.26所示。OPC和LHC两种水泥石的初始Ca/Si分别为3.16、2.57。

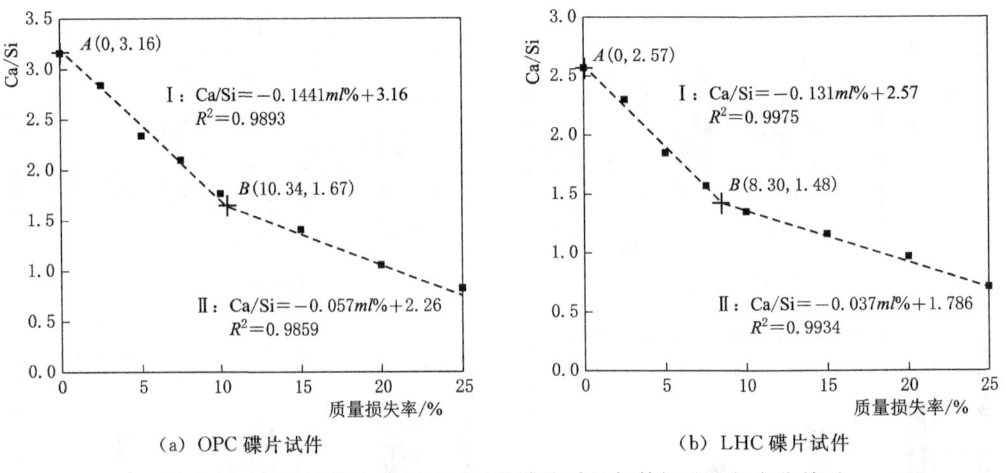

图7.26　溶蚀过程中OPC和LHC碟片质量与其钙硅比的变化关系

低热硅酸盐水泥和普通硅酸盐水泥净浆试件的Ca/Si均与其质量损失率之间存在双折线线性变化关系，但二者在两个阶段的拟合直线斜率以及转折点的位置上存在差异。具体表现为，两组水泥石的钙硅比均随着质量损失的增大而减小，并且前期的减小速率明显高于后期。OPC试件所对应的两个阶段钙硅比下降速率分别为0.144和0.057，均大于LHC试件在相应阶段的钙硅比降低速率0.131和0.037。此外，双折线的拐点B即为两个阶段的分界点，OPC对应的B点横坐标质量损失率为10.34%，此时Ca/Si为1.67，而LHC对应的B点横坐标质量损失率较OPC有所降低，为8.30%，此时的Ca/Si为1.48。水泥石中的Ca^{2+}溶出分为两个阶段，第Ⅰ个阶段首先是固相$Ca(OH)_2$的溶出，只有当水泥浆体中的$Ca(OH)_2$几乎全部溶解后，才会进入第Ⅱ阶段，即C—S—H凝胶中的Ca^{2+}开始分解以维持局部的化学平衡关系，直至最终只剩下SiO_2凝胶，由于固相水化产物的先后分解，导致水泥石孔隙率逐渐增大、胶结能力降低、力学性能退化。因此，图中 Ca/Si 变化的两个阶段分别对应着溶蚀速率较快的 $Ca(OH)_2$ 溶出阶段和溶蚀速率较慢的 C—S—H 凝胶分解阶段，而两阶段的分界点即对应了水泥浆体中固相 $Ca(OH)_2$ 完全溶出的质量损失率与 Ca/Si[192]。基于此，可以推断由于低热硅酸盐水泥浆体中水化生成的 $Ca(OH)_2$ 含量较低，因此其在第Ⅰ阶段的钙硅比的下降速率低于普通硅酸盐水泥；在第Ⅱ阶段，由于 C_2S 水化生成的 C—S—H 凝胶具有高的聚合度，因此低热硅酸盐水泥浆体中的 C—S—H 凝胶分解速率较慢，表现为该阶段水泥浆体中的 Ca^{2+} 溶出速率低于普通硅酸盐水泥试件。由前文的宏观性能试验结果可知，低热硅酸盐水泥的抗溶蚀性能略低于普通硅酸盐水泥，这说明由于试验中试件尺寸和溶蚀龄期的限制，各组圆柱体水泥石尚未完全溶蚀破坏，因此物理力学性能主要体现了第Ⅰ阶段的溶蚀行为特点。

7.4.2 XRD 分析

分别取 OPC、LHC、L-30F、L-20G 四组水泥石试件在溶蚀前和溶蚀 91d 后的表层样品，经磨粉和干燥处理后进行 XRD 分析，试验结果分别如图 7.27 和图 7.28 所示。

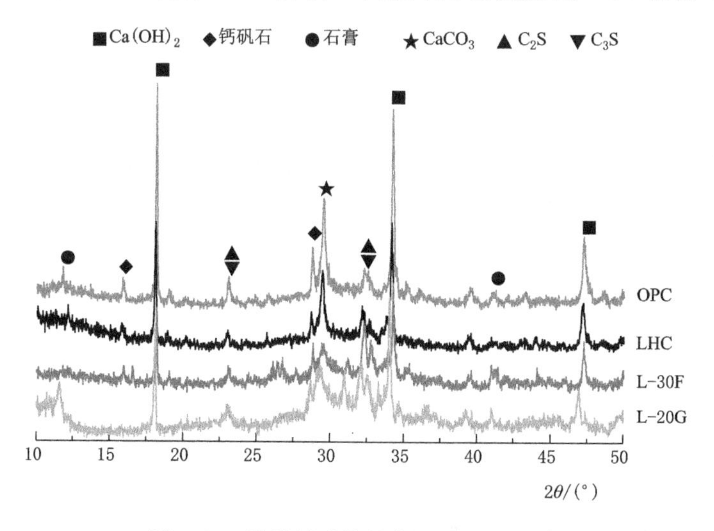

图 7.27 溶蚀试验前的水泥石 XRD 图谱

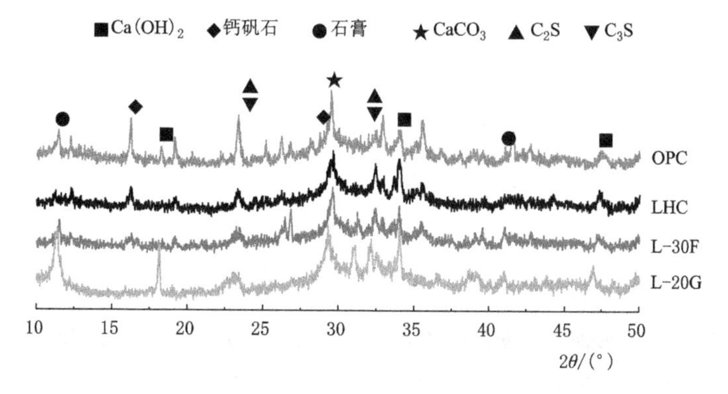

图 7.28 溶蚀 91d 后水泥石的 XRD 图谱

从图7.27可知，四组水泥浆体的水化产物成分基本一致，其XRD图谱上存在的晶相衍射峰主要包括$Ca(OH)_2$（18.1°、34.2°、47.2°）、未水化的C_3S和C_2S矿物（23.1°、32.4°）、碳酸钙（29.5°）、石膏（11.7°、41.0°）和钙矾石（15.9°、28.9°）。4组水泥石的$Ca(OH)_2$相对含量由高到低依次为OPC、LHC、L-30F、L-20G，这与前文宏观性能规律的相关分析结论一致，即C_2S水化生成的$Ca(OH)_2$含量低于C_3S，掺入粉煤灰和矿渣粉均能降低水泥浆体中的熟料矿物成分含量进而导致水化生成的$Ca(OH)_2$量减少。矿渣粉的火山灰活性较高，与粉煤灰相比能够消耗更多的$Ca(OH)_2$并与其发生二次水化反应，L-30F和L-20G水泥石XRD衍射图谱上的C_3S和C_2S的峰值较低，也证明了这一过程。此外，4种水泥浆体中的石膏和钙矾石含量并无显著差别。

从图7.28中可以看出，经溶蚀91d的4组水泥净浆试件的XRD图谱中$Ca(OH)_2$衍射峰峰强较溶蚀前有显著降低，但仍未完全消失，说明此阶段的溶蚀过程仍是以$Ca(OH)_2$的溶出为主，推测C—S—H凝胶的脱钙反应处于早期阶段或者尚未发生。OPC、LHC和L-30F试件XRD图谱的$Ca(OH)_2$峰强比较接近，即溶蚀91d后其水泥石表层的$Ca(OH)_2$含量基本一致，而L-20G所对应的$Ca(OH)_2$峰明显高于另外3组试件，这进一步证实了掺加20%矿渣粉能够有效降低Ca^{2+}的溶出速率，提高低热硅酸盐水泥石的抗溶蚀能力。

7.4.3　SEM分析

分别取LHC低热硅酸盐水泥净浆试件在溶蚀前和溶蚀91d后的表层样品，经处理后进行SEM试验以及EDS面扫描，观察其微观结构变化以及侵蚀产物情况，结果如图7.29所示。

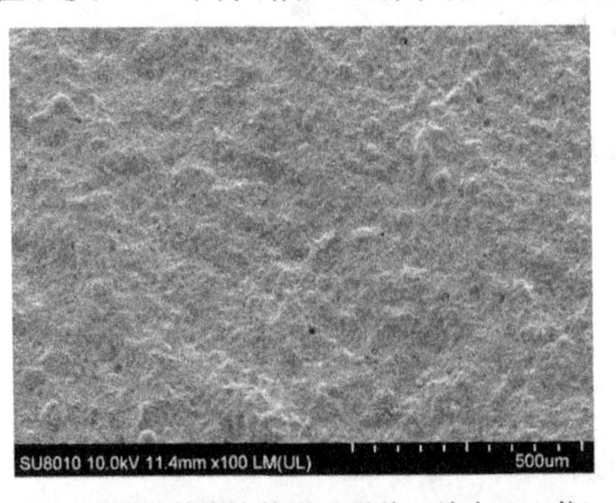

(a) LHC试件溶蚀前微观形貌（放大100倍）

(b) LHC试件溶蚀91d后微观形貌（放大100倍）

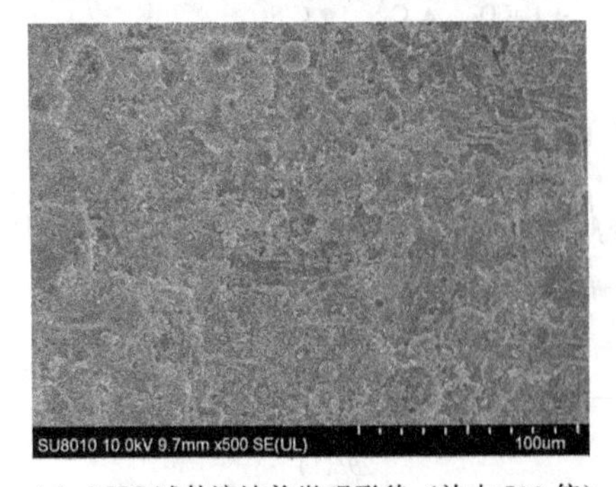

(c) LHC试件溶蚀前微观形貌（放大500倍）

(d) LHC试件溶蚀91d后微观形貌（放大500倍）

图7.29（一）　LHC试件溶蚀前后的SEM图像及EDS试验结果

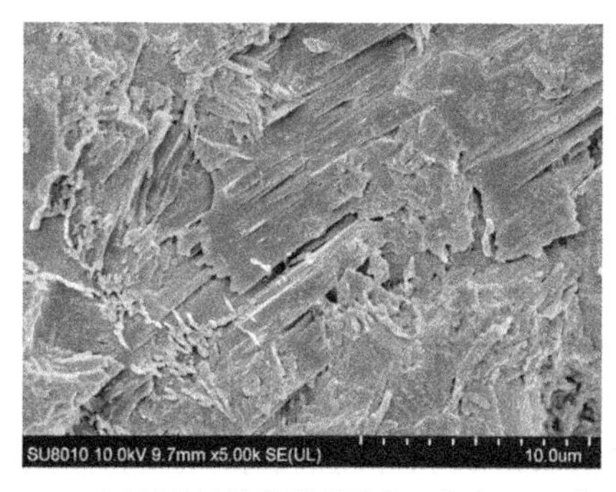

(e) LHC 试件溶蚀前微观形貌（放大 5000 倍）

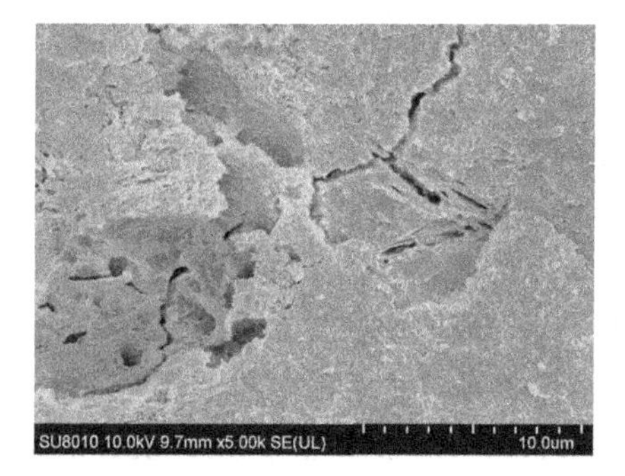

(f) LHC 试件溶蚀 91d 后微观形貌（放大 5000 倍）

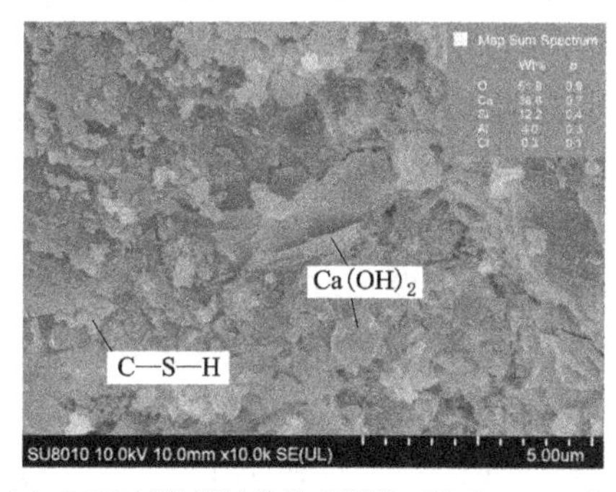

(g) LHC 试件溶蚀前微观形貌（放大 10000 倍）

(h) LHC 试件溶蚀 91d 微观形貌（放大 10000 倍）

图 7.29（二） LHC 试件溶蚀前后的 SEM 图像及 EDS 试验结果

图 7.29（a）～图 7.29（d）分别为 100 倍和 500 倍放大倍数下的低热硅酸盐水泥浆体在溶蚀前后的形貌图像。可以看出，溶蚀前的水泥浆体骨架平整、密实，而溶蚀后变得疏松、无序，水泥浆体结构呈渔网状，说明水泥石中的 Ca^{2+} 已经大量溶出，导致其结构密实性下降、孔隙率增加。图 7.29（e）～图 7.29（h）分别展示了 5000 倍和 10000 倍放大倍数下的低热硅酸盐水泥浆体溶蚀前后的形貌图像。从图中可以观察到，溶蚀前的水泥水化产物形态良好、结构致密，包括针棒状的钙矾石、板状和六边形状的 $Ca(OH)_2$，以及大量的絮状 C—S—H 凝胶。而溶蚀后的水泥浆体结构却满是孔隙、孔洞以及裂纹，并且可以观察到六边形的 $Ca(OH)_2$ 边缘已在溶蚀作用下发生损伤，并且 C—S—H 凝胶的结构形态也有一定变化，可以推断其发生了脱钙反应。此外，图 7.29（g）和图 7.29（h）中给出了图示区域的 EDS 试验结果，低热硅酸盐水泥浆体中的 Ca 和 Cl 元素含量在溶蚀前后发生了明显变化，前者是由于 Ca^{2+} 的溶出而降低，后者是由于 Cl^- 的扩散作用而增加。而由于 Si^{4+} 的溶解度很低，所以 Si 元素的相对含量在溶蚀前后并无明显变化。此外，可以根据 EDS 试验结果，计算确定图示区域的低热硅酸盐水泥浆体在溶蚀前后的 Ca/Si 分别为 3.18 和 2.13。

7.5 本 章 结 论

（1）与相同配合比的普通硅酸盐水泥相比，经饱和石灰水养护 90d 的低热硅酸盐水泥净浆试件孔隙率较小、抗压强度和显微维氏硬度较高，说明以 C_2S 为主要矿物成分的低热硅酸盐水泥水化产物更加密实、具有较好的力学性能。NH_4Cl 溶蚀环境下低热硅酸盐水泥净浆试件的质量损失、孔隙率、溶蚀深度、抗压强度以及显微维氏硬度等性能的劣化规律与普通硅酸盐水泥相似，但其综合抗溶蚀能力略低于后者，主要是由于低热硅酸盐水泥水化生成的初始 $Ca(OH)_2$ 含量较低，当其发生进一步溶出后，水泥浆体试件的宏观物理力学性能的下降较普通硅酸盐水泥更为明显。

（2）降低水胶比和掺入粉煤灰、矿渣粉均能提高低热硅酸盐水泥的抗溶蚀性能。当水胶比较低时，水泥浆体中的游离水含量少，因此硬化水泥浆体的孔隙率降低，Ca^{2+} 的溶出速率受到抑制。粉煤灰和矿渣粉对于低热硅酸盐水泥抗溶蚀性能的增强机理基本一致，一方面由于矿物掺合料的“形态效应”，能够改善水泥石的孔隙结构、降低孔隙率，另一方面是降低了水泥浆体中的熟料矿物成分，进而减少了其水化生成的 $Ca(OH)_2$ 含量，并且能够发挥其火山灰活性与 $Ca(OH)_2$ 发生二次水化反应，进一步密实浆体结构。由于矿渣粉的火山灰活性相对较高，因此其对于低热硅酸盐水泥抗溶蚀性能的提升能力高于相同掺量的粉煤灰。

（3）根据水泥浆体沿其侵蚀剖面的溶解峰线位置确定不同配比的低热硅酸盐水泥基浆体溶蚀深度，并通过喷洒酚酞试液的方法表征了其表象溶蚀深度。采用 Fick 函数建立了溶蚀深度、表象溶蚀深度与溶蚀龄期平方根的拟合公式，发现其均存在良好的线性关系，且相关系数均大于0.99。降低水胶比或者掺入粉煤灰、矿渣粉后，低热硅酸盐水泥基浆体溶蚀深度拟合直线的斜率呈降低趋势，说明该斜率能够反映 Ca^{2+} 的溶出速率，并据此确定各组试件溶蚀深度与表象溶蚀深度所对应溶出速率的比值大致在1.1～1.3之间。最后，对低热硅酸盐水泥基浆体试件的质量损失率、孔隙率增长率和溶蚀深度进行了数据拟合，所得结果可为低热硅酸盐水泥基材料的溶蚀深度预测提供数据参考。

（4）讨论了溶蚀水泥石试件的截面分区与应力分布情况，据此建立了溶蚀作用下低热硅酸盐水泥基浆体的抗压强度损失率预测公式 $\Delta\sigma(\%)=K\alpha$ ，其中 α 定义为溶蚀程度，是指沿水泥浆体侵蚀方向截面上的溶蚀区域面积与试件总面积的比值。对于低热硅酸盐水泥基净浆试件而言，K 取值为41.0，其物理意义为低热硅酸盐水泥基浆体完全溶蚀后的残余抗压强度损失率。

（5）采用 EDTA 络合滴定法确定了低热硅酸盐水泥和普通硅酸盐水泥浆体的 Ca/Si 随其质量损失率的变化关系。低热硅酸盐水泥的初始 Ca/Si 低于普通硅酸盐水泥，并且在 $Ca(OH)_2$ 溶出阶段和 C—S—H 凝胶分解阶段的下降速率均低于后者。其原因可能是由于低热硅酸盐水泥水化生成的 $Ca(OH)_2$ 含量较低，因此在浓度差的作用下溶蚀第Ⅰ阶段的 Ca^{2+} 溶出速率低于普通硅酸盐水泥，而由于 C_2S 水化生成的 C—S—H 凝胶具有高的聚合度，因此在第Ⅱ阶段低热硅酸盐水泥浆体中 C—S—H 凝胶的分解速率较慢，表现为其 Ca/Si 下降速率仍低于普通硅酸盐水泥。

（6）由 XRD 衍射图谱可知，低热硅酸盐水泥浆体中的初始 $Ca(OH)_2$ 含量低于普通硅酸盐水泥试件，掺入粉煤灰或者矿渣粉后其 $Ca(OH)_2$ 含量将进一步降低。经溶蚀91d后，OPC、LHC、L-30F 和 L-20G 4组试件中的 $Ca(OH)_2$ 含量均显著降低。溶蚀前低热硅酸盐水泥浆体的骨架结构平整、密实，$Ca(OH)_2$、钙矾石以及 C—S—H 凝胶等水化产物致密、形态良好，溶蚀后浆体结构变得疏松、呈无序渔网状，$Ca(OH)_2$ 以及 C—S—H 凝胶的形态均发生了损伤变化。此外，根据 EDS 试验结果，溶蚀前后低热硅酸盐水泥浆体的 Ca/Si 分别为3.18和2.13。

第8章 双重因素耦合作用下低热硅酸盐水泥基材料的耐久性

水工混凝土的服役环境较为复杂，冻融、冲磨、硫酸盐侵蚀以及溶蚀等问题往往耦合发生，单因素性能研究难以满足实际工程中的混凝土耐久性设计及寿命预测需要。针对性地开展双因素和多因素耦合作用下低热硅酸盐水泥基材料的耐久性能研究对于推进低热硅酸盐水泥在水利工程中的应用具有重要现实意义。

本章围绕冻融损伤、冲磨破坏、硫酸盐侵蚀和 Ca^{2+} 溶蚀 4 个问题耦合作用下低热硅酸盐水泥基材料的耐久性能，设计了 3 组试验方案，分别开展了溶蚀与冻融耦合作用下低热硅酸盐水泥混凝土的性能演化规律、冻融及溶蚀低热硅酸盐水泥混凝土的抗冲磨性能评价、硫酸盐侵蚀与溶蚀耦合作用下低热硅酸盐水泥浆体的劣化机理研究，以期为低热硅酸盐水泥基材料的工程应用提供参考。

8.1 冻融与溶蚀耦合作用下低热硅酸盐水泥混凝土的性能演化

8.1.1 原材料与试验

8.1.1.1 试验材料与试件制备

采用低热硅酸盐水泥配制水胶比为 0.4 的混凝土试件，配合比见表 8.1。水泥、骨料、减水剂以及拌和用水的相关性能参数同 4.1.1 节内容。

表 8.1 低热硅酸盐水泥混凝土配合比 单位：kg/m^3

试件编号	低热硅酸盐水泥	水	细骨料	粗骨料	减水剂
LHC	360	144	792	1094	5.4

根据表 8.1 所示 LHC 试件配比，成型尺寸为 100mm×100mm×100mm 的立方体混凝土试件，脱模后置于标准养护室中养护 86d，试验前将其移入饱和石灰水中浸泡 4d。

8.1.1.2 试验方案与测试方法

将充分饱水的混凝土试件分成 8 组进行试验，见表 8.2。编号为 Lc－FT1～Lc－FT4 的 4 组试件先分别于 6mol/L 的 NH_4Cl 溶液中浸泡 0d、28d、91d 和 180d，然后再进行快速冻融试验；编号为 FT－Lc1～FT－Lc4 的 4 组试件先分别进行 0 次、50 次、100 次和 200 次快速冻融试验，然后再浸泡于 NH_4Cl 溶液中测试其不同溶蚀龄期的性能演化规律。

表 8.2　　　　溶蚀-冻融与冻融-溶蚀耦合试验方案

试件编号	试验方案	
Lc－FT1	①冻融循环 200 次	
Lc－FT2	①溶蚀 28d	②冻融循环 200 次
Lc－FT3	①溶蚀 91d	②冻融循环 200 次
Lc－FT4	①溶蚀 180d	②冻融循环 200 次
FT－Lc1	①溶蚀 180d	
FT－Lc2	①冻融循环 50 次	②溶蚀 180d
FT－Lc3	①冻融循环 100 次	②溶蚀 180d
FT－Lc4	①冻融循环 200 次	②溶蚀 180d

如图 8.1 所示，试验过程中发现低热硅酸盐水泥混凝土试件在溶蚀和冻融耦合作用下的表面损伤劣化较为严重，试验中后期难以对其进行相对动弹性模量、显微维氏硬度以及超声平测试验，因此本节仅对立方体混凝土试件质量损失、孔隙率、溶蚀深度和抗压强度 4 个常规性能的演化规律进行分析。各组试验均设 3 个平行样，最终结果取其平均值。试验方法如下：

图 8.1　溶蚀 91d 的低热硅酸盐水泥混凝土经冻融循环 100 次后的外观图像

（1）溶蚀深度。分别测试 FT－Lc1～FT－Lc4 四组冻融混凝土试件经溶蚀 0d、28d、91d 和 180d 后的溶蚀深度。鉴于溶蚀混凝土试件剖面的 Ca^{2+} 溶解峰线位置难以准确观察，因此本节中采用喷洒酒精-酚酞试剂法来测试各组混凝土试件的表象溶蚀深度。

（2）质量损失。分别测试 Lc－FT1～Lc－FT4 四组溶蚀混凝土试件经冻融循环 0 次、50 次、100 次和 200 次以及 FT－Lc1～FT－Lc4 四组冻融混凝土试件经溶蚀 0d、28d、91d 和 180d 后的质量，并计算其质量损失率。

（3）孔隙率。分别测试 Lc－FT1～Lc－FT4 四组溶蚀混凝土试件经冻融循环 0 次、50 次、100 次和 200 次以及 FT－Lc1～FT－Lc4 四组冻融混凝土试件经溶蚀 0d、28d、91d

和 180d 后的孔隙率，并计算孔隙率变化率。

（4）抗压强度。分别测试 Lc-FT1～Lc-FT4 四组溶蚀混凝土试件经冻融循环 0 次、50 次、100 次和 200 次以及 FT-Lc1～FT-Lc4 四组冻融混凝土试件经溶蚀 0d、28d、91d 和 180d 后的抗压强度，并计算其强度损失率。

8.1.2　溶蚀混凝土的冻融损伤规律

8.1.2.1　溶蚀深度

测试在 6mol/L NH_4Cl 溶液中浸泡不同龄期的低热硅酸盐水泥混凝土溶蚀深度，并对其数据进行拟合，结果如图 8.2 所示。低热硅酸盐水泥混凝土经溶蚀 28d、91d 和 180d 的溶蚀深度分别为 2.51mm、4.95mm 和 8.08mm，试验数据与溶蚀龄期的平方根之间存在良好的线性相关关系，当采用 Fick 函数对其进行拟合时，所得结果具有较高的相关系数。

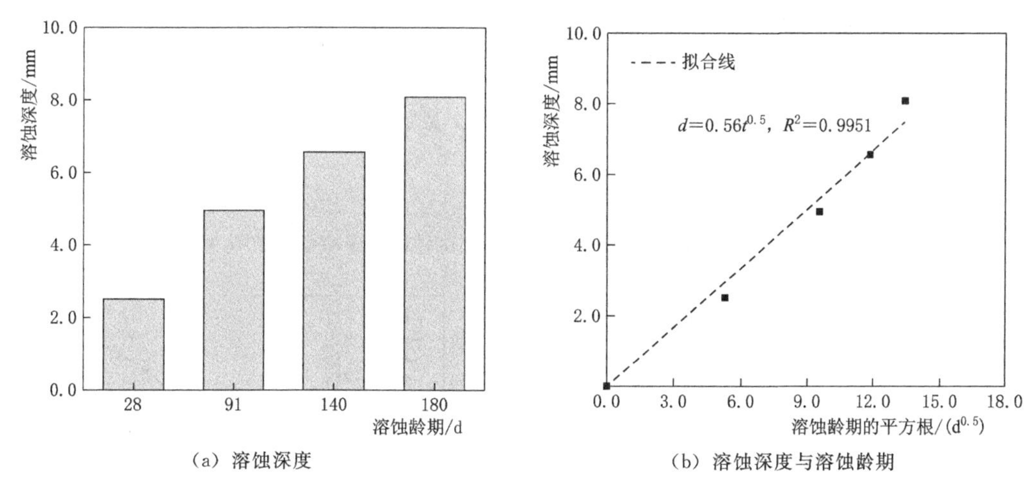

（a）溶蚀深度　　（b）溶蚀深度与溶蚀龄期

图 8.2　NH_4Cl 溶液中低热硅酸盐水泥混凝土的溶蚀深度

8.1.2.2　质量损失

图 8.3 给出了 4 组溶蚀混凝土试件在不同冻融循环次数下的试件质量及质量损失率。从图中可以看出，相同冻融次数下，4 组溶蚀混凝土的质量损失率随其初始溶蚀龄期的延长而增大。与未经溶蚀的低热硅酸盐水泥混凝土相比，溶蚀 28d、91d 和 180d 的试件质量随着冻融次数的增加呈明显降低趋势，其质量损失率曲线在冻融初期增速较快，之后逐渐稳定。这说明溶蚀损伤的表层混凝土物理、力学性能退化较为严重，在冻融试验初期即发生了剥落，表现为冻融循环 50 次所对应的质量损失率快速增加。各组溶蚀混凝土在冻融 50～200 次的质量损失率增速趋于一个常数，是由于此时的冻融破坏主要发生在性质较为均一的完好区混凝土部分，因此其质量损失基本不受初始溶蚀作用的影响。

8.1.2.3　孔隙率

图 8.4 给出了各组溶蚀混凝土在冻融循环过程中的孔隙率及其增长率曲线。由图可知，在相同冻融次数下，4 组混凝土的孔隙率随其初始溶蚀龄期的延长而增大。此外，随着冻融次数的增加，未溶蚀 Lc-FT1 试件的孔隙率逐渐增大，而其余 3 组溶蚀混凝土的孔

隙率则先降低而后再逐渐增大。不难分析，Lc-FT2、Lc-FT3 和 Lc-FT4 试件在冻融 50 次后出现的孔隙率降低主要是由于溶蚀损伤的表层混凝土冻融剥落所引起的。根据图 8.4，经溶蚀 28d、91d 和 180d 的低热硅酸盐水泥混凝土初始孔隙率较基准试件分别提高 6.0%、15.1%和 21.6%，而 4 组试件经 200 次冻融循环后的孔隙率增长率分别为 5.6%、4.6%、3.2%和 3.1%，因此当表层溶蚀混凝土经冻融剥落后，试件整体的孔隙率将有所降低，这与其质量损失率的变化规律一致。

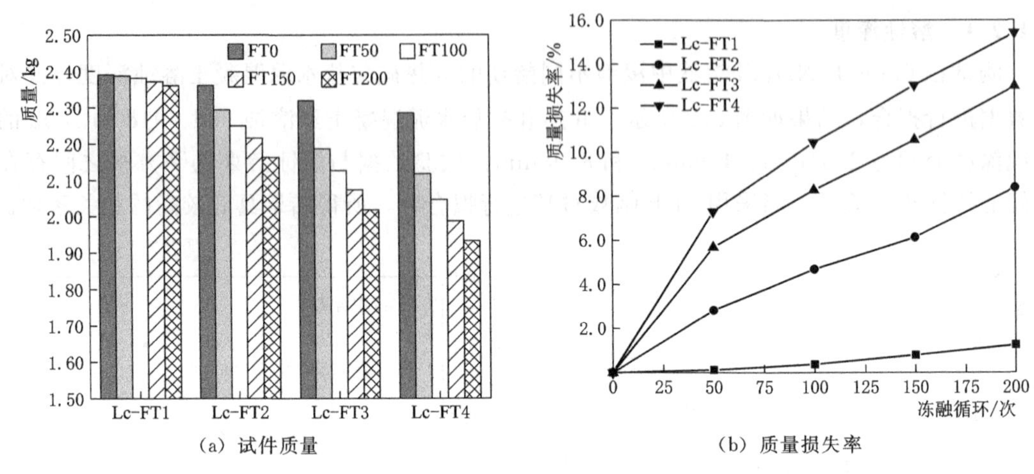

(a) 试件质量　　(b) 质量损失率

图 8.3 不同冻融循环次数下溶蚀混凝土试件的质量变化及其损失率

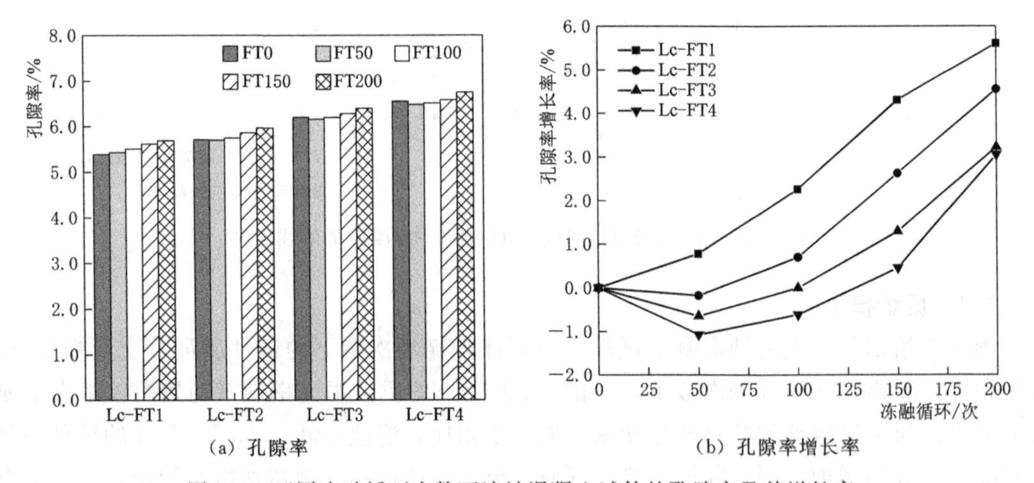

(a) 孔隙率　　(b) 孔隙率增长率

图 8.4 不同冻融循环次数下溶蚀混凝土试件的孔隙率及其增长率

8.1.2.4 抗压强度

图 8.5 为不同冻融循环次数下溶蚀混凝土试件的抗压强度及其损失率。从图中可以看出，各组溶蚀混凝土的抗压强度均随着冻融次数的增加而降低，相同冻融次数下，其强度损失率随着初始溶蚀龄期的延长而增大。经 200 次冻融循环后，溶蚀 28d、91d 和 180d 的低热硅酸盐水泥混凝土抗压强度损失率较 Lc-FT1 基准试件分别增大了 53.3%、209.9% 和 385.8%，结合图 8.1 所示溶蚀混凝土冻融损伤外观图像，可以判断在溶蚀和冻融耦合作用下低热硅酸盐水泥混凝土的力学性能劣化速率将明显提高。

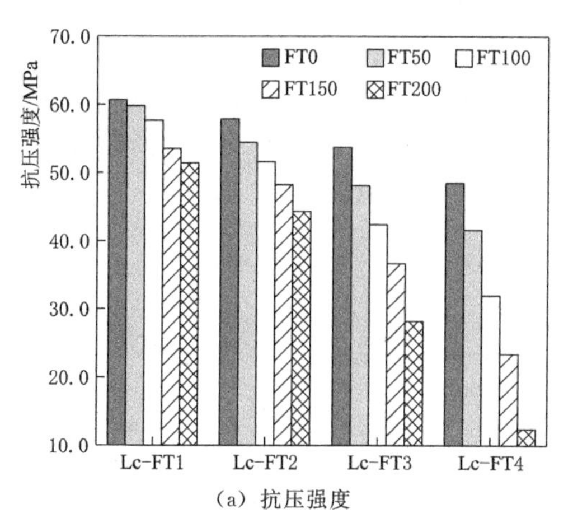

(a) 抗压强度

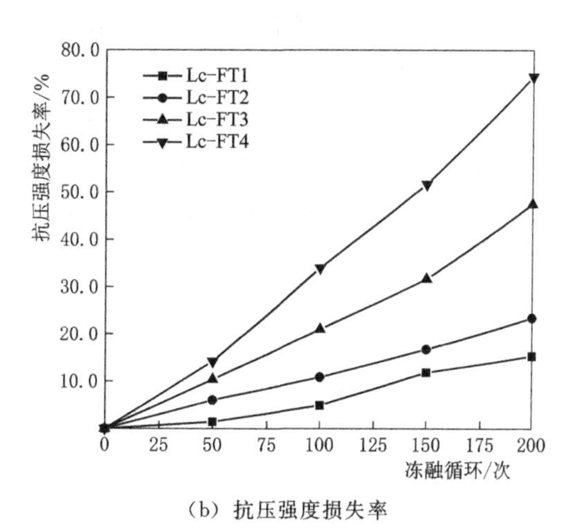

(b) 抗压强度损失率

图 8.5 不同冻融循环次数下溶蚀混凝土试件的抗压强度及其损失率

8.1.3 冻融混凝土的溶蚀损伤规律

8.1.3.1 溶蚀深度

分别测试经 0 次、50 次、100 次和 200 次冻融循环后的混凝土溶蚀深度，并对试验数据进行拟合，结果分别见图 8.6 和表 8.3。

由图 8.6 可知，在相同溶蚀龄期内，低热硅酸盐水泥混凝土的溶蚀深度随其初始所经冻融次数的增加而增大，FT－Lc2、FT－Lc3 和 FT－Lc4 的 28d 溶蚀深度较 FT－Lc1 基准试件分别提高了 96.8%、213.2%、381.3%，180d 溶蚀深度分别提高 36.9%、89.2%、168.7%。冻融作用下混凝土的性能劣化是由表及里和整体损伤叠加作用的过程[193]，表层混凝土的孔隙率增长速率较快，表现为混凝土的冻融损伤程度对溶蚀初期 Ca^{2+} 扩散速率的影响更大。此外，由表 8.3 可知，冻融混凝土的溶蚀深度与溶蚀龄期的平方根之间存在较好的线性关系，其相关系数在 200 次冻融循环内均大于 0.99。

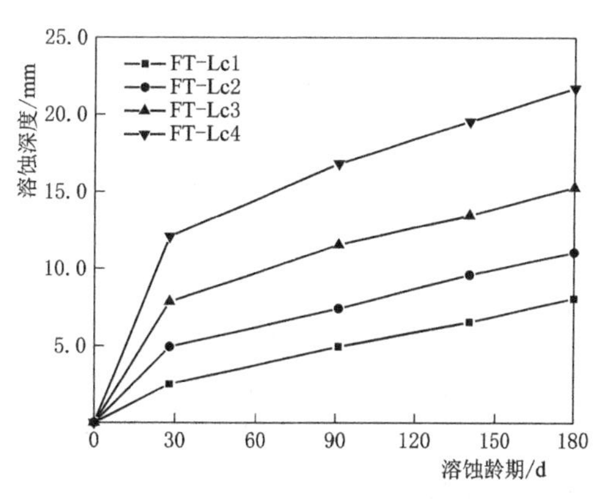

图 8.6 不同溶蚀龄期下冻融混凝土试件的溶蚀深度

表 8.3 冻融混凝土的溶蚀深度与溶蚀龄期平方根之间的拟合函数

试件编号	FT－Lc1	FT－Lc2	FT－Lc3	FT－Lc4
拟合公式	$d=0.56t^{0.5}$	$d=0.82t^{0.5}$	$d=1.18t^{0.5}$	$d=1.70t^{0.5}$
R^2	0.9951	0.9982	0.9947	0.9911

8.1.3.2 质量损失

图 8.7 给出了冻融混凝土试件在不同溶蚀龄期下的试件质量与质量损失率。从图中可

以看出，各组冻融混凝土的质量均随溶蚀作用的进行而不断减小，其质量损失率曲线在溶蚀初期升高较快，随着溶蚀龄期的延长斜率逐渐降低。相同溶蚀龄期下，4 组低热硅酸盐水泥混凝土的质量损失率随其初始冻融循环次数的增加而增大，相较于 FT - Lc1 基准试件，经冻融 50 次、100 次和 200 次的混凝土 28d 溶蚀质量损失率分别提高 40.7%、78.9%、153.3%，180d 质量损失率提高 29.0%、52.6%和 115.3%。

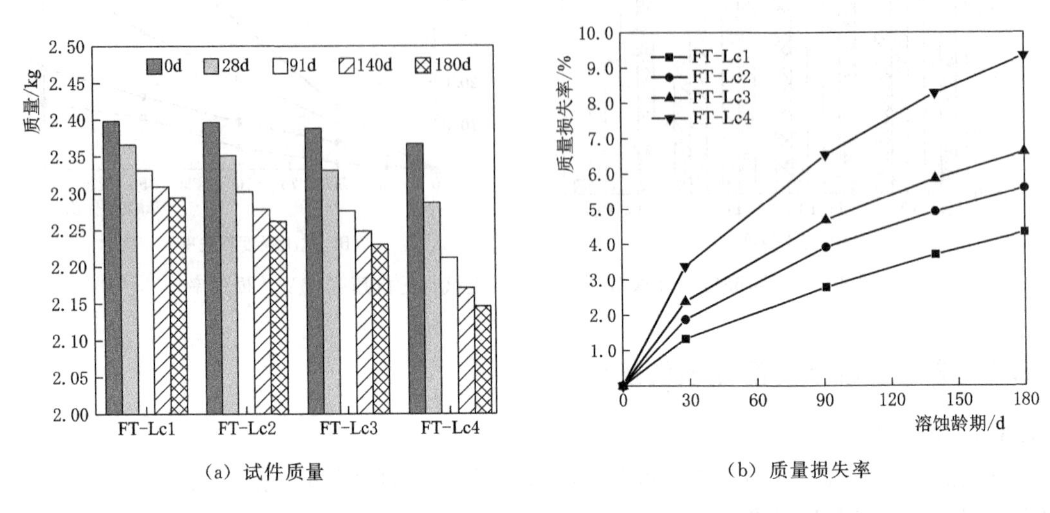

(a) 试件质量　　(b) 质量损失率

图 8.7 不同溶蚀龄期下冻融混凝土试件的质量变化及其损失率

8.1.3.3 孔隙率

图 8.8 给出了冻融混凝土在不同溶蚀龄期下的试件孔隙率及其增长率曲线。由图可知，4 组混凝土的孔隙率均随溶蚀龄期的延长而增大，同一溶蚀龄期内，试件孔隙率增长率随其初始冻融次数的增加而增大。相较于 FT - Lc1 基准试件，经冻融 50 次、100 次和 200 次的混凝土 28d 孔隙率增长率分别提高 48.9%、101.8%、154.6%，180d 增长率提高 19.8%、49.3%和 82.1%。冻融混凝土在溶蚀初期的孔隙率明显提高，这是由于其表层冻融损伤程度较高，存在较多的有害孔、多害孔以及微裂缝，因此当处于酸性侵蚀环境中时，水泥基体中的 Ca^{2+} 扩散速率较大，进而表现为试件孔隙率增大。对于非表层混凝土，尽管其未发生明显的开裂、剥落现象，但在冻融过程中仍然发生了不同程度的损伤，因此较长溶蚀龄期内的混凝土孔隙率增长率仍大于未经冻融的基准试件。

8.1.3.4 抗压强度

图 8.9 为不同溶蚀龄期下冻融混凝土的抗压强度及其损失率曲线。从图中可以看出，各组冻融混凝土的抗压强度均随溶蚀龄期的延长而降低，其强度损失率曲线在早期增长速率较快，28～180d 之间的曲线斜率近似为常数，并且随着初始冻融次数的增加而增大。在相同溶蚀龄期内，4 组试件的抗压强度损失率由大到小依次为 FT - Lc4、FT - Lc3、FT - Lc2、FT - Lc1，且前 3 组冻融混凝土的 28d 强度损失率分别比 FT - Lc1 提高 19.6%、57.8%、138.5%，180d 抗压强度损失率分别提高 18.1%、45.7%、84.7%。

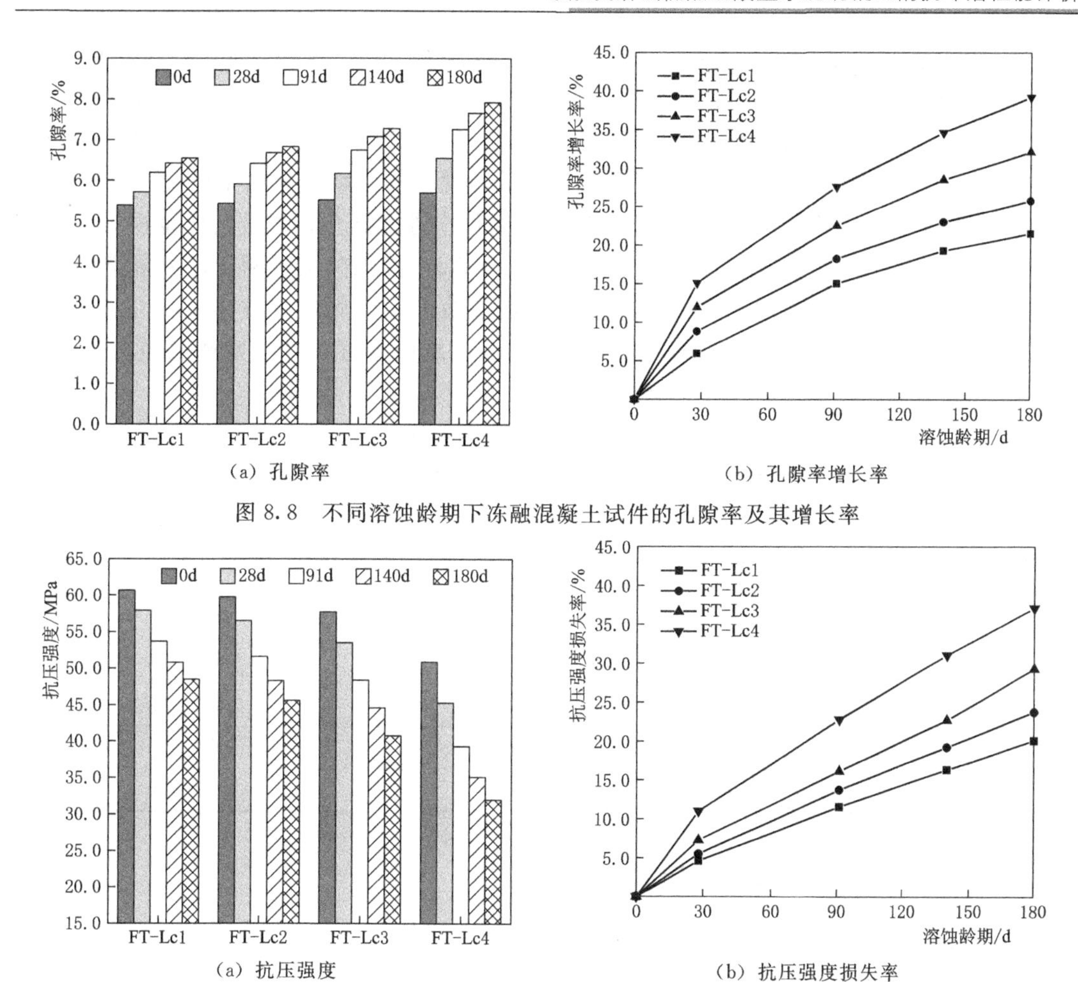

(a) 孔隙率 (b) 孔隙率增长率

图 8.8 不同溶蚀龄期下冻融混凝土试件的孔隙率及其增长率

(a) 抗压强度 (b) 抗压强度损失率

图 8.9 不同溶蚀龄期下冻融混凝土试件的抗压强度及其损失率

8.2 冻融及溶蚀低热硅酸盐水泥混凝土的抗冲磨性能评价

8.2.1 原材料与试验

8.2.1.1 试验材料与试件制备

试验配合比与 8.1.1 节相同，原材料性能参数见 4.1.1 节。

根据表 8.1 中的配合比，分别成型尺寸为 Φ300mm×100mm、100mm×100mm×400mm 和 100mm×100mm×100mm 三种规格的低热硅酸盐水泥混凝土试件，脱模后置于标准养护室中养护 90d，以消除其后期水化给试验结果带来的误差影响。

8.2.1.2 试验方案与测试方法

本节旨在探究冲磨作用下不同溶蚀损伤程度和不同冻融损伤程度的低热硅酸盐水泥混凝土性能演化规律，因此设计了表 8.4 所列 7 组方案进行冻融-冲磨和溶蚀-冲磨试验。其中，Ab为对照组，即不经冻融循环和溶蚀浸泡，直接测试其抗冲磨性能。对于FT-A1、FT-A2和FT-A3，将其不同尺寸规格的混凝土试件放入冻融试验箱，测试棱柱体试件经快速冻融50次、100次和200次循环后的损伤层厚度，测试立方体试件经0次、50次、100次和200次冻融循环后的抗压强度和显微维氏硬度，并分别将冻融循环50次、100次和200次的圆柱体混凝土试件放入水下钢球法冲磨仪中进行试验，测量其质量损失、抗冲磨强度和磨蚀深度。对于Lc-A1、Lc-A2和Lc-A3，首先分别将两种尺寸规格的低热硅酸盐水泥混凝土试件浸泡于6mol/L NH_4Cl 侵蚀溶液中，测试立方体试件在溶蚀0d、28d、91d和180d之后的溶蚀深度、抗压强度和显微维氏硬度，并分别测试经溶蚀28d、91d和180d后的圆柱体混凝土抗冲磨性能。

表8.4　冻融、溶蚀混凝土的抗冲磨试验方案设计

试件编号	试验方案	
Ab	①冲磨72h	
FT-A1	①冻融循环50次	②冲磨72h
FT-A2	①冻融循环100次	②冲磨72h
FT-A3	①冻融循环200次	②冲磨72h
Lc-A1	①溶蚀28d	②冲磨72h
Lc-A2	①溶蚀91d	②冲磨72h
Lc-A3	①溶蚀180d	②冲磨72h

8.2.2　冻融混凝土的抗冲磨性能

8.2.2.1　冻融混凝土的基本性能

图8.10给出了低热硅酸盐水泥混凝土经不同冻融循环次数后的显微维氏硬度。由图可知，低热硅酸盐水泥混凝土的显微维氏硬度随着冻融次数的增加而降低，并且随着试件深度的增加而逐渐增大直至达到稳定。此外，根据第4章试验结果可知，经50次、100次、150次和200次循环后的冻融混凝土损伤层厚度分别为8.9mm、13.6mm、16.8mm和24.6mm。

8.2.2.2　磨蚀质量损失与抗冲磨强度

1. 质量损失

图8.11给出了各组冻融混凝土试件经冲磨24h、48h和72h后的质量损失率。从图中可以看出，在相同冲磨时间下，4组试件的质量损失率由大到小依次为FT-A3、FT-A2、FT-A1、Ab，即磨蚀质量损失率随其初始冻融次数的增加而显著增大。与Ab混凝土相比，经冻融循环50次、100次和200次后的混凝土试件24h冲磨质量损失率分别提高130.3%、163.4%和247.4%，冲磨72h的质量损失率分别提高31.2%、56.5%和95.1%，说明冻融损伤程度高的混凝土抗冲磨性能明显降低，并且其降低幅度在磨蚀初期较为明显，这主要是由于混凝土表层经冻融循环后孔隙率增大、多害孔数量增多，并且可能存在微裂缝等缺陷，因此其在磨蚀初期的性能劣化更加严重。此外，从图8.11还可以看出，各组冻融混凝土的质量损失率随着冲磨时间的增加呈增大趋势，对其试验数据进行拟合，可得表8.5所示拟合函数，其相关系数 R^2 均大于0.99，说明冻融混凝土的质量损

失率与冲磨时间具有较好的线性关系。

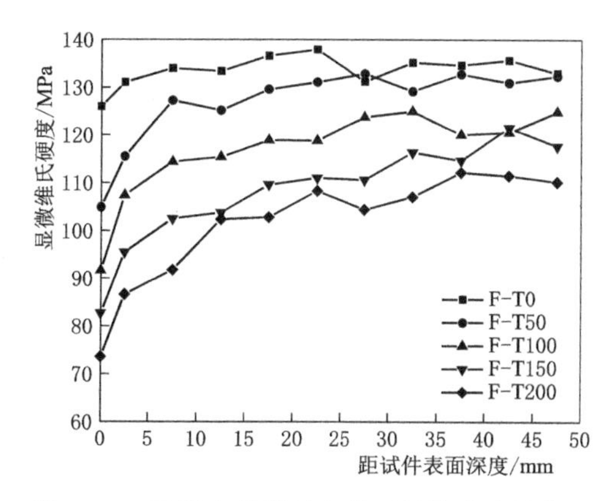

图 8.10 不同冻融循环次数下低热硅酸盐水泥混凝土的显微维氏硬度

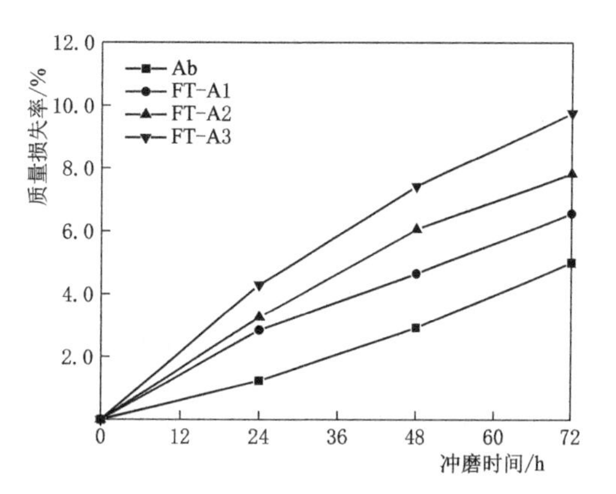

图 8.11 冻融混凝土在不同冲磨时间下的质量损失率

表 8.5 冻融混凝土的质量损失率与冲磨时间拟合函数

试件编号	Ab	FT - A1	FT - A2	FT - A3
拟合公式	$\omega=0.0658T$	$\omega=0.0948T$	$\omega=0.1157T$	$\omega=0.1442T$
R^2	0.9931	0.9944	0.9932	0.9921

2. 抗冲磨强度

图 8.12 (a) 和 (b) 分别给出了各组冻融混凝土的抗冲磨强度和磨蚀速率。抗冲磨强度为磨蚀速率的倒数，二者所反映的混凝土磨蚀规律一致，因此本节仅对图 8.12 (b) 中的磨蚀速率指标进行分析。由图可知，Ab 混凝土试件的磨蚀速率随着冲磨时间的增加而略有增大，但在各冲磨周期内均较为相近，这主要是由于混凝土早期的磨损过程主要由其表层水泥石强度所控制，后期的磨蚀作用则逐渐由暴露出的骨料和水泥浆体共同承担，并且混凝土表面的初始平整度对其后期磨蚀损伤速率有较大影响。另外 3 组冻融混凝土的磨蚀速率变化趋势与 Ab 混凝土试件相反，即试验初期所对应的混凝土表层磨蚀速率最高，其后随着时间的延长而逐渐降低。与 Ab 混凝土试件相比，经冻融循环 50 次、100 次和 200 次后的混凝土 24h 磨蚀速率分别提高 68.1%、86.1%和 142.2%，72h 磨蚀速率提高 17.5%、39.6%和 72.9%，与其质量损失率的相对大小规律一致，说明混凝土的抗冲磨能力随其冻融损伤程度的增加而降低。

8.2.2.3 磨蚀深度与分形维数

1. 磨蚀深度

测量并计算不同冲磨时间下低热硅酸盐水泥混凝土试件的平均磨蚀深度与最大磨蚀深度，结果如图 8.13 所示。从图中可以看出，各组冻融混凝土的磨蚀深度均随着冲磨时间的延长而增加，且其对应的 24h 增长速率最高，说明在试验初期的混凝土冻融损伤表层更易发生磨蚀破坏。此外，在相同冲磨周期内，4 组混凝土的磨蚀深度由大到小依次为 FT - A3、FT - A2、FT - A1、Ab，与未经冻融的 Ab 混凝土试件相比，冻融 50 次、100 次和 200 次后的试件 24h 平均磨蚀深度增加 29.4%、86.2%、131.6%，72h 平均磨蚀深度增加 23.3%、46.3%、86.9%。

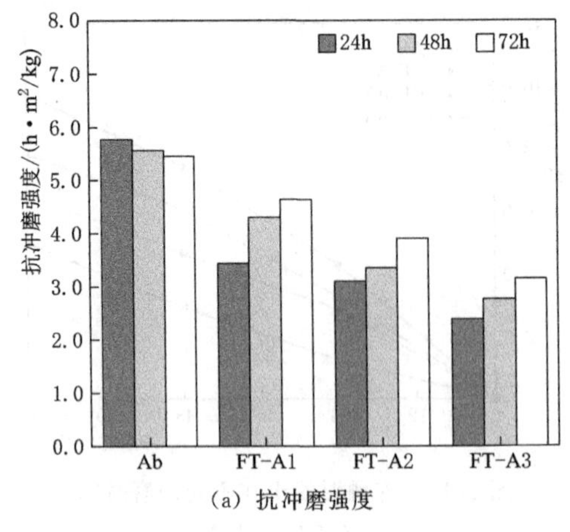

(a) 抗冲磨强度

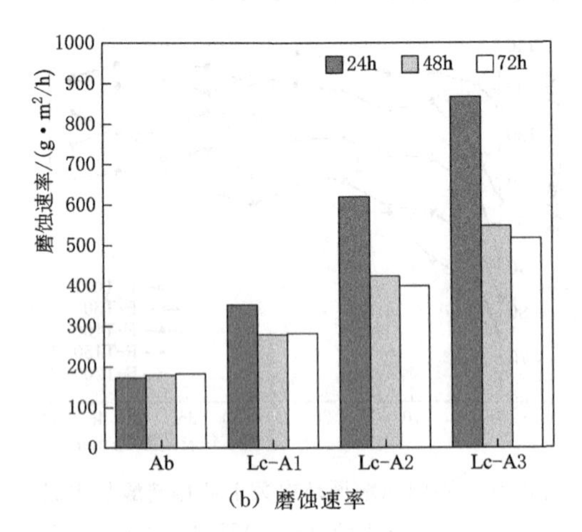

(b) 磨蚀速率

图 8.12　冻融混凝土试件的抗冲磨强度与磨蚀速率

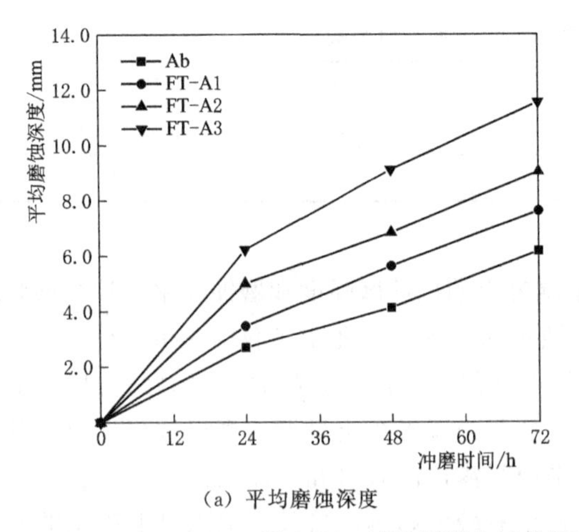

(a) 平均磨蚀深度

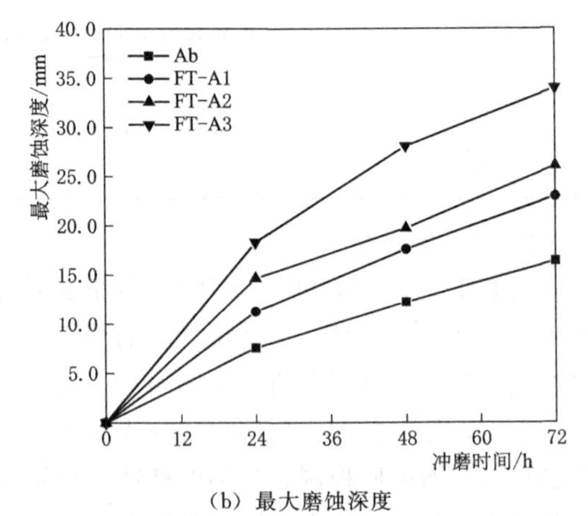

(b) 最大磨蚀深度

图 8.13　冻融混凝土试件的平均磨蚀深度和最大磨蚀深度

2. 磨蚀形貌与分形维数

根据混凝土表面上各测点的磨蚀深度，计算其分形维数并绘制三维形貌灰度图，结果如图 8.14 和图 8.15 所示。各组混凝土的分形维数均随着冲磨时间的延长而增大，即磨蚀表面的凹凸性逐渐增强。在不同冲磨时间下，4 组混凝土试件的分形维数相对大小较为一致，由大到小依次为 FT-A3、FT-A2、FT-A1、Ab，即混凝土磨蚀表面分形维数随其初始冻融次数的增加而增大，其原因一方面是混凝土表面早期凹凸性的增加将提高其后期的磨蚀速率，另一方面是由于混凝土试件的力学性能随其冻融次数的增加而整体降低，因此非表层混凝土的抗冲磨强度也出现不同程度的下降。

8.2.2.4　冻融混凝土的磨蚀损伤分析

根据显微维氏硬度时变分布曲线，混凝土的冻融破坏是一个由表及里损伤与整体劣化共同作用的过程，而由超声平测法获得的冻融损伤层厚度则量化了其损伤深度。混凝土结构的磨蚀主要是由于外界摩擦、切削以及冲击作用所造成的物理性破坏，并且通常是由过流面向其内部逐层发生的。因此，当冻融损伤与磨蚀破坏两种由表及里的物理劣化行为共同作用时，厘清其整体退化程度、损伤层厚度、磨蚀深度以及冲磨时间的交互关系成为研究的关键。图 8.16 基于冻融混凝土的显微维氏硬度和冻融损伤层厚度，建立了 Ab、FT－A1、FT－A2 和 FT－A3 四组冻融混凝土试件的磨蚀过程示意图。从图 8.16 中可知，随其冻融次数的增加，混凝土试件整体的硬度等力学性能逐渐下降、损伤层厚度明显增加，并且相同冲磨时间下的混凝土平均磨蚀深度增大。值得注意的是，4 组混凝土试件在各个冲磨周期内的磨蚀深度均小于其冻融损伤层厚度，这可能是由于以超声平测法所定义的损伤层混凝土残余力学强度仍然较高所导致的，例如低热硅酸盐水泥混凝土经冻融 50 次、100 次和 200 次后的损伤层厚度所对应的显微维氏硬度损失率仅为 9.4%、13.9%和 21.7%。

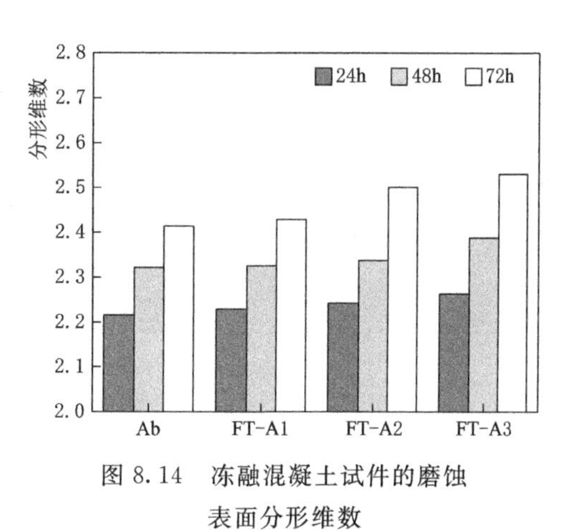

图 8.14　冻融混凝土试件的磨蚀表面分形维数

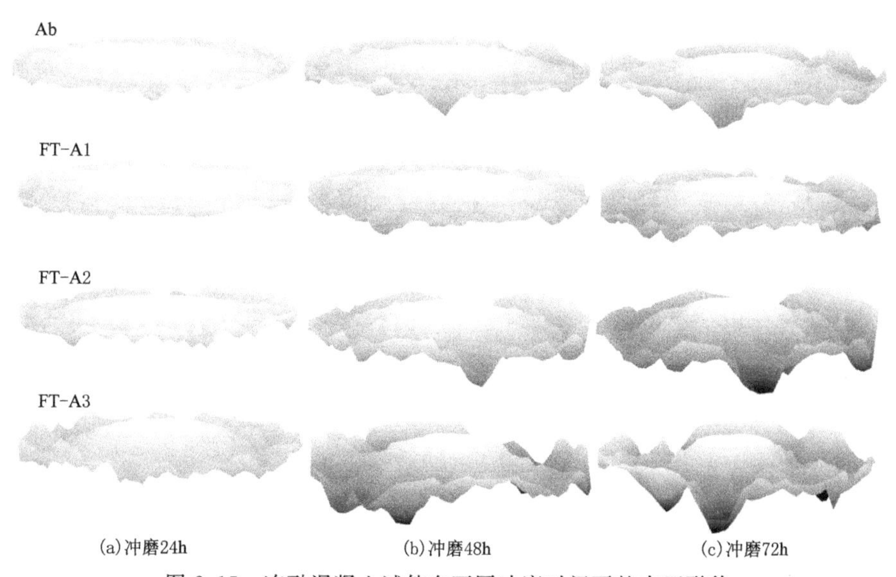

图 8.15　冻融混凝土试件在不同冲磨时间下的表面形貌

8.2.3　溶蚀混凝土的抗冲磨性能

8.2.3.1　溶蚀混凝土的显微维氏硬度

分别测试经溶蚀 0d、28d、91d 和 180d 后的低热硅酸盐水泥混凝土浆体截面显微维氏硬度，结果如图 8.17 所示。从图 8.17 中可以看出，溶蚀混凝土试件与溶蚀水泥石试件的显微维氏硬度分布规律一致，根据硬度曲线可将其沿侵蚀方向由表及里划分为损伤区和完好区两个部分，其中损伤区的显微维氏硬度随着溶蚀龄期的延长而降低，完好区硬度值则在试验周期内基本保持稳定。

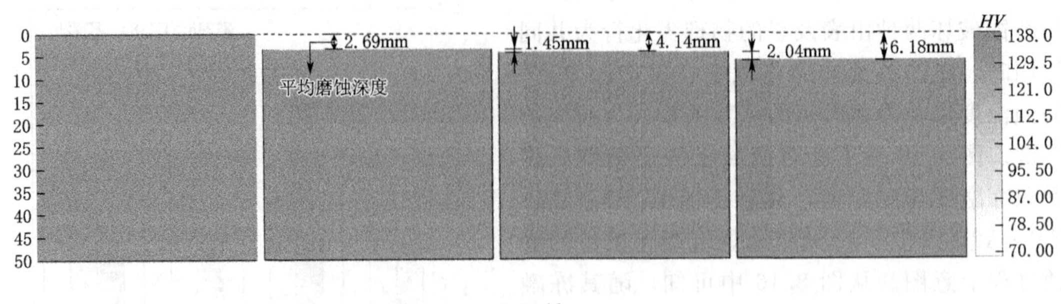

(a) Ab

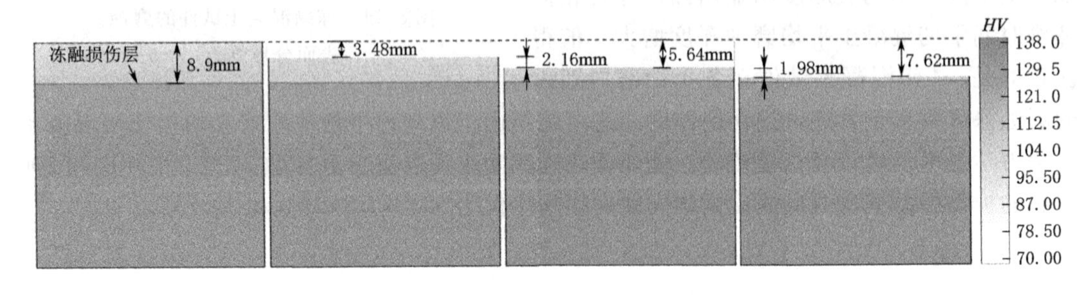

(b) FT－A1

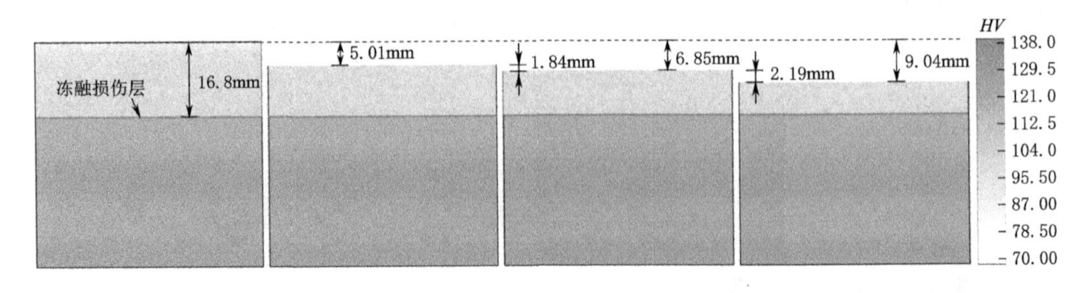

(c) FT－A2

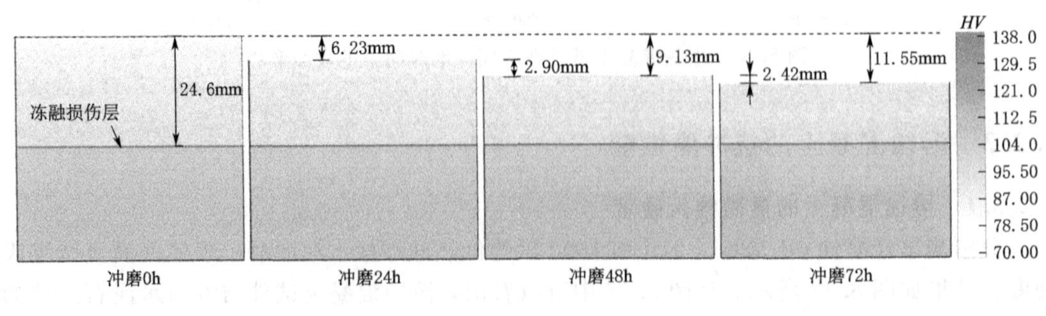

(d) FT－A3

图8.16　冻融混凝土试件的磨蚀过程示意图

8.2.3.2 磨蚀质量损失与抗冲磨强度

1. 质量损失

图 8.18 分别给出了经冲磨 24h、48h 和 72h 后的 4 组溶蚀混凝土试件磨蚀质量损失率。由图可知，4 组试件的质量损失率均随冲磨时间的延长而增大，但在不同试验龄期内，其增大速率有明显差别。Ab、Lc－A1、Lc－A2 和 Lc－A3 所对应的 24h 质量损失率分别为 1.2%、3.6%、6.2%、8.8%，后 3 组试件较 Ab 基准组的质量损失率分别增长 188.6%、404.3%和 614.1%，即表层混凝土所对应的初始冲磨阶段质量损失率随着试件溶蚀龄期的延长而明显增大，说明混凝土溶蚀损伤区域的力学性能退化较为严重，其抗冲磨强度显著降低。4 组混凝土在冲磨 24～72h 之间的质量损失率曲线斜率基本一致，即该阶段的磨蚀速率较为接近，并未受到混凝土溶蚀龄期的影响。同样地，分别对各组溶蚀混凝土的质量损失率与冲磨时间进行线性拟合，结果见表 8.6。可以看到，随着混凝土初始溶蚀损伤程度的增加，其质量损失率与冲磨时间的相关系数逐渐减小，这主要是由于溶蚀作用导致了混凝土损伤区与完好区的力学性能存在差异，即材料的均质性较差，表现为不同冲磨阶段的质量损失率不同[194]。

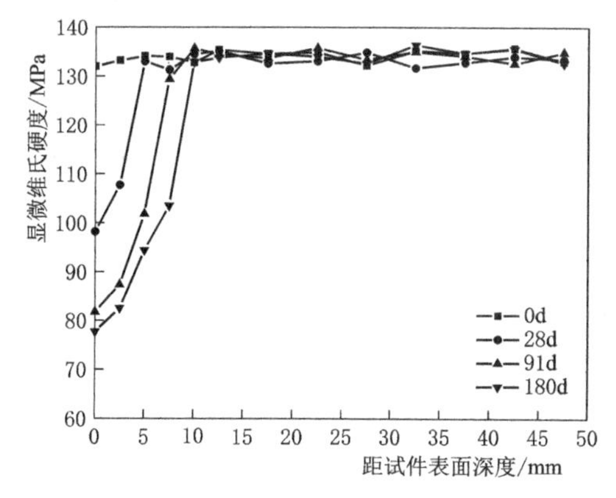

图 8.17 不同溶蚀龄期下低热硅酸盐水泥混凝土的截面显微维氏硬度

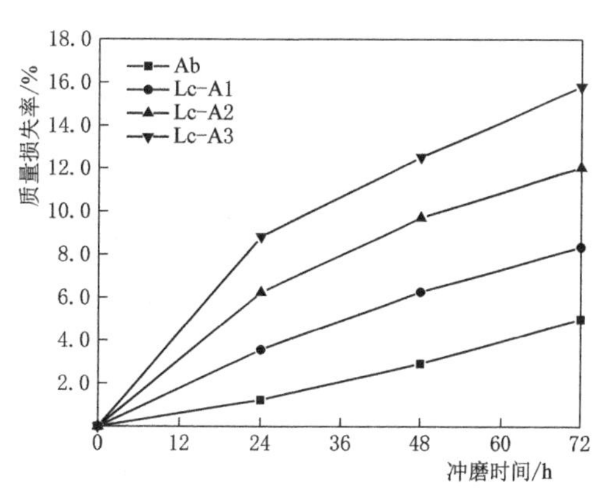

图 8.18 溶蚀混凝土试件在不同冲磨时间下的质量损失率

表 8.6 溶蚀混凝土的质量损失率与冲磨时间拟合函数

试件编号	Ab	Lc－A1	Lc－A2	Lc－A3
拟合公式	$\omega=0.0658T$	$\omega=0.1226T$	$\omega=0.184T$	$\omega=0.2422T$
R^2	0.9931	0.9937	0.9802	0.9742

2. 抗冲磨强度

图 8.19 给出了溶蚀混凝土经冲磨 24h、48h、72h 后的抗冲磨强度和磨蚀速率。如图 8.19（b）所示，未经溶蚀的低热硅酸盐水泥混凝土 Ab 基准试件在不同冲磨时间下的磨蚀速率较为接近，可近似认为是一个恒定值，说明该材料的均一性较好。而 Lc－A1、Lc－A2 和 Lc－A3 三组试件的磨蚀速率则与其质量损失率的变化规律一致，24h 磨蚀速率较基准试件分别提高了 103.7%、258.0%和 400.5%，72h 磨蚀速率比基准试件提高了 54.0%、117.4%和 182.0%。不难理解，溶蚀混凝土在不同冲磨时间的磨蚀速率差异是由

于其损伤区域和完好区域的力学性能差异所造成的，而48h和72h的溶蚀速率较为接近则说明该时间段内的冲磨能量大部分由完好区域的混凝土所承担。

8.2.3.3 磨蚀深度与分形维数

1. 磨蚀深度

图8.20分别给出了4组混凝土的24h、48h、72h平均磨蚀深度和最大磨蚀深度。从图中可知，溶蚀混凝土的磨蚀深度随着冲磨时间的延长而增加，且其增长曲线在冲磨早期上升较快，随后逐渐变得平缓。相较于Ab基准混凝土，经溶蚀28d、91d、180d的Lc-A1、Lc-A2和Lc-A3试件24h平均磨蚀深度分别增加65.1%、161.3%、281.4%，72h平均磨蚀深度增加53.1%、136.1%、192.2%。

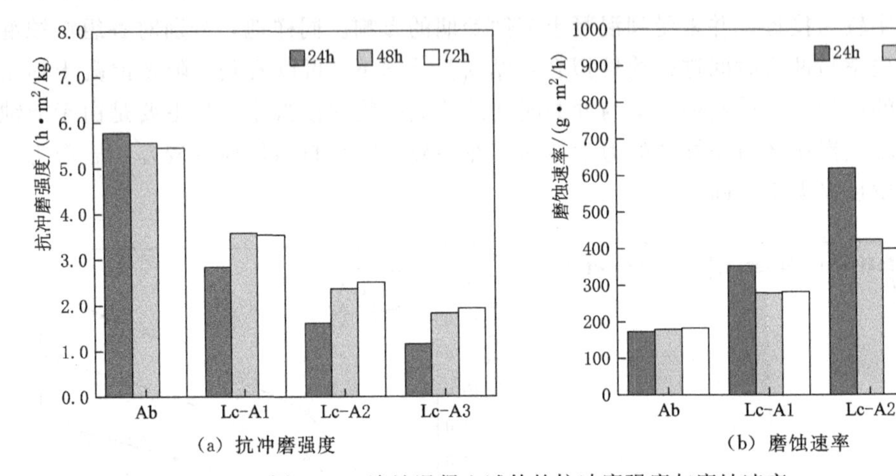

(a) 抗冲磨强度 (b) 磨蚀速率

图8.19 溶蚀混凝土试件的抗冲磨强度与磨蚀速率

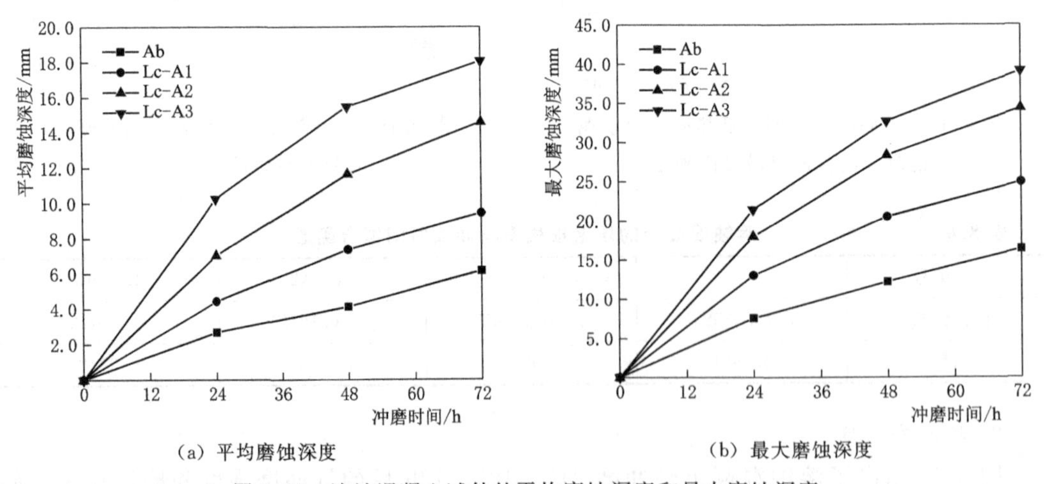

(a) 平均磨蚀深度 (b) 最大磨蚀深度

图8.20 溶蚀混凝土试件的平均磨蚀深度和最大磨蚀深度

2. 磨蚀形貌与分形维数

图8.21和图8.22分别给出了各组溶蚀混凝土在不同冲磨时间下的表面分形维数和磨蚀形貌图。溶蚀混凝土的分形维数随着冲磨时间的延长而增加，并且在相同冲磨时间内随其初始溶蚀龄期的延长而增大。在24h冲磨周期内，Ab、Lc-A1、Lc-A2和Lc-A3混

凝土的分形维数分别为 2.2158、2.2662、2.2704 和 2.3126，溶蚀损伤程度越高的混凝土试件所对应的 24h 磨蚀形态凹凸性越强，试件表面发生的磨蚀破坏越严重。随着后续试验的继续进行，钢球磨粒将在其原有凹凸表面的基础上持续冲刷，因此溶蚀混凝土的分形维数继续增大。

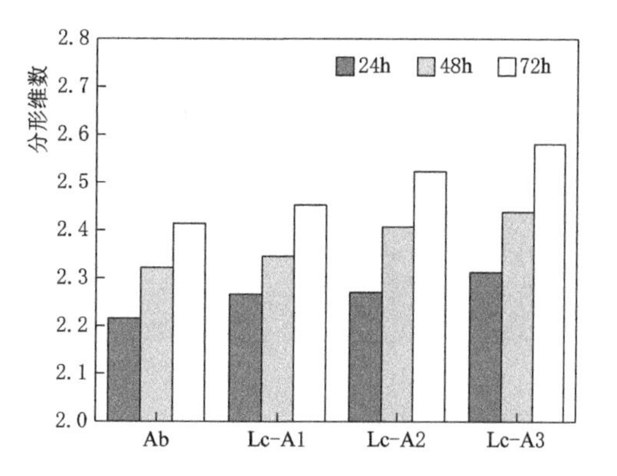

图 8.21 溶蚀混凝土试件的表面分形维数

8.2.3.4 溶蚀混凝土的磨蚀损伤分析

综合分析上述试验结果，混凝土的溶蚀损伤是一个由表及里的化学侵蚀过程，其损伤区域的力学性能下降，而完好区域则不受侵蚀作用影响。冲磨破坏是混凝土由其过流面向内部逐层发生的一个物理性劣化过程。在分析溶蚀混凝土的抗冲磨性能时，应重点关注其沿溶蚀/磨蚀方向上溶蚀深度、磨蚀深度以及力学性能损伤程度随冲磨时间的演化规律。

图 8.23 为溶蚀混凝土试件的冲磨过程示意图。显微维氏硬度明显降低的损伤层区域与溶蚀深度之间具有较好的一致性，此区域混凝土力学性能劣化较为严重，各组混凝土的 24h 磨蚀深度均大于其溶蚀深度（即损伤层深度），说明混凝土的溶蚀损伤部分已经全部被磨蚀剥落。24～72h 内的冲磨过程发生在混凝土试件的完好区域，其力学性能可以认为是各向同性的，但仍然观察到相同时间内经溶蚀龄期越长的试件磨蚀深度值越大，例如 Ab、Lc-A1、Lc-A2 和 Lc-A3 四组混凝土在 24～48h 内的磨蚀深度差值分别为 1.45mm、2.94mm、4.62mm 和 5.21mm，出现这种现象的原因与其初始溶蚀损伤程度并无直接关系，而与 24h 冲磨表面的凹凸性，即分形维数大小有关[195]。

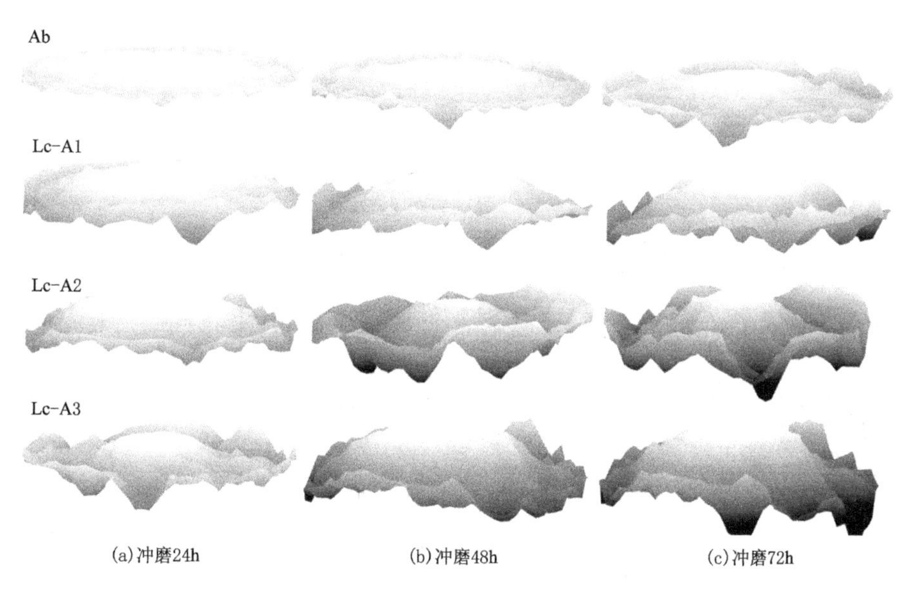

图 8.22 溶蚀混凝土试件在不同冲磨时间下的表面形貌

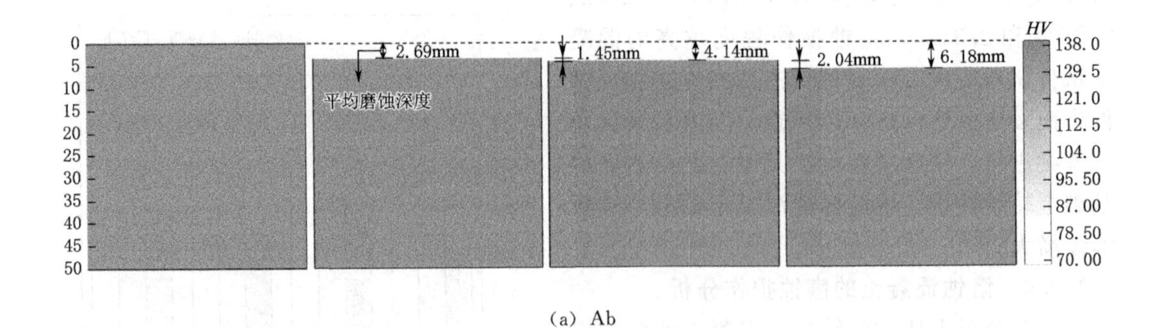

(a) Ab

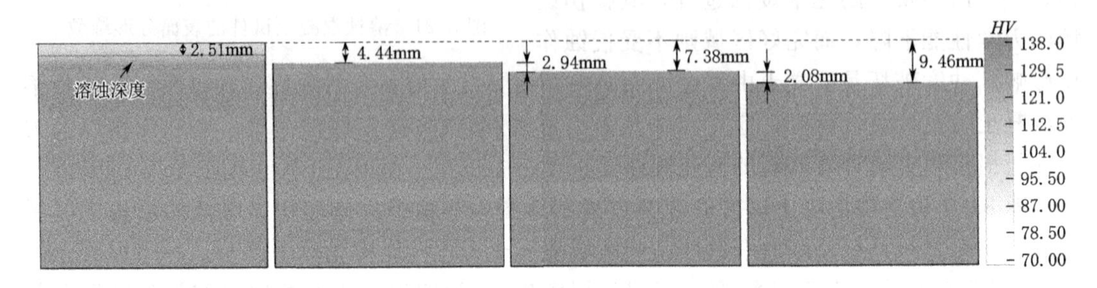

(b) Lc－A1

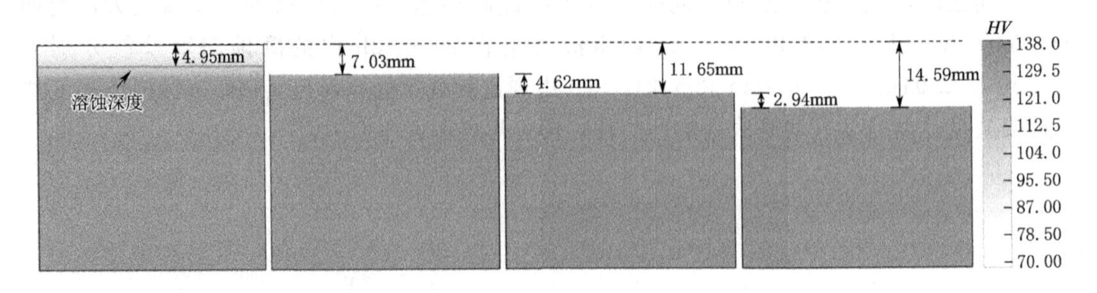

(c) Lc－A2

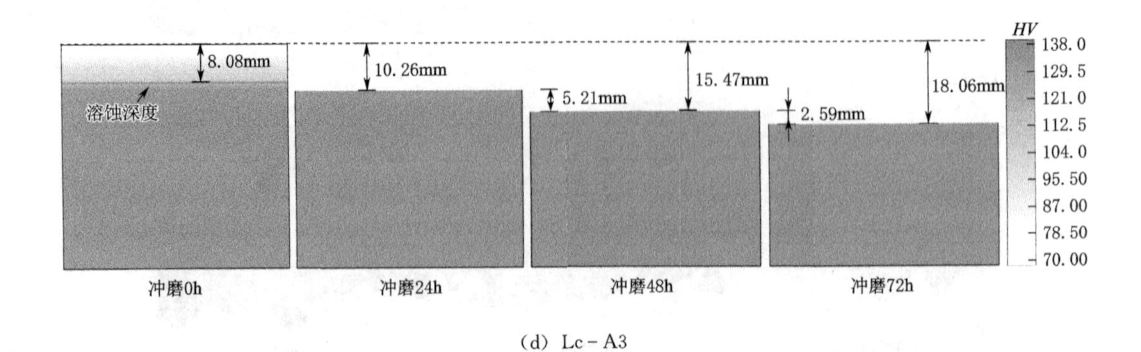

(d) Lc－A3

图8.23　溶蚀混凝土试件的冲磨过程示意图

8.3 硫酸盐侵蚀与溶蚀耦合作用下低热硅酸盐水泥浆体的劣化机理

8.3.1 原材料与试验

8.3.1.1 试验材料与试件制备

本节设计了表8.7所示OPC、LHC和L-30F三组水泥浆体试件，对比研究其在硫酸盐侵蚀和溶蚀双重耦合作用下的性能演化规律。水泥、粉煤灰以及拌和用水的相关指标见4.1.1节。

表8.7　　水泥净浆试件配合比

试件编号	成分			水胶比
	P.LH/%	P.O/%	FA/%	
OPC	0	100	0	0.4
LHC	100	0	0	0.4
L-30F	70	0	30	0.4

按照表8.7中配合比，分别成型尺寸为Φ50mm×100mm的水泥净浆试件，脱模后置于饱和石灰水中养护90d，然后移入不同侵蚀溶液中进行浸泡试验。试件成型及养护过程同6.1.2节。

8.3.1.2 试验方案与测试方法

如图8.24（a）所示，将养护90d的水泥浆体试件两端用环氧树脂密封，然后分别将OPC、LHC、L-30F三组水泥石试件完全浸泡于对应硫酸盐侵蚀和Ca^{2+}溶蚀耦合作用的$(NH_4)_2SO_4$溶液中，为了比较两种侵蚀行为之间的相互作用，还分别配制了相同浓度的Na_2SO_4溶液、NH_4Cl溶液，对比分析低热硅酸盐水泥浆体在硫酸盐侵蚀、溶蚀单一和双重作用下的性能损伤规律。试件浸泡方案见表8.8，所有溶液均每隔30天更换一次，以保持其浓度稳定。

如图8.24（b）所示，分别测试经不同侵蚀龄期的水泥石质量损失、膨胀率、孔隙率、抗压强度和显微维氏硬度等性能，$(NH_4)_2SO_4$、Na_2SO_4溶液中的试件侵蚀深度以SO_4^{2-}扩散深度计，NH_4Cl溶液中的侵蚀深度以溶蚀深度计，膨胀率按照式（8.1）计算。此外，选取低热硅酸盐水泥试件侵蚀180d的表层损伤样品，对其进行^{29}Si NMR、SEM和EDS测试，以分析水泥浆体在硫酸盐侵蚀和溶蚀耦合作用下的损伤劣化机理。

$$\Delta d=\frac{d_t-d_0}{d_0}\times 100\% \tag{8.1}$$

式中：d_t和d_0分别为水泥石圆柱体试件在侵蚀前和经侵蚀t天后的直径，精确到0.01mm。

8.3.2 试验结果

8.3.2.1 质量损失与膨胀率

图8.25给出了3种侵蚀环境下OPC、LHC和L-30F水泥净浆试件的质量损失率。

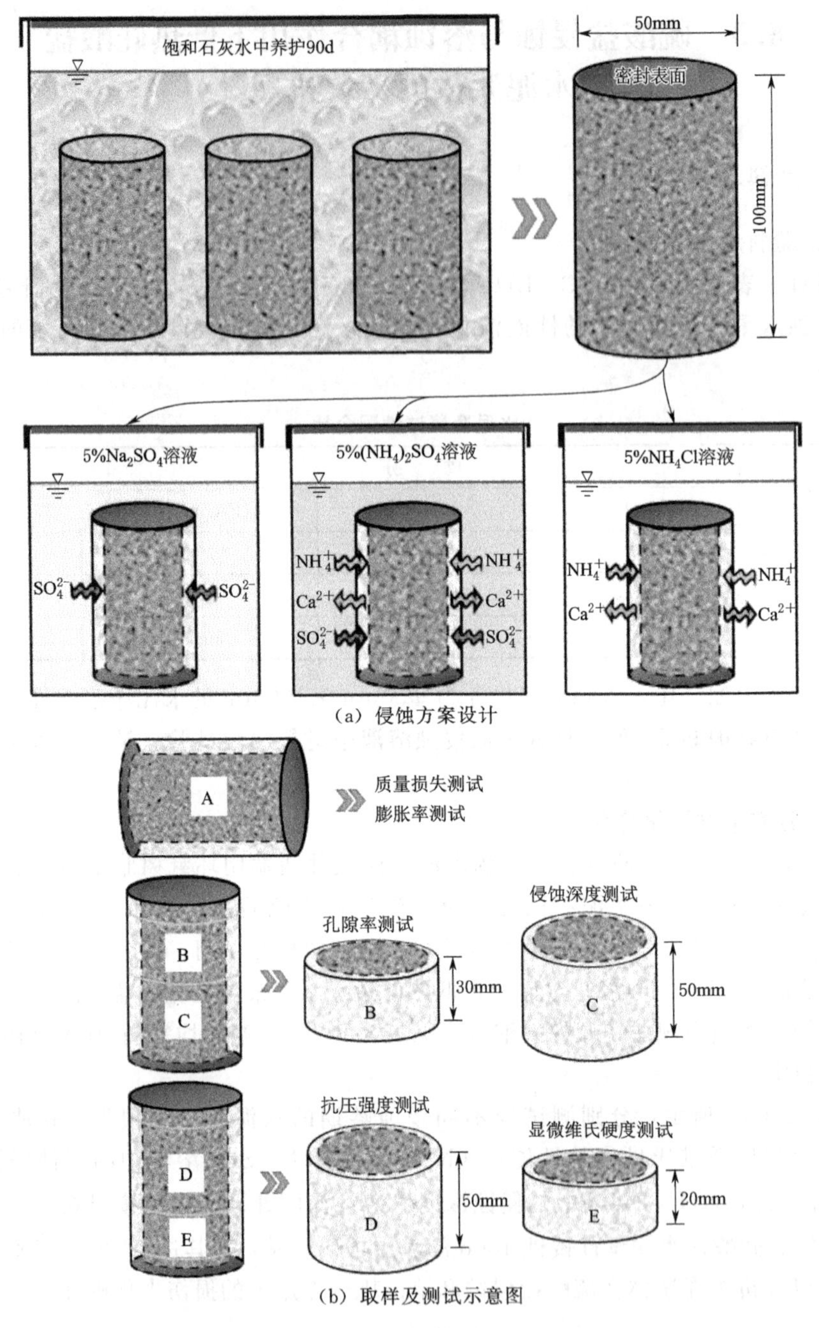

(a) 侵蚀方案设计

(b) 取样及测试示意图

图 8.24　水泥净浆试件浸泡及取样示意图

表 8.8　　　　**侵蚀试验浸泡方案**

侵蚀溶液	溶液浓度/%	pH 值	试件编号		
			OPC	LHC	L-30F
Na_2SO_4	5.0	7.21		√	

续表

侵蚀溶液	溶液浓度/%	pH 值	试件编号		
			OPC	LHC	L-30F
$(NH_4)_2SO_4$	5.0	5.81	√	√	√
NH_4Cl	5.0	5.26		√	

浸泡于 Na_2SO_4 溶液中的低热硅酸盐水泥石试件质量随着侵蚀龄期的延长不断增加，而 NH_4Cl 溶液中的水泥石质量则由于 Ca^{2+} 的溶出而明显降低。对于浸泡在 $(NH_4)_2SO_4$ 溶液中的 LHC 水泥净浆试件，其质量损失率在侵蚀前 270d 内呈降低趋势，之后则开始缓慢增大，并且 OPC 和 L-30F 水泥石的质量损失率也表现出一致的趋势，二者均低于低热硅酸盐水泥浆体试件。因此可以总结出，就质量变化而言，在硫酸盐侵蚀和 Ca^{2+} 溶蚀的双重作用下，低热硅酸盐水泥的抗侵蚀性能优于普通硅酸盐水泥，并且掺入粉煤灰对于低热硅酸盐水泥在双重耦合侵蚀条件下的物理性能具有负面影响。

图 8.26 给出了不同侵蚀环境下的 OPC、LHC 和 L-30F 水泥石沿其直径方向的膨胀率。浸泡于 NH_4Cl 溶液中的 LHC 水泥净浆试件在 360d 试验龄期内几乎没有膨胀，而硫酸盐溶液中的各组试件均可以观察到有明显的膨胀发生。LHC 试件在 $(NH_4)_2SO_4$ 溶液中的膨胀率高于 Na_2SO_4 溶液，说明耦合条件下硫酸盐侵蚀和 Ca^{2+} 溶蚀对于水泥浆体的损伤作用并非其单一因素的简单叠加。对于 $(NH_4)_2SO_4$ 溶液中的 3 组水泥石，OPC 试件的膨胀率最高，其次是 LHC 和 L-30F，这与其质量变化的相对大小顺序是不一致的。分析其原因，是由于水泥石的膨胀机制中硫酸盐侵蚀占据主导作用，由于低热硅酸盐水泥水化产物中的 $Ca(OH)_2$ 和铝相化合物含量较低，因此其较普通硅酸盐水泥具有更高的抗硫酸盐侵蚀能力，表现为 SO_4^{2-} 在其水泥石中的扩散速率较慢，相同侵蚀龄期下生成的膨胀性产物更少。

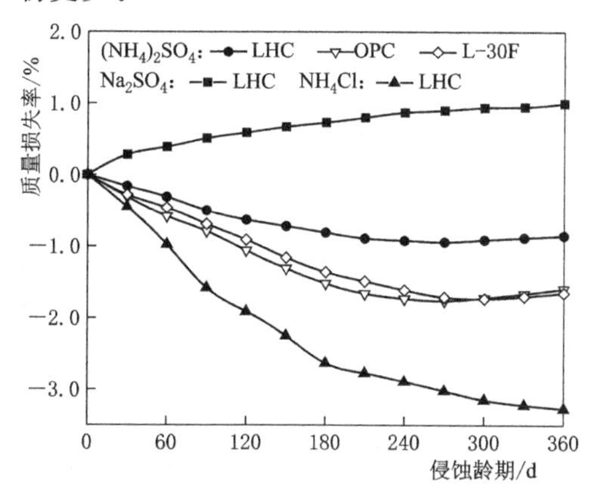

图 8.25 侵蚀水泥石的质量损失率

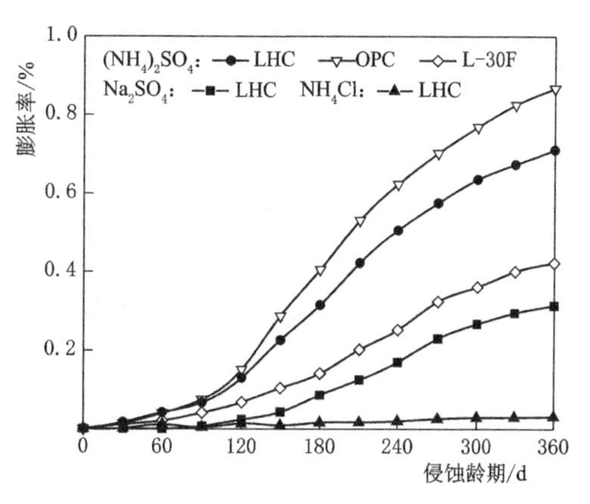

图 8.26 侵蚀水泥石的膨胀率

8.3.2.2 孔隙率与侵蚀深度

图 8.27 给出了浸泡于不同侵蚀溶液中的 3 组水泥浆体试件孔隙率。从图中可以看出，LHC 水泥试样的孔隙率变化规律与其质量损失率类似，即在 NH_4Cl 和 $(NH_4)_2SO_4$ 溶液中随着侵蚀龄期的延长而增加，而在 Na_2SO_4 溶液中则随着侵蚀作用的进行而持续降低。

由此可知，就孔隙率而言，Ca^{2+}的溶出在双重侵蚀作用中起主导作用。另外，$(NH_4)_2SO_4$溶液中的3组水泥石孔隙率发展趋势相似，在相同侵蚀龄期下从大到小依次为OPC、LHC、L-30F。据此可以推断，掺入粉煤灰能够提高低热硅酸盐水泥在硫酸盐侵蚀和Ca^{2+}溶蚀双重作用下的抗侵蚀性能。

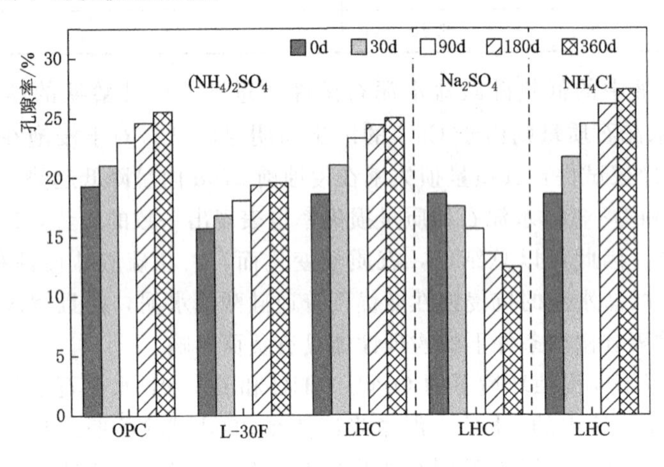

图 8.27 侵蚀水泥石的孔隙率

图8.28给出了3组水泥净浆试件在不同侵蚀溶液中浸泡30d和180d后的侵蚀深度。由图可知，LHC试件在$(NH_4)_2SO_4$溶液中的SO_4^{2-}扩散深度大于其在NH_4Cl溶液中的Ca^{2+}溶蚀深度，并且在Na_2SO_4溶液中的侵蚀深度最小，这说明水泥浆体中Ca^{2+}的溶蚀行为加速了外部SO_4^{2-}的扩散和迁移，即溶蚀和硫酸盐侵蚀的双重作用将导致水泥浆体发生更加严重的劣化。此外，在$(NH_4)_2SO_4$侵蚀环境下，OPC试件的SO_4^{2-}扩散深度略高于LHC水泥石，而L-30F的侵蚀深度在3组试件中最低，这进一步证实了粉煤灰的掺入能够降低耦合侵蚀条件下低热硅酸盐水泥浆体的侵蚀深度，提高其抗侵蚀能力。

8.3.2.3 抗压强度

图8.29给出了不同侵蚀环境下OPC、LHC和L-30F三组水泥净浆试件的抗压强度损失率。从图中可以看出，浸泡于NH_4Cl和$(NH_4)_2SO_4$两种侵蚀溶液中的LHC水泥石抗压强度损失率曲线在侵蚀初期（90d）迅速增加，之后随着侵蚀龄期的延长而逐渐趋于平缓。而浸泡于Na_2SO_4溶液中的低热硅酸盐水泥试件的强度损失率却与之相反，表现为在侵蚀早期首先降低，经侵蚀90d后其损失率开始逐渐增加，这主要是由于硫酸盐侵蚀反应生成的膨胀产物对于水泥浆体的密实作用导致的。另外，对于浸泡在$(NH_4)_2SO_4$溶液中的三组水泥石试件，其强度损失率的发展趋势较为相似，相同侵蚀龄期下其数值由大到小依次为OPC、LHC、L-30F，与低热硅酸盐水泥试件的膨胀率和孔隙率相对大小规律一致。

8.3.2.4 显微维氏硬度

图8.30给出了3组水泥净浆试件在不同侵蚀环境下的截面显微维氏硬度分布曲线。由图可知，$(NH_4)_2SO_4$侵蚀条件下的LHC水泥石损伤区域显微维氏硬度值低于Na_2SO_4溶液环境，且二者均高于NH_4Cl溶液中的损伤区显微维氏硬度。由此可知，水泥浆体的

显微维氏硬度对 Ca^{2+} 溶蚀行为的响应比对单一硫酸盐侵蚀更为明显。对于 $(NH_4)_2SO_4$ 侵蚀溶液中的 OPC 和 L-30F 试件，其损伤区和完好区的硬度曲线分布规律均与 LHC 相似且低于后者，L-30F 试件的损伤区显微维氏硬度随着侵蚀龄期的不断延长逐渐高于 OPC 水泥石。

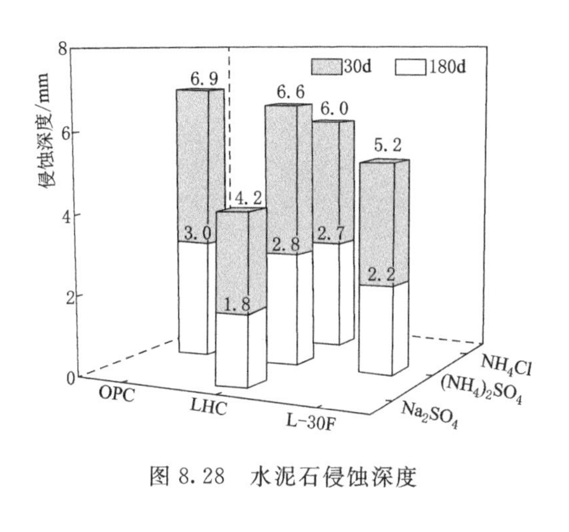

图 8.28 水泥石侵蚀深度

图 8.29 侵蚀水泥石的抗压强度损失率

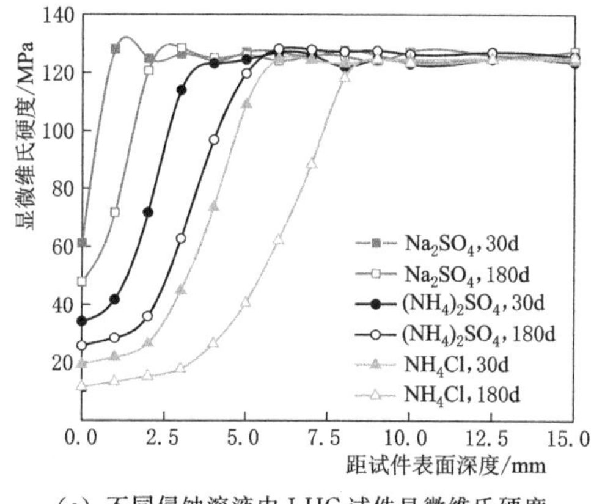

(a) 不同侵蚀溶液中 LHC 试件显微维氏硬度

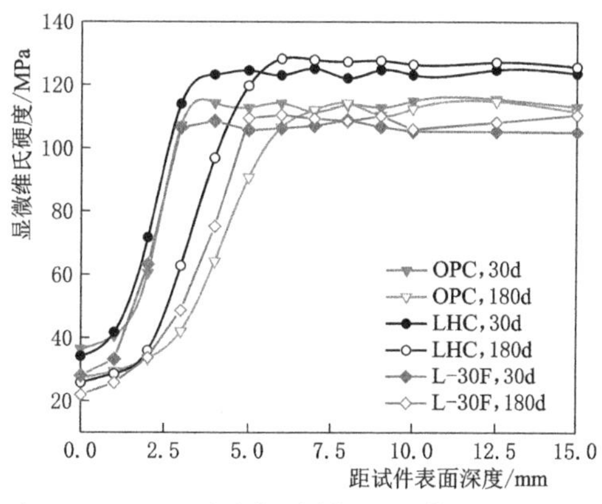

(b) $(NH_4)_2SO_4$ 溶液中不同水泥石试件显微维氏硬度

图 8.30 侵蚀水泥石的截面显微维氏硬度

8.3.2.5 ^{29}Si NMR

^{29}Si NMR 技术能够通过分析水泥浆体中硅酸盐四面体 Q^n 的连接环境来分析水化产物中的 C—S—H 结构，其中 Q 代表硅酸盐四面体，n 是四面体相邻的桥接氧原子数。图 8.31 分别给出了 LHC 试件侵蚀前以及在 Na_2SO_4、$(NH_4)_2SO_4$ 和 NH_4Cl 三种侵蚀溶液中浸泡 180d 后的 ^{29}Si NMR 图谱。其中，Q^0 对应着 C_3S 和 C_2S 矿物的硅氧四面体，在图谱中-72ppm 位置处发生共振，位于-79ppm 和-85ppm 左右处的共振信号分别表示 C—S—H 二聚体或高聚体中直链末端的端链硅氧四面体（Q^1）和 C—S—H 直链中间的硅氧四面体（Q^2）。从图中可以看出，浸泡于 Na_2SO_4 溶液中的低热硅酸盐水泥浆体所对应的 ^{29}Si NMR 谱线上能够观察到 Q^0、Q^1 和 Q^2 峰同时存在，并且其 Q^1 和 Q^2 峰值较侵蚀前

有明显的降低，说明硫酸盐侵蚀条件下低热硅酸盐水泥浆体的C—S—H凝胶结构发生了改变。对于浸泡在$(NH_4)_2SO_4$溶液中的低热硅酸盐水泥浆体，其^{29}Si NMR谱线上的Q^0、Q^1和Q^2同时出现了较为显著的降低，而NH_4Cl溶液环境下的LHC浆体仅能观察到Q^2峰，证实了铵盐侵蚀性环境下低热硅酸盐水泥浆体的C—S—H凝胶结构发生了较为明显的脱钙反应。

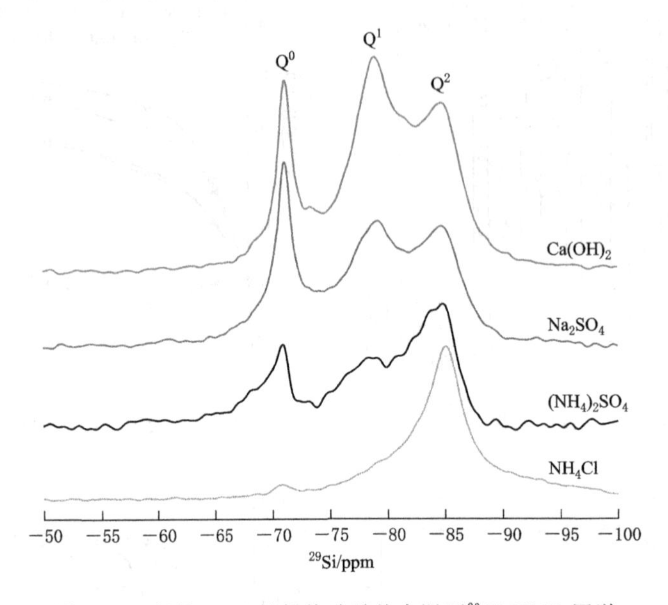

图8.31 侵蚀180d的低热硅酸盐水泥石^{29}Si NMR图谱

8.3.2.6 SEM-EDS

图8.32给出了$(NH_4)_2SO_4$溶液中浸泡180d的低热硅酸盐水泥浆体微观形貌和EDS试验结果。从图中可以看出，在低放大倍率下，水泥浆体的横截面由损伤区和完好区两个部分组成，并且二者的水化产物形貌存在明显差异。放大500倍后，损伤区域的水泥浆体结构疏松多孔，为无序渔网状。在10000放大倍率下，侵蚀水泥石的物相组成中观察到了大量的石膏，但并未发现有明显的$Ca(OH)_2$以及钙矾石存在。而在完好区域，可以较为清晰地观察到六边形$Ca(OH)_2$和针状钙矾石，以及大量致密的絮凝状C—S—H凝胶，这说明该区域的水化产物尚未发生硫酸盐侵蚀和Ca^{2+}溶蚀。此外，由于水泥浆体中的钙含量与溶蚀过程直接相关，而SO_4^{2-}的含量则表征了硫酸盐的侵蚀扩散深度，因此对水泥浆体侵蚀界面处的Ca和S两种元素进行线性扫描，所得结果可以直观地反映低热硅酸盐水泥浆体在双重侵蚀作用下的局部劣化程度。

8.3.3 劣化机理分析

基于以上对硫酸盐侵蚀、溶蚀耦合作用下低热硅酸盐水泥石宏观性能和微观结构的综合分析，可将低热硅酸盐水泥石的劣化过程简化成图8.33。根据水泥浆体的损伤程度，可将其沿侵蚀方向的截面由表及里划分为损伤区、过渡区和完好区3个部分。在靠近试件表面的损伤区域，固相$Ca(OH)_2$和C—S—H凝胶中的Ca^{2+}已经几乎全部溶出，此时水泥浆体中仅存在大量的膨胀性硫酸盐侵蚀产物（主要为石膏），并且导致水泥石表面发生开裂和剥落，此区域对应的显微维氏硬度值几乎不随试件深度增加而提高。硫酸盐侵蚀和 Ca^{2+} 溶出的双重侵蚀作用在过渡区内得到体现，此区域可以根据其侵蚀类型进一步分为两个部分。根据侵蚀深度试验结果，以及其他宏观性能的一致性证实，溶蚀行为在水泥浆体中表现出更快的扩散速率和更强的损伤能力，即在耦合侵蚀环境中起主导作用[196]。如图 8.33 所示，在过渡区域的第一个部分，水泥浆体中的 Ca^{2+} 扩散到外部溶液中，进一步促进外部环境中 SO_4^{2-} 的侵入，进而与水泥中的 $Ca(OH)_2$ 和铝相化合物等反应形成石膏等膨胀性侵蚀产物。通过上文中的物相以及形貌分析可知，在该区域几乎没有观察到钙矾石的存在，说明该位置处水泥浆体的硫酸盐侵蚀行为发生在 pH 值相对较低的环境中，即此处已经发生了 Ca^{2+} 溶出。同时，溶液 pH 值的降低将导致水泥石中有害孔比例增加，造成水泥浆体结构相对疏松，进一步加剧了 C—S—H 凝胶的脱钙反应。在过渡区的第二个部分，此处的损伤劣化行为是单一的 Ca^{2+} 溶蚀作用，在微观结构上表现为 C—S—H 凝胶的结构损伤和 $Ca(OH)_2$ 的溶解。完好区则不受硫酸盐侵蚀和 Ca^{2+} 溶蚀作用的影响，其对应着显微维氏硬度分布曲线的内部稳定区域。需要指出的是，由于硫酸盐侵蚀也将消耗水泥浆体中的 $Ca(OH)_2$ 含量，因此其在一定程度上会导致水泥石局部区域 pH 值降低以及 Ca^{2+} 溶出，但与铵盐等酸性溶液环境所造成的溶蚀损伤相比，其影响可以忽略，因此本节所提到的溶蚀行为不包括硫酸盐侵蚀所引起的 Ca^{2+} 溶出。

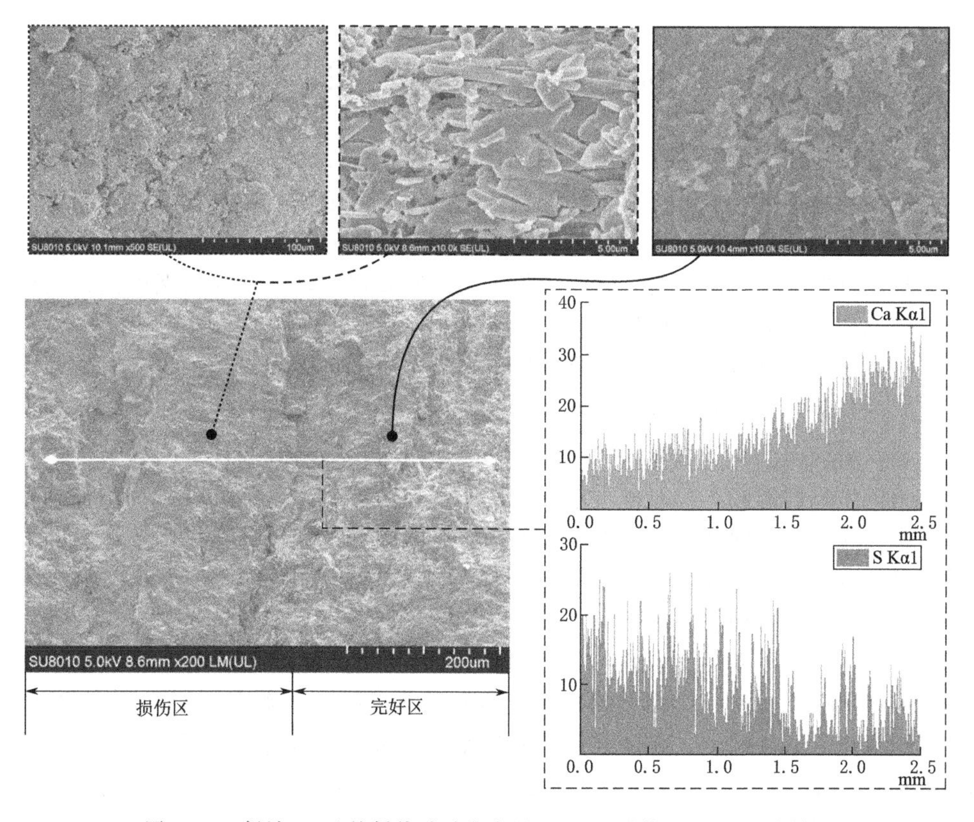

图 8.32 侵蚀 180d 的低热硅酸盐水泥石 SEM 图像和 EDS 试验结果

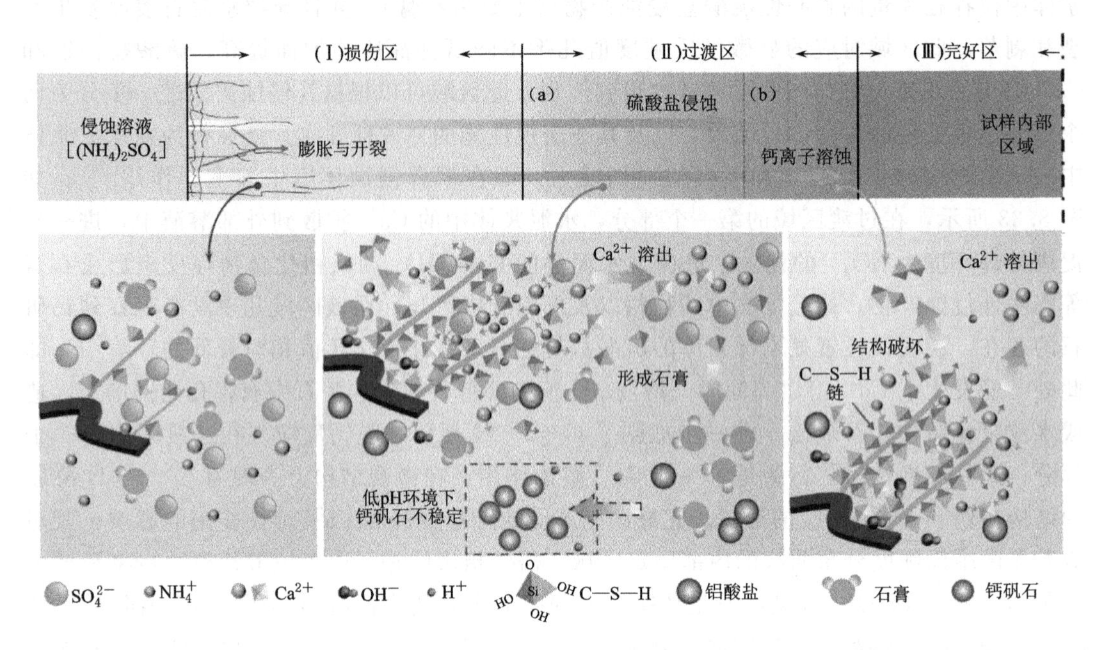

图 8.33　硫酸盐侵蚀和溶蚀耦合作用下水泥浆体损伤行为示意图

8.4　本　章　结　论

（1）设计了先冻融后溶蚀和先溶蚀后冻融共 8 组交互试验方案，通过测试溶蚀深度、质量损失、孔隙率和抗压强度等宏观性能指标，分析了溶蚀和冻融更替耦合作用下低热硅酸盐水泥混凝土的性能演化规律。结果表明，溶蚀混凝土的冻融破坏与冻融混凝土的溶蚀损伤均表现出早期劣化速率较高、后期渐趋平缓的发展规律，在试验周期内其损伤程度均高于单一侵蚀作用下的基准对照组混凝土。

（2）混凝土的冻融破坏是一个由表及里损伤与整体劣化共同作用的过程，磨蚀则是由过流面向其内部逐层发生的一种物理性破坏。通过分析冻融混凝土的整体化劣化程度、损伤层厚度以及磨蚀深度随冲磨时间的交互变化关系，研究了冻融和冲磨两种物理劣化行为共同作用下的低热硅酸盐水泥混凝土性能演化规律。结果表明，随冻融次数的增加，混凝土试件的整体显微维氏硬度值逐渐下降、损伤层厚度明显增加，并且相同冲磨时间下的平均磨蚀深度增大。在 72h 冲磨试验周期内，经 50 次、100 次和 200 次循环的冻融混凝土试件磨蚀深度均小于其冻融损伤层厚度。

（3）混凝土的溶蚀破坏是一个由表及里的化学侵蚀过程，其损伤区域的力学性能下降，而完好区域则不受侵蚀作用影响。通过研究低热硅酸盐水泥混凝土沿其溶蚀/磨蚀方向上的溶蚀深度、磨蚀深度、显微维氏硬度与冲磨时间的交互变化关系，分析了溶蚀混凝土的磨蚀损伤规律。结果表明，基于显微维氏硬度的损伤层区域与溶蚀深度之间具有较好的一致性，该处混凝土的力学性能劣化较为严重，各组混凝土的 24h 磨蚀深度均大于溶蚀深度（即损伤层深度）。24～72h内的冲磨过程发生在混凝土完好区，相同时间段内，初始溶蚀损伤程度越高的混凝土磨蚀深度越大，说明混凝土的磨蚀速率随其表面分形维数的增大而提高。

（4）试验研究了低热硅酸盐水泥在硫酸盐侵蚀、Ca^{2+}溶蚀双重耦合作用下的物理力学性能劣化规律，并利用微观测试手段对其损伤行为机理进行了讨论分析。结果表明，低热硅酸盐水泥浆体中的$Ca(OH)_2$以及铝相化合物含量较低，C—S—H凝胶的聚合度高，因此其在硫酸盐侵蚀、Ca^{2+}溶蚀耦合作用下的抗侵蚀能力优于相同配合比的普通硅酸盐水泥试件，并且在掺入30%粉煤灰后将得到进一步提高。

（5）在耦合侵蚀条件下，硫酸盐侵蚀和Ca^{2+}溶蚀相互促进，能够加速SO_4^{2-}的扩散能力以及Ca^{2+}的迁移速率。根据水泥浆体截面的不同侵蚀状态，可将其由表及里分为损伤区、过渡区和完好区3个部分，在损伤区和部分过渡区，水泥浆体孔隙液中的pH值较低，存在大量的膨胀性石膏，开裂是此区域水泥石的主要损伤表现。过渡区域的另一部分侵蚀则是由于单一的Ca^{2+}溶出行为所导致的，说明在硫酸铵溶液双重侵蚀环境中溶蚀破坏具有更快的侵入速率并且发挥主导作用。

参考文献

[1] 樊启祥，李文伟，李新宇，等. 美国胡佛大坝低热水泥混凝土应用与启示 [J]. 水力发电，2016，42 (12)：46-49，59.

[2] 名和豊春. 高ビーライト系セメントの現状 [J]. コンクリート工学，1996，34 (12)：16.

[3] 堺孝司，熊谷守晃. ビーライト系セメントの改質によるコンクリートの高性能化 [J]. 土木学会論文集，1999，43 (620)：55.

[4] MULLER A，STARK J. Energy conservation aspects in the production of reactive belite cement [M]. In Progress in Cement and Concrete，ABI，1996.

[5] DAMTOFT J S，LUKASIK J，HERFORT D，et al. Sustainable development and climate change initiatives [J]. Cement and Concrete Research，2008，38 (2)：115-127.

[6] POPESCU C D，MUNTEAN M，SHARP J H. Industrial trial production of low energy belite cement [J]. Cement and Concrete Composites，2003，25 (7)：689-693.

[7] Sağhk A，Sümer O. The characteristics of boron modified active belite cement and its utilization in mass and conventional concrete [C] //11DBMC International Conference on Durability of Building Materials and Components，Istanbul，Turkey，2008.

[8] 杨南如，钟白茜. 活性 $\beta-C_2S$ 的研究 [J]. 硅酸盐学报，1982，10 (2)：161-166.

[9] 杨南如，王占文，钟白茜. 活性 $\beta-C_2S$ 的形成机理 [J]. 硅酸盐学报，1986，14 (4)：385-391.

[10] 杨南如. 以 C_2S 为主要矿物组成的低碳水泥初探 [J]. 水泥技术，2010 (4)：20-25.

[11] 汪智勇，王敏，文寨军，等. 硅酸二钙及以其为主要矿物的低钙水泥的研究进展 [J]. 材料导报，2016，30 (1)：73-78.

[12] 虎永辉，姚云德，罗荣海. 低热硅酸盐水泥在向家坝工程抗冲磨混凝土中的应用 [J]. 水电与新能源，2014，28 (2)：38-42.

[13] 余舟，王磊，杨华全，等. 中低热水泥混凝土抗冲耐磨及抗裂性能试验研究 [J]. 人民长江，2018，49 (S2)：238-242.

[14] YANG H Q，WANG Y C，ZHOU S H. Anti-crack performance of low-heat portland cement concrete [J]. Journal of Wuhan University of Technology，2007，22 (3)：555-559.

[15] WANG L，DONG Y，ZHOU S H，et al. Energy saving benefit，mechanical performance，volume stabilities，hydration properties and products of low heat cement-based materials [J]. Energy and Buildings，2018，170：157-169.

[16] GB/T 200—2017 中热硅酸盐水泥、低热硅酸盐水泥 [S].

[17] SUI T B，FAN L，WEN Z J，et al. Study on the properties of high strength concrete using high belite cement [J]. Journal of Advanced Concrete Technology，2004，2 (2)：201-206.

[18] 李金玉，彭小平，曹建国，等. 高贝利特水泥低热高抗裂大坝混凝土性能的研究 [J]. 硅酸盐学报，2004，32 (3)：364-371.

[19] BACH Q. Quantitative study of hydration of C_3S and C_2S in the reactive powder concrete together with its strength development [J]. Applied Mechanics and Materials，2019，889：294-303.

[20] 隋同波，刘克忠，王晶，等. 高贝利特水泥的性能研究 [J]. 硅酸盐学报，1999，27 (4)：106-110.

[21] 王晶，文寨军，隋同波，等. 高贝利特水泥的性能及其水化机理的研究 [J]. 建材发展导向，

2004 (1): 45 - 49.

[22] 隋同波，文寨军，张忠伦，等. 低热硅酸盐水泥性能评价 [J]. 水泥工程，2003 (6): 13 - 17.

[23] 王晶，郭随华，隋同波，等. 高贝利特水泥的高温强度特性研究 [J]. 中国建材科技，1999 (1): 8 - 13.

[24] 王可良. 高贝利特水泥水工构筑物混凝土性能研究 [D]. 北京：中国建筑材料科学研究院，2011.

[25] ISHIDA H, SASAKI K, MITSUDA T. Highly reactive β - dicalcium silicate: I, hydration behavior at room temperature [J]. Journal of the American Ceramic Society, 1992, 75 (2): 353 - 358.

[26] ISHIDA H, OKADA Y, MITSUDA T. Highly reactive β - dicalcium silicate: II, hydration behavior at 25℃ followed by ^{29}Si nuclear magnetic resonance [J]. Journal of the American Ceramic Society, 2010, 75 (2): 359 - 363.

[27] MA Z C, YAO Y, LIU Z C, et al. Effect of calcination and cooling conditions on mineral compositions and properties of high - magnesia and low - heat portland cement clinker [J]. Construction and Building Materials, 2020, 260: 119907.

[28] Sánchez - Herrero M J, Fernández - Jiménez A, Palomo á. C_3S and C_2S hydration in the presence of Na_2CO_3 and Na_2SO_4 [J]. Journal of the American Ceramic Society, 2017, 100 (7): 3188 - 3198.

[29] 李洋，何真，郭文康，等. 碱对低热水泥早期水化进程和微结构的影响 [J]. 建筑材料学报，2018, 21 (4): 549 - 555.

[30] MUN J S, YANG K H, KIM S J. Long - term behavior of low - heat cement concrete under different curing temperatures [J]. Key Engineering Materials, 2017, 723: 819 - 823.

[31] 赵平，刘克忠，隋同波，等. 高贝利特水泥与高效减水剂相容性研究 [J]. 水泥，2000 (5): 1 - 5.

[32] 王可良，隋同波，刘玲，等. 高贝利特水泥混凝土的抗拉性能 [J]. 硅酸盐学报，2014, 42 (11): 1409 - 1413.

[33] 李光伟. 低热硅酸盐水泥对大坝混凝土体积稳定性影响试验 [J]. 水利水电科技进展，2014, 34 (6): 23 - 26.

[34] WANG L, YANG H Q, ZHOU S H, et al. Mechanical properties, long - term hydration heat, shrinkage behavior and crack resistance of dam concrete designed with low heat portland (LHP) cement and fly ash [J]. Construction and Building Materials, 2018, 187: 1073 - 1091.

[35] WANG L, YANG H Q, DONG Y, et al. Environmental evaluation, hydration, pore structure, volume deformation and abrasion resistance of low heat portland (LHP) cement - based materials [J]. Journal of Cleaner Production, 2018, 203: 540 - 558.

[36] 计涛，纪国晋，陈改新. 低热硅酸盐水泥对大坝混凝土性能的影响 [J]. 水力发电学报，2012, 31 (4): 207 - 210.

[37] 王可良，隋同波，许尚杰，等. 高贝利特水泥混凝土的断裂韧性 [J]. 硅酸盐学报，2012, 40 (8): 1139 - 1142.

[38] 吴笑梅，高强，丁浩，等. 低热硅酸盐水泥混凝土疲劳性能研究 [J]. 西南交通大学学报，2019, 54 (2): 313 - 318.

[39] 吴中伟，廉慧珍. 高性能混凝土 [M]. 北京：中国铁道出版社，1999.

[40] PROKOPSKI G, HALBINIAK J. Interfacial transition zone in cementitious materials [J]. Cement and Concrete Research, 2000, 30 (4): 579 - 583.

[41] 舒畅. 混凝土界面过渡区和冻融耐久性纳米划痕表征研究 [D]. 上海：上海交通大学，2015.

[42] LEI B, LI W G, TANG Z, et al. Durability of recycled aggregate concrete under coupling mechanical loading and freeze - thaw cycle in salt - solution [J]. Construction and Building Materials, 2018, 163: 840 - 849.

[43] CHUNG C W, SHON C S, KIM Y S. Chloride ion diffusivity of fly ash and silica fume concretes ex-

posed to freeze - thaw cycles [J]. Construction and Building Materials, 2010, 24 (9): 1739 - 1745.

[44] WANG K, LOMBOY G, STEFFES R. Investigation into freezing - thawing durability of low - permeability concrete with and without air entraining agent [J]. Construction and Building Materials, 2009, 6 (3): 30 - 31.

[45] BOUZOUBA N, ZHANG M H, MALHOTRA V M. Mechanical properties and durability of concrete made with high - volume fly ash blended cements using a coarse fly ash [J]. Cement and Concrete Research, 2001, 31 (10): 1393 - 1402.

[46] 肖前慧，牛荻涛，朱文凭. 粉煤灰引气混凝土冻融循环后性能的试验研究 [J]. 武汉理工大学学报，2010，32 (7)：35 - 38.

[47] TOUTANJI H, DELATTE N, AGGOUN S, et al. Effect of supplementary cementitious materials on the compressive strength and durability of short - term cured concrete [J]. Cement and Concrete Research, 2004 (34): 311 - 319.

[48] ZHANG P, LI Q F. Effect of silica fume on durability of concrete composites containing fly ash [J]. Science and Engineering of Composite Materials, 2013, 20 (1): 57 - 65.

[49] 邹超英，赵娟，梁锋，等. 冻融作用后混凝土力学性能的衰减规律 [J]. 建筑结构学报，2008，29 (1)：117 - 123，138.

[50] HANJARI K Z, UTGENANNT P, LUNDGREN K. Experimental study of the material and bond properties of frost - damaged concrete [J]. Cement and Concrete Research, 2011, 41 (3): 244 - 254.

[51] AKHRAS N M. Detecting freezing and thawing damage in concrete using signal energy [J]. Cement and Concrete Research, 1998, 28 (9): 1275 - 1280.

[52] 孙丛涛，牛荻涛，元成方，等. 混凝土动弹性模量与超声声速及抗压强度的关系研究 [J]. 混凝土，2010 (4)：14 - 16.

[53] SHIELDS Y, GARBOCZI E, WEISS J, et al. Freeze - thaw crack determination in cementitious materials using 3D X - ray computed tomography and acoustic emission [J]. Cement and Concrete Composites, 2018, 89: 120 - 129.

[54] QIN X C, MENG S P, CAO D F, et al. Evaluation of freeze - thaw damage on concrete material and prestressed concrete specimens [J]. Construction and Building Materials, 2016, 125: 892 - 904.

[55] YANG X L, SHEN A Q, GUO Y C, et al. Deterioration mechanism of interface transition zone of concrete pavement under fatigue load and freeze - thaw coupling in cold climatic areas [J]. Construction and Building Materials, 2018, 160: 588 - 597.

[56] 彭小平. 低热高性能高贝利特水泥大坝混凝土的研究 [D]. 重庆：重庆大学，2002.

[57] 范磊. 高贝利特水泥高性能混凝土的研究 [D]. 北京：中国建筑材料科学研究院，2003.

[58] CHEN Y, ZHANG Z, LIU Y. Durability of high - strength concrete made with high belite cement [C]. 2nd International Conference on Architectural Engineering and New Materials, 2017: 150 - 160.

[59] 何真. 高性能抗冲磨混凝土（AER - HPC）的研究 [D]. 武汉：武汉工业大学，1999.

[60] HORSZCZARUK E K. Hydro - abrasive erosion of high performance fiber - reinforced concrete [J]. Wear, 2009, 267 (1): 110 - 115.

[61] DHIR R K, HEWLETT P C, CHAN Y N. Near - surface characteristics of concrete: abrasion resistance [J]. Materials and structures, 1991, 24 (2): 122 - 128.

[62] SIDDIQUE R, KHATIB J M. Abrasion resistance and mechanical properties of high - volume fly ash concrete [J]. Materials and Structures, 2009, 43 (5): 709 - 718.

[63] SILVA C V, ZORZI J E, CRUZ R C D, et al. Experimental evidence that micro and macrostructural surface properties markedly influence on abrasion resistance of concretes [J]. Wear, 2019, 422 - 423.

[64] LIU Y W, YEN T, HSU T H. Erosive resistibility of low cement high performance concrete [J]. Construction and Building Materials, 2006, 20 (3): 128-133.

[65] LIU Y W. Improving the abrasion resistance of hydraulic-concrete containing surface crack by adding silica fume [J]. Construction and Building Materials, 2007, 21 (5): 972-977.

[66] YEN T, HSU T H, LIU Y W, et al. Influence of class F fly ash on the abrasion-erosion resistance of high-strength concrete [J]. Construction and building materials, 2007, 21 (2): 458-463.

[67] 葛毅雄，杨晶杰，孙兆雄. 复掺硅灰、矿渣微粉配制抗冲磨高性能混凝土 [J]. 武汉理工大学学报，2009，31 (7)：68-71.

[68] 王磊，何真，杨华全，等. 硅粉增强混凝土抗冲磨性能的微观机理 [J]. 水利学报，2013，44 (1)：111-118.

[69] CHOI S, BOLANDER J E. A topology measurement method examining hydraulic abrasion of high workability concrete [J]. KSCE Journal of Civil Engineering, 2012, 16 (5): 771-778.

[70] 高欣欣，蔡跃波，丁建彤. 基于水下钢球法的水工混凝土磨损影响因素研究 [J]. 水力发电学报，2011，30 (2)：67-71.

[71] 高欣欣，蔡跃波，丁建彤. 磨粒形态对水工抗冲磨混凝土磨损程度的影响 [J]. 混凝土，2012 (4)：77-79.

[72] LIU X H, TANG P, GENG Q, et al. Effect of abrasive concentration on impact performance of abrasive water jet crushing concrete [J]. Shock and vibration, 2019 (2): 1-18.

[73] HOCHENG H, WENG C H. Hydraulic erosion of concrete by a submerged jet [J]. Journal of Materials Engineering and Performance, 2002, 11 (3): 256-261.

[74] Elżbieta H. Abrasion resistance of high-strength concrete in hydraulic structures [J]. Wear, 2005, 259 (1): 62-69.

[75] 李双喜，胡全，孙兆雄. C60～C80 高强抗冲磨混凝土配制技术研究 [J]. 混凝土，2011 (12)：133-135.

[76] MOHEBI R, BEHFARNIA K, SHOJAEI M. Abrasion resistance of alkali-activated slag concrete designed by Taguchi method [J]. Construction and Building Materials, 2015, 98: 792-798.

[77] YANG J, RONG G, HOU D, et al. Experimental study on peak shear strength criterion for rock joints [J]. Rock Mechanics and Rock Engineering, 2016, 49 (3): 821-835.

[78] 何真，陈晓润，赵日煦，等. 基于体积损失速率的混凝土抗冲磨性能评价 [J]. 水力发电学报，2020，39 (1)：72-79.

[79] HASAN M S, LI S S, ZSAKI A M, et al. Measurement of abrasion on concrete surfaces with 3D scanning technology [J]. Journal of Materials in Civil Engineering, 2019, 31 (10): 4019207.

[80] SARKER M, DIAS-DA-COSTA D, HADIGHEH S A. Multi-scale 3D roughness quantification of concrete interfaces and pavement surfaces with a single-camera set-up [J]. Construction and Building Materials, 2019, 222: 511-521.

[81] 杨春光. 水工混凝土抗冲磨机理及特性研究 [D]. 杨凌：西北农林科技大学，2006.

[82] 吕鹏飞，吴勇. 高贝利特水泥 (HBC) 性能试验研究与应用 [J]. 人民长江，2010，41 (18)：67-70.

[83] 徐铜鑫，吴笑梅，樊粤明. 不同熟料矿物含量的水泥对混凝土部分性能的影响 [J]. 水泥，2013 (4)：4-9.

[84] 徐俊杰，吴笑梅，樊粤明. 低热硅酸盐水泥道路混凝土性能的研究 [J]. 水泥，2008 (7)：6-9.

[85] 甘文忠，张曾，王永峰. 长河坝水电站泄洪洞高标号抗冲磨硅粉混凝土温控施工技术 [J]. 水力发电，2016，42 (10)：83-86.

[86] 杨富亮，李灼然. 溪洛渡水电站抗冲磨混凝土配合比优化试验研究 [J]. 水电施工技术，2012 (3)：53-60.

[87] 郭志华，冯志勇. 高贝利特水泥在高速铁路现浇道床板混凝土中的应用 [J]. 兰州交通大学学报，2018，37 (3)：1-5，36.

[88] 孙明伦，胡泽清，石妍，等. 低热硅酸盐水泥在泄洪洞工程中的应用研究 [J]. 人民长江，2011，42 (S2)：157-159.

[89] 陈荣，娄鑫. 低热硅酸盐水泥在白鹤滩水电站导流洞工程中的应用 [J]. 水利水电技术，2015，46 (S2)：1-4.

[90] González M A，IRASSAR E F. Ettringite formation in low C_3A portland cement exposed to sodium sulfate solution [J]. Cement and Concrete Research，1997，27 (7)：1061-1072.

[91] KURTIS K E，SHOMGLIN K，MONTEIRO P J M，et al. Accelerated test for measuring sulfate resistance of calcium sulfoaluminate，calcium aluminate，and portland cements [J]. Journal of Materials in Civil Engineering，2001，13 (3)：216-221.

[92] BOYD A J，MINDESS S. The use of tension testing to investigate the effect of W/C ratio and cement type on the resistance of concrete to sulfate attack [J]. Cement and Concrete Research，2004，34 (3)：373-377.

[93] DHOLE R，THOMAS M，FOLLIARD K J，et al. Sulfate resistance of mortar mixtures of high-calcium fly ashes and other pozzolans [J]. ACI Materials Journal，2011，108 (6)：645-654.

[94] TIKALSKY P J，CARRASQUILLO R L. Influence of fly ash on the sulfate resistance of concrete [J]. ACI Materials Journal，1992，89 (1)：69-75.

[95] BICZOK I. Concrete corrosion concrete protection [M]. New York：Chemical publishing，1967.

[96] FERRARIS C F，CLIFTON J R，STUTZMAN P E，et al. Mechanisms of degradation of portland cement-based systems by sulfate attack [C]. In：Scrivener KL，Young JF. Mechanisms of Chemical degradation of Cement-Based Systems. E & FN Spon，London，1997.

[97] YU C，SUN W，SCRIVENER K. Mechanism of expansion of mortars immersed in sodium sulfate solutions [J]. Cement and Concrete Research，2013，43：105-111.

[98] YU C，SUN W，SCRIVENER K. Degradation mechanism of slag blended mortars immersed in sodium sulfate solution [J]. Cement and Concrete Research，2015，72：37-47.

[99] XIONG C S，JIANG L H，SONG Z J，et al. Influence of cation type on deterioration process of cement paste in sulfate environment [J]. Construction and Building Materials，2014，71：158-166.

[100] AYE T，OGUCHI C T. Resistance of plain and blended cement mortars exposed to severe sulfate attacks [J]. Construction and Building Materials，2011，25 (6)：2988-2996.

[101] SANTHANAM M，COHEN M D，OLEK J. Mechanism of sulfate attack：A fresh look：Part 1：Summary of experimental results [J]. Cement and Concrete Research，2002，32 (6)：915-921.

[102] 席耀忠. 近年来水泥化学的新进展：记第九届国际水泥化学会议 [J]. 硅酸盐学报，1993，21 (6)：577-588.

[103] FERNANDEZ-ALTABLE V，YU C，SAOUT G，et al. Characterization of slag blends and correlation with their sulphate resistance in static and semi-dynamic conditions [C]. In：13th International Congress on the Chemistry of Cement. Madrid Spain，2011.

[104] HOSSACK A M，THOMAS M D A. The effect of temperature on the rate of sulfate attack of portland cement blended mortars in Na_2SO_4 solution [J]. Cement and Concrete Research，2015，73：136-142.

[105] GB/T 749—2008 水泥抗硫酸盐侵蚀试验方法 [S].

[106] GB/T 50082—2009 普通混凝土长期性能和耐久性能试验方法标准 [S].

[107] 李方元，唐新军，胡小虎. 短龄期养护条件下不同混凝土长期抗硫酸盐侵蚀性能对比 [J]. 粉煤灰综合利用，2013，27 (4)：21-23，26.

[108] 李雷，唐新军，朱鹏飞，等. 高抗硫酸盐水泥混凝土抗硫酸盐、镁盐双重侵蚀性能初探 [J]. 水利与建筑工程学报，2016，14 (3)：197-199，231.

[109] GAO R D，LI Q B，ZHAO S B. Concrete deterioration mechanisms under combined sulfate attack and flexural loading [J]. Journal of Materials in Civil Engineering，2013，25 (1)：39-44.

[110] XIONG C S，JIANG L H，XU Y，et al. Deterioration of pastes exposed to leaching，external sulfate attack and the dual actions [J]. Construction and Building Materials，2016，116：52-62.

[111] YAN X C，YANG G H，JIANG L H，et al. Influence of compressive fatigue on the sulfate resistance of slag contained concrete under steam curing [J]. Structural Concrete，2019，20 (5)：1572-1582.

[112] HAUFE J，VOLLPRACHT A. Tensile strength of concrete exposed to sulfate attack [J]. Cement and Concrete Research，2019，116：81-88.

[113] CHU H Y，CHEN J K. Evolution of viscosity of concrete under sulfate attack [J]. Construction and Building Materials，2013，39：46-50.

[114] LEE S T. Performance of mortars exposed to different sulfate concentrations [J]. KSCE Journal of Civil Engineering，2012，16 (4)：601-609.

[115] WANG N，CHENG X W，YANG Y X. Seawater corrosion resistance of low heat portland cement concrete [J]. Materials Science Forum，2015，814：207-213.

[116] BERNER U R. Modelling the incongruent dissolution of hydrated cement minerals [J]. Radiochimica Acta，1988，44-45 (2)：387-393.

[117] ADENOT F，BUIL M. Modelling of the corrosion of the cement paste by deionized water [J]. Cement and Concrete Research，1992，22 (2-3)：489-496.

[118] Gérard B. Contribution des couplages mécanique-chimie-transfert dans la tenue à long terme des ouvrages de stockage de déchet radioactifs [D]. E. N. S. de Cachan et Université de Laval，1996.

[119] 方坤河，阮燕，曾力. 少水泥高掺粉煤灰碾压混凝土长龄期性能研究 [J]. 水力发电学报，1999，18 (4)：18-25.

[120] 李金玉，徐文雨，曹建国，等. 塑性混凝土防渗墙耐久性的研究和评估 [J]. 水利水电技术，1995，26 (2)：52-58.

[121] 李金玉，曹建国，林莉，等. 水工混凝土耐久性研究的新进展 [J]. 水利发电，2001，27 (4)：44-47.

[122] 李新宇，方坤河. 混凝土渗透溶蚀过程中钙离子迁移过程数值模拟 [J]. 长江科学院院报，2008，25 (6)：96-100.

[123] 孔祥芝，陈改新，纪国晋. 大坝混凝土渗透溶蚀试验研究 [J]. 混凝土，2013 (10)：53-56，75.

[124] 杨虎. 水泥石的溶蚀过程与物理力学性能变化规律研究 [D]. 南京：河海大学，2012.

[125] 马强，左晓宝，汤玉娟. 环境水侵蚀下水泥净浆钙溶蚀的模拟与验证 [J]. 水利水运工程学报，2017 (3)：107-115.

[126] 李向南，左晓宝，崔冬，等. 水泥净浆养护-溶蚀全过程数值模拟 [J]. 建筑材料学报，2020，23 (5)：1008-1015.

[127] 蔡新华，何真，孙海燕，等. 溶蚀条件下水化硅酸钙结构演化与粉煤灰适宜掺量研究 [J]. 水利学报，2012，43 (3)：302-307.

[128] 刘仍光，张波，阎培渝. 软水溶蚀环境中水泥-矿渣复合胶凝材料的浆体结构变化 [J]. 硅酸盐学报，2013，41 (11)：1487-1492.

[129] MALTAIS Y，SAMSON E，MARCHAND J. Prediction the durability of portland cement systems in aggressive environments laboratory validation [J]. Cement and Concrete Research，2004，

34 (9): 1579 - 1589.

[130] CHENG A, CHAO S J, LIN W T. Effects of leaching behavior of calcium ions on compression and durability of cement based materials with mineral admixtures [J]. Materials, 2013, 6 (5): 1851 - 1872.

[131] KAMAIL S, MORANVILLE M, LECLERCQ S. Material and environmental parameter effects on the leaching of cement pastes: experiments and modelling [J]. Cement and Concrete Research, 2008, 38 (4): 575 - 585.

[132] CARDE C, François R, TORRENTI J M. Leaching of both calcium hydroxide and C—S—H from cement paste: Modeling the mechanical behavior [J]. Cement and Concrete Research, 1996, 26 (8): 1257 - 1268.

[133] Rozière E, LOUKILI A, HACHEM R E, et al. Durability of concrete exposed to leaching and external sulphate attacks [J]. Cement and Concrete Research, 2009, 39 (12): 1188 - 1198.

[134] YANG H, JIANG L H, ZHANG Y. The effect of fly ash on calcium leaching properties of cement pastes in ammonium chloride solution [J]. Advanced Materials Research, 2010, 163 - 167: 1162 - 1170.

[135] VARGA C, ALONSO M M, Gutierrez R M D, et al. Decalcification of alkali - activated slag pastes. Effect of the chemical composition of the slag [J]. Materials and Structures, 2015, 48 (3): 541 - 555.

[136] LIU R G, ZHANG B, YAN P Y. Microstructural variation of hardened cement - slag pastes leached by soft water [J]. Journal of the Chinese Ceramic Society, 2013, 41 (11): 1487 - 1492.

[137] CARDE C, FRANOIS R. Effect of the leaching of calcium hydroxide from cement paste on mechanical and physical properties [J]. Cement and Concrete Research, 1997, 27 (4): 539 - 550.

[138] BENTZ D P, GARBOCZI E J. Modelling the leaching of calcium hydroxide from cement paste: Effects on pore space percolation and diffusivity [J]. Materials and Structures, 1992 (25): 523 - 533.

[139] CATINAUD S, BEAUDOIN J, MARCHAND J. Influence of limestone addition on calcium leaching mechanisms in cement - based materials [J]. Cement and Concrete Composites, 2000 (12): 1961 - 1968.

[140] Trägårdh J, LAGERBLAD B. Leaching of 90 - year old concrete mortar in contact with stagnant water [R]. Stockholm: Swedish Cement and Concrete Research Institute, TR - 98 - 11, 1998.

[141] 张开来，沈振中，甘磊. 水泥基材料溶蚀试验研究进展 [J]. 水利水电科技进展，2018，38 (6): 86 - 94.

[142] SAITO H, DEGUCHI A. Leaching tests on different mortars using accelerated electrochemical method [J]. Cement and Concrete Research, 2000, 30 (11): 1815 - 1825.

[143] YU Y, ZHANG Y X. Coupling of chemical kinetics and thermodynamics for simulations of leaching of cement paste in ammonium nitrate solution [J]. Cement and Concrete Research, 2017, 95: 95 - 107.

[144] HEUKAMP F H, ULM F J, GERMAINE J T. Mechanical properties of calcium - leached cement pastes [J]. Cement and Concrete Research, 2001, 31 (5): 767 - 774.

[145] CARDE C, ESCADEILLAS G, FRANCOIS R. Use of ammonium nitrate solution to simulate and accelerate the leaching of cement pastes due to deionized water [J]. Magazine of Concrete Research, 1997, 49 (181): 295 - 301.

[146] HAGA K, SUTOU S, HIRONAGA M, et al. Effects of porosity on leaching of Ca from hardened ordinary portland cement paste [J]. Cement and Concrete Research, 2005, 35 (9): 1764 - 1775.

[147] CHOI Y S, YANG E I. Effect of calcium leaching on the pore structure, strength, and chloride penetration resistance in concrete specimens [J]. Nuclear Engineering and Design, 2013, 259: 126-136.

[148] YANG H, JIANG L H, ZHANG Y, et al. Predicting the calcium leaching behavior of cement pastes in aggressive environments [J]. Construction and Building Materials, 2012, 29: 88-96.

[149] AGOSTINI F, LAFHAJ Z, SKOCZYLAS F, et al. Experimental study of accelerated leaching on hollow cylinders of mortar [J]. Cement and Concrete Research, 2007, 37 (1): 71-78.

[150] WAN K, LI Y, SUN W. Experimental and modelling research of the accelerated calcium leaching of cement paste in ammonium nitrate solution [J]. Construction and Building Materials, 2013, 40: 832-846.

[151] Le Bellégo C. Couplages chimie-mécanique dans les structures en béton attaquées par l'eau: étude expérimental et analyse numérique [D]. France: ENS Cachan, 2001.

[152] 慕儒，缪昌文，刘加平，等. 氯化钠、硫酸钠溶液对混凝土抗冻性的影响及其机理 [J]. 硅酸盐学报，2001，29 (6): 523-529.

[153] 谢友均，马昆林，许辉，等. 混凝土在不同溶液中抗冻性能的研究 [J]. 铁道科学与工程学报，2006，3 (4): 29-34.

[154] LI Y, WANG R J, LI S Y, et al. Resistance of recycled aggregate concrete containing low- and high-volume fly ash against the combined action of freeze-thaw cycles and sulfate attack [J]. Construction and Building Materials, 2018, 166: 23-34.

[155] WANG J, NIU D. Influence of freeze-thaw cycles and sulfate corrosion resistance on shotcrete with and without steel fiber [J]. Construction and Building Materials, 2016, 122: 628-636.

[156] WANG D Z, ZHOU X M, MENG Y F, et al. Durability of concrete containing fly ash and silica fume against combined freezing-thawing and sulfate attack [J]. Construction and Building Materials, 2017, 147: 398-406.

[157] 葛勇，杨文萃，袁杰，等. 混凝土在硫酸盐溶液中抗冻性的研究 [J]. 混凝土，2005 (8): 71-73, 79.

[158] 张云清，余红发，孙伟，等. $MgSO_4$ 腐蚀环境作用下混凝土的抗冻性 [J]. 建筑材料学报，2011，14 (5): 698-702.

[159] 苑立冬，牛荻涛，姜磊，等. 硫酸盐侵蚀与冻融循环共同作用下混凝土损伤研究 [J]. 硅酸盐通报，2013，32 (6): 1171-1176.

[160] JIANG L, NIU D T, YUAN L D, et al. Durability of concrete under sulfate attack exposed to freeze-thaw cycles [J]. Cold Regions Science and Technology, 2015, 112: 112-117.

[161] 陈四利，宁宝宽，胡大伟. 硫酸盐和冻融双重作用对混凝土力学性质的影响 [J]. 工业建筑，2006，36 (12): 12-15.

[162] 肖前慧. 冻融环境多因素耦合作用混凝土结构耐久性研究 [D]. 西安：西安建筑科技大学，2010.

[163] 王学成. 溶蚀与冻融耦合作用对水泥净浆微结构及力学性能影响的研究 [D]. 南京：河海大学，2017.

[164] 周丽娜. 外加电场下水工混凝土溶蚀行为研究 [D]. 哈尔滨：哈尔滨工业大学，2017.

[165] 刘彦书. 高性能混凝土在冻磨联合作用下的性能研究 [D]. 哈尔滨：东北林业大学，2007.

[166] 马金泉. 冻融混凝土的抗冲磨性能研究 [D]. 北京：北京交通大学，2017.

[167] GB/T 12959—2008 水泥水化热测定方法 [S].

[168] GB/T 17671—2021 水泥胶砂强度检验方法 (ISO 法) [S].

[169] 魏小胜. 用电阻率表征水泥混凝土结构形成动力学及性能 [M]. 武汉：武汉理工大学出版

社，2016.
[170] 田凯. 电阻率法研究水泥的水化特性 [D]. 武汉：华中科技大学，2008.
[171] 曾晓辉. 无电极电阻率仪在早龄期水泥水化行为的应用研究 [D]. 北京：中国建筑材料科学研究总院，2007.
[172] 魏小胜，肖莲珍. 用电阻率法确定混凝土结构形成的发展阶段及结构形成动力学参数 [J]. 硅酸盐学报，2013，41 (2)：171-179.
[173] 姜春萌，宫经伟，唐新军. 低热水泥胶凝体系水化热计算研究 [J]. 人民长江，2018，49 (17)：92-96.
[174] 梅塔，蒙特罗. 混凝土微观结构、性能和材料 [M]. 覃维祖，译. 北京：中国电力出版社，2008.
[175] 黄国兴，陈改新，纪国晋，等. 水工混凝土技术 [M]. 北京：中国水利水电出版社，2014.
[176] 蔡正咏. 混凝土性能 [M]. 北京：中国建筑工业出版社，1979.
[177] WANG J C，YAN P Y. Influence of initial casting temperature and dosage of fly ash on hydration heat evolution of concrete under adiabatic condition [J]. Journal of Thermal Analysis and Calorimetry，2006，85 (3)：755-760.
[178] 刘数华，冷发光，李丽华. 混凝土辅助胶凝材料 [M]. 北京：中国建材工业出版社，2010.
[179] 阎培渝. 粉煤灰在复合胶凝材料水化过程中的作用机理 [J]. 硅酸盐学报，2007，35 (S1)：167-171.
[180] 刘仍光，阎培渝. 水泥-矿渣复合胶凝材料中矿渣的水化特性 [J]. 硅酸盐学报，2012，40 (8)：1112-1118.
[181] 姜春萌，宫经伟，唐新军. 低热水泥胶凝体系力学及热学综合性能评价 [J]. 长江科学院院报，2019，36 (5)：116-120，127.
[182] 姜春萌，宫经伟，王菲，等. 基于电阻率法的低热水泥基材料热学、力学性能预测 [J]. 混凝土，2019 (2)：80-84.
[183] 侯新凯，董跃斌，薛博，等. 低热钢渣矿渣硅酸盐水泥的研制（Ⅱ）：低水化热优势配料方案和水泥最佳综合性能区 [J]. 硅酸盐通报，2014，33 (11)：2802-2808.
[184] 姜春萌，宫经伟，唐新军，等. 基于 PPR 的低热水泥胶凝体系综合性能优化方法 [J]. 建筑材料学报，2019，22 (3)：333-340.
[185] SL/T 352—2020 水工混凝土试验规程 [S].
[186] 姜春萌，安世浩，李双喜，等. 基于三维形貌的水工混凝土抗冲磨性能评价与预测 [J]. 混凝土与水泥制品，2024 (2)：82-87.
[187] HE Z，CHEN X R，CAI X H. Influence and mechanism of micro/nano-mineral admixtures on the abrasion resistance of concrete [J]. Construction and Building Materials，2019，197：91-98.
[188] REN L，XIE L Z，LI C B，et al. Compressive fracture of brittle geomaterial：fractal features of compression-induced fracture surfaces and failure mechanism [J]. Advances in Materials Science and Engineering，2014：1-8.
[189] GB/T 176—2017 水泥化学分析方法 [S].
[190] 姜春萌，安世浩，宫经伟，等. 硫酸盐侵蚀作用下粉煤灰-低热水泥浆体力学性能演化与预测 [J]. 水力发电，2023，49 (7)：107-113.
[191] JIANG C M，JIANG L H，LI S X，et al. Impact of cation type and fly ash on deterioration process of high belite cement pastes exposed to sulfate attack [J]. Construction and Building Materials，2021，286：122961.
[192] JIANG C M，JIANG L H，TANG X J，et al. Impact of calcium leaching on mechanical and physical behaviors of high belite cement pastes [J]. Construction and Building Materials，2021，

286：122983.

[193] JIANG C M，JIANG L H，TANG X J，et al. Evaluation of frost damage on high - belite cement concrete based on Vickers hardness and ultrasonic theory [J]. Magazine of Concrete Research，2022，74 (9)：451 - 465.

[194] 姜春萌，彭凯，张耀华，等. 溶蚀作用下水工过流面混凝土抗冲磨性能研究 [J]. 新疆农业大学学报，2023，46 (1)：73 - 78.

[195] JIANG C M，JIANG L H，CHEN C，et al. Evaluation and prediction on the hydraulic abrasion performance of high belite cement - based concrete [J]. KSCE Journal of Civil Engineering，2021，25 (6)：2175 - 2185.

[196] JIANG C M，YU L，TANG X J，et al. Deterioration process of high belite cement paste exposed to sulfate attack，calcium leaching and the dual actions [J]. Journal of Materials Research and Technology，2021，15：2982 - 2992.

[illegible]

[illegible] ZHANG M, ZHANG L H, TANG X [illegible], et al. [illegible] of frost damage on high-belite cement concrete based on [illegible] and ultrasonic theory [illegible] [J]. [illegible]

[illegible]

[illegible] [J]. [illegible]

[illegible] ZHANG [illegible] CHEN Q, et al. [illegible] on the hydration [illegible] performance of high-belite cement-based concrete [J]. [illegible]

[illegible] (18).

[illegible] ZHANG M, [illegible] ZHANG X [illegible] et al. Deterioration process of high-belite cement [illegible] exposed to sulfate [illegible] leaching and [illegible] [J]. Journal of Materials Research and Technology, 2021, [illegible]: 2282-2298.